新工科·新形态 智能制造系列教材

传感器设计制造及测试技术

主 编◎王 力 苏伟光
副主编◎陈 俊 李安庆 张蕊蕊

电子工业出版社
Publishing House of Electronics Industry
北京·BEIJING

内 容 简 介

传感器技术是面向机械设计制造及其自动化、智能制造工程、机器人工程等专业开设的一门专业课，需要学习传感检测技术的基础知识、传感器原理及应用、信号的转换与调理，掌握常见传感器的工作原理、传感器的选型与使用、常见的测量方法与测试系统，为后续专业课程的学习及智能制造系统设计奠定基础。

本书的主要内容包括：绪论、传感器的基本特性、位置与位移传感器、机械参数传感器、流体传感器、温度传感器、湿度传感器、化学与生物传感器、先进传感器制造技术、执行器的技术理论基础、常见的执行器、自动控制系统中的传感器与执行器等。

本书适合作为高等院校的智能制造工程、机械设计制造及其自动化、机器人工程等基础专业的本科教材，以及研究生阶段学习微系统设计与制造的参考书，还可作为教师及工程技术人员的参考资料。

未经许可，不得以任何方式复制或抄袭本书之部分或全部内容。
版权所有，侵权必究。

图书在版编目（CIP）数据

传感器设计制造及测试技术 / 王力，苏伟光主编.
北京：电子工业出版社，2025. 1. -- ISBN 978-7-121-50402-0

Ⅰ．TP212
中国国家版本馆CIP数据核字第2025VY3634号

责任编辑：杜　军
印　　刷：三河市君旺印务有限公司
装　　订：三河市君旺印务有限公司
出版发行：电子工业出版社
　　　　　北京市海淀区万寿路173信箱　　邮编：100036
开　　本：787×1 092　1/16　印张：16.5　字数：471千字
版　　次：2025年1月第1版
印　　次：2025年1月第1次印刷
定　　价：59.00元

凡所购买电子工业出版社图书有缺损问题，请向购买书店调换。若书店售缺，请与本社发行部联系，联系及邮购电话：（010）88254888，88258888。
质量投诉请发邮件至zlts@phei.com.cn，盗版侵权举报请发邮件至dbqq@phei.com.cn。
本书咨询联系方式：dujun@phei.com.cn。

前　　言

当今世界的发展趋向于信息智能化，传感器技术、通信技术、计算机技术是现代信息技术的三大支柱。传感器技术属于物理、电子、机械、材料等学科的交叉融合，在国防军工、工业经济、生化医疗等领域起着重要的技术支撑作用。目前，传感器正从传统的分离式朝着集成化、系统化、光机电一体化的方向发展。特别是随着物联网等新兴产业浪潮的兴起，传感器将成为优先发展的关键器件。

传感器技术是面向机械设计制造及其自动化、智能制造工程、机器人工程等专业开设的一门必修课，其中传感器部分主要包括传感器及其基本特性、电阻应变式传感器、电容式传感器、电感式传感器、压电式传感器、磁电式传感器、热电式传感器、光电传感器、智能传感器、其他新型传感器、传感器的标定与选用。执行器部分则主要包括电动执行器、气动执行器、液压执行器、机械传动装置，其中电动执行器为重点内容；根据工作电源的不同，电动机可分为直流电动机和交流电动机，其中交流电动机还分为单相电动机和三相电动机；按结构及工作原理，电动机可分为直流电动机、异步电动机和同步电动机。

"传感器设计制造及测试技术"作为"传感器与执行器""传感与精密测试技术""机器人传感技术"等课程的重要部分，主要讲解了传感器与测试技术的基本定义、基本原理、发展历史、特征、目标、关键技术及未来发展趋势，学好本课程将为后期智能制造相关技术的学习打下重要基础。通过学习传感检测技术的基础知识、传感器原理及应用、信号的转换与调理、抗干扰技术、自动检测系统的设计及应用，学生可以掌握常见传感器的基本工作原理、传感器的选型与使用、常见的测量方法与测试系统及传感与测试技术的发展现状、分析和融合应用方法，为后续专业课程的学习及将来智能制造系统的设计奠定基础。

齐鲁工业大学（山东省科学院）在传感器前沿研究的基础上，充分体现了产教融合与协同育人的理念。学院与行业企业紧密合作，推动科研成果转化，确保教学内容与行业需求同步，丰富了教学资源并提供了真实工程项目经验。在编写本教材的过程中，编者结合经典教材与最新的行业标准，形成了一套理论与实践相结合的教材体系。本教材涵盖传感器设计制造及测试技术，适用于本科及研究生阶段的相关专业学习。此外，校（院）鼓励学生参与科研与工程项目，通过协同育人的方式，培养其团队合作能力和解决实际问题的能力，确保学生在学术研究与实践之间架起桥梁，为其职业发展奠定坚实基础，培养符合现代制造业需求的高素质人才。

本教材的章节内容组织以传感器的应用场景为基础，针对各类传感器、执行器、传感器与控制电路的融合等，增加了传感器制造的相关知识，符合以应用为目的的工程院校对培养"新工科"人才的定位。本教材通俗易懂，符合产学研结合的教育模式下对教材的要求。本教材适合作为机械设计制造及其自动化、机器人工程、智能制造工程、电子信息科学与技术等专业课程的本科教材与参考资料，如"传感器与执行器""机器人传感技术""传感与精密测试技术""微系统设计与制造"等课程。建议教学安排不少于56学时，其中48个理论课学时和8个实验（或上机）学时，可配合94学时的课外实践，本教材的部分章节可以作为选修或自学内容。本教材获得齐鲁工业大学教材建设基金资助，共分12章，其中王力老师负责第1章、第2章、第3章、第9章的编写修改，苏伟光老师负责第 5 章、第 6 章、第 7 章的编写修改，陈俊老师负责第 10 章、第 11 章、第 12 章的编写修改，李安庆老师负责第 4 章的编写修改，张蕊蕊老师负责第 8 章的编写修改；最终统稿由王力老师、苏伟光老师完成。

参与编写、修改、整理本教材的人员还包括齐鲁工业大学机械工程学院的研究生：牛晓辉、王启伟、梁建斌、丁杰孟、张泽涛、刘庆桐、张腾龙、孟凡伟、任甜甜、赵雪飞等，在此表示衷心感谢！由于编者水平有限，难免存在笔误，不妥之处请专家和广大读者批评指正。

编者
2024 年 9 月于济南

目　　录

第1章　绪论 ··· 1
1.1　传感器的定义及其应用 ·· 2
1.1.1　传感器的定义 ·· 2
1.1.2　传感器的分类 ·· 2
1.1.3　传感器与传感系统 ··· 3
1.1.4　传感器的应用 ·· 4
1.2　执行器的定义及其应用 ·· 4
1.2.1　执行器的定义 ·· 4
1.2.2　执行器的类型、特点及选择 ·· 4
1.2.3　传感器与执行器的联系 ··· 5
1.3　传感器基础知识 ··· 6
1.3.1　传感器的基本特性 ··· 6
1.3.2　改善传感器性能的技术途径 ·· 6
1.3.3　传感器技术的发展趋势 ··· 7
思考题 ··· 8

第2章　传感器的基本特性 ··· 9
2.1　传感器的静态特性 ·· 9
2.1.1　量程 ··· 9
2.1.2　线性度 ··· 10
2.1.3　迟滞 ··· 12
2.1.4　重复性误差 ·· 12
2.1.5　精度 ··· 13
2.1.6　灵敏度 ··· 14
2.1.7　漂移 ··· 15
2.1.8　饱和度与死区 ·· 15
2.2　传感器的动态特性 ·· 16
2.2.1　传感器的数学模型 ··· 16
2.2.2　传感器的动态特性分析 ··· 16
2.2.3　传递函数 ··· 20
2.2.4　频率响应函数 ·· 21
2.2.5　传感器的瞬态响应 ··· 21
2.2.6　传感器元件的动态模型 ··· 22
2.2.7　平均失效时间 ·· 24
2.2.8　不确定度 ··· 24
2.2.9　环境因素 ··· 26

2.3 传感器的标定与校准 ··· 26
    2.3.1 校准误差 ··· 27
    2.3.2 极限测试 ··· 27
    2.3.3 加速寿命测试 ··· 28
    2.3.4 改善传感器性能的技术措施 ··· 29
思考题 ··· 30

第 3 章 位置与位移传感器 ·· 32

3.1 电位式位置与位移传感器 ··· 32
3.2 压阻式位置与位移传感器 ··· 34
3.3 电感式位置与位移传感器 ··· 35
3.4 电容式位置与位移传感器 ··· 37
    3.4.1 变极距型 ··· 38
    3.4.2 变面积型 ··· 39
    3.4.3 变介质型 ··· 41
    3.4.4 多电容传感器 ··· 42
3.5 光学位置与位移传感器 ··· 43
    3.5.1 偏振光接近传感器 ··· 43
    3.5.2 棱镜式和反射式传感器 ··· 44
    3.5.3 法布里-珀罗传感器 ··· 45
    3.5.4 光纤布拉格光栅传感器 ··· 45
    3.5.5 光栅传感器 ··· 46
    3.5.6 光栅光电调制器 ··· 48
3.6 超声波位置与位移传感器 ··· 49
    3.6.1 超声波传感器的工作原理 ··· 50
    3.6.2 超声波传感器的测量方法 ··· 52
3.7 激光位置与位移传感器 ··· 52
    3.7.1 三角测量法 ··· 52
    3.7.2 便携式二维激光位移传感器 ··· 53
    3.7.3 激光反射式位移传感器 ··· 53
3.8 磁性增量位置传感器 ··· 54
    3.8.1 磁栅式传感器 ··· 54
    3.8.2 磁致伸缩位移传感器 ··· 56
3.9 厚度和液位传感器 ··· 60
    3.9.1 膜厚传感器 ··· 60
    3.9.2 低温液位传感器 ··· 61
3.10 角度测量 ·· 62
    3.10.1 激光干涉法测角原理 ·· 62
    3.10.2 激光自准直法测角原理 ·· 62
    3.10.3 光学内反射法测角原理 ·· 63
    3.10.4 光电码盘测角原理 ·· 63

思考题 ·· 65

第4章 机械参数传感器 ·· 66
4.1 力传感器 ·· 66
4.1.1 简介 ·· 67
4.1.2 弹性敏感元件 ··· 68
4.1.3 电阻式压力传感器 ·· 68
4.1.4 压阻式压力传感器 ·· 71
4.1.5 压电式压力传感器 ·· 73
4.1.6 电容式压力传感器 ·· 77
4.2 扭矩传感器 ·· 78
4.2.1 按信号/能源的传递方式分类 ·· 79
4.2.2 按检测方法分类 ··· 81
4.3 转速传感器 ·· 82
4.3.1 常用的转速测量方法 ··· 83
4.3.2 转速传感器的分类 ·· 83

思考题 ·· 89

第5章 流体传感器 ·· 90
5.1 流体压力传感器 ··· 90
5.1.1 流体压力的概念及单位 ··· 90
5.1.2 汞压力传感器 ··· 91
5.1.3 波纹管、薄膜和薄板 ·· 92
5.1.4 真空传感器 ·· 93
5.2 流速传感器 ·· 94
5.2.1 压电式风速传感器 ·· 94
5.2.2 热传输流速传感器 ·· 95
5.3 流量传感器 ··· 100
5.3.1 流量的测量方法 ·· 101
5.3.2 差压式流量计 ·· 101
5.3.3 速度式流量计 ·· 104
5.3.4 容积式流量计 ·· 105
5.3.5 流体振动式流量计 ··· 106
5.3.6 电磁流量计 ··· 107
5.3.7 超声流量计 ··· 108
5.3.8 科里奥利质量流量计 ·· 110
5.3.9 阻力式流量计 ·· 111
5.4 密度传感器 ··· 112
5.4.1 电容式液体密度传感器 ·· 112
5.4.2 射线式液体密度传感器 ·· 113
5.4.3 超声波式液体密度传感器 ·· 113
5.4.4 谐振式液体密度传感器 ·· 113

5.5 黏度传感器 ········· 114
    5.5.1 毛细管黏度计 ········· 114
    5.5.2 落球黏度计 ········· 115
    5.5.3 旋转黏度计 ········· 115
    5.5.4 振动黏度计 ········· 115
思考题 ········· 116

第 6 章 温度传感器 ········· 117

6.1 基本概念 ········· 117
    6.1.1 温度 ········· 117
    6.1.2 温度传感器的类型 ········· 118
    6.1.3 静态热交换 ········· 119
    6.1.4 动态传热 ········· 120
    6.1.5 温度传感器的结构 ········· 122
    6.1.6 温度传感器响应信号的处理 ········· 123

6.2 热敏电阻 ········· 124
    6.2.1 NTC 热敏电阻的自热效应 ········· 125
    6.2.2 PTC 热敏电阻 ········· 127

6.3 热电式传感器 ········· 129
    6.3.1 热电定律 ········· 130
    6.3.2 热电偶电路 ········· 132
    6.3.3 热电偶组件 ········· 133

6.4 光学温度传感器 ········· 134
    6.4.1 荧光传感器 ········· 134
    6.4.2 干涉型传感器 ········· 135
    6.4.3 热致变色传感器 ········· 136
    6.4.4 光纤温度传感器 ········· 136

思考题 ········· 137

第 7 章 湿度传感器 ········· 138

7.1 湿度传感器的概念 ········· 138
    7.1.1 湿度 ········· 138
    7.1.2 湿度传感器 ········· 140

7.2 水分子亲和力型湿度传感器 ········· 142
    7.2.1 电容式湿度传感器 ········· 142
    7.2.2 电解式湿度传感器 ········· 144
    7.2.3 半导体及陶瓷湿度传感器 ········· 145
    7.2.4 高分子聚合物湿度传感器 ········· 147

7.3 非水分子亲和力型湿度传感器 ········· 148
    7.3.1 电阻式湿度传感器 ········· 148
    7.3.2 热传导式湿度传感器 ········· 149
    7.3.3 红外吸收式湿度传感器 ········· 149

    7.3.4 冷凝镜光学湿度计 ································· 150
    7.3.5 光学相对湿度传感器 ································ 151
    7.3.6 振荡式湿度计 ·· 151
    7.3.7 湿度电压变送器 ····································· 152
  7.4 湿度传感器的应用 ·· 152
    7.4.1 土壤湿度测量 ·· 153
    7.4.2 自动除湿器 ·· 154
    7.4.3 房间湿度控制器 ····································· 155
    7.4.4 结露传感器 ·· 155
  思考题 ·· 156

第 8 章　化学与生物传感器 ································· 157

  8.1 化学传感器 ··· 157
    8.1.1 化学传感器的基本概念 ························ 157
    8.1.2 化学传感器的分类 ······························· 159
  8.2 生物传感器 ··· 172
    8.2.1 生物传感器的基本概念 ························ 173
    8.2.2 生物传感器的分类 ······························· 174
  8.3 化学与生物传感器的发展方向 ··························· 177
    8.3.1 化学量微传感器 ··································· 178
    8.3.2 多传感器阵列 ······································ 180
  思考题 ·· 182

第 9 章　先进传感器制造技术 ································ 183

  9.1 MEMS ··· 183
  9.2 MEMS 的特点 ·· 184
  9.3 MEMS 工艺 ·· 185
    9.3.1 MEMS 的材料选择与工艺参数控制 ···· 185
    9.3.2 MEMS 制造工艺 ································· 185
    9.3.3 MEMS 封装技术 ································· 189
  9.4 MEMS 阵列式传感器的制造技术 ····················· 194
  9.5 MEMS 传感器的应用 ··· 197
    9.5.1 MEMS 传感器在汽车上的应用 ············ 197
    9.5.2 MEMS 传感器在医学领域的应用 ········ 197
    9.5.3 MEMS 传感器在消费电子领域的应用 ··· 198
  思考题 ·· 199

第 10 章　执行器的技术理论基础 ························ 200

  10.1 概述 ·· 200
    10.1.1 执行器的定义 ···································· 200
    10.1.2 执行器的功能 ···································· 200
    10.1.3 执行器的分类 ···································· 201

10.2 驱动执行器的电力电子器件 ... 202
　　10.2.1 功率二极管 ... 202
　　10.2.2 双极型晶体管 ... 204
　　10.2.3 金属-氧化物-半导体场效应晶体管 ... 207
　　10.2.4 晶闸管 ... 208
10.3 常见执行器的驱动电路 ... 209
思考题 ... 210

第 11 章 常见的执行器 ... 211

11.1 电动执行器 ... 211
　　11.1.1 电磁学理论基础 ... 211
　　11.1.2 电动执行器概述 ... 214
　　11.1.3 开关类电动执行器 ... 215
　　11.1.4 电动机执行器 ... 217
11.2 液压执行器 ... 226
　　11.2.1 液压传动简介 ... 226
　　11.2.2 液压缸的分类及其结构特点 ... 226
　　11.2.3 液压马达 ... 230
11.3 气动执行器 ... 231
　　11.3.1 气动执行器概述 ... 231
　　11.3.2 气动执行机构的结构 ... 232
思考题 ... 234

第 12 章 自动控制系统中的传感器与执行器 ... 236

12.1 概述 ... 236
　　12.1.1 自动控制系统的架构设计 ... 236
　　12.1.2 控制系统的性能指标 ... 239
12.2 自动控制系统中的传感器 ... 240
　　12.2.1 传感系统的发展趋势 ... 240
　　12.2.2 现场总线技术 ... 241
　　12.2.3 分布式测量系统 ... 241
　　12.2.4 物联网传感系统 ... 242
12.3 自动控制系统中的执行器 ... 245
　　12.3.1 开环执行器 ... 246
　　12.3.2 闭环执行器 ... 247
12.4 电动自行车的自动控制系统案例 ... 248
　　12.4.1 传感器方案 ... 248
　　12.4.2 执行器方案 ... 249
　　12.4.3 系统架构 ... 250
思考题 ... 251

参考文献 ... 252

第1章　绪论

知识单元 与知识点	➤ 传感器的定义、类型及其应用； ➤ 执行器的定义、类型及其应用； ➤ 传感器和执行器的联系； ➤ 传感器的数据采集过程及传输过程； ➤ 传感器的基本特性、性能优化方法及发展趋势。
能力点	✧ 能够解释传感器的定义、类型及其应用； ✧ 能够解释气压/液压执行器的定义、类型及其应用； ✧ 能够分析传感器和执行器的联系； ✧ 能够复述传感器的数据采集和传输过程； ✧ 能够了解传感器的基本特性、性能优化方法及发展趋势。
重难点	■ 重点：传感器与执行器的基本概念；传感器与执行器的联系；传感器的数据采集和传输过程等。 ■ 难点：传感器的选择；传感器如何进行数据采集与传输。
学习要求	✓ 熟练掌握传感器和执行器的基本概念、分类、联系及应用场合； ✓ 掌握传感器的数据采集和传输过程； ✓ 了解传感器的性能优化方法和发展趋势。
问题导引	● 什么是传感器和执行器？ ● 传感器如何进行数据采集和传输？ ● 传感器和执行器有什么联系？

作为现代工业自动化系统中的核心元件，传感器的重要性显而易见，其不仅是获取物理世界数据的桥梁，也是保证系统稳定运行的关键。没有传感器，自动化系统将失去对外界环境的感知能力，无法进行有效监测和控制。因此，传感器的准确性和可靠性直接影响整个系统的性能与安全。在此背景下，产教融合与协同育人理念尤为重要。与行业企业紧密合作，教育机构确保传感器技术的教学内容与实际应用相契合，培养学生的实践能力与创新思维。此合作模式为学生提供了丰富的实践机会，让学生在真实环境中应用所学知识，使学生更好地理解传感器在工业自动化中的关键作用。产教融合与协同育人可以提升学生的专业素养，为行业输送高素质、具备实践能力的人才，推动现代工业自动化技术的发展。

以液位控制系统（见图1.1）为例，操作人员通过操纵阀门调节水箱内的液位。进口流量、温度的变化，或者类似的干扰必须由操作人员进行补偿。为了采取适当的行动，操作人员必须及时获得有关水箱液位的信息。在这个例子中，信息是由水箱上的液位观察管和操作人员的眼睛组成的传感器产生的，但液位观察管和眼睛本身并不是传感器，只有两者组合在一起，才能形成可以观测液位的传感器。液位观察管必须能够非常迅速地反映液位的变化，即传感器的响应速度要快，否则观察管的液位变化可能落后于槽中的液位变化。因此，传感器的性能只能作为数据采集系统的一部分进行评估。

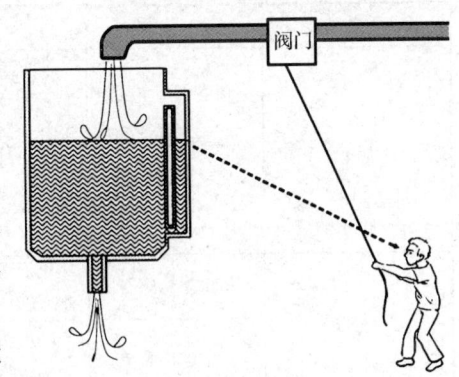

图1.1　液位控制系统

天然的生物体传感器信号反应通常具有一定的电化学属性，其物理性质基于离子的传递，就像视神经中的液位操作人员一样。而在人工设备中，信息是以电子的形式进行传输和处理的，人工系统中使用的传感器必须与接口设备使用相同的语言，这种语言本质上是电信号，人造传感器能够对通过电位而不是离子位移携带信息的信号做出反应。因此，应该利用导线而不是电化学溶液或神经纤维将传感器连接到电子系统。

传感器的作用是对输入的某种物理刺激做出响应，一般将其转换成与电子电路兼容的电信号，即传感器是将非电学量转换为电学量的转换器。这里的"电子"是指可以被电子设备引导、放大和修改的信号。传感器的输出信号可以是电压、电流或电荷，这些信号可以进一步用幅度、极性、频率、相位或数字编码来描述，这组特征被称为输出信号格式。因此，传感器具有各种类型的输入属性和电输出属性。

任何传感器都是能量转换器，用于将其他类型的能量转换成电能。传感过程是信息传递的一个特例，任何信息的传递都伴随着能量的传递。传感过程中能量的传递可以是双向的，即能量既可以从物体流向传感器，也可以从传感器流向物体。有一种特殊情况是净能量流为零，例如，当物体比传感器的温度高时，传感器输出正电压；当物体比传感器的温度低时，传感器输出负电压；当传感器和物体的温度相同时，传感器输出的电压为零，此时传递的信息是两者温度相等。

1.1 传感器的定义及其应用

1.1.1 传感器的定义

传感器是一种检测装置，能够检测关于被测量的信息，并将检测到的信息按照一定规律转换成为电信号或其他形式的信号输出，以满足信息的传输、处理、存储、显示、记录和控制等要求。传感器是实现自动检测和自动控制的首要环节。国家标准《传感器通用术语》GB/T 7665—2005中对传感器的定义是："能感受被测量并按照一定的规律转换成可用输出信号的器件或装置，通常由敏感元件和转换元件组成。"其中，敏感元件是指传感器中能够直接感受或响应被测量的部分，转换元件是指传感器中能够将敏感元件感受或响应的被测量转换成适合传输和处理的电信号部分。

1.1.2 传感器的分类

传感器可按输入量、输出量、工作原理、基本效应、能量转换关系及所包含的技术特征等分类，其中按输入量和工作原理的分类方式较为普遍，如表1.1所示。

表1.1 传感器的类型及特点

分类法	类型	特点
工作原理	物理型传感器	依靠敏感元件本身的物理特性变化或转换元件的结构参数变化来实现信号的变换，如水银温度计利用水银的热胀冷缩现象把温度变化转换为水银柱高度的变化，实现了对温度的测量
	化学型传感器	依靠敏感元件本身的电化学反应来实现信号的变换，用于检测无机物或有机化学物质的成分和含量，如气敏传感器、湿度传感器等
	生物型传感器	依靠敏感元件本身的生物效应来实现信号的变换，如酶传感器、免疫传感器等
构成原理	结构型传感器	以形状、尺寸等结构为基础，利用某些物理规律来感受被测量，并将其转换为电信号的传感器
	物性型传感器	利用功能材料本身所具有的内在特性及效应感受被测量，并将其转换成可用电信号的传感器
能量转换	能量控制型传感器	从被测对象处获取信息能量用于调制或控制外部激励源，使外部激励源的部分能量载运信息从而形成输出信号，这类传感器必须由外部提供激励源
	能量转换型传感器	将从被测对象处获取的信息能量直接转换成输出信号能量，这类传感器主要由能量转换元件构成，不需要外部提供激励源

续表

分类法	类型	特点
用途	位移传感器、压力传感器、振动传感器、温度传感器	按传感器的输入量进行分类，通常在讨论传感器的用途时使用
转换过程是否可逆	单向传感器	单向传感器只能将能量转换为信号，无法反向操作
	双向传感器	双向传感器能够在两个方向上进行能量转换
输出信号类型	模拟信号传感器	输出信号为连续形式的模拟量
	数字信号传感器	输出信号为离散形式的数字量
有无电源	有源传感器	其输出端的能量是由从被测对象处获取的能量转换而来的，无须外加电源就能将被测的非电能量转换成电能量输出；无能量放大作用，要求从被测对象处获取的能量越大越好。如热电偶、光电池、压电式传感器、磁电感应式传感器、固体电解质气敏传感器等
	无源传感器	传感器本身不能换能，其输出的电能量必须由外加电源供给，具有一定的能量放大作用，包括电阻式传感器、电感式传感器、电容式传感器、霍尔式传感器和某些光电式传感器等

1.1.3 传感器与传感系统

传感器本身不能独立工作，需要与其他探测器、信号调节器、信号处理器、存储设备、数据记录器和执行器等组成传感系统。如图 1.2 所示的数据采集和控制装置，其测量对象可以是汽车、宇宙飞船、动物或人、液体或气体等。在该装置中，数据由多个传感器收集，其中，传感器 2、3 和 4 直接定位在对象的外表面上或对象的内部；传感器 1 能够在没有物理接触的情况下感知物体，因此称为非接触式传感器；传感器 5 用于监测数据采集系统的内部条件；传感器 1 和 3 不能直接连接到标准的电子电路中，需要使用接口设备（信号调节器）；传感器 1、2、3、5 为无源传感器，能够在不消耗电子电路能量的情况下产生电信号；传感器 4 需要由激励电路提供工作信号。根据系统的复杂程度，传感器的数量可能从一个到数千个不等。

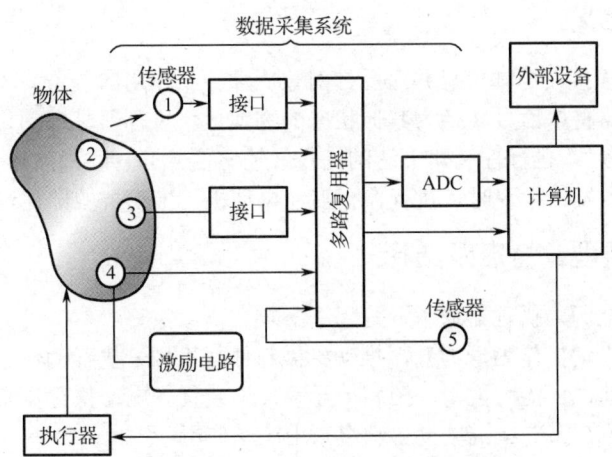

图 1.2 数据采集和控制装置

来自传感器的电信号被送入多路复用器（MUX），若传感器产生的是模拟信号，则其功能是将传感器一次一个地连接到模数转换器（ADC）；若传感器产生的是数字信号，则其功能是将传感器直接连接到计算机。计算机可以控制多路复用器和模数转换器，进行适当的时序控制，还可以向执行器发送控制信号，控制执行器对物体施加作用。执行器有电动机、螺线管、继电器和气动阀等。该系统包含一些外部设备（如数据记录器、显示器、报警器等）和一些没有在图 1.2 中显示的组件，如滤波器、采样保持电路、放大器等。

例如，在一个简单的车门监控系统中，每一扇车门都装有传感器，可以检测门的状态（打开或关闭）。大多数车门传感器是简单的电子开关，所有车门传感器发出的信号都会被传送到汽车的内部处理器中（不需要模数转换器，因为所有车门传感器发出的信号都是数字信号）。内部处理器识别出打开的门，并向外部设备（仪表板和声音警报器）发送指示信号，汽车司机（执行器）收到指示信号并对车门采取行动（关门）。

1.1.4 传感器的应用

传感器的应用领域非常广泛，包括水利建设、资源调查、医学诊断、生物工程、文物保护、工业生产、宇宙开发、海洋探测、环境保护等。

（1）水利建设：用于监测水文、水位、水质等信息，以支持水利工程的规划和管理。

（2）资源调查：传感器在土地、矿产、森林等资源调查过程中发挥着重要作用，帮助人们收集数据并进行分析。

（3）医学诊断：在医疗领域，传感器用于测量体温、心率、血压等生理参数，辅助医生进行诊断和治疗。

（4）生物工程：传感器在生物研究、基因测序、药物开发等方面发挥着重要作用。

（5）文物保护：用于监测文物所处的环境条件，以确保其适合文物的保存和保护。

（6）工业生产：传感器在工厂自动化、质量控制、生产过程监测等方面应用广泛。

（7）宇宙开发：用于监测和控制航天器、卫星、太空站等。

（8）海洋探测：传感器在海洋科学、海洋资源勘探、海洋环境监测等方面发挥着重要作用。

（9）环境保护：用于监测大气、水体、土壤等环境的参数，以保护自然环境。

1.2 执行器的定义及其应用

1.2.1 执行器的定义

执行器是一种用于接收控制信息并对受控对象施加控制作用的装置。不同于传感器将物理量转换为电信号，执行器将电信号转换为其他状态的物理量。执行器是自动化系统中的关键部件，其作用类似于"执行者"，执行控制器下达的指令（输出信号），并将其转化为对受控对象的实际动作。例如，当控制器发出指令时，执行器会启动电动机，推动机械部件运动。

1.2.2 执行器的类型、特点及选择

根据所用的驱动能源，执行器通常分为以下三类。

电动执行器：将电动机作为动力源，推动机械部件（机构）执行动作。典型的电动执行器系统包括以下部分：电动机、传动机构、控制单元、反馈装置。电动执行器具有精确、可编程、易于集成和维护的优点，在家电、机械设备和汽车中广泛使用。

液压执行器：液压执行器以液压泵提供的高压流体为动力，推动机构动作。适用于大扭矩和高应力的应用场景，如工程机械和船舶。液压系统的作用为通过改变压强增大作用力，完整的液压系统由五个部分组成，即动力元件、执行元件、控制元件、辅助元件和液压油。动力元件指液压系统中的油泵，将原动机的机械能转换成液体的压力能，为整个液压系统提供动力。

气动执行器：将压缩空气作为动力源，推动机构动作，适用于许多工业自动化应用场景。气

动系统主要包括以下部分：气源装置、执行元件、控制元件、辅助元件。在气动系统中，气缸和气压马达是气动执行元件，它们的功用都是将压缩空气的压力能转换为机械能，不同的是，气缸用于实现直线往复运动或摆动，而气压马达则用于实现回转运动。

以下是气动系统和液压系统的对比。

（1）工作介质。

气动系统将空气作为工作介质。空气获取方便，不污染环境，且空气的流动损失较小，可远距离输送。

液压系统将液体（通常是液压油）作为工作介质。液压油不易变质，但需要专门的液压泵提供高压环境。

（2）动作速度和响应性。

气动系统的传动动作迅速、反应快，适用于需要快速响应的应用场景。其维护简单，管路不易堵塞。

液压系统的工作更为平稳可靠，但由于液体的不可压缩性，其动作速度受负载变化的影响较大。

（3）输出动力和噪声。

气动系统的工作压力较低，输出的动力相对较小，排气噪声较大。

液压系统的工作压力较高，输出的动力更大，但噪声较小。

（4）适用环境。

气动系统不会引发火花，适用于易燃、易爆的工作环境。

液压系统在一些工业应用中更为常见，如重型机械和工程设备。

执行器的类型及特点如表 1.2 所示。

表 1.2　执行器的类型及特点

特征对比	气动执行器	电动执行器	液压执行器
结构	简单	复杂	简单
体积	中	小	大
推力	中	小	大
配管配线	较复杂	简单	复杂
动作滞后	大	小	小
频率响应	窄	宽	窄
维护检修	简单	复杂	简单
使用场合	防火防爆	需防爆认证（非防爆型有产生火花的风险）	要注意火花
温度影响	较小	较大	较大
成本	低	高	高

1.2.3　传感器与执行器的联系

传感器与执行器的联系是通过控制系统来实现的，控制系统是为使被控制对象达到预定的理想状态而设计的，通过控制系统可以按照预期的方式保持或改变机器、机构或设备内的可变量。游泳池的水位检测系统如图 1.3 所示，控制系统使被控制对象趋于某种需要的稳定状态。

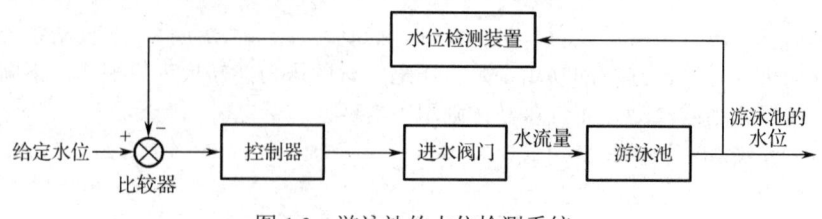

图 1.3 游泳池的水位检测系统

1.3 传感器基础知识

1.3.1 传感器的基本特性

传感器的特性主要是指其输出与输入之间的关系。传感器的静态特性是指传感器的输入信号不随时间变化或变化非常缓慢时，所表现出来的输出响应特性，又称静态响应特性。通常用来描述传感器静态特性的指标有测量范围、精度、灵敏度、稳定性、非线性度、重复性、灵敏阈、分辨力和迟滞等。

传感器的动态特性是指传感器对随时间变化的输入量的响应特性。被测量随时间变化的形式可能是各种各样的，若输入量是时间的函数，则输出量也是时间的函数。通常动态特性研究是指根据标准输入特性来研究传感器的响应特性。

传感器输出与输入的关系可以用微分方程来描述，理论上，微分方程中的一阶及以上的微分项取零，即可得到传感器的静态特性。因此，传感器的静态特性只是动态特性的一个特例。与传感器有关的技术指标将在第 2 章中详细介绍。

1.3.2 改善传感器性能的技术途径

（1）差动技术。

差动技术是传感器普遍采用的技术。差动技术是一种比较精确的技术。传统的控制系统采用单输入端口，但是采用差动技术的控制系统有两个相互独立的输入端口，控制系统的工作取决于两个输入信号的差模，而不是由其中一个输入信号单独决定的。例如，两个输入信号都为 2，是共模信号，会相互抵消；当一个为 2，一个为 4 时，因为输入差模信号，所以控制系统开始工作，差模信号越强，系统响应越强。差动技术的好处是可以防止同时在两个输入端口上产生信号干扰。差动技术可以显著地减小温度变化、电源波动、外界干扰等对传感器精度的影响，抵消了共模误差，减小了非线性误差等，还可以使传感器的灵敏度增大。

（2）平均技术。

传感器普遍采用平均技术产生平均效应。其原理是利用若干个传感单元同时感受被测量，输出信号为这些传感单元输出信号的平均值。若每个传感单元产生的误差值为随机正态分布的，则总的误差值可减小为 $\delta_\Sigma = \dfrac{\pm \delta}{n}$，其中 n 为传感单元的数量。

（3）补偿与修正技术。

补偿与修正技术针对传感器本身的特性或其工作条件和外界环境。

针对传感器本身的特性。

误差分析：需要了解传感器的误差特性，传感器的误差特性包括静态误差（零点偏移、满量程误差等）和动态误差（响应时间、灵敏度变化等）。

补偿方法：根据误差的变化规律，采用不同的补偿方法。例如，使用校准曲线来修正静态误差，或者使用温度补偿来解决灵敏度随温度变化的问题。

针对传感器的工作条件或外界环境。

温度补偿：传感器的性能通常受环境温度的影响，可以使用温度传感器来实时监测环境温度，并根据温度变化来补偿传感器的输出。

湿度补偿：在潮湿环境中，一些传感器可能受到湿度的影响，采用湿度传感器可以进行湿度补偿。

压力补偿：对于压力传感器，海拔高度和大气压力的变化会影响其输出，可以使用气压传感器进行压力补偿。

（4）屏蔽、隔离与干扰抑制。

外界因素可能影响传感器的测量精度，为了减小测量误差，保证传感器的性能，应设法减弱或消除外界因素对传感器的影响。主要有两种方法：一是降低传感器对外界因素的灵敏度；二是减小外界因素对传感器的实际作用强度。

对于电磁干扰，可采用屏蔽、隔离措施，也可引入滤波等方法进行抑制。对于温度、湿度、机械振动、气压、声压、辐射、气流等，可采用相应的隔离措施，如隔热、密封、隔振等，或者在将其变换为电学量后对干扰信号进行分离或抑制，以减小其影响。

（5）稳定性处理。

随着时间的推移和环境条件的变化，组成传感器的各种材料与元器件的性能会发生变化，导致传感器的性能不稳定。为了提高传感器的稳定性，需要对材料、元器件或传感器整体进行稳定性处理，如结构材料的时效处理，永磁材料的时间老化、温度老化、机械老化及交流稳磁处理，电气元件的老化筛选等。

1.3.3 传感器技术的发展趋势

开发新型传感器：传感器的工作基于各种效应和定律，进一步探索具有新效应的敏感功能材料，并据此研制出采用新原理的新型物性型传感器，是发展高性能、多功能、低成本和小型化传感器的重要途径。结构型传感器发展得较早，目前技术已经成熟，一般来说，其结构复杂、体积偏大、价格偏高。物性型传感器具有不少优点，世界各国都在物性型传感器研究方面投入了大量人力、物力，使其成为值得注意的发展动向。

开发新材料：材料是传感器技术应用的重要基础，由于材料科学的进步，材料的成分变得可控，从而能够设计制造出可用于各种传感器的功能材料。用复杂材料来制造性能更加优良的传感器是今后传感器技术的发展方向之一。

采用新工艺：在发展新型传感器的过程中，新工艺主要是指与发展新型传感器联系密切的微机械加工技术。近年来，随着集成电路工艺的发展，包括离子束、电子束、分子束、激光束和化学刻蚀等在内的微电子加工技术已越来越多地应用于传感器领域。

多功能化：将几种不同的传感元件复合在一起，可以同时测量几种不同的参数。例如，把温、气、湿传感元件集成在一起的三功能陶瓷传感器，不仅可以同时测量多种参数，还可以对这些参数的测量结果进行综合处理和评价，从而反映被测系统的整体状态。将具有同一种功能的多个元件并列，即采用集成工艺将同一类型的多个传感元件在同一平面上排列起来，如CCD（电荷耦合器件）图像传感器。多功能一体化，即将传感器与放大、运算及温度补偿等环节集成在一起，组装成一个器件。

集成化：将多个功能相同的敏感元件集成在同一个芯片上，检测被测量的线状、面状，甚至体状的分布信息。将多个结构相似、功能相近的敏感元件集成在同一个芯片上，在保证测量精度的情况下扩大传感器的测量范围。将多个具有不同功能的敏感元件集成在同一个芯片上，使传感器能够测量不同性质的参数，从而实现综合测量。

智能化：智能传感器是传感器技术与大规模集成电路技术结合的产物，是对外界信息具有检测、数据处理、逻辑判断、自诊断和自适应能力的集成一体化多功能传感器，这种传感器具有与主机对话的功能，可自行选择最佳方案，并对已获得的大量数据进行分割处理，以实现远距离、高速度、高精度传输等。这种传感器具有多功能、高性能、体积小、适合大批量生产和使用方便等优点，是传感器的重要发展方向之一。

产教融合与协同育人：在新型传感器与执行器的研发过程中，产教融合与协同育人的理念贯穿始终。大学通过与行业企业的合作，将最新技术与研究成果引入教学流程，确保学生的学习内容与实际需求紧密结合。这种模式不仅可以增强学生的实践能力，还可以激发其创新思维，为未来的人才培养奠定基础。在传感器与执行器的相关课程中，学生不仅要学习理论知识，还要参与实际项目，深入理解传感器与执行器在自动化系统中的关键作用。这些元素的融入，使学生能够应用所学知识，探索传感器的工作机理和执行器的控制原理，加深对复杂系统的理解。参与真实项目，使学生能够在实际应用中深入理解传感器与执行器技术的重要性和前沿趋势，提升其专业素养和职业竞争力。通过这种紧密结合的教育模式，促进理论与实践的有机融合，为学生的职业发展创造良好的条件。

思考题

1. 什么是传感器？
2. 传感器的共性是什么？
3. 传感器的组成包括什么？
4. 传感器是如何进行分类的？
5. 传感器如何进行数据采集和传输？
6. 传感器的应用领域有哪些？
7. 什么是执行器？
8. 执行器有哪些类型及特点？
9. 传感器与执行器有什么联系？
10. 改善传感器性能的技术途径有哪些？
11. 传感器技术的发展趋势有哪些？
12. 试从传感系统的角度论述我国面临的信息安全风险。

第 2 章　传感器的基本特性

知识单元 与知识点	➢ 传感器静态特性、动态特性的基本概念； ➢ 传感器的数学模型； ➢ 传感器静态特性的基本参数与指标； ➢ 传感器动态响应的特性指标与分析； ➢ 频率响应的特性指标与分析； ➢ 传感器静态标定与校准的基本方法； ➢ 传感器动态标定与校准的基本方法。
能力点	◇ 能够解释传感器静态特性与动态特性的基本概念； ◇ 能够分析传感器的数学模型和动态响应特性； ◇ 能够比较传感器的静态特性指标和动态响应的特性指标、频率响应的特性指标； ◇ 能够复述传感器静态、动态标定与校准的基本方法； ◇ 能够分析和推导实现不失真测量的条件。
重难点	■ 重点：传感器静态特性与动态特性的基本概念、传感器的数学模型、传感器静态特性的基本参数与指标等。 ■ 难点：传感器动态特性中的传递函数、频率响应函数分析。
学习要求	✓ 掌握传感器动态响应的特性指标与分析、频率响应的特性指标与分析； ✓ 了解传感器静态、动态标定与校准的基本方法。
问题导引	● 传感器的基本特性是什么？ ● 如何分析传感器的基本特性？ ● 如何评价传感器的基本特性？

在过去的十年间，移动通信设备（Mobile Communication Device，MCD）已成为传感器应用市场中极为重要的领域，如智能手机、智能手表及平板电脑等，均需借助外部或内置的传感器来获取外界信息。其中，部分传感器负责实现人机交互的功能，如接收操作者的指令（如键盘输入、声音放大、加速度感应等），而其他传感器则负责感知环境（如光线、压力、化学物质）。目前，MCD 内置的传感器包括：相机，用于拍摄静态图像或视频；麦克风，主要负责检测可听频率范围内的声音；加速计，用于检测 MCD 的运动状态及重力方向；陀螺仪，用于测量 MCD 的空间方位；磁力计（罗盘），用于检测磁场的强度和方向；全球定位系统，作为射频接收器和处理器，用于确定 MCD 的坐标；接近探测器，用于探测 MCD 与用户身体的接近程度。

在选择传感器的过程中，首先要深入了解和明确所需传感器的具体需求。其次，应对市场上现有的传感器产品进行详尽的评估和研究，仔细查阅传感器的数据表，全面考量其性能指标、成本与效益。最后，在此基础上挑选出与既定要求及实际应用环境相匹配的传感器产品。本章将对典型传感器的特性及其相关要求进行介绍。

2.1　传感器的静态特性

传感器的静态特性是指传感器在稳态信号作用下的输入-输出关系，描述传感器静态特性的输入-输出关系式中不含时间变量。

2.1.1　量程

传感器可以转换刺激的动态范围称为量程（Span）或满量程（Full Scale，FS），是传感器误差可接受时的最高输入值。对于具有非线性响应特性的传感器，其输入刺激的动态范围通常用分贝来表示，分贝是功率、力、电流值或电压值比率的对数，如表 2.1 所示。

表 2.1 功率比、力比和分贝之间的关系

功率比	1.023	1.26	10.0	100	10^3	10^4	10^5	10^6	10^7	10^8	10^9	10^{10}
力比	1.012	1.12	3.16	10.0	31.6	100	316	10^3	3162	10^4	3×10^4	10^5
分贝	0.1	1.0	10.0	20.0	30.0	40.0	50.0	60.0	70.0	80.0	90.0	100.0

由式（2-1）可知，分贝等于功率比对数的 10 倍；由式（2-2）可知，分贝等于力比、电流比或电压比对数的 20 倍。作为非线性刻度，分贝以高分辨率表示低电平信号，同时压缩了高电平的数值。

$$1\mathrm{dB} = 10\lg\frac{p_2}{p_1} \tag{2-1}$$

$$1\mathrm{dB} = 20\lg\frac{E_1}{E_2} \tag{2-2}$$

2.1.2 线性度

在探讨传递函数的特性时，线性度所指的"线性"实际上是真实的特性曲线与理想直线之间的最大偏差（L），即非线性误差。在进行多次校准时，应当明确指出在任一校准周期内观察到的线性度的最差情况。通常，这一线性度用跨度的百分比或具体的测量单位（如 kPa 或 ℃）来表述。若未明确指出线性度所指代的具体直线类型，则该术语将失去其意义。确定非线性误差的方法有很多，这取决于如何将直线与传递函数相结合。一种常见的方法是终点法［见图 2.1（a）］，即确定在最小和最大刺激条件下的输出值，并根据这两点绘制一条直线（线 1）。在终点附近，非线性误差相对较小，而在两点之间，非线性误差相对较大。

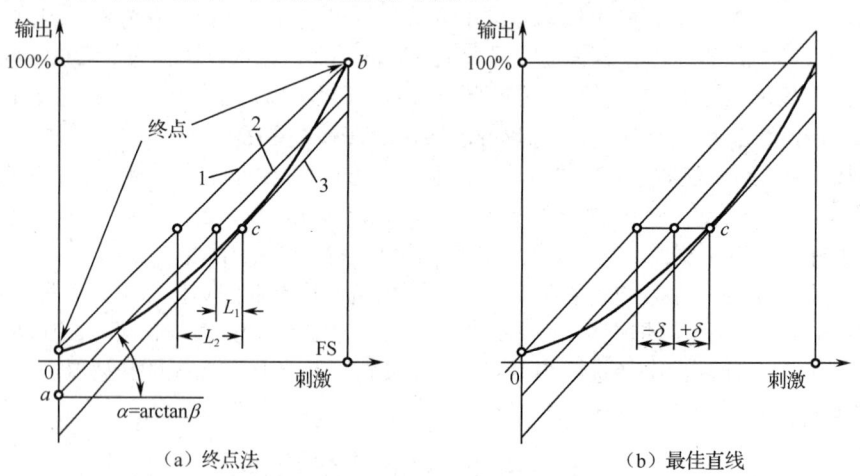

图 2.1 非线性传递函数

在特定的应用中，对于输入范围较为狭窄的情形，实现更高的测量精度尤为重要。以医用体温计为例，其在温度的临界区域（36～38℃）应当具备最高的测量精度。一旦超出此温度区间，其测量精度可能会有所下降。因此，建议在最需要具备高精度的温度区间对医用体温计进行校准。随后，可以通过校准点 c［见图 2.1（a）］绘制一条近似直线，使得校准点附近的非线性误差达到最小，并随着温度跨度的增大而逐渐增大，通常将通过校准点 c 的直线视为传递函数在该点的

切线。

独立线性度对应的最佳直线［见图 2.1（b）］，是两条最接近的平行直线中间的直线，此直线包络了实际传递函数的所有输出值。标注方法不同，最佳直线可能具有不同的截距和斜率。因此，非线性度量值之间可能存在很大的差异。

实际上，许多传感器的输出-输入特性是非线性的，不考虑其迟滞和蠕变效应，传感器的静态特性可以由下列方程式表示：

$$y = a_0 + a_1 x + a_2 x^2 + \cdots + a_n x^n \tag{2-3}$$

式中，x 为被测物理量；y 为输出量；a_0 为零位输出；a_1 为传感器的线性灵敏度，常用 K 表示；$a_2, \cdots, a_n$ 为待定系数。

式（2-3）表明，一般传感器的静态特性由线性项和非线性项决定。$a_0 \neq 0$，表示在没有输入（$x=0$）的情况下，仍有输出（$y_0 = a_0$），通常将该输出称为零位偏移（零偏），应设法将零位偏移从测量结果中消除；$a_0 = 0$，表示静态特性曲线通过原点。在不考虑零位偏移的情况下，静态特性可分为以下四种典型情况。

（1）理想线性特性。如图 2.2（a）所示，其输出-输入特性方程为

$$y = a_1 x$$

测量系统的灵敏度为

$$S_n = \frac{y}{x} = a_1$$

（2）具有 x 偶次项的非线性特性。如图 2.2（b）所示，其输出-输入特性方程为

$$y = a_1 x + a_2 x^2 + a_4 x^4 + \cdots$$

由于没有对称性，其线性范围很窄，一般传感器设计很少采用这种特性。

（3）具有 x 奇次项的非线性特性。如图 2.2（c）所示，其输出-输入特性方程为

$$y = a_1 x + a_3 x^3 + a_5 x^5 + \cdots$$

这种传感器的静态特性曲线在原点附近的较大范围内具有较宽的准线性，是比较接近理想直线的非线性特性曲线，且该曲线关于原点对称，即 $y(x) = -y(-x)$，所以具有相当宽的近似线性范围。

（4）普遍情况。如图 2.2（d）所示，其输出-输入特性方程为

$$y = a_1 x + a_2 x^2 + a_3 x^3 + a_4 x^4 + \cdots$$

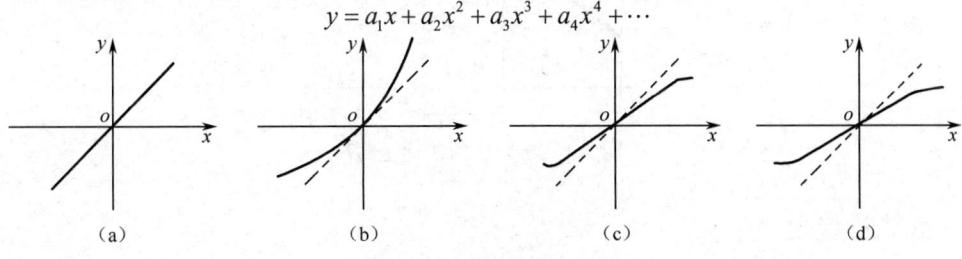

图 2.2　传感器的静态特性

在使用非线性传感器时，若其输出-输入特性方程的非线性项的次数不高，则在输入量变化范围不大的条件下，可以用切线或割线等直线来近似地代替实际的静态特性曲线中的某一段，使传感器的静态特性接近线性，如图 2.3 所示。这种方法称为传感器静态非线性特性的线性拟合，所采用的直线称为拟合直线，实际静态特性曲线与拟合直线之间的偏差称为传感器的非线性误差，如图 2.3 所示的 Δ 值，取其中的最大值与满量程之比作为评价非线性误差（线性度）的指标，即

$$\delta_L = \pm \frac{\Delta_{max}}{y_{FS}} \times 100\% \qquad (2-4)$$

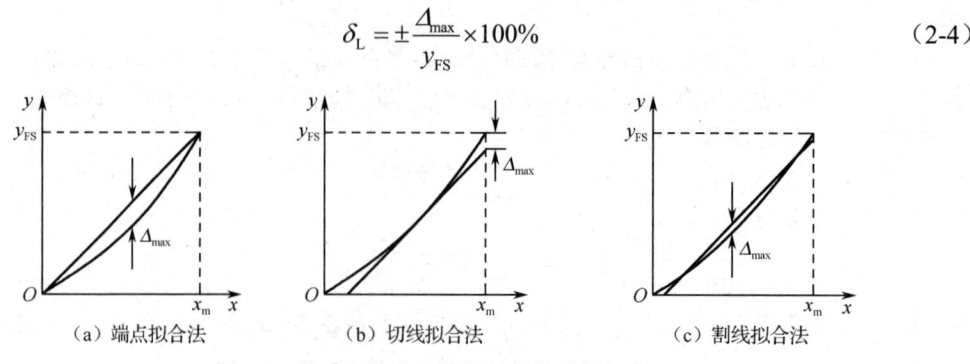

图 2.3 传感器静态非线性特性的线性拟合

2.1.3 迟滞

对于同一大小的输入信号,传感器正、反向行程的输出信号的大小不相等,这就是迟滞现象。迟滞(Hysteresis)用于描述传感器正向(输入量增大)和反向(输入量减小)行程的输出-输入特性曲线不重合的程度。迟滞的大小用正、反向输出量的最大偏差与满量程 y_{FS} 之比表示,即

$$\delta_H = \pm \frac{\Delta_{max}}{y_{FS}} \qquad (2-5)$$

传感器的几何设计、摩擦和材料结构的变化都可能导致迟滞。滞后误差是指从相反方向接近输入信号时,传感器在指定点的输出偏差。如图 2.4 所示,当物体在某一点从左向右移动时,位移传感器产生的电压与物体从右向左移动时产生的电压相差 20mV,如果传感器的灵敏度为 10mV/mm,那么以位移为单位计算的滞后误差为 2mm。

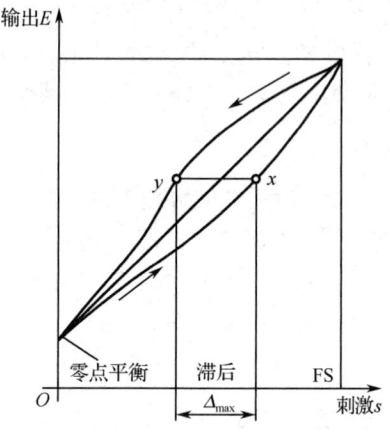

图 2.4 带滞后的传递函数

2.1.4 重复性误差

重复性(再现性)误差是指传感器在假定条件一致的情况下,连续测量同一定值时输出结果出现的波动,重复性误差的来源包括热噪声、电荷积聚、材料塑性等。重复性误差常以两个连续周期输出结果的最大差值与满量程的百分比来表示,通常在两个连续的运行周期内测量传感器的输出,并计算这两个周期产生的输出结果之间的最大差值,如图 2.5 所示。

$$\delta_R = \frac{\Delta}{y_{FS}} \times 100\% \qquad (2-6)$$

第 2 章 传感器的基本特性

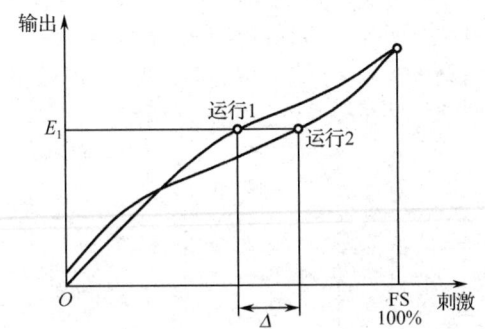

图 2.5 两个不同的输入信号产生的相同的输出信号 E_1

2.1.5 精度

传感器的精度（Accuracy）是指测量结果的可靠程度，误差越小，传感器的精度越高。传感器的精度（δ）用其量程范围内的最大基本误差 Δ_m 与满量程 y_{FS} 之比的百分数表示。

基本误差是传感器在规定的正常工作条件下的测量误差，由系统误差和随机误差两部分组成。迟滞与线性度所表示的误差为传感器的系统误差，重复性所表示的误差为随机误差。所以传感器的精度 δ 为

$$\delta = \frac{\Delta_m}{y_{FS}} \times 100\% = \delta_L + \delta_H + \delta_R \tag{2-7}$$

在工程实践中，传感器的精度通常用精度等级来表示。精度等级（a）用一系列标准百分比数值表示，如压力传感器的精度等级 a 分别为 0.05、0.1、0.2、0.5、1.0、1.5、2.5 等。在传感器设计和出厂检验时，其精度等级 a 代表的误差指传感器测量的最大允许误差（$\delta_{允} = y_{FS} \times a\%$）。

精度等级是衡量传感器性能的关键指标，综合了部件间的差异、滞后、静区误差、校准误差和重复性误差等多种因素。规定的精度限值通常用于对最坏的情况进行分析，以确定传感器可能出现的最差性能。传感器的性能在很大程度上受到其工作条件的影响，一旦不满足规定的正常工作条件，传感器将会产生附加误差，其中温度附加误差是最显著的一种。为了提高传感器的精度，应尽量减少导致误差的因素，在选定的条件下对每个传感器进行单独校准。

精度的实际含义是传感器的不准确度，即传感器测量出的值与其输入端的理想值或真实值之间的最大偏差。真实值通过输入刺激作用于传感器，而传感器输出的准确性依赖于对输入刺激的标定和不确定性评估。

传感器的传递函数与真实传递函数的偏差可以描述为输出值与实际输入值之间的差值。以线性位移传感器为例，在理想状态下，每 1mm 的位移应精确对应 1mV 的输出，其传递函数表现为斜率为 $B=1$mV/mm 的直线。然而，在实验中，当参考位移 $s=10$mm 时，观察到的输出值为 $E=10.5$mV。基于斜率 $B=1$mV/mm 的假设，利用反向传递函数（$1/B=1$mm/mV）将输出值转换为位移值，计算得出位移为 $s_x=E/B=10.5$mm。此结果表明，相较于实际位移，传感器测量的位移 $s_x-s=0.5$mm，即测量误差为 0.5mm。在实验过程中会不可避免地产生随机误差，而系统误差则可以用多次实验误差的平均值来表示。

如图 2.6（a）所示，细线表示的是理论上的线性传递函数，即理想传递函数；而粗线则代表在实际应用中可能出现的传递函数，即实际传递函数。实际传递函数既不是线性的，也不是单调的。由于受到材料差异、工艺、设计误差、制造公差及其他限制因素的影响，即使在相同的条件下进行测试，也有可能出现不同的实际传递函数，但实际传递函数必须在规定的精度范围内，实际传递函数与理想传递函数的偏差为 $\pm\delta$，其中 $\delta \leq \Delta$。

如图2.6（b）所示，当Δ更接近实际传递函数时，意味着传感器的精度更高，这可以通过对传感器进行多点校准和曲线调整来实现。因此，规定的精度限值不是围绕理论传递函数来确定的，而是围绕实际校准曲线来确定的，并在校准过程中进行调整。

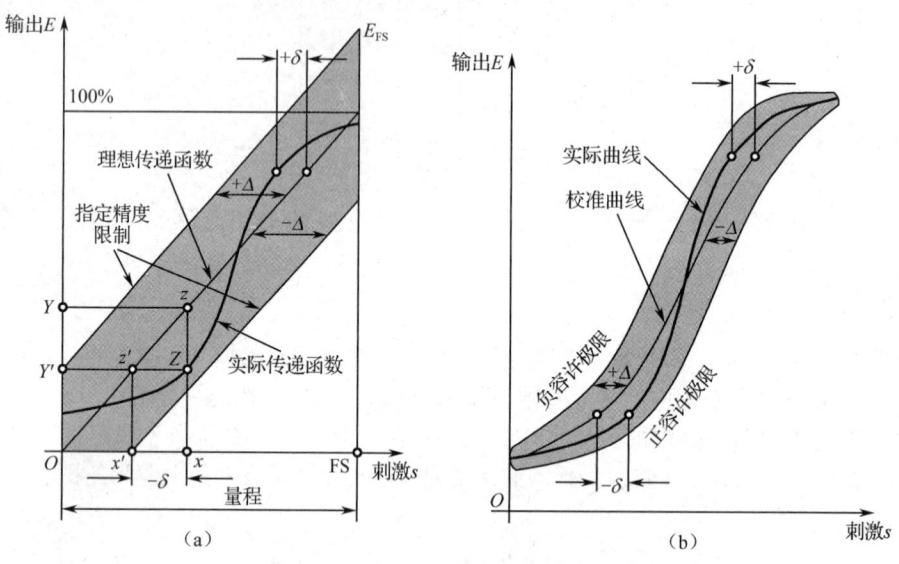

图2.6 以输入值表示传感器的精度

在现代传感器中，精度通常被代表更全面的不确定度所取代，因为不确定度包含所有的系统性和随机性的扭曲效应。通常不准确度（准确性）被定义为最大误差、典型误差或平均误差，包括以下三种形式。

（1）直接刺激的测量值（Δ）。

这种形式适用于误差与输入信号大小无关的情况，通常与加性噪声、系统偏差或其他的误差源（如校准、制造公差等）有关。例如，温度传感器的误差可表示为0.15℃。

（2）满量程的百分比。

几乎所有的传感器都必须确定输入范围，这种形式对于具有非线性传递函数的传感器并不适用，除非指定一个较小的准线性范围。例如，温度风速计的响应可以用平方根函数来模拟，即在低流速时灵敏度较高，而在高流速时灵敏度较低。假设传感器的量程为3000fpm（1fpm=0.00508m/s），精度为满量程的3%，也就是90fpm。但在测量低流速，如30fpm～100fpm时，尽管90fpm的满量程误差看起来很大，但实际上是由非线性原因产生的误导。

（3）测量信号的百分比。

测量信号的百分比是一种乘法误差表示方法，误差幅度显示为信号幅度的一部分，适用于具有高度非线性传递函数的传感器。以温度风速计为例，对于低流速范围，测量信号的3%更为实用，因为它仅为几英尺每分钟，而对于高流速范围，它将达到几十英尺每分钟。不过，一般不建议使用这种形式，因为误差通常会随刺激而变化。更合理的做法是将整个非线性跨度分解成更小的准线性部分。

在输出信号方面，采用数字输出格式的传感器非常有用，因为其误差可以用最低有效位（LSB）单位来表示。

2.1.6 灵敏度

灵敏度（Sensitivity）是传感器在稳态下的输出量变化对输入量变化的比值，用S_n来表示，即

$$S_n = \frac{\text{输出量的变化}}{\text{输入量的变化}} = \frac{dy}{dx}$$

对线性传感器而言,其灵敏度就是其静态特性曲线的斜率。非线性传感器的灵敏度为变量,曲线越陡峭,灵敏度越大;曲线越平坦,灵敏度越小。图2.7(a)和图2.7(b)分别对应线性测量系统和非线性测量系统的灵敏度,灵敏度的三种特征曲线如图2.7(c)、图2.7(d)和图2.7(e)所示。

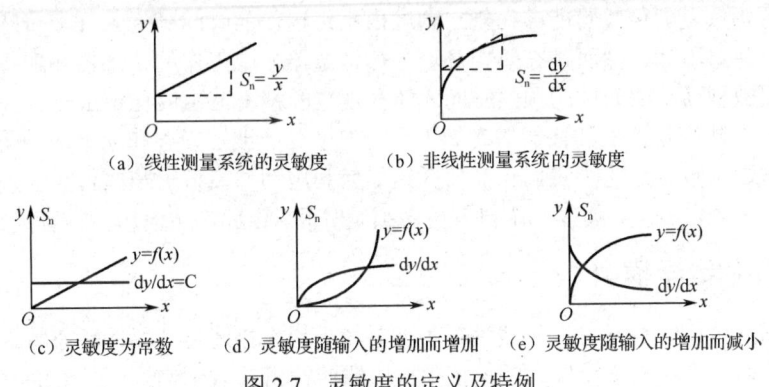

图 2.7 灵敏度的定义及特例

2.1.7 漂移

漂移(Drift)是指在输入量不变的情况下,传感器的输出量随时间变化的现象,漂移将影响传感器的稳定性或可靠性(Stability or Reliability)。产生漂移的原因主要有两个:一是传感器自身的结构参数发生变化,如零点漂移(简称零漂),它是指在规定条件下,当输入恒定时,规定时间内的输出在标称范围最低值处(零点)的变化;二是在测试过程中周围环境(如温度、湿度、压力等)发生变化,在这种情况下最常见的是温度漂移(简称温漂),它是由周围环境温度变化引起的输出变化,温度漂移通常用传感器在工作环境温度偏离标准环境温度(一般为20℃)时输出值的变化量与温度的变化量之比来表示。

2.1.8 饱和度与死区

每个传感器都有其工作极限,即使是线性传感器,在某些输入水平下,其输出信号也不再具有响应性,进一步增加输入也不会产生理想的输出,这种现象被称为端点非线性过饱和,如图2.8(a)所示。

死区是指传感器在特定输入信号范围内的不灵敏度[见图2.8(b)]。在该范围内,输出可能维持在某一固定数值附近(通常为零)。

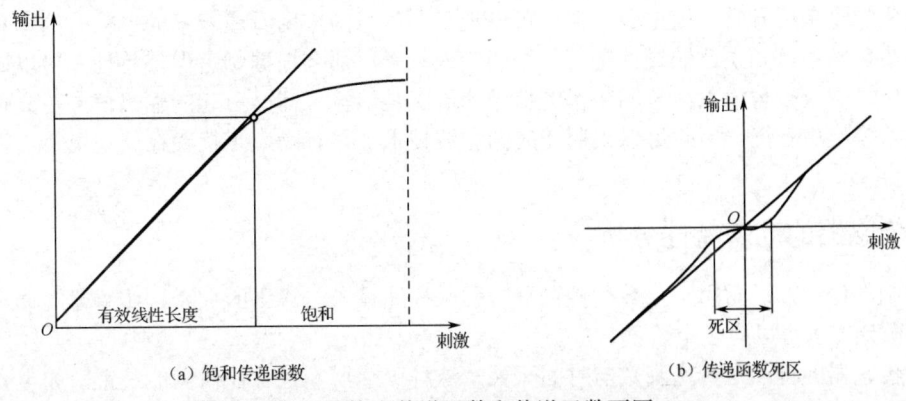

图 2.8 饱和传递函数和传递函数死区

2.2 传感器的动态特性

当输入激励的速度随时间变化时,传感器无法即时对激励源做出响应,其响应也无法立即随之变化,此时,传感器的性能可以用一种随时间变化的特性来表征,即动态特性。在动态控制系统中,传感器可能会在对激励做出响应时出现延迟,导致错误的振荡现象。预热时间是指从传感器或激励信号开始供电到传感器能够在规定精度内正常运作的时间延迟。许多传感器的预热时间极为短暂,可以忽略不计,然而,在热控环境(如恒温器)中工作的传感器和配备加热器的化学传感器可能需要数秒乃至数分钟的预热时间才能在规定的精度范围内稳定工作。

传感器的数学建模是评估其性能的有力工具,建模可能涉及静态和动态两种响应,模型通常涉及传感器的传递函数。在此,我们将简要介绍如何利用动态模型对某些传感器进行动态评估。动态模型可能有多个自变量,其中一个自变量必须是时间,由此产生的模型被称为集合参数模型。

2.2.1 传感器的数学模型

在工程测试实践中,通常可以用线性时不变系统理论来描述传感器的动态特性。在数学上可以用常系数线性微分方程表示线性定常系统中传感器的输出量 $y(t)$ 与输入量 $x(t)$ 的关系:

$$a_n \frac{d^n y}{dt^n} + a_{n-1} \frac{d^{n-1} y}{dt^{n-1}} + \cdots + a_1 \frac{dy}{dt} + a_0 y = b_m \frac{d^m x}{dt^m} + b_{m-1} \frac{d^{m-1} x}{dt^{m-1}} + \cdots + b_1 \frac{dx}{dt} + b_0 x \tag{2-8}$$

式中,$a_n, \cdots, a_0$ 和 $b_m, \cdots, b_0$ 是与系统结构参数有关的常数。

线性定常系统有两个重要的性质:叠加性和频率保持特性。

叠加性就是设 $x(t)$ 为输入,$y(t)$ 为输出,若

$$\begin{aligned} x_1(t) &\rightarrow y_1(t) \\ x_2(t) &\rightarrow y_2(t) \end{aligned} \tag{2-9}$$

则

$$[x_1(t) \pm x_2(t)] \rightarrow [y_1(t) \pm y_2(t)] \tag{2-10}$$

根据叠加性,当一个系统有 N 个激励信号同时作用时,其响应就等于这 N 个激励信号单独作用时系统的响应之和,即各个输入所引起的输出是互不影响的。因此,在分析时,可以将一个复杂的激励信号分解成若干个简单的激励信号,然后求出系统的响应之和。

频率保持特性是指当线性定常系统的输入为某一频率的简谐(正弦或余弦)信号 $x(t) = X_0 \cos(\omega t)$ 时,系统的稳态输出必定是与输入同频率的简谐信号,即 $y(t) = Y_0 \cos \omega t + \varphi_0$,但其幅值和初始相位可能发生变化。

线性定常系统的这两个性质在工程测试中具有重要意义:当检测系统的输入信号是由多个信号叠加而成的复杂信号时,根据叠加性,可以把复杂信号的作用看成若干简单信号的单独作用之和,从而简化问题。如果已知线性定常系统的输入频率,那么根据频率保持特性,可以确定该系统的输出信号中只有与输入信号同频率的信号才可能是该输入信号引起的输出信号,其他频率的输出信号都是噪声干扰,因此可以采用相应的滤波技术,在有噪声干扰存在的情况下,把有用的信息提取出来。

2.2.2 传感器的动态特性分析

在控制理论中,通常用常系数线性微分方程来描述输入与输出的关系,传感器的动态(随时间变化)微分方程可以有多个阶次。

零阶传感器的特点是传递函数与时间无关,这种传感器不包含任何储能装置,如电容器。零阶传感器能瞬间做出响应,换句话说,这种传感器不需要指定任何动态特性。

对一阶传感器（包含一个储能元件的传感器）而言，其输入 $s(t)$ 和输出 $E(t)$ 之间的关系可以用一阶微分方程来表示：

$$b_1 \frac{\mathrm{d}E(t)}{\mathrm{d}t} + b_0 E(t) = s(t) \tag{2-11}$$

在探讨一阶传感器时，以温度传感器为例，该传感器的能量存储特性主要体现为封装内部的热容量。

一阶传感器的动态特性可由制造商以各种方式测定。最典型的是频率响应，该特性规定了传感器对激励变化的响应速率，频率响应以赫兹或弧度每秒为单位，以说明在某一频率的信号激励下输出信号的相对衰弱程度［见图 2.9（a）］。常用的衰减数值（频率限制）为-3dB，此数值表示在某种频率下输出电压（或电流）下降约 30%。频率响应极限通常称为截止频率上限，即传感器可以处理的最高频率。

频率响应与速度响应直接相关，速度响应用单位时间内的输入刺激表示。

另一种表示速度响应的方法是，当受到阶跃信号激励时，传感器的输出达到任意（如 63% 或 90%）稳定状态或最大响应水平所需的时间。对于一阶响应，使用时间常数非常方便，也很容易测量。时间常数 τ 是传感器惯性的量度，在电气领域，时间常数是电容和电阻的乘积：$\tau=CR$；在热学领域，时间常数可以用热容量、热导率或热阻来代替。

式（2-11）的解给出了一阶系统的时间响应：

$$E = E_\mathrm{m}\left(1 - \mathrm{e}^{-\frac{t}{\tau}}\right) \tag{2-12}$$

式中，E_m 为稳态稳定输出；t 为时间；e 为自然常数。

将 $t=\tau$ 代入，得

$$\frac{E}{E_\mathrm{m}} = 1 - \frac{1}{\mathrm{e}} \approx 0.6321 \tag{2-13}$$

这意味着在经过等于一个时间常数的时间后，传感器的响应大约达到其稳态水平的 63%；经过等于两个时间常数的时间后，传感器的响应将达到其稳态水平的 86.5%；而经过等于三个时间常数的时间后，传感器的响应将攀升到其稳态水平的 95%。

截止频率表示传感器能处理的最低或最高激励频率，截止频率上限表示传感器的反应速度，而截止频率下限则显示了传感器如何处理变化缓慢的激励。图 2.9 所示为传感器在截止频率上限和下限都受到限制时的响应。

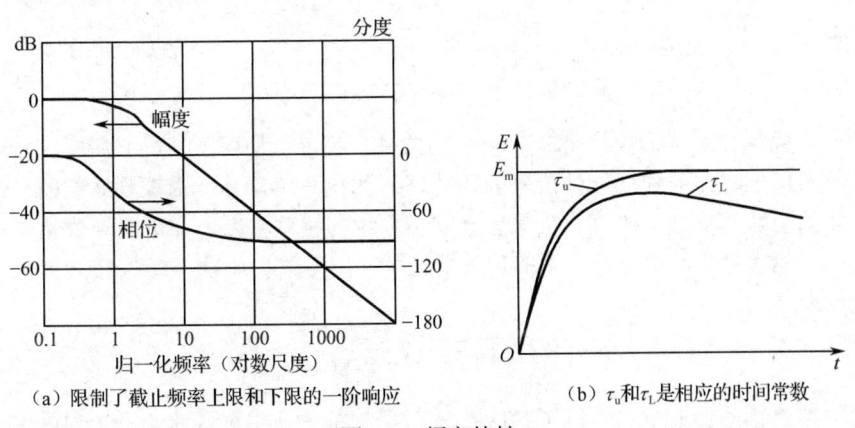

(a) 限制了截止频率上限和下限的一阶响应　　(b) τ_u 和 τ_L 是相应的时间常数

图 2.9　频率特性

根据经验，可以用一个简单的公式表示一阶传感器的截止频率 f_c（上限和下限）与时间常数之间的关系：

$$f_c \approx \frac{0.159}{\tau} \tag{2-14}$$

式（2-11）可改写为

$$\tau \cdot \frac{dE(t)}{dt} + E(t) = S_n \cdot s(t) \tag{2-15}$$

式中，τ 是传感器的时间常数（具有时间量纲）；S_n 是传感器的灵敏度。S_n 只起着使输出量增加 S_n 倍的作用，为方便起见，令 $S_n=1$。

一阶传感器的传递函数、频率响应特性、幅频特性、相频特性如下。

传递函数：

$$H(s) = \frac{1}{\tau \cdot s + 1}$$

频率响应特性：

$$H(j\omega) = \frac{1}{\tau(j\omega) + 1}$$

幅频特性：

$$A(\omega) = \frac{1}{\sqrt{1 + (\omega\tau)^2}}$$

相频特性：

$$\varphi(\omega) = -\tan^{-1}(\omega\tau)$$

图 2.10 所示为一阶传感器的频率特性曲线。时间常数 τ 越小，$A(\omega)$ 越接近于常数 1，$\varphi(\omega)$ 越接近于 0，频率响应特性越好。当 $\omega\tau \ll 1$ 时，$A(\omega) \approx 1$，输出与输入的幅值几乎相等，这表明传感器的输出与输入为线性关系。当 $\varphi(\omega)$ 很小时，$\tan(\varphi) \approx \varphi$，$\varphi(\omega) \approx -\omega\tau$，相位差与频率 ω 呈线性关系。

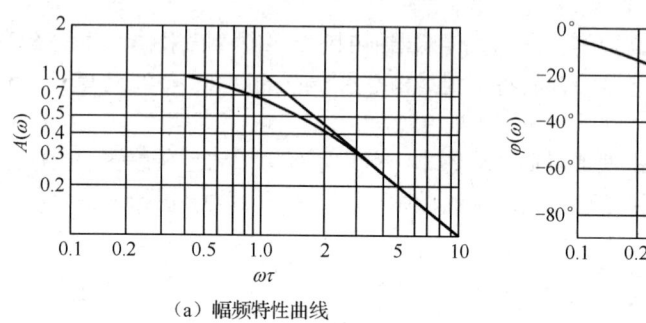
（a）幅频特性曲线

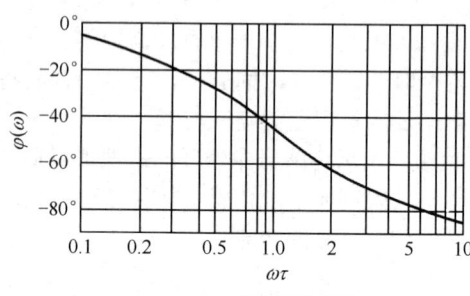
（b）相频特性曲线

图 2.10　一阶传感器的频率特性曲线

特定频率下的相移表示输出信号落后于激励信号的程度，如图 2.9（a）所示。相移以度或弧度为单位，通常用于描述处理周期性信号的传感器。如果传感器是反馈控制系统的一部分，那么对其相位特性的了解就非常重要，相位滞后会减小系统的相位裕度，并可能导致整体不稳定。

对二阶传感器（包含两个储能元件的传感器）而言，其输入 $s(t)$ 和输出 $E(t)$ 之间的关系可以用二阶微分方程来表示：

$$b_2 \frac{d^2 E(t)}{dt^2} + b_1 \frac{dE(t)}{dt} + b_0 E(t) = s(t) \tag{2-16}$$

典型二阶传感器的传递函数、频率响应特性、幅频特性、相频特性如下（为讨论方便，令传感器的静态灵敏度为 1，即系数 $b_0 = a_0$）。

传递函数：

$$H(s)=\frac{\omega_n^2}{s^2+2\zeta\omega_n s+\omega_n^2}$$

频率响应特性：

$$H(j\omega)=\frac{1}{\left[1-\left(\frac{\omega}{\omega_n}\right)^2\right]+2j\zeta\left(\frac{\omega}{\omega_n}\right)}$$

幅频特性：

$$A(\omega)=\frac{1}{\sqrt{\left\{\left[1-\left(\frac{\omega}{\omega_n}\right)^2\right]+4\zeta^2\left(\frac{\omega}{\omega_n}\right)^2\right\}}}$$

相频特性：

$$\varphi(\omega)=-\tan^{-1}\frac{2\zeta\left(\frac{\omega}{\omega_n}\right)}{1-\left(\frac{\omega}{\omega_n}\right)^2}$$

式中，$\omega_n=\sqrt{a_0/a_2}$（传感器的固有角频率）；$\zeta=\dfrac{a_1}{2\sqrt{a_0 a_2}}$（传感器的阻尼系数）。

图 2.11 所示为二阶传感器的频率特性曲线。传感器频率响应特性的好坏主要取决于传感器的固有角频率 ω_n 和阻尼系数 ζ。当 $0<\zeta<1$ 时，$A(\omega)\approx 1$（常数），$\varphi(\omega)$ 很小，$\varphi(\omega)\approx -2\zeta\dfrac{\omega}{\omega_n}$，即相位差与频率 ω 呈线性关系，此时，系统的输出 $E(t)$ 真实准确地再现了输入 $s(t)$ 的波形。在 $\omega=\omega_n$ 附近，系统发生共振，幅频特性受阻尼系数的影响极大，在实际测量时应避免这种情况发生。通过上面的分析可得出结论：为了使测试结果能精确地再现被测信号的波形，在设计传感器时，必须使其阻尼系数 $\zeta<1$，固有角频率 ω_n 至少应大于被测信号频率 ω 的 3～5 倍，即 $\omega_n\geq(3\sim 5)\omega$。在实际测试中，当被测量为非周期信号时，可将其分解为各次谐波，在选用和设计传感器时，保证传感器的固有角频率 ω_n 不低于被测信号基频 ω 的 10 倍即可，即 $\omega_n\geq 10\omega$。

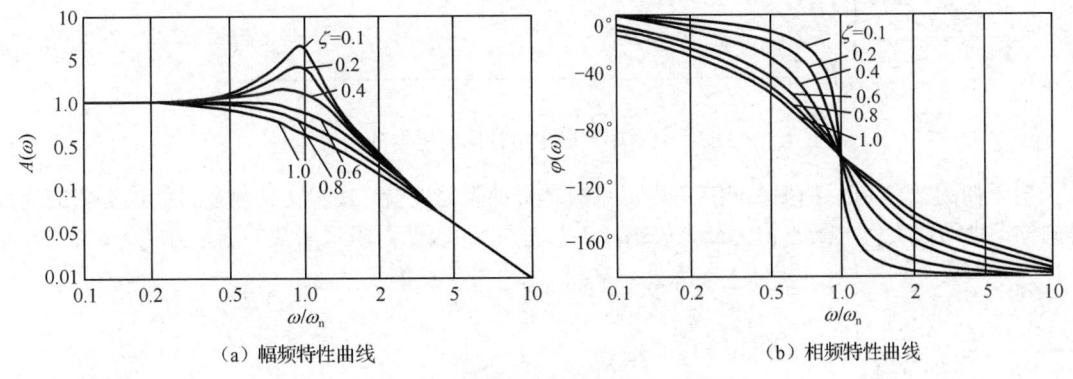

(a) 幅频特性曲线　　(b) 相频特性曲线

图 2.11　二阶传感器的频率特性曲线

二阶传感器的典型实例是含有惯性质量和弹簧的加速度计。

二阶响应适用于其响应包含周期信号的传感器，这种周期性响应（称为传感器的阻尼）可能非常短暂，也可能持续较长时间，甚至可能发生连续振荡。

任何二阶传感器都有固有（共振）频率，这是一个以赫兹或弧度每秒为单位的量。固有频率显示了传感器的输出信号大幅增加而激励没有增加的位置，当传感器的输出表现符合二阶响应的标准曲线时，传感器的制造商就会说明传感器的固有频率和阻尼比。传感器的固有频率可能与传感器的机械特性、热特性或电特性有关。一般来说，传感器的工作频率应远低于（至少低于60%）或高于其固有频率，不过，对某些传感器来说，其固有频率就是其工作频率。图2.12所示为具有不同截止频率的传感器的响应。

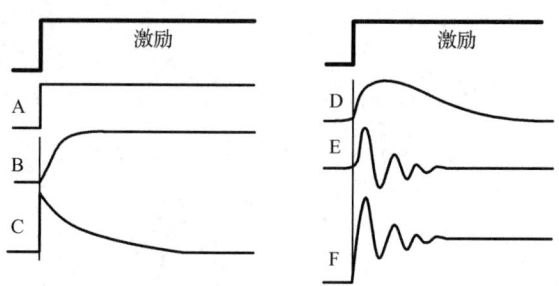

A—无上限、下限截止频率的动态响应；B—一阶限制上限截止频率的动态响应；C—一阶限制下限截止频率的动态响应；
D—一阶限制上限和下限截止频率的动态响应；E—窄带宽响应（共振）；F—带共振的宽带宽响应。

图2.12 响应的类型

传感器的阻尼可以逐步减少或抑制传感器中高于一阶响应的振荡。如图2.13所示，若传感器的响应速度很快，但没有发生过冲，则称为临界阻尼响应；若发生过冲，则称为欠阻尼响应；若传感器的响应速度慢于临界值，则称为过阻尼响应。阻尼比是二阶线性传感器的实际阻尼与其临界阻尼之比，传感器的阻尼可由具有黏性的特殊部件（阻尼器）来实现，如流体（空气、油、水）。

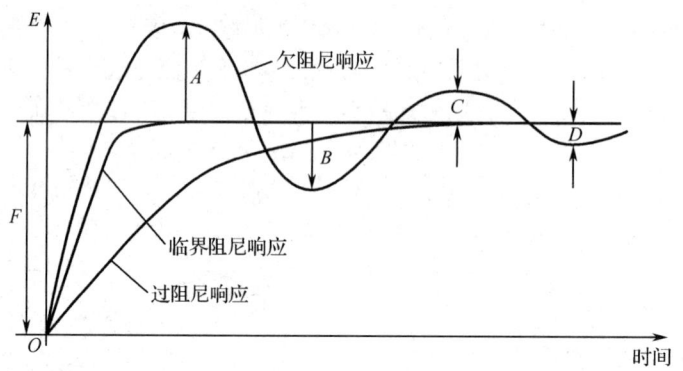

图2.13 具有不同阻尼特性的传感器的响应

对于如图2.13所示的振荡响应，阻尼系数是一种阻尼度量，用输出信号在最终稳态值的连续反向摆动中的最大值与最小值之商来表示（不带符号）。因此，阻尼系数的测量方法为

$$\text{Damping Factor} = \frac{F}{A} = \frac{A}{B} = \frac{B}{C} = \cdots \tag{2-17}$$

2.2.3 传递函数

对式（2-8）进行拉氏变换，并假设输入 $x(t)$ 和输出 $y(t)$ 及其各阶时间导数的初始值（当 $t=0$ 时）为 0，得

$$Y(s)(a_n s^n + \cdots + a_1 s + a_0) = X(s)(b_m s^m + \cdots + b_1 s + b_0) \tag{2-18}$$

变形后得到传递函数：

$$H(s) = \frac{L[y(t)]}{L[x(t)]} = \frac{Y(s)}{X(s)} = \frac{b_m s^m + b_{m-1} s^{m-1} + \cdots + b_1 s + b_0}{a_n s^n + a_{n-1} s^{n-1} + \cdots + a_1 s + a_0} \quad (2\text{-}19)$$

式中，$s = \beta + j\omega$。式（2-19）的右边是一个与输入 $x(t)$ 无关的表达式，只与系统的结构参数 a、b 有关，正如前文所言，传感器的输入-输出关系特性是传感器内部结构参数作用关系的外部表现。

2.2.4 频率响应函数

对于稳定的常系数线性系统，可用傅里叶变换代替拉氏变换，相应地，有

$$H(j\omega) = \frac{Y(j\omega)}{X(j\omega)} = \frac{b_m (j\omega)^m + b_{m-1} (j\omega)^{m-1} + \cdots + b_1 (j\omega) + b_0}{a_n (j\omega)^n + a_{n-1} (j\omega)^{n-1} + \cdots + a_1 (j\omega) + a_0} = \text{Re}[H(j\omega)] + \text{Im}[H(j\omega)] \quad (2\text{-}20)$$

式中，$\text{Re}[H(j\omega)]$ 为 $H(j\omega)$ 的实部；$\text{Im}[H(j\omega)]$ 为 $H(j\omega)$ 的虚部。

$H(j\omega)$ 称为传感器的频率响应函数。它是传递函数的一个特例，即 $s = j\omega(\beta = 0)$。

通常，频率响应函数 $H(j\omega)$ 是一个复函数，其指数形式为

$$H(j\omega) = A(\omega) e^{j\varphi(\omega)}$$

频率响应函数的模（称为传感器的幅频特性）：

$$A(\omega) = |H(j\omega)| = \sqrt{\{\text{Re}[H(j\omega)]\}^2 + \{\text{Im}[H(j\omega)]\}^2}$$

频率响应函数的相角（称为传感器的相频特性）：

$$\varphi(\omega) = \tan^{-1} \frac{\text{Im}[H(j\omega)]}{\text{Re}[H(j\omega)]}$$

2.2.5 传感器的瞬态响应

传感器的动态特性除了用频域中的频率特性来评价，也可以用时域中的瞬态响应和过渡过程进行分析，阶跃信号、冲激信号和斜坡信号都是常用的激励信号。

下面着重讨论传感器的阶跃响应。

对传感器而言，输入阶跃信号既简单易行，又能充分揭示传感器的动态特性，故而常采用阶跃信号对传感器进行测试。

设单位阶跃信号为

$$x(t) = \begin{cases} 0 & t < 0 \\ 1 & t \geq 0 \end{cases}$$

如图 2.14 所示，则其拉氏变换为

$$X(s) = L[x(t)] = \int_0^\infty x(t) e^{-st} dt = \frac{1}{s} \quad (2\text{-}21)$$

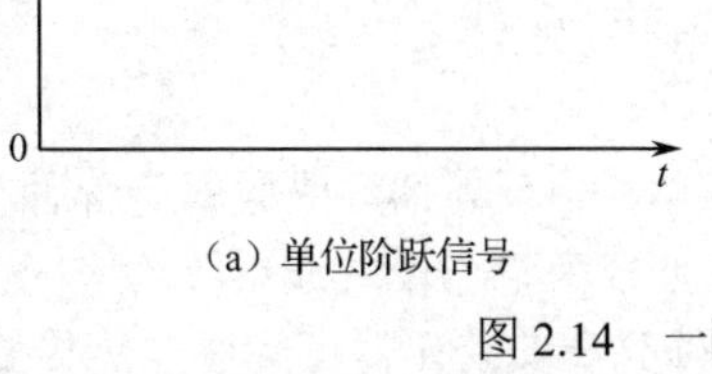

(a) 单位阶跃信号 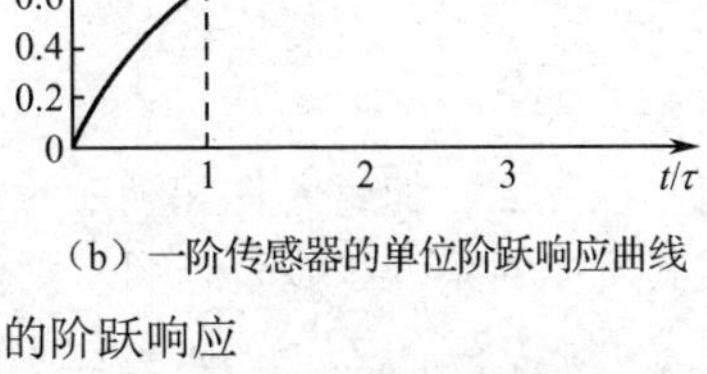　　(b) 一阶传感器的单位阶跃响应曲线

图 2.14　一阶传感器的阶跃响应

对应于不同 ζ 值的二阶传感器的单位阶跃响应曲线如图 2.15 所示。由图可知，在 ζ 值一定的情况下，欠阻尼系统比临界阻尼系统更快地到达稳态值，过阻尼系统反应迟钝，动作缓慢。所以

阻尼比是设计和选用传感器时应该考虑的一个重要参数。一般的传感器系统都设计成欠阻尼系统，ζ 的取值一般为 0.6～0.8。

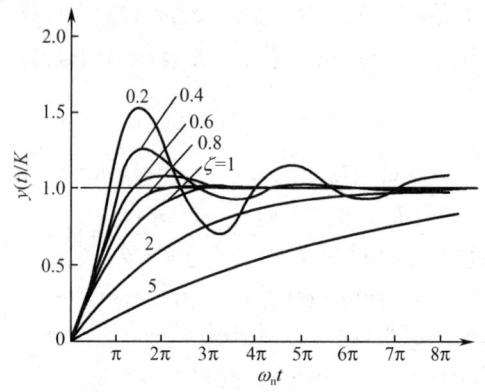

图 2.15　二阶传感器的单位阶跃响应曲线

二阶传感器在单位阶跃激励下的稳态输出误差为零。但是二阶传感器的响应在很大程度上取决于阻尼比 ζ 和固有频率 ω_n。二阶传感器的固有频率由其主要的结构参数决定，ω_n 越大，其响应越快。阻尼比则直接影响超调量和振荡次数。当 $\zeta=0$ 时，超调量为 100%，系统将持续不停地振荡下去，达不到稳态。当 $\zeta>1$ 时，二阶传感器等同于两个串联的一阶传感器，此时系统虽然不产生振荡（不发生超调），但是需要经过较长的时间才能达到稳态。若阻尼比 ζ 选为 0.6～0.8，则最大超调量为 2.5%～10%。当允许动态误差为 2%～5%时，其调整时间最短，为 $(3\sim 4)/(\zeta\omega_n)$，这也是很多传感器（测试系统）在设计时常把阻尼比 ζ 选在此区间的理由之一。

2.2.6　传感器元件的动态模型

2.2.6.1　机械元件

机械元件由带有弹簧和阻尼器的质量块或惯性块组成。阻尼通常是黏性的，对于直线运动，保持力与速度成正比；对于旋转运动，保持力与角速度成正比。此外，弹簧或轴施加的力或扭矩通常与位移成正比。

获取运动方程最简单的方法之一是先将每个质量块或惯性块分离出来，将其视为自由体。然后假定每个自由体都从其平衡位置开始产生位移，且作用于自由体上的力或力矩将驱使其回到平衡位置。最后将牛顿第二定律应用于每个自由体，即可得出所需的运动方程。

对于直角坐标系，牛顿第二定律表明，在单位制一致的情况下，力的总和等于质量乘以加速度。在国际单位制中，力的单位是牛顿（N），质量的单位是千克（kg），加速度的单位是米每二次方秒（m/s^2）。

对于旋转系统，牛顿第二定律变为：力矩之和等于惯性力矩乘以角加速度。力矩或扭矩的单位是牛米（N·m），转动惯量的单位是千克每平方米（kg/m^2），角加速度的单位为弧度每二次方秒（rad/s^2）。

2.2.6.2　热元件

热元件包括散热器、加热元件和制冷元件、绝缘体、热反射器和吸收器等部件。若热量对传感器的性能或其所在的系统有显著影响，则传感器应被视为整个设备或系统的组成部分，而不能单独对其进行分析。传感器设计必须考虑到传感器的外壳和安装元件可能通过热传导、空气对流，以及与其他物体的辐射热交换等方式与环境进行热量交换。

热量可以通过三种方式传递：热传导、热对流和热辐射。对于简单的集合参数模型，热力学第一定律可用于确定物体的温度变化，物体内能的变化等于流入物体的热量减去流出物体的热量，就像液体通过管道进出水箱一样。这种平衡可以表示为

$$C\frac{dT}{dt} = \Delta Q \tag{2-22}$$

式中，$C=Mc$ 是物体的热容量（J/K），M 是物体的质量（kg），c 是材料的比热容 [J/（kg·K）]；T 是温度（K）；ΔQ 是热流速率（W）。通过物体的热流速率是物体热阻的函数，通常假定为线性的，因此

$$\Delta Q = \frac{T_1 - T_2}{r} \tag{2-23}$$

式中，r 为热阻（K/W）；$T_1 - T_2$ 为元件上的温度梯度（考虑热传导）。

为便于说明，我们分析一个具有温度 T_h 的加热元件（见图 2.16）。该元件上涂有绝缘层，周围空气的温度为 T_a，Q_1 为元件的供热率，Q_0 为热量的损失率。根据式（2-22），我们可以得到

$$C\frac{dT_h}{dt} = Q_1 - Q_0 \tag{2-24}$$

根据式（2-23），有

$$Q_0 = \frac{T_h - T_a}{r} \tag{2-25}$$

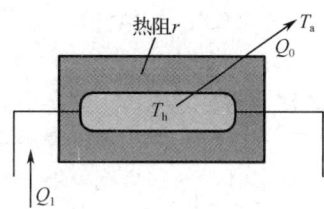

图 2.16 加热元件的热模型

由此，我们得到了一个微分方程：

$$\frac{dT_h}{dt} + \frac{T_h}{rC} = \frac{Q_1}{C} + \frac{T_a}{rC} \tag{2-26}$$

这是一个典型的热力系统的一阶微分方程。热敏元件在未集成至带有反馈回路的控制系统中时，本质上是稳定的。简单热敏元件的响应可以用热时间常数来表征，热时间常数等于热容量和热阻的乘积，即 $\tau_T = Cr$。热时间常数以秒（s）为单位，对被动冷却元件而言，热时间常数等于达到初始温度梯度的 63% 所需的时间。

2.2.6.3 电气元件

有三种基本的电气元件：电容器、电感器和电阻器。对于理想化元件，描述传感器行为的方程可以通过基尔霍夫定律获得，而基尔霍夫定律则基于能量守恒定律。

基尔霍夫电流定律：流向一个节点的总电流等于从该节点流出的总电流，即流过一个节点的电流的代数和为零。

基尔霍夫电压定律：在闭合电路中，电路各部分电压的代数和等于外加电流的代数和。

假设有一个传感器，其带有电阻、电容和电感元件的电路图如图 2.17 所示。

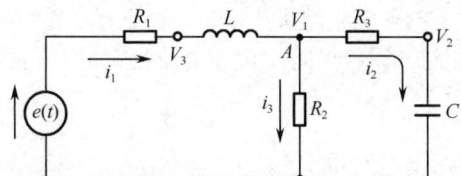

图 2.17 带有电阻、电容和电感元件的电路图

为了确定电路方程，使用基尔霍夫电流定律。对于节点 A，有

$$i_1 - i_2 - i_3 = 0 \tag{2-27}$$

对于支路电流，有

$$i_1 = \frac{e - V_3}{R_1} = \frac{1}{L}\int(V_3 - V_1)dt$$

$$i_2 = \frac{V_1 - V_2}{R_3} = C\frac{dV_2}{dt} \tag{2-28}$$

$$i_3 = \frac{V_1}{R_2}$$

将式（2-28）代入式（2-27），得到方程：

$$\frac{V_3}{R_1} + \frac{V_1 - V_2}{R_3} + 2\frac{V_1}{R_2} + C\frac{dV_2}{dt} - \frac{1}{L}\int(V_3 - V_1)dt = \frac{e}{R_1} \tag{2-29}$$

式中，e/R_1 为强制输入；可测量的输出为 V_1、V_2 和 V_3。要得出上述方程，必须指定三个变量 i_1、i_2 和 i_3，并推导出三个电路方程。通过应用式（2-27）的约束条件 $i_1 - i_2 - i_3 = 0$，可以将三个电路方程整合为一个表达式。请注意，该表达式中的每个元素都有电流单位（安培）。

2.2.6.4 相似性

机械元件、热元件和电气元件系统的动态行为是相似的。例如，可以将机械元件或热元件系统转换为等效电路，并利用基尔霍夫定律对电路进行分析。对于机械元件，我们使用牛顿第二定律；对于热元件，我们使用牛顿冷却定律。在实际评估、分析传感器与物体和环境的机械界面或热界面时，这些类比可能非常有用。

2.2.7 平均失效时间

可维修电子设备在役期间的可靠性是通过平均故障间隔时间（MTBF）来衡量的，其计算方法可参考 MIL-HDBK-217 标准。由于传感器通常是不可修复的，出现故障后可以直接更换，因此，用平均失效时间（MTTF）来描述传感器发生故障前的平均工作时间更为方便，MTTF 的计算公式为

$$\text{MTTF} = \frac{1}{n}\sum_{i=1}^{n}(t_{fi} - t_{0i}) \tag{2-30}$$

式中，t_0 为测试开始时间；t_f 为故障时间；n 为被测传感器的总数；i 为被测传感器的编号。MTTF 测试应在极端运行条件下进行，等被测传感器运行到失效，再计算被测传感器失效前的平均工作时间。

2.2.8 不确定度

任何测量系统都由包括传感器在内的许多部件组成，测量系统中的所有组件都会产生由环境因素和老化过程引起的漂移。外部干扰可能侵入测量系统，导致其性能发生改变并影响其输出信号。人为因素几乎始终存在，虽然制造商始终致力于确保工艺的统一性和一致性，但现实情况是，生产出的零件难以完全达到预期，其性能也存在不确定性。因此，无论测量过程多么精确，都只是对被测量的真实值的近似或估计。只有对测量结果的不确定性进行定量说明，测量结果才算完整。

在真实条件下进行单次测量（采样）时，传感器的测量值 s' 与被测量的真实值 s 有一定的差异，此测量误差可以表示为

$$\delta = s' - s \tag{2-31}$$

式（2-31）所定义的测量误差与不确定度之间存在区别。测量误差在一定程度上可以通过修正系统误差来补偿，修正后的结果可能非常接近未知的真实值，因此测量误差非常小。然而，测量误差很小，测量的不确定度却可能非常大，因为我们无法真正相信测量误差确实那么小。换句话说，测量误差是我们测量时不可知的结果，而不确定度则是我们认为测量误差可能有多大。

国际计量衡委员会（CIPM）认为，不确定度由许多因素组成，可分为以下两类。

A 类标准不确定度：通过统计方法评定的不确定度。

B 类标准不确定度：通过其他方法评定的不确定度。

这种划分并不明确，两类不确定度之间的界限也有些模糊。一般来说，A 类标准不确定度来自随机效应，而 B 类标准不确定度来自系统效应。A 类标准不确定度通常用标准偏差 σ_i 表示，其值等于统计估计方差 σ_i^2 的算术平方根。对于通过 A 类评定方法得到的单个不确定度分量，其标准不确定度记为 $u_i = \sigma_i$，表示对测量结果的总不确定度产生影响的各个独立分量，A 类标准不确定度的评估可以基于任何有效的数据处理统计方法，例如，使用最小二乘法计算一系列独立观测值平均值的标准偏差。

对 B 类标准不确定度的评估通常基于科学判断，利用所有可获得的相关信息，例如以下几类信息。

（1）以前的测量数据。
（2）有关传感器、材料和仪器特性的经验或一般知识。
（3）制造商的说明书。
（4）校准期间获得的数据和其他报告。
（5）从手册和指南中获取的参考数据。

想要获取有关标准不确定度评估和说明的详细指导，可参阅专业书籍。

在评估 A 类标准不确定度和 B 类标准不确定度时，应该将它们合并起来，以表示合并的标准不确定度。这可以通过合并标准偏差的传统方法来实现。这种方法通常被称为不确定度传播定律，通俗地讲就是平方根求和法或统计平方公差法，用于合并作为标准偏差估算的不确定度分量：

$$u = \sqrt{u_1^2 + u_2^2 + \cdots + u_i^2 + \cdots + u_n^2} \tag{2-32}$$

式中，n 是不确定度计算中标准不确定度的数量。

表 2.2 所示为热敏电阻温度计的标准不确定度。在编制这样的表格时，不仅要注意传感器的标准不确定度，还要注意接口仪器、实验装置和测量对象的标准不确定度，需要考虑温度、湿度、大气压力、电源变化及传输噪声、老化等因素。单次测量可能非常精确，但这并不能保证测量值就是准确的。如果进行足够多次的测量，那么有可能观察到单个误差远大于标准偏差。不确定度通常不具有明确的上限或下限。

表 2.2 热敏电阻温度计的标准不确定度

	不确定因素来源	标准不确定度/℃	类　　型
校准传感器	参考温度源	0.03	A
	参考源与传感器之间的耦合	0.02	A
测量误差	重复观测	0.02	A
	传感器的固有噪声	0.01	A
	放大器噪声	0.005	A
	数字电压表的误差	0.005	A
	传感器老化	0.025	B
	连接线的热损耗	0.0015	A
	传感器惯性导致的动态误差	0.005	B
	传输噪声	0.02	A
	传递函数误差	0.02	B
环境漂移	电压基准	0.01	A
	桥式电阻器	0.01	A
	A/D 电容器的介质吸收	0.005	B
	数字分辨率	0.01	A
	综合标准不确定度	0.062	

2.2.9 环境因素

存储条件是指传感器在规定时间内可承受的非工作环境限制,存储条件包括最高和最低存储温度及相应的最大相对湿度。根据传感器的性质,需要考虑存储的一些具体限制,如最大压力、特定气体或污染烟雾。

短期稳定性和长期稳定性是传感器精度规格的组成部分。短期稳定性反映了传感器在短时间内的性能波动,可以是几分钟、几小时,甚至几天内的变化。长期稳定性描述了传感器在更长时间尺度上的性能变化。长期稳定性可能是双向的,这意味着传感器的输出可能随时间增加或减少。其本质上是一种超低频噪声,会影响传感器输出的稳定性。

长期稳定性(老化)可能与传感器材料的退化有关,即材料的电气、机械、化学或热特性发生不可逆的变化。长期稳定性通常是单向的,发生的时间跨度相对较长,对用于精密测量的传感器来说很重要。老化在很大程度上取决于环境存储条件和操作条件、传感器部件与环境的隔离程度及制造传感器所使用的材料,老化现象是具有有机成分的传感器的典型现象,而使用无机材料制造的传感器不会出现老化问题。例如,与环氧树脂涂层热敏电阻相比,玻璃涂层金属氧化物热敏电阻的长期稳定性要好得多。

提高长期稳定性的方法是在极端条件下对传感器进行预老化,极端条件可以从低到高循环。例如,将传感器置于周期性地从冰点温度转到高温温度的环境中。这种加速老化能够提高传感器特性的稳定性和可靠性,因为通过预老化过程可以发现许多传感器的隐藏缺陷。例如,在校准热敏电阻并将其安装到产品中之前,将其放在 150℃ 的环境中预热一个月,可以提高热敏电阻的稳定性。

环境稳定是一项非常重要的要求,传感器的设计和应用应该考虑可能影响传感器性能的所有外部因素。以压电加速度计为例,若其受到环境温度骤变、静电放电、三电效应、连接电缆振动、电磁干扰(EMI)等因素的影响,则可能产生杂散信号。如果环境因素导致传感器的性能降低,则可能需要采取额外的纠正措施。例如,将传感器置于保护性外壳中、采用电气屏蔽方法、使用隔热材料或恒温器,以及采用差分设计。

传感器的设计和应用必须考虑温度的影响。传感器的工作温度范围是指传感器可以正常工作的温度范围,在此温度范围内传感器可以维持规定的精度。许多传感器的响应特性和传递函数会随着温度的变化而改变。为了补偿温度误差,通常会在传感器中安装特殊的补偿元件,误差带即适用于工作温度带的误差带,是规定热效应公差的最简单方法,温度带可分为若干个部分,而误差带则针对每个部分分别做出规定。例如,传感器在 0~50℃ 范围内的精度为±1%,在-20~0℃ 和 50~100℃ 范围内的精度为±2%,在超出这些范围(-20~150℃)后的精度为±3%。

温度的快速变化也会影响传感器的动态特性,特别是在采用黏性阻尼时,相对较快的温度变化可能会导致传感器产生杂散信号。当激励信号被传感器吸收并使其温度发生变化时,传感器的精度会受到影响从而产生自热误差。

2.3 传感器的标定与校准

为了保证传感器测量结果的可靠性与精确度,也为了保证测量的统一性、便于量值的传递,国家建立了各类传感器的检定标准,并设有标准测试装置和仪器作为量值传递基准,以便对新生产的传感器或使用过一段时间的传感器(其电气性能和机械性能会随时间变化,导致传感器的灵敏度降低等)的灵敏度、频率响应、线性度等进行校准(Calibration),以保证测量数据的可靠性。

我国传感器的标定过程一般分为三级精度:中国计量科学研究院进行的标定是一级精度的标准传递。在此处标定出的传感器叫作标准传感器,具有二级精度。用标准传感器对出厂的传感器和其他需要校准的传感器进行标定，得到的传感器具有三级精度，这就是我们在实际测试中使用的传感器。

2.3.1 校准误差

校准误差是指传感器在工厂中进行校准时允许存在的误差，这种误差是系统性的，即其对所有可能的实际传递函数产生影响。这种误差在量程范围内不一定是均匀分布的，可能会根据误差类型变化。例如，对图 2.18 所示的实际线性传递函数进行两点校准，为确定该函数的斜率和截距，传感器会受到 s_1 和 s_2 两种刺激，通过两个相应的输出信号 A_1 和 A_2 做出响应。

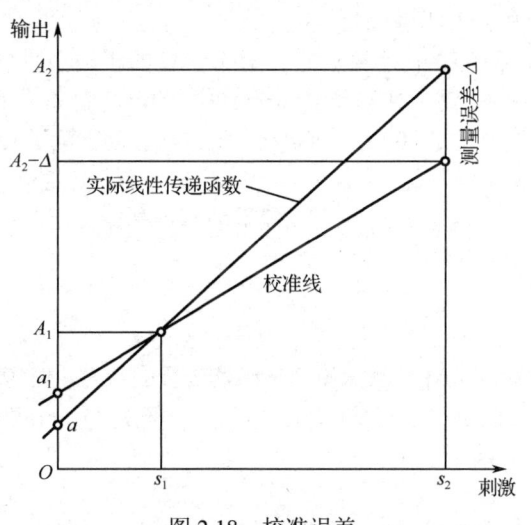

图 2.18　校准误差

假设第一个响应的测量绝对准确，而另一个响应的测量误差为 $-\Delta$，这会导致斜率和截距的计算误差。有误差的截距 a_1 将与真实截距 a 相差：

$$\delta_a = a_1 - a = \frac{\Delta}{s_2 - s_1} \tag{2-33}$$

而斜率的计算会产生误差：

$$\delta_b = -\frac{\Delta}{s_2 - s_1} \tag{2-34}$$

校准误差的另一个来源是参考基准，如果使用不精确的参考基准，那么不可能进行精确校准。因此，必须使用和维护可溯源至国家标准的高精度参考信号源或传感器。

2.3.2 极限测试

在极端条件下对传感器进行测试，可以推断出传感器的可靠性。一种极限测试方法（参见标准 MIL-STD-883）是将传感器放在最高允许温度环境中加载 1000 小时。然而，这种测试并不符合温度快速变化测试，以及湿度、电离辐射、冲击和振动等许多其他类型的测试的要求。

在传感器的设计阶段，极限测试有助于发现隐藏的问题。在极限测试中，传感器可能会受到一些环境因素的强烈影响，这些因素可能会改变传感器的性能，帮助设计人员发现传感器的隐藏缺陷。可能揭示这类问题的极限测试方法如下。

（1）高温/高湿环境，同时全电力驱动。例如，将传感器置于最高允许温度和 85%～90% 相对湿度（%RH）的环境中 500 小时，传感器在 85℃ 和 85%RH 相对湿度条件下更容易出现故障。这种测试有时被称为双 85 测试（温度-湿度偏差）。

（2）机械冲击和振动可用于模拟不利的环境条件，适用于评估电线的连接强度和环氧树脂的黏接强度等。传感器可通过跌落产生高加速度，应在不同轴向上进行跌落测试，应在传感器的固有频率范围内对其施加谐波振动。

（3）可模拟极端存储条件，例如，将传感器分别置于 100℃和-40℃的温度中至少 1000 小时。该测试模拟传感器的存储和运输条件，通常在非运行设备上进行，温度的上限和下限必须符合传感器的物理特性。例如，飞利浦公司过去生产的硫酸三甘肽（TGS）热释电传感器的居里温度为 60℃，接近或超过这一温度会永久性地破坏传感器的灵敏度。因此，这类传感器的温度绝对不能超过 50℃，并应在其包装材料上明确说明。

（4）热冲击或温度循环（TC）是将传感器置于交替的极端条件下。例如，可先将传感器在-40℃的温度中停留 30 分钟，然后快速将其移至 100℃的温度中停留 30 分钟，再回到低温状态。该方法必须规定循环的总次数，如 100 或 1000 次。该方法有助于测试传感器的芯片、导线、环氧树脂的黏接强度和包装的完整性。

（5）为了模拟海洋条件，传感器可能会在盐雾环境中暴露一定时间，如 24 小时，这有助于测试传感器的抗腐蚀性，发现其结构缺陷。

2.3.3 加速寿命测试

可靠性测试中的加速寿命（AL）测试模拟传感器运行的状态，但将测试时间由数年压缩为数周。这种测试有三个目标：确定平均失效时间（MTTF）；确定第一个故障点，然后通过修改设计加以排除；确定整个系统的实际使用寿命。

2.3.3.1 环境加速

压缩时间的一种方法是使用与实际运行周期相同的参数，包括最大负载和开机、关机周期，同时扩大环境（温度、湿度和压力）的最高和最低范围。最高和最低限值应大大超出传感器规定的工作范围，虽然此条件下传感器的性能特征可能超出规格要求，但当传感器恢复到规定的工作范围时，其性能特征必须恢复到规格要求。例如，如果规定在最高相对湿度（%RH）为 85%、最大电源电压为 15V 的情况下传感器的工作温度为 50℃，那么在最高相对湿度（%RH）为 99%、电源电压为 18V（仍低于最大允许电压）的情况下，传感器的工作温度为 100℃。由美国伊利诺伊州 Sundstrand 公司和华盛顿州 Interpoint 公司开发的经验公式可用于估算测试循环次数：

$$n = N\left(\frac{\Delta T_{\max}}{\Delta T_{\text{test}}}\right)^{2.5} \tag{2-35}$$

式中，N 是每个寿命周期的估计次数；$\Delta T_{\max}$ 是最大规格温度波动；ΔT_{test} 是测试期间的最大循环温度波动。

例如，如果正常温度为 25℃，最高规格温度为 50℃，循环的最高温度为 100℃，那么在整个使用期（如 10 年）内，传感器预计要经受 20000 次循环，测试循环次数为

$$n = 20000 \times \left(\frac{50-25}{100-25}\right)^{2.5} = 1283$$

因此，加速寿命测试需要大约 1300 个周期，而不是 20000 个周期。在短时间内以最低成本获得最大的可靠性信息是制造商的主要目标，当今传感器的使用寿命长达数十万小时，等待故障发生是不切实际的。因此，在生产中，加速测试既是必需的步骤，也是有力的手段。

2.3.3.2 高加速寿命测试

在高加速寿命测试（HALT）中，传感器被视为一个"黑盒子"，测试的重点放在其对极端环

境变化的响应上,不考虑其内部结构或功能。高加速寿命测试用于确定产品的弱点,评估其可靠性极限,通过施加可能导致现场故障的高应力(不一定是机械应力,也不一定局限于预期的现场应力)来加固产品。高加速寿命测试通常涉及过渡应力、快速热变化和其他手段,使人们能够以省时、省力的方式进行测试。高加速寿命测试有时被称为发现试验,其并不是产品制造和可靠性保证中必不可少的"合格/不合格"测试(QT)。多年来,高加速寿命测试通过"试验—失败—再试验"的过程证明了其测试传感器稳健性的能力,在这一过程中,施加的应力和刺激略高于传感器规定的工作极限。不过,这种"略高于"基于人们的直觉而非计算结果。人们普遍认为高加速寿命测试能够快速分析和识别出不同原因造成的故障。

2.3.3.3.3 失效导向加速测试

有时可以用高度集中、成本效益高的失效导向加速测试(FOAT)来代替高加速寿命测试。与高加速寿命测试不同,失效导向加速测试关注传感器内部的物理或化学效应。该测试以传递函数的理论模型和设备的其他属性为基础,这些属性可以通过分析或数值建模获得。失效导向加速测试的目的是使用特定的预测模型(如阿伦尼乌斯模型)来确定(在进行高加速寿命测试之后)实际的失效机制,建立数值特征(活化能、时间常数、敏感性因子等)并改进设计。失效导向加速测试可以预测故障。显然,其主要假设是模型在实际运行条件下对传感器有效。因此,高加速寿命测试可用于粗调设备的可靠性,而失效导向加速测试则应在需要微调设备的可靠性时使用。失效导向加速测试和高加速寿命测试可以分开进行,也可以在特定的加速测试工作中搭配使用。

最近提出的多参数波尔兹曼-阿伦尼乌斯-朱尔科夫(BAZ)模型可用于预测一些故障。该模型假定设备的可靠性以失效导向加速测试为基础,旨在预测产品的故障概率。

2.3.4 改善传感器性能的技术措施

(1)差动技术。

当对传感器的性能要求较高时,若传感器由单一敏感元件与单一变送器组成,则其输出-输入特性较差,很难满足检测要求。若采用差动、对称结构(如差动电容)和差动电路(如电桥)相结合的差动技术,则可以达到消除零位值、减小非线性、提高灵敏度、实现温度补偿和抵消共模误差干扰等效果,改善传感器的技术性能。

(2)累加平均技术。

在传感器中采用累加平均技术的原理是利用若干个传感单元同时感受被测量,传感器的输出是这些传感单元输出的平均值,若每个传感单元可能带来的误差 δ 均可看作随机误差且服从正态分布,则根据误差理论,总的误差将减小为

$$\delta_L = \pm \frac{\delta}{\sqrt{n}} \tag{2-36}$$

式中,n 为传感单元的数量。例如,当 $n=10$ 时,误差减小为31.6%;当 $n=500$ 时,误差减小为4.5%。

可见,在传感器中利用累加平均技术不仅可以使传感器的误差减小,而且可以增大信号量,即增大传感器的灵敏度。

对于光栅、磁栅、容栅、感应同步器、编码器等传感器,由于其自身的工作原理决定了有多个传感单元参与工作,因此可取得明显的误差平均效果。另外,误差平均效应对某些工艺性缺陷造成的误差同样可以起到弥补作用。因此,在设计传感器时,在结构允许的情况下,适当增加传感单元的数量,可以收到很好的效果。对于周期信号,在周期相关时刻对采样信号进行累加就构成了相敏检波电路、同步积分电路等传感器信号调理电路。

(3)补偿与修正技术。

针对传感器自身的特性,可以找出其误差的变化规律或测出误差的大小和方向,并采用适当

的方法加以补偿或修正，以改善传感器的工作范围或减小测量的动态误差；针对传感器的工作条件或外界环境进行误差补偿，也是提高传感器精度的有力技术措施。例如，许多传感器对温度敏感，由温度变化引起的误差十分显著。为了解决这个问题，可以控制温度，采用恒温装置，但这种方法往往费用太高或使用现场不允许。而在传感器内部引入温度误差补偿常常是可行的，这时应找出温度对测量值的影响规律，然后采取温度补偿措施。

补偿与修正可以利用电子电路（硬件）来解决，也可以利用微型计算机通过软件设计来实现。

（4）分段与细分技术。

对于大尺寸、高精度的几何测量问题，需要采取分段测量的方案。先确定被测量在哪个分段区间，然后在该分段区间内进行局部细分。尽量细致地把标尺等分成若干段，这种分段的边界精度（或小范围平均精度）达到了总体最终的精度要求。测量过程从零位开始，记录下分段数，然后在分段内用模拟方法进行细分。常采用两个传感器完成分段计数、模拟细分和分辨运动方向的任务，两个传感器之间的距离减去分段整倍数后相差 1/4 分段，即运动测量时两个传感器分别发出正弦和余弦信号。分段内用模拟方法细分一般只有 1/10～1/100 精度。

在激光干涉测长仪、感应同步器、光栅、磁栅、容栅等传感器上采用了分段与细分技术，用 CCD 光敏阵列测量光点位置也用到了这项技术。这项技术往往使用多个敏感元件，覆盖多个分段，用空间平均方法提高测量的精度，可以认为是微差法的特殊应用。

两点之间的位移可以用某匀速移动的物质（或能量）到达两点的时差来度量。这种匀速移动的物质（或能量）可以是物体或声场、电磁波、旋转磁场等。技术上用时间分段，即使用周期性脉冲计数方法测量时间。超声测距、雷达测距、激光测距等技术都属于这种共性技术的应用。当这种匀速移动的物质（或能量）被调制（幅度、相位或编码等）时还可以实现周期计数间的进一步细分测量。

（5）屏蔽、隔离与干扰抑制。

传感器工作现场的条件往往难以充分预测，有时是极其恶劣的。为了减小测量误差并确保传感器维持其原有性能，应设法削弱或消除外界因素对传感器的影响。具体方法归纳起来有两种：一是减小传感器对影响因素的灵敏度；二是减轻外界因素对传感器实际作用的程度。

对于电磁干扰，可以采用屏蔽、隔离措施，也可以采用滤波等方法进行抑制。对于温度、湿度、机械振动、气压、声压、辐射和气流等，可采用相应的隔离措施，如隔热、密封、隔振等，或者在将其变换为电学量后对干扰信号进行分离或抑制，以减小其影响。

（6）稳定性处理。

对于需要长期工作或反复使用的传感器，稳定性特别重要，其重要性甚至胜过精度指标，尤其在那些很难或无法定期标定的场合中。随着时间的推移和环境条件的变化，构成传感器的各种材料与元器件的性能将发生变化，导致传感器的性能不稳定。为了提高传感器性能的稳定性，应该对材料、元器件或传感器整体进行必要的稳定性处理，如永磁材料的时间老化、温度老化、机械老化及交流稳磁处理，以及电气元件的老化筛选等。

思考题

1. 什么是传感器的基本特性？
2. 传感器的基本特性主要包括哪两大类？解释其定义并分别列出描述这两大类特性的主要指标（要求每一类特性至少列出两种常用指标）。
3. 什么是传感器的静态特性？有哪些性能指标？有何实际意义？如何用公式表征这些性能指标？
4. 什么是传感器的动态特性？其分析方法有哪几种？

5．传感器的灵敏度是如何定义的？它受到哪些因素的影响？如何通过调整传感器的设计或工作参数来改变其灵敏度？

6．什么是传感器的线性度？为什么线性度对于传感器的准确性和可靠性至关重要？如何测试传感器的线性度？如何改善线性度？

7．传感器的分辨率是什么？对传感器的性能有何影响？如何平衡分辨率和其他性能指标之间的关系？

8．传感器的响应时间是指什么？为什么较短的响应时间对传感器的某些应用至关重要？如何评估和优化传感器的响应时间？

9．传感器的工作范围是指什么？为什么需要考虑传感器的工作范围？如何根据传感器的具体应用需求选择适当的工作范围？

10．传感器的稳定性是指什么？什么因素可能影响传感器的稳定性？如何评估传感器的稳定性并采取措施确保传感器在长期使用中的稳定性？

11．传感器的精度是如何定义的？什么因素可能影响传感器的精度？如何校准传感器以提高其精度？

12．什么是传感器的漂移？漂移对传感器的性能有何影响？

13．传感器的输出阻抗是指什么？输出阻抗对传感器有何影响？

14．传感器的输出格式有哪些？输出格式的选择受到哪些因素的影响？

15．用某一阶传感器测量 100Hz 的正弦信号，如果要求幅值误差限制在±5%以内，那么时间常数应取多少？如果用该传感器测量 50Hz 的正弦信号，那么其幅值误差和相位误差各为多少？

16．当被测介质的温度为 t_1，测温传感器的示值温度为 t_2 时，有下列方程式成立：$t_1=t_2+\tau_0(dt_2)/(d\tau)$，当被测介质的温度从 25℃ 突然变化到 300℃ 时，测温传感器的时间常数 $\tau_0=120s$，试确定测温传感器经过 480s 后的动态误差。

17．若一阶传感器的时间常数为 0.01s，传感器响应幅值的百分误差在 10% 范围内，此时，$\omega\tau$ 的最大值为 0.5，试求此时输入信号的工作频率范围。

18．试计算某压力传感器的迟滞误差和重复性误差（一组测试数据如下表所示）。

行　　程	输入压力（×10⁵Pa）	输出电压（mV）		
		(1)	(2)	(3)
正向行程	2.0	190.9	191.1	191.3
	4.0	382.8	383.2	383.5
	6.0	575.8	576.1	576.6
	8.0	769.4	769.8	770.4
	10.0	963.9	964.6	965.2
反向行程	10.0	964.4	965.1	965.7
	8.0	770.6	771.0	771.4
	6.0	577.3	577.4	578.4
	4.0	384.1	384.2	384.7
	2.0	191.6	191.6	192.0

第 3 章　位置与位移传感器

知识单元 与知识点	➢ 电位式位置与位移传感器的工作原理与应用； ➢ 压阻式位置与位移传感器的工作原理与应用； ➢ 光学位置与位移传感器的工作原理与应用； ➢ 电感式位置与位移传感器的工作原理与应用； ➢ 磁性增量位置传感器的工作原理与应用； ➢ 超声波位置与位移传感器的工作原理与应用； ➢ 激光位置与位移传感器的工作原理与应用； ➢ 厚度与液位传感器的工作原理与应用； ➢ 角度测量技术的工作原理与应用。
能力点	◆ 会分析各种位置与位移传感器的工作原理和实际应用； ◆ 对比并分析不同类型的传感器的特征。
重难点	➢ 重点：认识并了解各种位置与位移传感器。 ➢ 难点：理解各种位置与位移传感器的工作原理，能够根据实际情况选择传感器。
学习要求	➢ 学习不同类型的位置与位移传感器的基本原理； ➢ 理解位置与位移传感器的工作原理，以及它们是如何检测和测量位置或位移变化的。
问题导引	◇ 如何利用传感器实现位置与位移的测量？ ◇ 位置与位移传感器可以分为多少类？分类依据是什么？ ◇ 位移属于什么类型的（线性、圆形）？ ◇ 位移测量需要的分辨率和精度是多少？ ◇ 安装的环境条件如何（湿度、温度、干扰源、振动、腐蚀性物质等）？

位移传感器又称线性传感器，作为一种高精度测量工具，位移传感器能够有效地将不易直接定量检测与处理的物理量，如位移、位置、形变、振动及尺寸等，转化为易于量化、便于传输与处理的电信号。根据传感距离的不同，位移测量可划分为小位移测量、近距离测量、长距离测量及远距离测量等，位移传感器的分类如表 3.1 所示。

表 3.1　位移传感器的分类

分 类 标 准	类　　型
小位移测量（距离<1cm）	光电式位移传感器、光栅位移传感器、霍尔式微量位移传感器、振弦式位移传感器、磁阻式位移传感器
近距离测量（距离<10cm）	电容式位移传感器、电感式位移传感器、光纤位移传感器
长距离测量（距离<1m）	电位式位移传感器、数字电位计、涡流传感器
远距离测量（距离>1m）	超声波传感器、磁致伸缩位移传感器、感应同步器

3.1　电位式位置与位移传感器

在施加直流电流等激励信号后，电位式位置与位移传感器利用位移与滑臂的相互作用来检测电阻的变化，如图 3.1（a）所示。在电路应用中，通常通过测量电压降来检测电阻的变化。在无负载的情况下，传感器滑臂上的电压与位移之间存在线性关系：

$$v = v_0 \frac{d}{D} \tag{3-1}$$

式中，D 代表最大的位移范围；v_0 是施加在传感器上的电压。

在高负载的情况下，滑臂位置与输出电压的线性关系会失效。输出信号与激励电压成比例，激励电压的波动可能导致误差产生。使用包含微控制器的比率测量模数转换器（ADC）可减少这种波动。电位式位置与位移传感器的测量精度依赖于电阻元件的均匀性，适合低功耗应用，但需要注意负载效应，可能需要使用电压跟随器进行优化。在带有浮子的液位传感器中，滑臂通常与传感轴隔离，如图 3.1（b）所示。

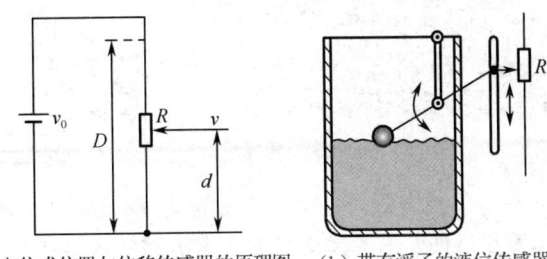

（a）电位式位置与位移传感器的原理图　（b）带有浮子的液位传感器

图 3.1　电位式位置与位移传感器

如图 3.2（a）所示，滑臂在绕组上移动时，可能会与一到两个线圈接触，导致电压步长不均匀，不均匀的电压步长如图 3.2（b）所示。

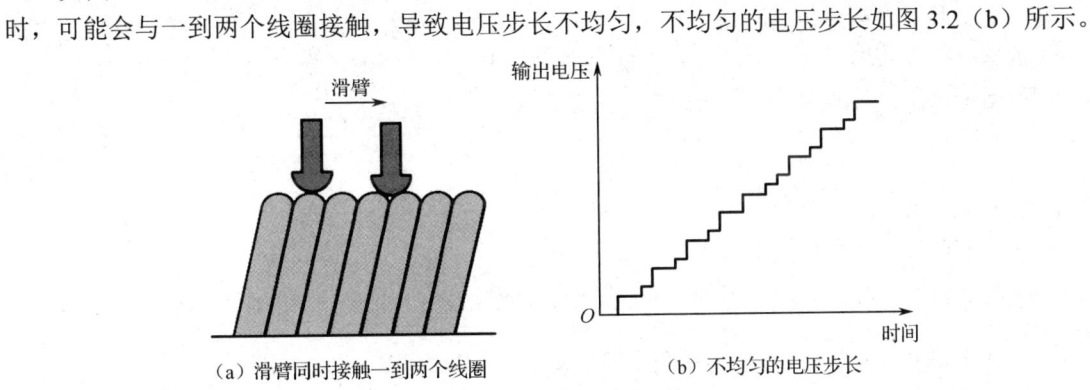

（a）滑臂同时接触一到两个线圈　（b）不均匀的电压步长

图 3.2　线绕电位计测量误差的成因与分析

因此，使用 N 匝的线绕电位计时，应考虑计算平均分辨率 n，其计算公式为

$$n = \frac{100}{N\%} \tag{3-2}$$

优质线绕电位计的平均分辨率约为 0.1%满量程，而高端的电阻膜电位计可达无限分辨率，其精度受电阻均匀性和电路噪声的影响，常采用导电塑料、碳膜、金属膜或陶瓷-金属复合材料。精密电位计的滑臂常采用贵金属合金以提高其稳定性和精度。

图 3.3 所示的连续分辨率电位计由柔性塑料片和硬质电阻材料带（电阻带）组成，柔性塑料片金属化形成滑臂，电阻带的阻值范围很广。在压力作用下，柔性塑料片弯曲，接触电阻带，电接触点的变化导致输出电压的变化，电压的变化与位置 x 成正比，从而实现精确测量。

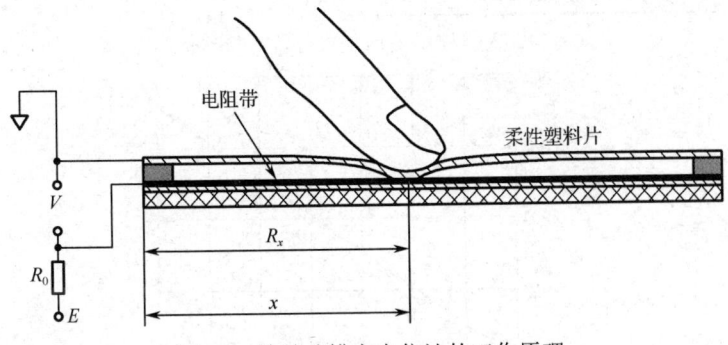

图 3.3　连续分辨率电位计的工作原理

图 3.4 所示的弹性传感器采用碳浸渍塑料基板，如聚酯纤维、玻璃纤维或聚酰亚胺，利用其压阻特性进行测量。在外力的作用下，基板变形，碳颗粒的密度发生变化，从而引起电阻的变化。弹性传感器适用于运动器械、医疗器械、乐器、机器人等，但其基板的局部多次弯曲和产生的线性应力会导致滞后和噪声问题。

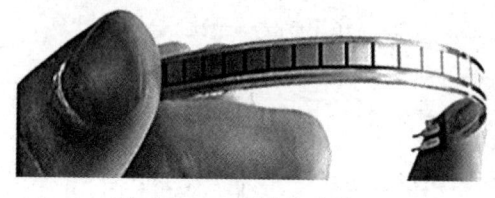

图 3.4 弹性传感器

电位式位置与位移传感器的缺点包括高机械负载（摩擦）、需要物理耦合、响应慢、易发热、环境稳定性差（易磨损、对灰尘敏感）、体积较大等。

3.2 压阻式位置与位移传感器

压阻效应指的是材料的电阻随着应力或形状的改变而发生相应变化的现象，通过将应变敏感电阻集成到可变形的机械结构中，可实现电阻变化与应变量之间的转换。压阻元件的灵敏度可以通过测量因子来量化，其定义为单位应变下电阻的相对变化率 ε：

$$G=\frac{\Delta r/r}{\varepsilon} \tag{3-3}$$

式中，G 为压阻系数；r 为电阻；Δr 为电阻的变化量。

压阻元件的归一化变化可以表示为

$$\frac{\Delta r}{r}=\frac{\Delta \rho}{\rho}+\frac{\Delta(l/a)}{l/a}=\frac{\Delta \rho}{\rho}+\left(\frac{\Delta l}{l}-\frac{\Delta a}{a}\right) \tag{3-4}$$

式中，ρ 为电阻率；l 为长度；a 为感测电阻的横截面积。

压阻式位置与位移传感器的响应由其材料的电阻和形状决定。图 3.5 所示为传感器将位移转换为电信号的过程，其中两个电阻连接至惠斯通电桥。梁上的两个应变敏感电阻器 r_{x1} 和 r_{x2} 分别位于上下两侧。当外力使梁弯曲时，上侧 r_{x1} 受拉电阻值增大，下侧 r_{x2} 受压电阻值减小。图 3.6 所示为压阻式位置与位移传感器的电阻变化与梁的挠度的函数关系。

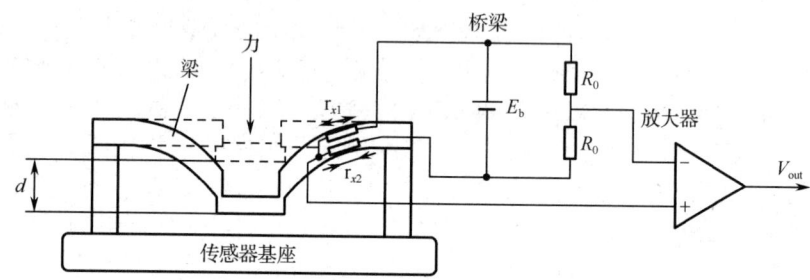

图 3.5 嵌入支撑梁的压阻式位置与位移传感器

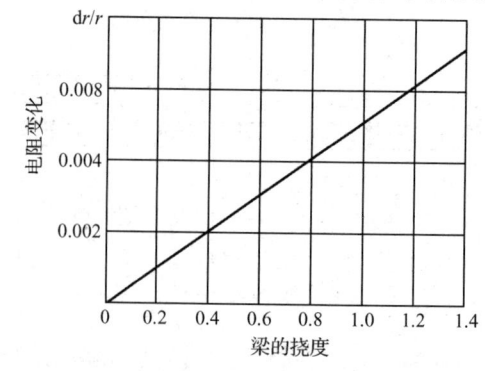

图 3.6 压阻式位置与位移传感器的电阻变化与梁的挠度的函数关系

3.3 电感式位置与位移传感器

电感式位置与位移传感器利用电磁感应原理把被测物理量,如位移、压力、流量、振动等转换成电压或电流的变化,从而实现了从非电气量到电气量的转换。

这类传感器的输出信号通常需要经过调理电路处理,以适配后续的采集、处理和控制环节。电感式位置与位移传感器作为差动变压器,易受使用环境和特性的影响,可能被噪声或其他设备干扰,因此其输出信号需要通过测量电路调理以适应人们对测量仪器的需求。

电感式位置与位移传感器的特点及性能如下:
- 传感器的灵敏度高、输出功率大,能测量的最小位移达 0.01μm,并且其输出信号很强;
- 线性度和重复性良好。在几十微米至几毫米的位移范围内,传感器的非线性误差可以达到 0.05%~0.1%;
- 传感器的结构简单,测量电路也不烦琐,易于操作和检修;
- 传感器与轴承无接触,使用寿命长;
- 频率响应慢,在高速动态测控场合中传感器会受到自身带宽的限制。

图 3.7(a)所示的自感式传感器利用线圈的自感系数 L 随气隙的变化来间接测量非电气量,图 3.7(b)所示的互感式传感器则通过将非电气量转化为两线圈互感系数的变化 ΔM 来达到间接测量非电气量的目的,图中的线性可变差动变压器(Linear Variable Differential Transformer,LVDT)是 Sylvanus P.Herd 于 1940 年发明的。

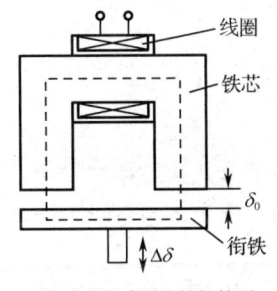

(a)自感式传感器的结构简图 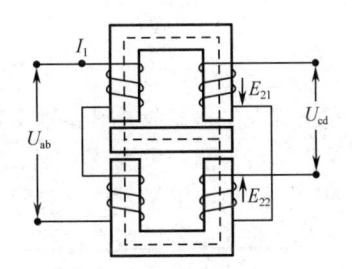 　　(b)互感式传感器的结构简图

图 3.7 两种传感器的结构简图

(1)当衔铁稳定悬浮于中心位置时,上下气隙相等,即 $\delta_1 = \delta_2 = \delta_0$,而且上下结构完全对称,故气隙、磁阻、互感系数均相等。受到激励信号作用后,对称 U 型铁芯中的磁路产生相同的磁通量,即 $\varphi_1 = \varphi_2$。于是在同等的交变磁通的作用下,次级线圈中生成大小相等的感应电动势 E_{21} 和 E_{22},且 $|E_{21}|=|E_{22}|$,因此输出电压 $U_{out} = |E_{21}|-|E_{22}| = 0$。

(2)当衔铁向上移动($\Delta\delta$)时,上下气隙不再相等($\delta_1 \neq \delta_2$),感应电动势 E_{21} 因次级线圈中磁通量增多而变大,E_{22} 则相反,故此时输出电压 $U_{out} = |E_{21}|-|E_{22}| > 0$。

(3)若衔铁向下移动($\Delta\delta$),结果与(2)中相反,此时输出电压 $U_{out} = |E_{21}|-|E_{22}| < 0$。

因此,互感式传感器的输出电压 U_{out} 可以同时显示位移的大小和方向。

互感式传感器也称差动变压器式传感器,通过次级线圈差动连接的变压器结构实现位移检测。这种传感器的性能优越,位移与输出量之间的转换关系简单,非线性误差小,检测微小位移时非常灵敏。其差动输出电压信号的相位还能指示位移的方向,特别适用于磁悬浮系统。

线性可变差动变压器式位移传感器利用电磁感应中的互感现象进行测量,包括变气隙式(见图 3.8)与螺线管式(见图 3.9)两种。

（a）结构　　　　　　　　　　　　（b）等效电路

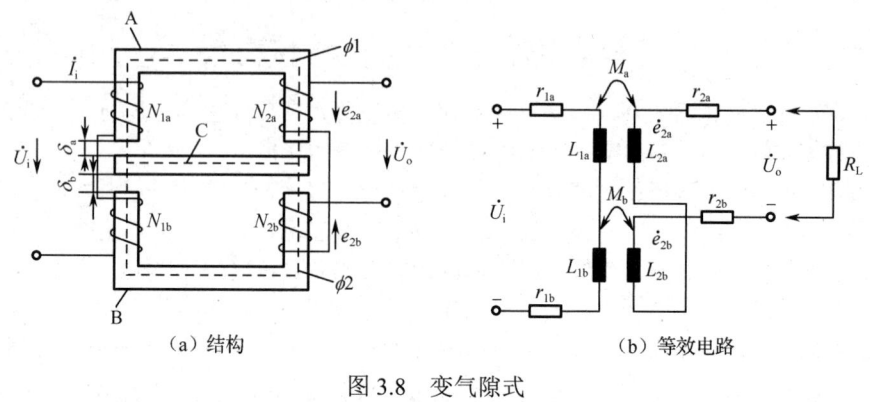

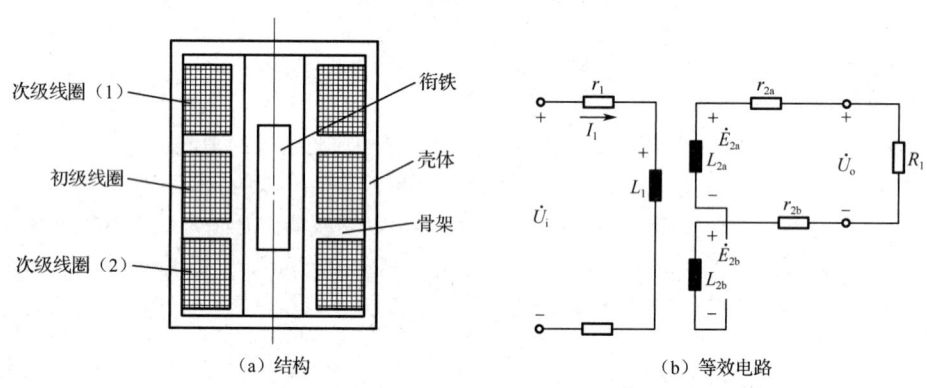

图 3.8　变气隙式

（a）结构　　　　　　　　　　　　（b）等效电路

图 3.9　螺线管式

理想的差动变压器式传感器应当具备以下特性。
（1）传感器仅对特定的输入量敏感，并由此输入量的变化决定输出量的变化。
（2）传感器的输入量和输出量为相互对应关系（线性关系），且保持灵敏性和稳定性。
（3）传感器输入量的变化可以实时反映输出量的变化。
实际的传感器由于各种原因很难达到理想情况，影响传感器性能的因素如图 3.10 所示。

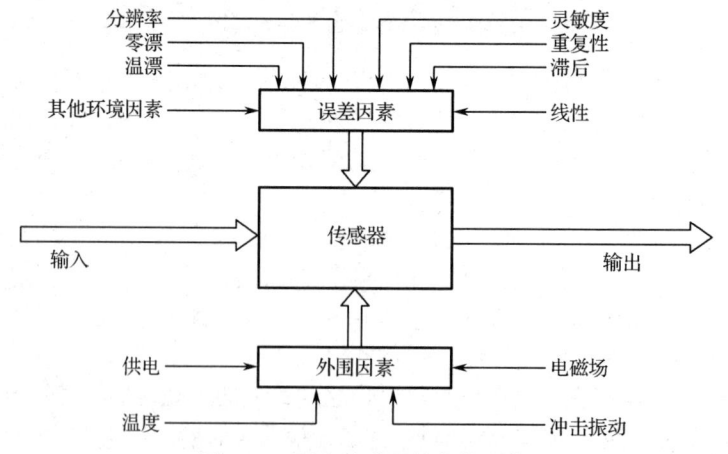

图 3.10　影响传感器性能的因素

横向感应式接近传感器是一种电磁设备，用于检测铁磁性物体的微小位移。这种传感器通过感应线圈的磁场变化来测量自身与物体的距离，线圈的电感值通过外部的电子电路测定（见图 3.11）。这种传感器利用自感原理进行测量，当铁磁性物体靠近时，线圈周围的磁场和电感值会发生改变。

这种传感器具有非接触式检测的优势，但只能检测到距离较近的铁磁性物体。

改进型横向感应式接近传感器（见图3.12）通过固定铁磁圆盘或线圈，可以测量非铁磁性物体的位移，扩大了传感器的应用范围。

如图3.12（a）所示，该传感器专为测量微小位移而设计，其线性度相较于线性可变差动变压器式位移传感器略显不足，但该传感器在检测近距离接触的固体材料时有很强的实用性。输出信号的幅度与距离的关系如图3.12（b）所示。

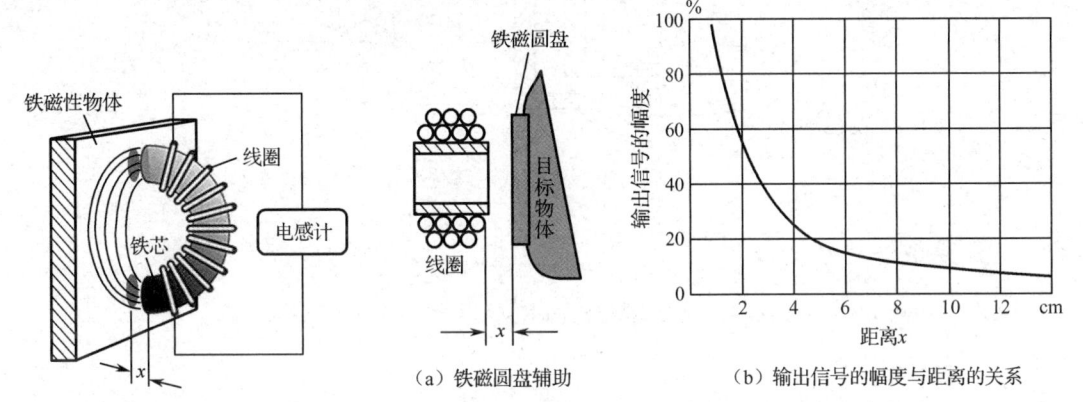

图3.11 横向感应式接近传感器

图3.12 改进型横向感应式接近传感器

3.4 电容式位置与位移传感器

电容式位置与位移传感器通过测量位移、加速度和压力等物理量引起的电容变化，来获取各类物理量的大小。电容式位置与位移传感器一般以平行极板式电容位移传感器为基本形式，如图3.13所示。根据电容变化的工作原理，平行极板式电容位移传感器可分为变极距型、变面积型和变介质型。

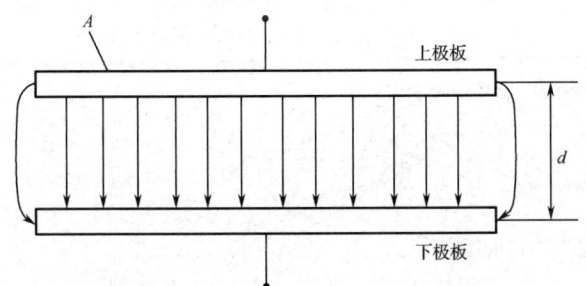

图3.13 平行极板式电容位移传感器

电容式位置与位移传感器是以电容器为敏感元件，将机械位移量转换为电容变化的传感器。若忽略边缘效应，平行板电容器的电容

$$C = \frac{\varepsilon A}{d} = \frac{\varepsilon_0 \varepsilon_r A}{d} \tag{3-5}$$

式中，A 为两平行极板相互遮盖的面积；d 为两平行极板间的距离；ε 为极板间介质的介电常数；ε_r 为极板间介质的相对介电常数；ε_0 为真空介电常数（$\varepsilon_0 = 8.854188 \times 10^{-12}$ F/m），空气的介电常数与之相近。

单极电容式位移传感器使用驱动屏蔽技术来提高灵敏度，可以减小边缘效应和寄生电容。屏蔽装置安装在电极的非工作侧，对其施加相同电压以避免形成电场，确保其不影响传感器的性能，如图3.14所示。

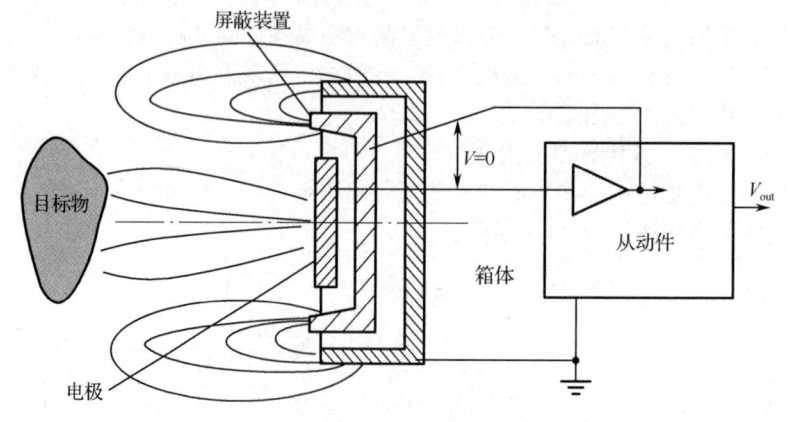

图 3.14 单极电容式位移传感器

3.4.1 变极距型

变极距型电容式位移传感器的结构如图 3.15 所示。

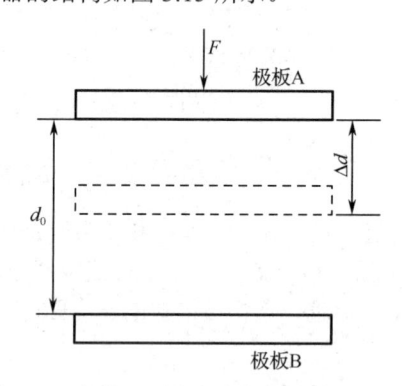

图 3.15 变极距型电容式位移传感器的结构

变极距型电容式位移传感器的原理为

$$K = \frac{dC}{d\delta} = -\frac{\varepsilon_0 \varepsilon S}{\delta^2} = -\frac{C}{\delta} = 常数 \tag{3-6}$$

式中，δ 为位移量。

其电容 C 与间距 d 的特性曲线如图 3.16 所示。

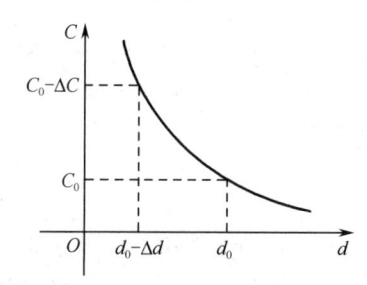

图 3.16 电容 C 与间距 d 的特性曲线

变极距型电容式位移传感器的灵敏度高，适用于小位移测量，但存在线性误差。为提高其灵敏度，可减小传感器的初始极距，但电容与极距的非线性关系会导致误差产生。通常设定传感器的测量范围远小于初始极距以减小误差。

电容式位移传感器分为单极型、差分型和电容电桥型。在测量导电物体时，物体的表面可充当电容器的极板。图 3.17 所示为单极型电容式位移传感器。

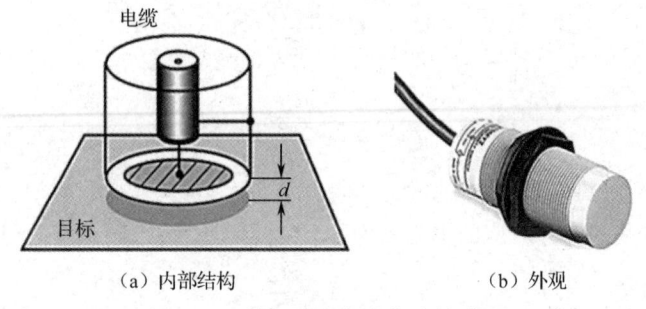

（a）内部结构　　　　（b）外观

图 3.17　单极型电容式位移传感器

在采用两个或四个电容器的配置中，传感器可能由固定电容器与可变电容器组合而成，并且随相位的变化而反向变化。差动变极距型电容式位移传感器的结构如图 3.18 所示。

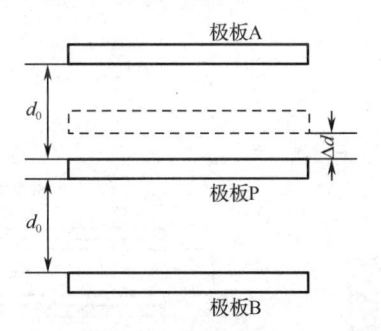

图 3.18　差动变极距型电容式位移传感器的结构

3.4.2　变面积型

图 3.19 所示为变面积型电容式位移传感器的结构，其测量的变量为位移 Δx。位移由上极板相对于下极板的平行移动产生，上极板为动极板，下极板为定极板。a 和 b 分别为两极板的长度和宽度，d 为极板间距。位移 Δx 的变化导致极板间的重叠面积 A 改变，进而影响电容 C 的大小。在理想情况下，忽略边缘效应，电容

$$C = \frac{\varepsilon b(a-\Delta x)}{d} = \frac{\varepsilon ba - \varepsilon b \Delta x}{d} = C_0 - \frac{\varepsilon b}{d}\Delta x \tag{3-7}$$

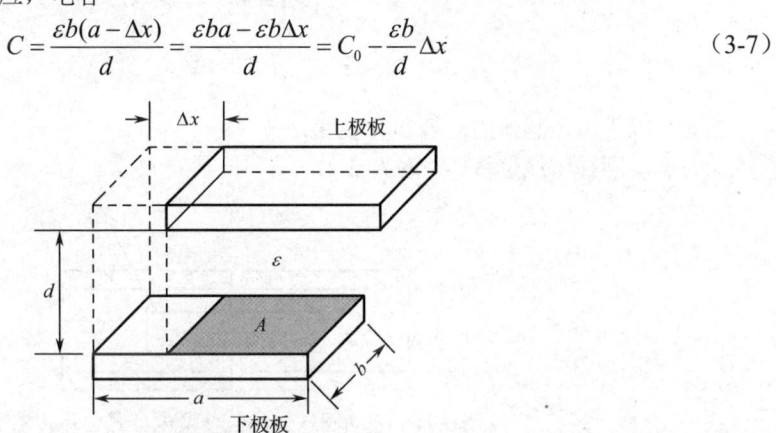

图 3.19　变面积型电容式位移传感器的结构

(1) 直线位移型。

若两极板相互重叠的部分长为 b，宽为 x，重叠面积为 $A=bx$，则电容为

$$C = \frac{\varepsilon_0 \varepsilon bx}{\delta} \tag{3-8}$$

灵敏度为

$$S = \frac{\varepsilon_0 \varepsilon b}{\delta} \tag{3-9}$$

(2) 角位移型。

若两极板相互重叠的部分对应的中心角为 α，极板半径为 r，则重叠面积为

$$A = \frac{r^2 \alpha}{2} \tag{3-10}$$

电容为

$$C = \frac{\varepsilon_0 \varepsilon r^2 \alpha}{2\delta} \tag{3-11}$$

灵敏度为

$$S = \frac{\varepsilon_0 \varepsilon r^2}{2\delta} \tag{3-12}$$

(3) 圆柱体线位移型（见图 3.20）。

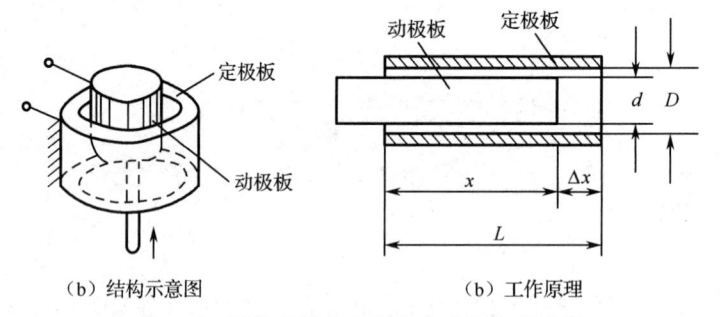

(b) 结构示意图　　　　　(b) 工作原理

图 3.20　圆柱体线位移型电容式位移传感器

动极板左右移动时，两极板的重叠面积与距离公式分别为

$$A = \pi \frac{D+d}{2} x \tag{3-13}$$

$$\delta = \frac{D-d}{2} \tag{3-14}$$

据此可以求出传感器的电容和灵敏度。

(4) 差动圆柱体线位移型（见图 3.21）。

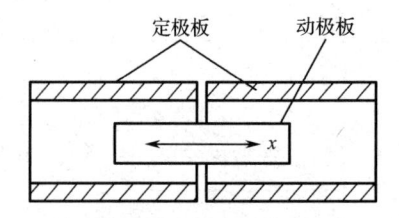

图 3.21　差动圆柱体线位移型电容式位移传感器

动极板左右移动时，左右两个电容器的电容一增一减。

变面积型电容式位移传感器的线性关系好，量程大，与变极距型电容式位移传感器相比，其灵敏度较低，适用于较大角位移及直线位移的测量。

3.4.3 变介质型

变介质型电容式位移传感器有三种结构，如图 3.22 所示。图 3.22（a）所示为被测介质充满极板之间的情况，图 3.22（b）所示为被测介质部分进入极板之间的情况，而图 3.22（c）所示为圆筒结构的变介质型电容式位移传感器。

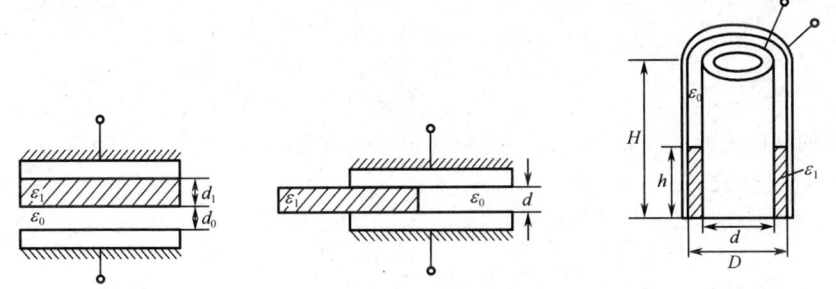

（a）被测介质充满极板之间　　（b）被测介质部分进入极板之间　　（c）圆筒结构的变介质型电容式位移传感器

图 3.22　变介质型电容式位移传感器

对于图 3.21（a）所示的情况，传感器的电容为

$$C = \frac{\varepsilon_0 \varepsilon_1 A}{\varepsilon_1 d_0 + d_1} \tag{3-15}$$

式中，d_1 为介质的厚度；d_0 为空气的厚度；ε_1 为介质的介电常数；A 为两极板的重叠面积。

在初始时刻，传感器的两个极板之间没有被测介质，其电容 C_0 为

$$C_0 = \frac{\varepsilon_0 A}{d_0 + d_1} \tag{3-16}$$

当被测介质位于两个极板之间时，由式（3-16）得到电容的改变量 ΔC 为

$$\Delta C = C_0 \frac{\varepsilon_1 - 1}{\varepsilon_1 \frac{d_0}{d_1} + 1} \tag{3-17}$$

可以看出，电容的改变量 ΔC 与介电常数 ε_1 呈非线性关系。

对于图 3.21（b）所示的情况，相当于两个电容器并联。其中一个电容器中介质的介电常数是 ε_1，而另一个电容器的介质是空气。因此，传感器的电容为

$$C = \frac{\varepsilon_0 \varepsilon_1 A_1 + \varepsilon_0 A_2}{d} \tag{3-18}$$

式中，A_1 为介质覆盖的极板面积；A_2 为未被介质覆盖（与空气接触）的极板面积。

在初始时刻，没有介质进入两个极板之间，电容 C_0 为

$$C_0 = \frac{\varepsilon_0 \varepsilon_1 A_1 + \varepsilon_0 A_2}{d} \tag{3-19}$$

在测量时，被测介质进入两个极板之间，电容 C 为

$$C = \frac{\varepsilon_0 \varepsilon_1 A_1 + \varepsilon_0 A_2}{d} \tag{3-20}$$

可以得到电容的改变量 ΔC 与被测介质的介电常数 ε_1 之间的关系为

$$\Delta C = \frac{\varepsilon_0 A_1 (\varepsilon_1 - 1)}{d} \tag{3-21}$$

由于式（3-21）中 A_1 和 d 都是常数，因此电容的改变量与被测介质的介电常数呈线性关系。

圆筒结构的变介质型电容式位移传感器可以测量被测介质的液位高度，如图 3.22（c）所示。在初始时刻，极板间没有液体，电容 C_0 为

$$C_0 = \frac{2\pi\varepsilon_0 H}{\ln\dfrac{D}{d}} \tag{3-22}$$

在测量过程中，当被测液体的高度为 h 时，总电容 C 为空气介质部分的电容 C_1 和液体介质部分的电容 C_2 之和：

$$C = C_1 + C_2 = \frac{2\pi\varepsilon_0(H-h)}{\ln\dfrac{D}{d}} + \frac{2\pi\varepsilon_0\varepsilon_1 h}{\ln\dfrac{D}{d}} = C_0 + \frac{2\pi h(\varepsilon_1-1)}{\ln\dfrac{D}{d}} \tag{3-23}$$

式中，ε_1 为液体的介电常数；$H-h$ 为圆筒上部空气介质的高度；ε_0 为空气的介电常数；D 为外圆筒的直径；d 为内圆筒的直径。

所以，电容的变化量 ΔC 为

$$\Delta C = C - C_0 = \frac{2\pi h(\varepsilon_1-1)}{\ln\dfrac{D}{d}} \tag{3-24}$$

在测量液位时，液体的介电常数 ε_1 一般不变，而 D 和 d 都是常数，所以电容的变化量和液体的高度呈线性关系。

3.4.4　多电容传感器

电容式位移传感器也可以由多个电容器组合而成。图 3.23（a）所示是三个等间距的极板，这三个极板形成 C_1 和 C_2 两个电容器，上、下极板被通以相位相反的正弦信号。两个电容器的电容几乎相等，因此中央极板相对于地面几乎没有电压，两个电容器上的电荷相互抵消。中央极板向下移动距离 x，如图 3.23（b）所示。这会导致两个电容器的电容发生变化：

$$C_1 = \frac{\varepsilon A}{x_0 + x} \qquad C_2 = \frac{\varepsilon A}{x_0 - x} \tag{3-25}$$

中央极板的输出电压 V_{out} 与位移成比例增加，而该输出电压的相位指示中央极板的移动方向（向上或向下），输出电压的幅值

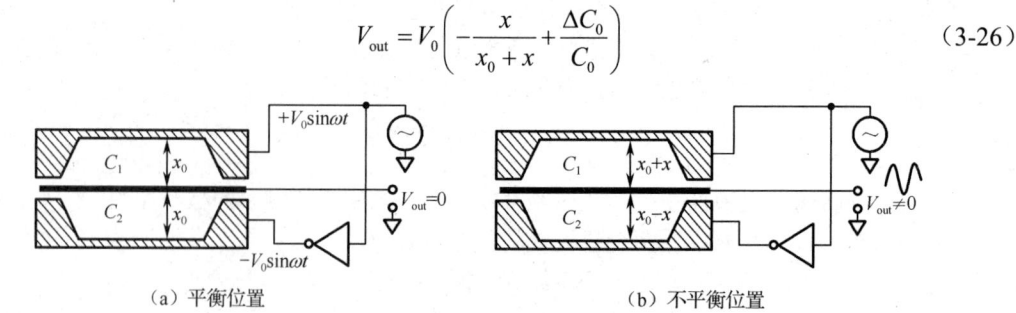

$$V_{\text{out}} = V_0\left(-\frac{x}{x_0+x} + \frac{\Delta C_0}{C_0}\right) \tag{3-26}$$

（a）平衡位置　　　　　　　　　　　（b）不平衡位置

图 3.23　差动平板电容式位移传感器的工作原理

只要 $x \leqslant x_0$，即可认为输出电压是位移的线性函数。初始电容失配是导致输出偏置的主要原因。偏移量是由极板外围部分的边缘效应和静电力引起的，静电力是极板上的电荷吸引和排斥的结果，导致极板像弹簧一样运动。极板上静电力的瞬时值可以通过下式计算：

$$F = -\frac{1}{2}\frac{C\Delta V^2}{2x_0 + x} \tag{3-27}$$

图 3.24 所示为基于 MEMS（微机电系统）技术的双极板电容式位移传感器，该传感器包括两块硅板：一块用于测量位移，称为传感板；另一块作为参照，称为基准板。两块硅板的面积相同，传感板由柔性悬架支撑，基准板则由刚性悬架支撑。

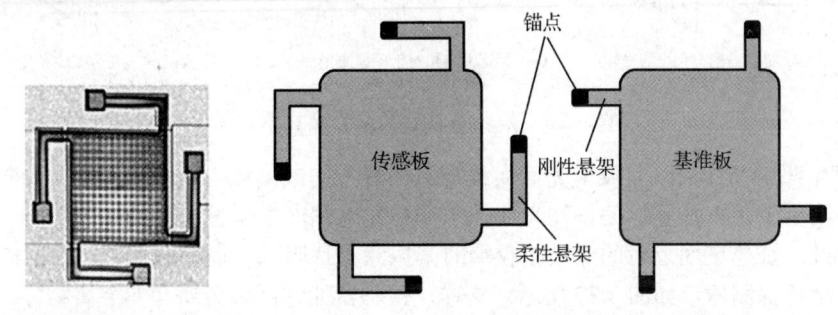

（b）经过微机械加工的传感板　　（b）用于传感板和基准板的不同悬架

图 3.24　双极板电容式位移传感器

图 3.25 所示为并联板电容式电桥传感器。这种传感器由两组平行且相邻的平面极板构成，极板的间隔距离为 d。为了增大电容值，极板之间的间距设计得相对较小。固定极板组由四个矩形元件组成，而活动极板组则由两个矩形元件组成。六个矩形元件的尺寸相同，其长为 L，宽为 b。

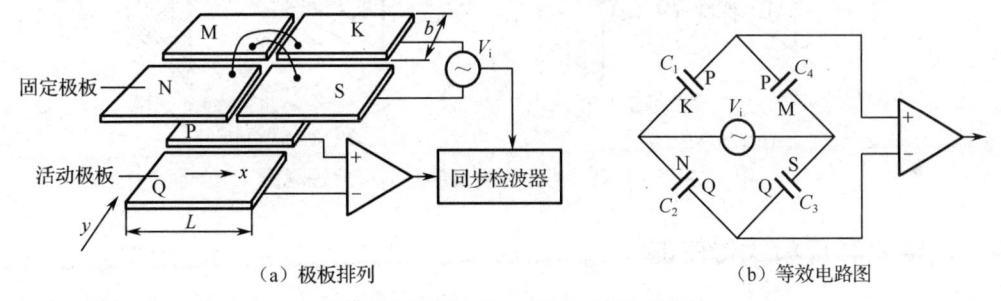

（a）极板排列　　（b）等效电路图

图 3.25　并联板电容式电桥传感器

桥式激励源输出频率为 5~50kHz 的正弦交流电压。在活动极板间产生的电压差由差分放大器进行检测，并将检测结果作为输入信号送至同步检波器。两个固定间距的平行板之间的电容值与两极板的重叠面积成正比。图 3.25（b）所示为具有电容电桥配置的传感器的等效电路图。电容 C_1 可由下式计算得出：

$$C_1 = \frac{\varepsilon_0 b}{d}\left(\frac{L}{2} + x\right) \tag{3-28}$$

电容电桥电路具有良好的线性度和抗干扰能力。此电路同样适用于任何具有对称布局的传感器。

3.5　光学位置与位移传感器

光学位置与位移传感器通常由光源、光电探测器与光导装置构成，其主要优势在于结构简单、无负载效应、工作距离相对较长，对外部磁场和静电具有较强的抗干扰能力。

3.5.1　偏振光接近传感器

光子具有垂直于传播方向的磁场矢量和电场矢量，电场矢量的方向决定了光的偏振态。自然光通常为非偏振态。偏振滤光片允许特定偏振方向的光通过，同时吸收或反射其他偏振方向的光。

偏振方向可分解为两个正交分量，一个分量通过偏振滤光片，另一个分量被阻挡。调整入射光的偏振方向可以控制偏振滤光片输出光的强度，如图 3.26 所示。

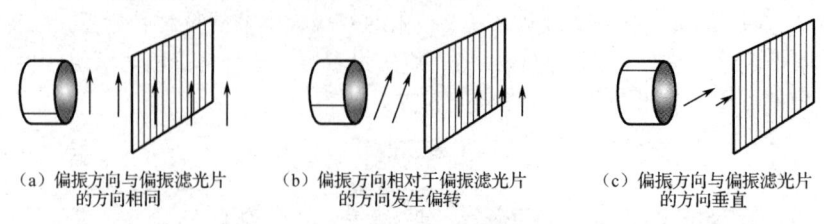

(a) 偏振方向与偏振滤光片的方向相同　　(b) 偏振方向相对于偏振滤光片的方向发生偏转　　(c) 偏振方向与偏振滤光片的方向垂直

图 3.26　偏振光通过偏振滤光片示意图

在偏振光照射物体后，其反射光可能维持原偏振方向或偏振方向发生变化。为防止传感器误反应，可使用两个垂直放置的偏振滤光片：一个在发射端产生偏振光，另一个在接收端仅允许垂直偏振光通过。金属镜面反射的光被接收端的偏振滤光片阻挡，而非金属镜面反射的光则能通过偏振滤光片激活探测器，如图 3.27 所示。这样，传感器能够区分金属和非金属物体，可以感知非金属物体的接近。

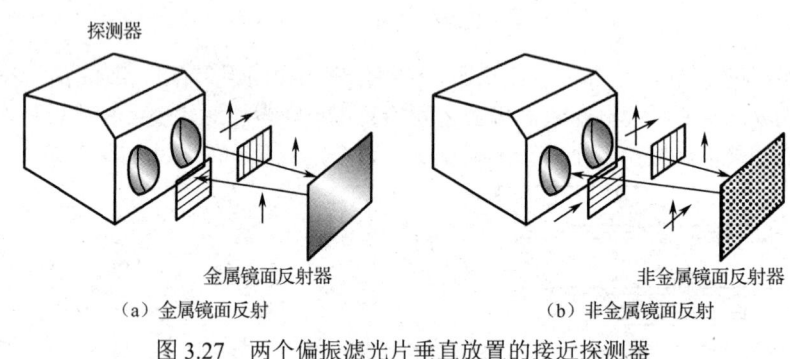

(a) 金属镜面反射　　(b) 非金属镜面反射

图 3.27　两个偏振滤光片垂直放置的接近探测器

3.5.2　棱镜式和反射式传感器

图 3.28 所示为一款光学液位传感器，其工作原理基于气体和液体折射率的差异。该传感器由发光二极管（LED）和光电探测器（PD）组成，两者均在近红外光谱中工作。当 PD 位于液面上方时，LED 发出的光主要通过棱镜的全内反射到达 PD。一旦棱镜接触液面，液体的折射率高于空气，导致全内反射角改变，光线将更多地穿透棱镜进入液体，而非反射出去，这使得 PD 检测到的光强下降。光信号随后转换为电信号，激活开关等装置。由于重力作用，液滴仅聚集在棱镜的尖端，不覆盖大部分棱镜表面，不产生误检，从而确保了检测的精确性，如图 3.28（c）所示。

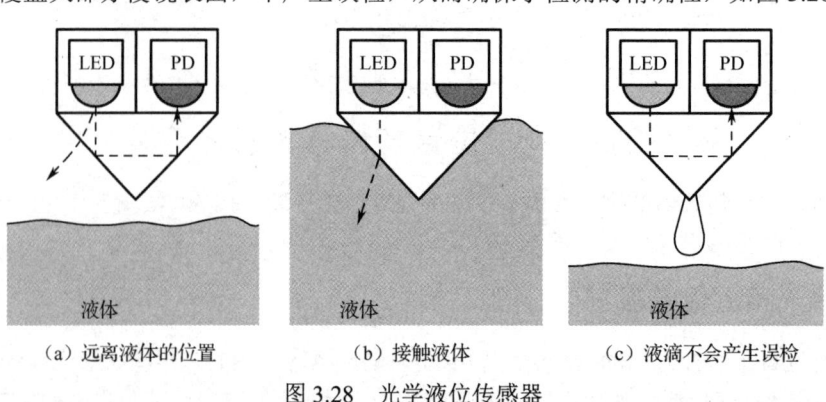

(a) 远离液体的位置　　(b) 接触液体　　(c) 液滴不会产生误检

图 3.28　光学液位传感器

如图 3.29 所示为 U 形光纤液位传感器，该传感器采用了 U 形光纤设计。整个组件被封装在一个直径为 5mm 的探头中，产生约 0.5mm 的重复性误差。该传感器在液体上方时通过的光最强[见图 3.29（a）]，当传感器浸入液体中时，会调制通过的光强。传感器在曲率半径最小的弯曲处有两个敏感区域。当敏感区域接触液体时光线转向液体传播，传感器的探测强度下降[见图 3.29（b）]。当探头提升至液面之上时，能够将液滴从敏感区域吸离，从而避免了液滴对测量精度的影响。

(a) 传感器在液体上方　　　　(b) 敏感区域接触液体

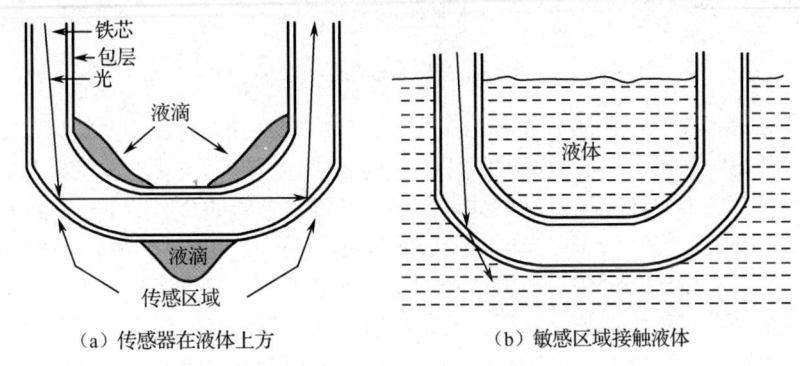

图 3.29　U 形光纤液位传感器

3.5.3　法布里-珀罗传感器

法布里-珀罗（FP）光学腔技术可在极端条件下实现对纳米级位移的高精度测量。该技术涉及一个光学腔体，其中包含两个相对放置的距离为 L 的半反射镜，如图 3.30 所示。

法布里-珀罗传感器是光频率滤波器，其透射频率随腔体长度 L 的变化而变化。入射光在腔体中的镜子间反射，从而产生干涉，只有特定频率的光可以逸出。腔体长度的变化影响透射频率，通过移动镜子和监测透射频率可检测长度的微小变化。透射光的窄带宽与腔体长度成反比：

$$\Delta v = \frac{c}{2L} \tag{3-29}$$

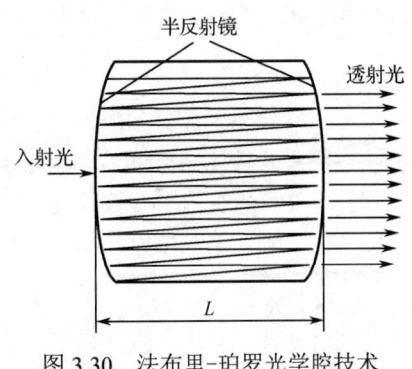

图 3.30　法布里-珀罗光学腔技术

式中，c 为光速。

腔体中镜子的间距一般为 1μm，Δv 通常为 500MHz～1GHz。监测透射光的频率变化可精确测量腔体尺寸的微小变化，测量精度与光的波长相近。应变、力等可引起腔体尺寸变化的物理量均可作为测量目标。法布里-珀罗传感器能检测腔体的折射率或物理长度的变化导致的光路长度的变化。微型法布里-珀罗传感器可使用 LED 等低相干光源产生干涉信号。

3.5.4　光纤布拉格光栅传感器

光纤由纤芯、包层和护套构成，用于光信号传输。纤芯的折射率高于包层，从而保证光在光纤的内部反射，减少损耗，而护套则用来保护光纤。光纤能传输宽光谱，其特性可调节，特别是可以利用光纤布拉格光栅（FBG）技术进行调节。

光纤布拉格光栅可以传输并反射特定波长的光，可以作为反射器和滤波器使用，其折射率沿长度变化。光纤布拉格光栅具有周期性折射率分布（见图 3.31），其中基本芯部的折射率为 n_1，而光栅盘的折射率为 n_2。

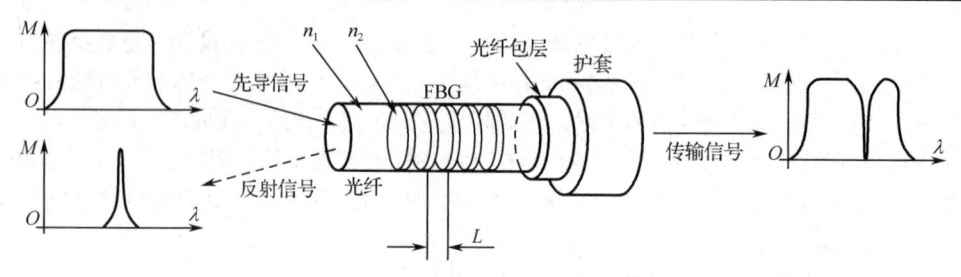

图 3.31 光纤布拉格光栅传感器的原理图

光栅的制作依赖于高强度的紫外光源，在石英光纤中掺杂具有光敏性质的锗，这样在光纤的核心区域受到紫外光照射时，其折射率将发生相应的变化。折射率变化的程度受到紫外光的照射强度、持续时间及光纤本身的光敏特性的共同影响。通过紫外光的持续照射，光纤内部特定位置的折射率得以永久性地改变，从而在光纤中形成间隔特定距离 L（光栅周期）的光纤布拉格光栅。

在工作时，光纤利用宽光谱辅助光源（如 LED）进行照明。辅助光进入光纤的端部，并沿光纤布拉格光栅传播。特定波长的波会被反射回来，而其余波长的光沿光纤传播到另一端，不在传感器中使用。反射波长 λ 取决于光栅周期 L 和光纤的平均折射率 n，其关系如下：

$$\lambda = 2nL \tag{3-30}$$

如果我们想要测量反射波长 λ，那么可以将平均折射率和光栅周期作为传感器的输入参数，即可以通过激励调制改变反射波长 λ。为了调制平均折射率 n 和光栅周期 L，光纤布拉格光栅会受到应变 ε 和温度 T 的作用，进而导致光纤布拉格光栅的归一化波长发生改变，其变化量可表示为

$$\frac{\Delta\lambda}{\lambda} = (1-p_\varepsilon)\varepsilon + (\alpha_L + \alpha_n)T \tag{3-31}$$

光纤布拉格光栅传感器的应变因子 p_ε 能够影响其间距，从而改变反射波长 λ。温度变化能够影响热膨胀系数 α_L 和折射率变化系数 α_n，从而影响反射波长，使光纤布拉格光栅传感器能够测量位移和温度。应变引起的波长变化大于温度变化引起的波长变化，光纤布拉格光栅传感器的波长分辨率为 5nm，温度感应为 1nm。

光纤布拉格光栅传感器具有坚固、抗电磁干扰（Electromagnetic Interference，EMI）、稳定性高和多位置监测的特点。通过在光纤的不同部分制造不同周期的光纤布拉格光栅，可以实现波分复用（WDM），每个周期产生特定的反射波长（见图 3.32）。传感器的数量由操作波长范围和总波长范围决定，典型系统的测量范围一般为 60~80nm，只要波长不重叠，允许多达 80 个传感器集成在一根光纤上。

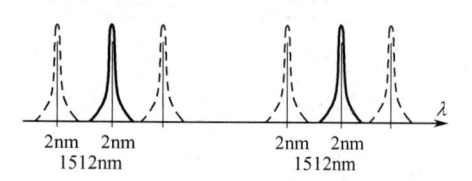

图 3.32 WDM 光纤的光谱响应

3.5.5 光栅传感器

光栅传感器的主要物理依据是莫尔条纹，其工作流程如图 3.33 所示。

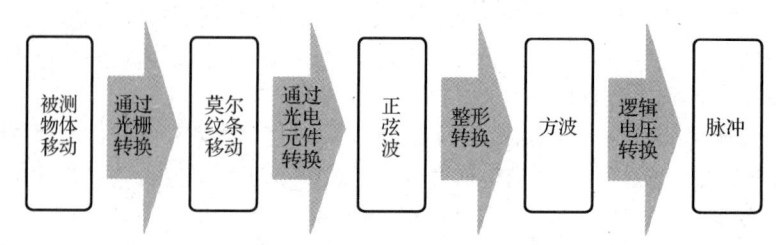

图 3.33 光栅传感器的工作流程

被测物体的位移=栅距×脉冲数。

莫尔条纹的特性如下。

（1）方向性：垂直于角平分线，当夹角很小时，与光栅的移动方向垂直。

（2）同步性：光栅移动一个栅距，莫尔条纹移动一个间距，其方向保持一致。

（3）周期性：莫尔条纹呈周期性变化。

（4）放大性：夹角 θ 很小，条纹间距 $B \gg W$，W 指光栅上两条相邻刻线之间的距离。光学放大作用显著，从而提升了检测的灵敏度。

（5）可调性：当夹角 θ 减小时，条纹间距 B 增大，显示出更高的灵活性。

（6）准确性：大量光栅刻线叠加产生莫尔条纹，利用平均误差效应，可以解决个别的误差问题，从而提升精确度。

光栅传感器也称光栅尺，是一种高精度位移传感器，用于精密检测设备。它分为直线形和圆形两种，主要由光栅读数头和尺身构成。读数头安装在移动部件上，包含指示光栅，而标尺光栅和尺身固定在机床的静止部位。光栅尺根据位置获取方式的不同分为绝对式和增量式两种，如图 3.34 所示。

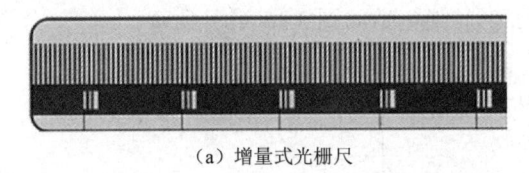

（a）增量式光栅尺　　（b）绝对式光栅尺

图 3.34　光栅尺

增量式光栅尺的结构简单，通常只有一条码道，国内增量式光栅尺的栅距为 20μm，国外增量式光栅尺的栅距可达 0.1μm。使用时需要先寻找参考零点并回零，然后进行增量计算，但这种测量方法的效率低，测量精度易受环境影响，如温度变化可能导致光栅尺变形。

目前，绝对式光栅尺是主流，具有绝对码道和增量码道两条码道。绝对码道通过特定编码标记位置，分为单码道和多码道，单码道因其可靠性高而被广泛采用。编码常用伪随机码，如成熟的 m 序列。增量码道由等栅距栅线组成，用于提高分辨率和精度。

光栅尺由 LED 光源、聚光镜、扫描掩模、光电接收元件等组成，如图 3.35 所示。当标尺光栅运动时，LED 光源发出的光通过聚光镜产生明暗条纹，光电接收元件将光的明暗变化转换为电信号，并通过差分放大电路输出。

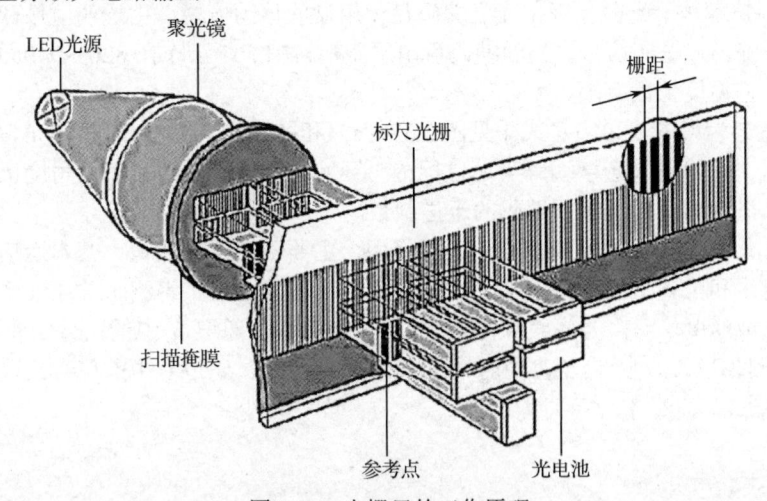

图 3.35　光栅尺的工作原理

光栅传感器的测量误差受多种因素影响，我们可以将这些误差大致归类为刻线误差、安装误差和环境误差。

（1）刻线误差：生产中的刻线误差导致莫尔条纹不均匀，影响信号精度。材料和工艺不均匀或刻线缺失也会导致误差。

（2）安装误差：尺身与读数头安装时的水平和垂直偏差，以及测量轴线与运动轴线的不重合或角度偏差，都会引起测量误差。采用误差补偿技术可以减小这些误差。

（3）环境误差：温度变化引起材料的热胀冷缩，改变莫尔条纹，从而产生误差。环境震动和设备振动影响传感器的稳定性，导致误差。恶劣环境下的污渍和组件老化也会带来误差。

3.5.6 光栅光电调制器

光栅光电调制器由两个重叠光栅组成，可以用作光强度调制器［见图3.36（a）］。辅助光束通过固定光栅掩模（约50%透光率）后，传播到移动光栅掩模。移动光栅掩模与物体机械连接，当其不透光的部分与固定光栅掩模的透光部分对齐时，光线被阻断。移动光栅掩模移动可以打开更多的光通道，光强可调至50%。透射光束聚焦于光电探测器，被转换为电流信号。带光栅光电调制器的光位移传感器输出的光强与位移量成正比。其传递函数如图3.36（b）所示。

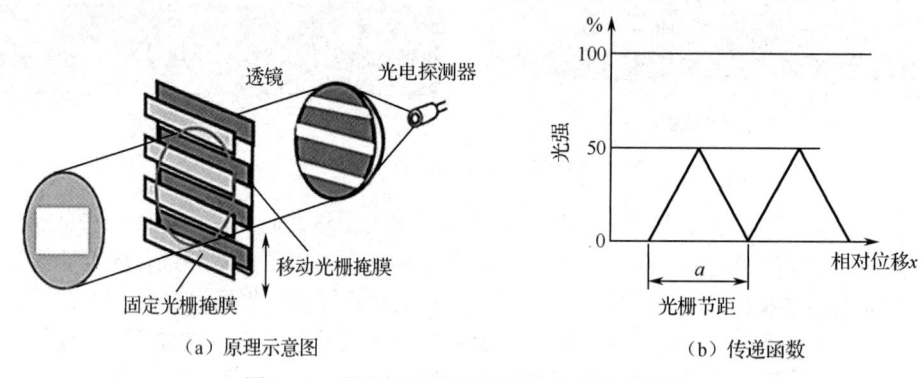

（a）原理示意图　　（b）传递函数

图3.36　带光栅光电调制器的光位移传感器

光栅光电调制器可用于测声仪测量振膜的位移，光栅节距为10μm，全量程位移为5μm，使用2mW氦氖激光器，光通过光纤传导。测声仪的灵敏度高，动态范围为0~125dB，频率响应达1kHz。

数字光调制技术基于光栅原理，光学编码盘使用盘状移动掩模，由透明区域和不透明区域组成，光电探测器输出二进制信号。光学编码盘由层压塑料制成，工作在820~940nm的光谱范围，轻便且成本低，但温度范围有限。

光学编码盘分为增量式和绝对式［见图3.37（a）和图3.37（b）］。增量式光学编码盘在旋转时产生瞬时变化，而绝对式光学编码盘通过不透明区域与透明区域组合编码角度位置。编码方式包括格雷码、二进制编码和二进制编码的十进制数。

增量式光学编码盘因成本、复杂度低而更常用，主要用于位移测量。基本运动感测需要一个光学通道，而速度和位置感测需要两个光学通道，测量时常用正交感测法，通过比较两个通道的信号来导出计数或速度信息。当轮盘顺时针（CW）旋转时，通道 a 中的信号比通道 b 中的信号领先90度［见图3.37（c）］。当轮盘逆时针（CCW）旋转时，通道 b 中的信号比通道 a 中的信号领先90度［见图3.37（d）］。

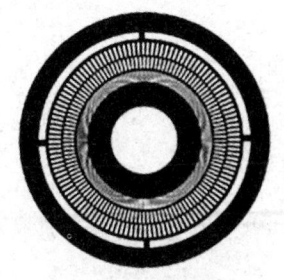

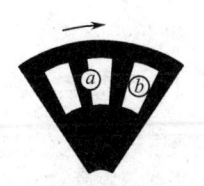

(a) 增量式光学编码盘　　(b) 绝对式光学编码盘　　(c) 轮盘顺时针旋转　　(d) 轮盘逆时针旋转

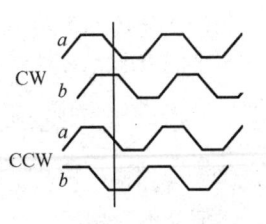

图 3.37　光学编码盘的分类与运动

3.6　超声波位置与位移传感器

高于 20000Hz 的声音被称为超声波。超声波具有沿直线传播的特性，其频率越高，绕射能力越弱，反射能力则相对增强。检测超声波主要利用超声波的穿透特性和反射特性，超声波在液体、固体中衰减很小，穿透能力强，特别是对于不透光的固体，超声波能穿透几十米的厚度。

当超声波垂直入射不同的介质时，在界面处仅发生反射和透射；非垂直入射时，在界面处会发生反射、透射和折射，还会伴随波形转换。在测距时，超声波倾斜入射并在界面处发生反射，接收器通过接收反射波来确定距离。

超声波的波型如下。

（1）纵波：质点的振动方向与波的传播方向一致的波。

（2）横波：质点的振动方向与波的传播方向垂直的波。

（3）表面波：质点的振动介于横波与纵波之间，沿着表面传播的波。

当固体介质的表面受到交替变化的表面张力作用时，质点会进行相应的纵横向复合振动。此时，质点振动所引起的波只在固体介质的表面进行传播，故称表面波。表面波是横波的一个特例。

横波只能在固体中传播，纵波能在固体、液体和气体中传播，表面波随传播深度的增加衰减很快。为了测量各种状态下的物理量，多采用纵波进行测量。

超声源发出的超声波束以一定的角度逐渐向外扩散。在超声波束横截面的中心轴线上超声波最强，且随着指向角的增大而减小，如图 3.38 所示。

1—超声源；2—中心轴线；3—指向角；4—等强度线。

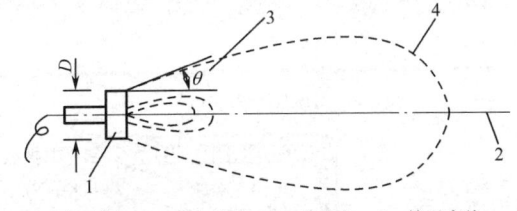

图 3.38　超声波束向外扩散示意图

指向角 θ、超声源的直径 D 和波长 λ 之间的关系为 $\sin\theta=1.22\lambda/D$。设超声源的直径 $D=20$mm，射入钢板的超声波（纵波）频率为 5MHz，则根据上式可得指向角 $\theta=4°$，可见该超声波的指向性是十分精确的。

图 3.39 所示为超声波的反射和折射：超声波从一种介质传播到另一种介质，在两种介质的分界面上，一部分超声波被反射回原介质，这部分超声波叫作反射波；另一部分超声波透射过分界面，在另一种介质的内部继续传播，这部分超声波叫作折射波。这样的两种情况分别称为超声波的反射和折射。

反射定律：入射角 α 的正弦与反射角 α' 的正弦之比等于波速之比。当入射波和反射波的波型相同、波速相等时，入

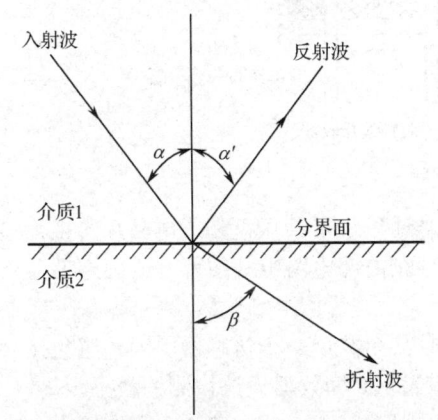

图 3.39　超声波的反射和折射

射角等于反射角。

折射定律：入射角 α 的正弦与折射角 β 的正弦之比等于超声波在入射介质中的波速 c_1 与在折射介质中的波速 c_2 之比，即 $\sin\alpha/\sin\beta=c_1/c_2$。

3.6.1 超声波传感器的工作原理

为实现超声波检测，必须生成并接收超声波信号。能够实现这种功能的装置就是超声波传感器，习惯上称为超声波换能器或超声波探头。

超声波传感器包含四个主要部分：发射器、接收器、控制器和电源。如图 3.40 所示，发射器和换能器组合成发送单元，负责将电能转换为超声波信号。接收器由换能器和放大器构成，将接收到的超声波信号转换成电信号并放大。控制器负责调节脉冲频率和占空比，确保发送和接收的准确性。传感器内部的稳压电路允许使用 10~30V 的直流电源供电。

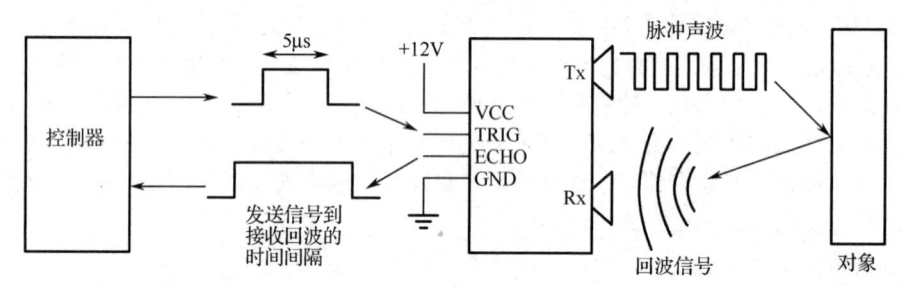

图 3.40 超声波传感器的工作原理

超声波传感器包括超声波发射器和超声波接收器，也有的超声波传感器将两者合二为一。

超声波换能器分为静电和压电两种类型。静电换能器由固定的和可移动的两块板组成，当施加高压信号时，两块板因静电吸引而产生超声波，通常用于精密工业。压电换能器利用压电材料在受压或振动时产生电能的特性来发射超声波，适用于机器人、车辆和无人机，其结构如图 3.41（a）所示。

（a）压电换能器的结构　　　　（b）超声波接收器

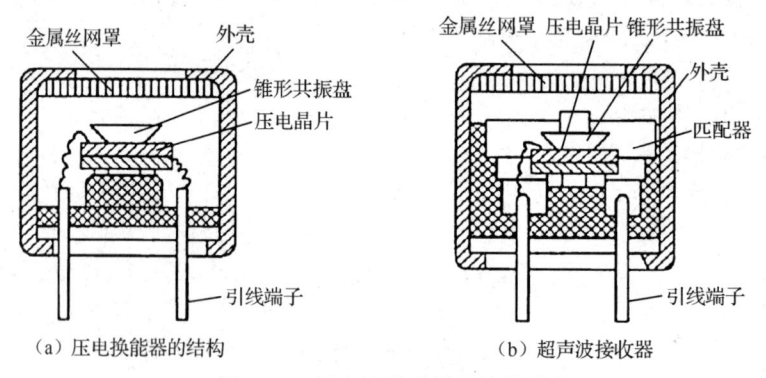

图 3.41 超声波传感器的结构图

超声波接收器［见图 3.41（b）］将反射回来的超声波信号通过锥形共振盘和压电晶片转换为电信号，然后对其进行去噪、放大和数字化处理。信号放大可在内部电路中利用可变或固定增益实现。

在超声波测距仪中，发射器和接收器通常离得很近，有时甚至共用一个传感器。为了避免接收器直接接收到发射器发出的超声波信号，超声波测距仪设有盲区，即仪器无法检测的最小距离。盲区的大小与超声波的功率和压电陶瓷的频率相关，功率低，则盲区小，减小盲区会增加成本。

在汽车制造领域中，超声波测距仪通常安装在车辆的内部，与表面有一定的距离，即盲区长度。

超声波探头按工作原理可分为压电式、磁致伸缩式、电磁式、表面波探头、聚焦探头、水浸探头、空气传导型探头等，按结构可分为直探头、斜探头、双探头等。超声波探头内部的压电晶体将电脉冲转换为超声波，反射回来的超声波则通过压电效应转换为交变电荷和电压。超声波探头的结构示意图如图 3.42 所示。

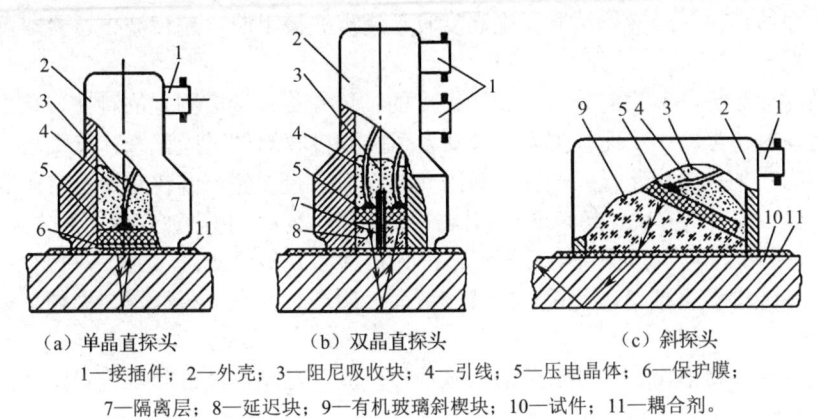

(a) 单晶直探头　　(b) 双晶直探头　　(c) 斜探头

1—接插件；2—外壳；3—阻尼吸收块；4—引线；5—压电晶体；6—保护膜；
7—隔离层；8—延迟块；9—有机玻璃斜楔块；10—试件；11—耦合剂。

图 3.42　超声波探头的结构示意图

单晶直探头用于检测固体，其核心是铅锌钛压电陶瓷（PZT）晶体，金属外壳外覆耐磨膜，用于保护探头。阻尼吸收块用于吸收背面的能量，以提高分辨率。

双晶直探头包含两个单晶探头，一个用于发射，一个用于接收，两者共用壳体，中间有隔离层。探头下方的延迟块用于减小盲区，以提高分辨率，其检测精度高于单晶直探头。

斜探头的压电晶体贴在有机玻璃斜楔块上，倾斜角度可调，用于斜射入被测物，折射角可通过计算得出。

聚焦探头通过曲面晶片或声透镜聚焦超声波，能检测微小缺陷，属于新型探头。

薄膜探头用 PVDF（聚偏二氟乙烯）薄膜制成，可以产生极细的超声波束，用于医用 CT（计算机断层扫描），图像清晰。

空气传导型探头的发射器和接收器是分开的，如图 3.43 所示，发射器有锥形共振盘，接收器有阻抗匹配器，其检测的有效范围是几米至几十米。

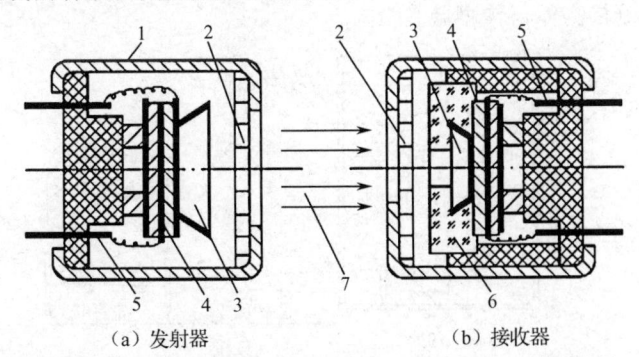

(a) 发射器　　(b) 接收器

1—外壳；2—金属丝网罩；3—锥形共振盘；4—压电晶片；5—引脚；6—阻抗匹配器；7—超声波束。

图 3.43　空气传导型探头的发射器和接收器的结构示意图

一般不能直接将超声波探头放在被测介质（特别是粗糙金属）的表面来回移动，以防磨损。由于空气的密度极低，其存在会导致超声波探头、耦合剂和被测介质（如金属）的界面之间产生许多杂乱反射波,从而产生干扰,并且空气对超声波的传播具有显著的衰减作用。常用的耦合剂有水、机油、甘油、水玻璃、胶水、化学浆糊等。耦合剂的厚度应尽量薄一些,以减小耦合损耗。

3.6.2 超声波传感器的测量方法

声波阻断式测量方法利用超声波在气体、液体和固体内部的衰减程度不同来检测传感器附近是否有液体或固体存在。当液位达到预定高度时,超声波被阻断,超声波传感器即可报警或做出反应。

脉冲回波式测量方法利用超声波在相同密度的物体中传播速度固定的特性,从不同密度的物体的分界面处发射超声波,从而根据超声波从发射端到接收端的时间差来计算距离。根据传感器的安装位置不同,又分为液介式、气介式和固介式。液介式:超声波传感器安装在液面之下,超声波在液面发生反射。气介式:超声波传感器安装在液面之上,超声波在液面发生反射。固介式:超声波经由固体传播,遇到液面反射后再通过固体传播回到传感器。

共振法是指通过调整频率,使得传感器和液面之间产生共振,再根据共振频率和介质中的声速计算出距离。

频差法是指让传感器发出周期调频的长脉冲超声波,当超声波返回到传感器时,通过计算超声波发出和接收时的频率之差,可求得距离。

除了以上四种类型的测量方法,反射式传感器通过发射超声波信号,接收被物体阻断后产生的回波来测量距离;对射式传感器通过检测发射和接收单元之间是否有物体来产生开关量信息。

3.7 激光位置与位移传感器

激光位置与位移传感器能够精确地进行非接触式测量,在测量过程中避免了传感器因测力而产生变形,从而能够更准确地反映被测物体的表面形态特征。因此,激光位置与位移传感器常被用于高精度检测和精密设备加工领域中的位移、厚度、振动、距离、直径测量,其测量精度可以达到纳米级。

3.7.1 三角测量法

如图 3.44 所示,三角测量法使用激光位置与位移传感器进行数据采集,激光束经镜片聚焦并反射至线性电荷耦合器件(Charge-Coupled Device,CCD)阵列,信号处理器利用三角函数计算光点的位置,以精确测量物体与传感器的距离。

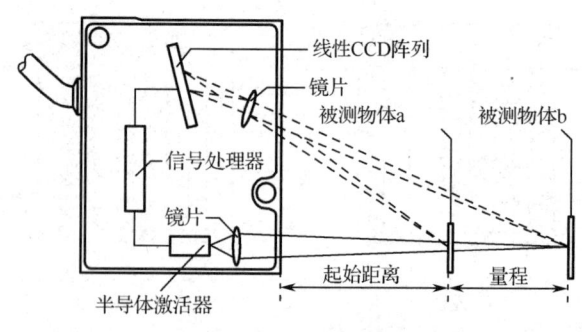

图 3.44 三角测量法

三角测量法通过激光发射点、目标点和接收点形成的三角关系,结合发射点与接收点的角度信息和位置信息计算目标点的位置。在操作中,激光位置与位移传感器记录光点的位置信息并读取标定数据以获取物体的位移信息。激光位置与位移传感器分为直入射式和斜入射式两种类型,斜入射式适用于具有高反射率的镜面物体，而直入射式适用于发生漫反射的物体。激光发射器通过镜头将可见红色激光射向被测物体的表面，经物体反射的激光通过接收器的镜头，并被内部的 CCD 线性相机接收，根据不同的距离，CCD 线性相机可以在不同角度下"看到"这个光点。根据这个角度及已知的激光和相机之间的距离，信号处理器就能计算出传感器和被测物体之间的距离。

采用三角测量法的激光位置与位移传感器的线性度可达 1μm，分辨率更是可以达到 0.1μm 的水平。例如，ZLDS100 类型的传感器的分辨率可以达到 0.01%，线性度可以达到 0.1%，响应频率可以达到 9.4kHz，这种类型的传感器能够适应恶劣的工作环境。

3.7.2 便携式二维激光位移传感器

便携式二维激光位移传感器是一种专为野外环境设计的设备，能够对广阔区域进行精确的二维激光定位测量。这种传感器不仅具备排除阳光干扰的功能，能够确保光斑图像的清晰度，还可以采用数字图像畸变校正算法，有效纠正由短焦距镜头引起的图像畸变问题。

便携式二维激光位移传感器由机壳、靶面、滤光片组件、CCD 图像传感器和位置敏感探测器（Position Sensitive Detector，PSD）数字信号处理电路组成，如图 3.45 所示。靶面是白色磨砂有机玻璃，以中心为原点，分为四个象限。激光束在靶面上散射形成均匀光斑。滤光片组件、超短焦距镜头和 CCD 图像传感器集成在一起，滤光片组件包含 635nm 窄带滤光片和 10%中性密度衰减滤光片，用于提高图像对比度并滤除太阳光。CCD 图像传感器能在滤光后的低照度环境中稳定工作。数字信号处理电路采用 TMXDM642 和 BGA548 封装 PSD 芯片，其计算能力为 4800MIPS（百万条指令每秒）。

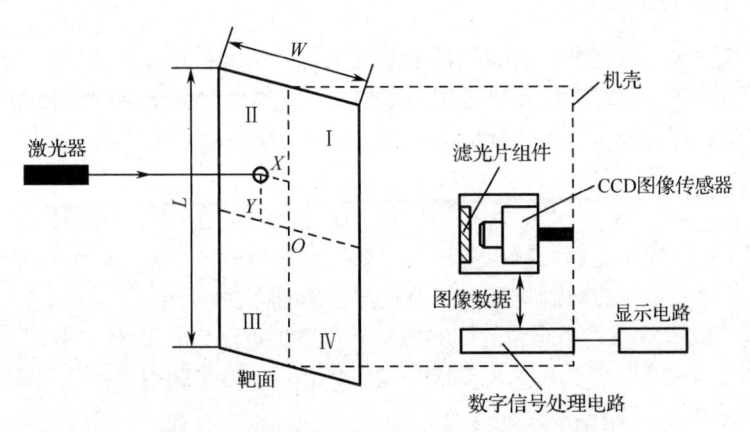

图 3.45 便携式二维激光位移传感器的结构

3.7.3 激光反射式位移传感器

限于 PSD 本身的测量精度，在激光反射式位移传感器中增加了压电促动器。压电促动器通过控制测量探头中直角反射镜的位置，可使光斑在 PSD 的光敏面上快速移动，定位到由激光干涉仪校准过的 PSD 标定点，弥补 PSD 本身的测量误差，从而进一步提升测量的精度。

如图 3.46 所示，激光反射式位移传感器的测量原理如下：激光器通过镜头将激光射向被测物体的表面，经物体反射的激光通过接收器的镜头，被内部的成像元件接收，不同距离的光斑在成像元件上的投影位置不同，根据成像位置及光学投射关系，可以获得被测物体的距离，成像元件具有极高的位置分辨能力，从而能够获得极高的测量精度。

图 3.46 激光反射式位移传感器

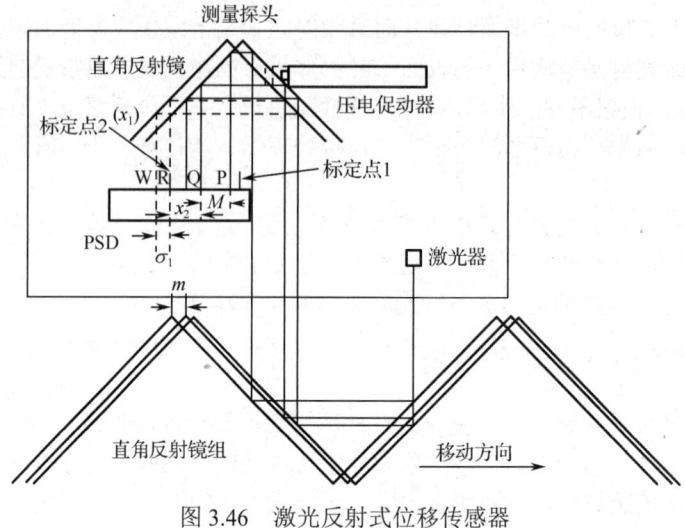

3.8 磁性增量位置传感器

磁性增量位置传感器是一种能够检测物体位置变化的传感器，通过测量磁场的变化来确定物体的相对位置。这种传感器通常用于需要精确位置反馈的场景，如自动化控制、机器人制造、汽车工业等。

3.8.1 磁栅式传感器

磁栅式传感器是磁性增量位置传感器的一种，具有高精度和高分辨率，能够达到微米级的测量精度。磁栅式传感器具有较大的动态范围，适用于从几毫米到几十米的位移测量。此外，磁栅式传感器对周围磁场具有较强的抗干扰能力，能在复杂环境中稳定工作。

3.8.1.1 基本知识与定义

磁栅式传感器利用磁场进行位置和距离检测，磁场能够穿透所有的非磁性材料而不影响定位精度，即使是不锈钢、铝、黄铜、铜、塑料、砖石和木材等材料也可以被磁场穿透，从而能够确定与墙壁另一侧的探头相对的准确位置。磁栅式传感器的特点如下。

- 录制方便，成本低廉。当发现录制的磁栅不合适时可以抹去重录。
- 使用方便，可先在仪器或机床上安装磁栅式传感器，再录制磁栅，从而避免安装误差，可以在恶劣的环境中工作。
- 可方便地录制任意节距的磁栅。例如检查蜗杆时希望基准量中含有 π 因子，可在节距中予以体现。
- 磁栅式传感器具有较高的精度，系统精度可达±0.01mm/m，其性能优于感应同步器。
- 磁栅式传感器的分辨率为 1～5μm，但磁信号的均匀性和稳定性对磁栅式传感器的精度影响较大。

3.8.1.2 结构与工作原理

磁栅式传感器利用磁栅与磁头的磁作用进行测量，其结构如图 3.47 所示。磁栅式传感器由磁栅尺、磁头和检测控制电路组成。磁信号可抹去重新录制，先安装磁栅式传感器后再录制能消除安装误差、提高精度。该传感器采用激光定位录磁，精度可达±0.01mm/m，分辨率为 1～5μm。磁栅尺由不导磁材料制成，镀有均匀的磁膜，录有间距相等、极性正负交错的磁信号栅条。磁头分为动态和静态两种，动态磁头在发生相对运动才有信号输出，静态磁头在相对静止时也有信号输出。静态磁头用铁镍合金片叠成，多间隙铁芯可以增大输出，对输出信号取平均值有助于提高测量精度。静态磁头成对使用，间距为 $(m+1/4)\lambda$，激励电流的相位相同或相差 $n/4$。输出信号经鉴相或鉴幅电路处理后，可转换为正比于被测位移的数字信号输出。

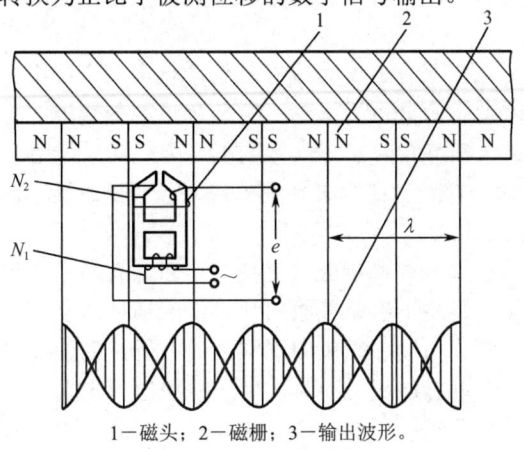

1—磁头；2—磁栅；3—输出波形。

图 3.47 磁栅式传感器的结构

磁栅式传感器的工作原理：利用磁带录音的原理将一定波长的电信号（正弦波或矩形波）用录磁（用录音磁头沿长度方向按一定波长记录周期性信号，该信号以剩磁的形式保留在磁尺上，从而在磁尺上录入一定波长的磁信号）的方法记录在磁性尺子或圆盘上，从而在磁栅上录入等间距的磁信号。

在磁栅式传感器工作时，磁头与磁栅之间保持一定的相对位置关系。磁头负责读取磁栅上的磁信号，进而将磁信号转换为电信号。

磁栅式传感器的类型如图 3.48 所示，长磁栅用于测量直线位移，圆磁栅则用于测量角位移。其中，长磁栅又分为同轴型、带形、尺形。

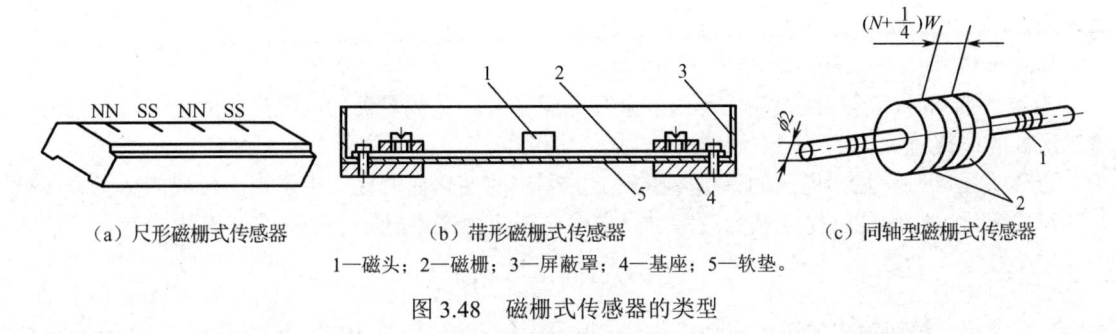

(a) 尺形磁栅式传感器　　(b) 带形磁栅式传感器　　(c) 同轴型磁栅式传感器

1—磁头；2—磁栅；3—屏蔽罩；4—基座；5—软垫。

图 3.48 磁栅式传感器的类型

磁尺用不导磁材料做尺基，在尺基的上面镀一层均匀的磁性薄膜，经过录磁处理，磁尺的磁化图形按照 SN、NS 的顺序排列，如图 3.49 所示。

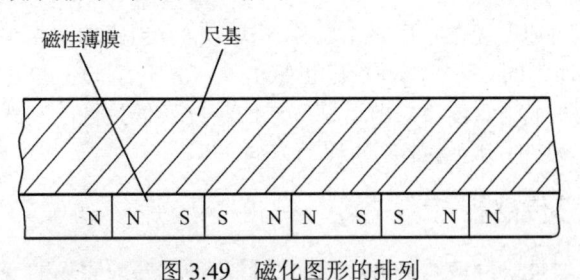

图 3.49 磁化图形的排列

磁信号的波长（周期）又称节距，用 λ 表示。磁信号的极性是首尾相接的，在 N 极重叠处为正向最强，在 S 极重叠处为负向最强。

磁栅上的磁信号先由录音磁头录好，再由读取磁头读出，按读取信号的方式划分，磁头可分为动态磁头和静态磁头。

动态磁头为非调制式磁头，又称速度响应式磁头，包含两个绕组，当动态磁头沿磁栅相对运动时才有信号输出。动态磁头的输出为正弦波，在 N 极重叠处输出的正信号最强，在 S 极重叠处输出的负信号最强。动态磁头在静止时没有信号输出，因此其只能用于动态测量。

N_1 为励磁绕组，N_2 为感应绕组。在励磁绕组中通入高频的励磁电流，一般励磁电流的频率为 5kHz 或 25kHz，幅值约为 200mA。

静态磁头是调制式磁头，又称磁通响应式磁头。该磁头有两个绕组，一个为励磁绕组，另一个为感应绕组。其中，励磁绕组绕于磁路截面尺寸较小的横杆之上，而感应绕组则绕于磁路截面尺寸较大的竖杆之上。静态磁头与动态磁头的不同之处在于，在静态磁头与磁栅没有发生相对运动的情况下也有信号输出。当静态磁头运动时，感应绕组感应电动势的幅值随磁尺上剩磁分布的变化而变化，输出感应电动势。

励磁绕组起到磁路开关的作用：当励磁绕组 N_1 不通电流时，磁路处于不饱和状态，磁栅上的磁力线通过磁头的铁芯而后闭合。

如果在励磁绕组中通入交变电流 $i=i_0\sin\omega t$，那么当交变电流 i 的瞬时值达到某一个数值时，横杆上铁芯材料的磁性饱和，这时磁阻很大，从而使磁路"断开"，磁栅上的磁通不能从磁头的铁芯中通过。当交变电流 i 的瞬时值小于某一数值时，横杆上的铁芯材料不饱和，这时磁阻很小，磁路被"接通"，于是磁栅上的剩磁可以从磁头的铁芯中通过。由此可知，励磁绕组的作用相当于磁路开关。

静态磁头的工作原理：磁感应强度取决于磁头与磁栅的相对位置。磁路开关不断地"接通"和"断开"，进入磁头的剩磁通时有时无。这样高频通断时在磁头铁芯的感应绕组 N_2 中就产生了感应电动势，电动势的大小主要与磁头在磁栅上所处的位置有关，而与磁头和磁栅之间的相对速度关系不大。

励磁电压为 $U_i = U_m \sin\omega t$ 或 $U_i = U_m \cos\omega t$。

当磁头不动时，感应绕组输出正弦或余弦电压信号，其频率仍为励磁电压的频率，幅值与磁头所处的位置有关。

当磁头运动时，输出电压的幅值随磁尺上的剩磁的变化而变化。由于剩磁形成的磁场强度按正弦形式变化，因此能够得到调制波，进而在感应绕组中产生感应电动势，其表达式为

$$E = U_m \sin\frac{2\pi S}{\lambda}\sin\omega t$$

式中，E 为感应绕组输出的感应电动势；U_m 为感应绕组输出的感应电动势的幅值；λ 为磁尺剩余信号的波长（磁化信号的节距）；S 为磁头相对磁尺的位移；ω 为感应绕组输出的感应电动势的频率，是励磁电流 I 的频率的两倍。

感应电动势 E 与相对速度无关，而是由位移 S 决定的。当磁栅与磁头相对移动时，信号处理方法因读取信号的不同而不同。动态磁头输出正弦信号，正弦信号通过放大整形后变成脉冲信号，计数器通过记录脉冲数 n 来测量位移，但这种方法的精度较低且无法判断移动方向。静态磁头通常成对使用，通过设置 90°的相位差来判断移动方向。

3.8.2 磁致伸缩位移传感器

磁致伸缩位移传感器是一种检测机械位移的装置，通过感应磁场的变化来测量物体的位置或

位移。这种传感器的工作基于磁学原理,即当磁体与传感器的感应部分相互作用时,会产生与磁体位置成比例的电信号。

3.8.2.1 磁致伸缩位移传感器的结构和工作原理

磁致伸缩位移传感器利用磁致伸缩效应进行测量,该传感器操作简便、精度高、磨损小、寿命长、设计可靠,可适应恶劣环境,无须复杂调试,广泛应用于军事、民用和工业控制领域。在自动化控制领域,其长寿命和高可靠性使其发挥重要作用。其结构和工作原理如图 3.50 和图 3.51 所示。

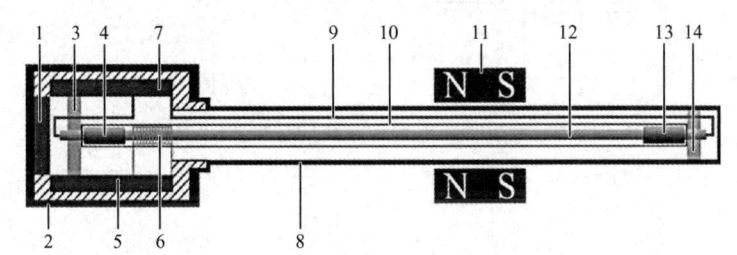

1—防护层;2—外壳;3—首段固定装置;4—首段阻尼装置;5—硬件电路系统;6—检测线圈;7—激励硬件电路;8—测量杆;9—电流返回线;10—保护管;11—永磁体;12—波导丝;13—末端阻尼装置;14—末端固定装置。

图 3.50 磁致伸缩位移传感器的结构

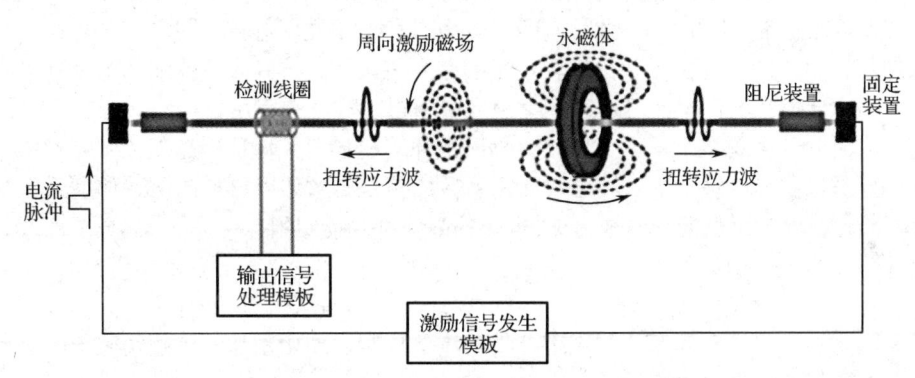

图 3.51 磁致伸缩位移传感器的工作原理

磁致伸缩位移传感器由电子仓、测量杆和磁环构成,内含波导丝(磁致伸缩材料)。其工作原理是电子仓电路产生电流脉冲,沿波导丝传播并产生环形磁场,当该环形磁场与磁环的轴向磁场相遇时,波导丝因磁致伸缩效应产生扭转应力波。换能器接收扭转应力波并将其转换为电压脉冲,通过计算脉冲之间的时间差,可精确测量物体的位移。

磁致伸缩效应:铁磁性材料在外磁场作用下伸长或缩短的现象,称为磁致伸缩效应。

铁随磁场强度的增大而伸长,镍随磁场强度的增大而缩短。

在磁化过程中,单位长度的铁磁性材料在磁化方向上发生的长度变化称为该材料的磁致伸缩系数,用 λ 表示,当外磁场为饱和磁化场时,纵向磁致伸缩系数为一确定数值 λ_s,即饱和磁致伸缩系数。相关公式如下:

$$\lambda = \frac{\Delta l}{l} \tag{3-32}$$

常用磁致伸缩材料在室温下的饱和磁致伸缩系数为 $10^{-8} \sim 10^{-6}$。

通常将物体沿外磁场方向的尺寸变形称为纵向磁致伸缩,将垂直于外磁场方向的尺寸变形称为横向磁致伸缩,在铁磁性物体被磁化时其体积会发生膨胀或收缩,这种现象则称为体积磁致伸缩。无论上面提到的哪一种磁致伸缩效应,都是可逆的。其中应用最为广泛的当属纵向磁致伸缩效应，因此，一般我们所说的磁致伸缩效应指的都是纵向磁致伸缩效应。关于磁致伸缩效应的表现形式，最著名的有焦耳效应、维拉利效应和维德曼效应。磁致伸缩效应的各种变形模式如表3.2所示。

表 3.2 磁致伸缩效应的各种变形模式

变形模式	六方晶系	立方晶系
体积不发生变化，仅形状发生变化		
体积发生变化		

金属、合金、铁氧体及非晶态物质通常被称作传统磁致伸缩材料，这类材料主要包括铁银合金、镍钴合金、铁镍合金等，以及由氧化铁、氧化镍、氧化镁和氧化铜等按不同比例配制的铁氧体。

磁致伸缩材料中的铁磁性形状记忆合金系列尤为引人注目，其磁致伸缩系数远远大于传统金属与合金的磁致伸缩系数，因此迅速在多个领域中获得了广泛的应用。

还有一类磁致伸缩材料是稀土金属化合物磁致伸缩材料，又称稀土超磁致伸缩材料，这类材料是重稀土金属铽和镝的铁合金，其磁致伸缩系数比传统磁致伸缩材料的磁致伸缩系数高两个数量级以上，其超磁致伸缩性能使其成为21世纪的战略性功能材料。

磁致伸缩材料的应用如下。

（1）在磁（电）声换能器中的应用：声纳、超声波换能器、扬声器等。

（2）在磁（电）机械致动器中的应用：精密流体控制、超精密加工、超精密定位、机器人、精密阀门、微马达及振动控制等。

（3）传感器敏感元件：超磁致伸缩材料除用于驱动外，利用其磁致伸缩效应或逆效应还可以制作检测磁场、电流、应变、位移、扭矩、压力和加速度等的传感器敏感元件。例如，磁致伸缩液位传感器可实现对液位的高精度计量，其测量分辨率高于0.11mm。

3.8.2.2 磁致伸缩位移传感器的优点及应用

磁致伸缩位移传感器在石油化工、航空航天、电力和水利等领域广泛应用，其优点如下。

（1）长寿命：磁致伸缩位移传感器基于磁致伸缩效应，无机械运动部件，可以减少磨损。

（2）高可靠性：磁致伸缩位移传感器的整个电子电路和磁致伸缩换能器安装在封闭的电子仓内，电子部件稳定，不受外界影响。

（3）高精度：通过测量扭转应力波的传播时间确定位移，精度高达0.02%FS。

（4）大量程：可配备不同长度的波导丝，满足大范围测量需求。

（5）高安全性：防爆性能好，适合易燃、易爆等危险环境。

（6）易于安装和维护：法兰安装，无须频繁调整或维护，给使用者带来极大的方便。

（7）自动化兼容：可以根据工作需要提供标准的输出信号，便于计算机处理和系统联网。

图3.52（a）所示为磁致伸缩力传感器的结构示意图，磁致伸缩力传感器通过改变线圈中的电流来调节偏置磁场，当外力发生变化时，通过霍尔元件测量片状磁致伸缩材料底部固定端的磁感

应强度，从而获得输出电压信号。磁致伸缩力传感器在桥梁工程与机器人领域中有着广泛应用。

图 3.52（b）所示为磁致伸缩位移传感器的结构示意图，当波导丝中通入电流脉冲时，永磁体提供的偏置磁场与电流脉冲产生的激励磁场合成螺旋磁场，使波导丝中产生扭转应力波，扭转应力波从永磁体处传播至检测线圈处的时间与扭转应力波波速的乘积即为所测量的位移。磁致伸缩位移传感器在水利水电、航空航天等领域中有着广泛应用。

(a) 磁致伸缩力传感器的结构示意图　　(b) 磁致伸缩位移传感器的结构示意图

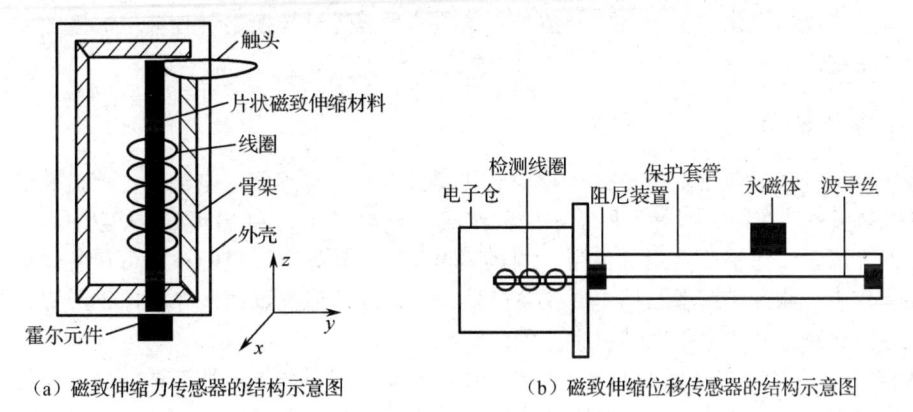

图 3.52　两种磁致伸缩传感器的结构示意图

综上所述，磁致伸缩材料是制造致动器、换能器、力和位移传感器的关键材料，具有巨大的发展潜力。使用磁致伸缩材料制作的磁致伸缩位移传感器在工业生产中尤为重要。

磁致伸缩探测器利用磁致伸缩效应和超声波精确测量物体的位移，由导波管和可移动环形磁铁等组成（见图3.53），通过检测磁铁位置的变化并将其转换为电信号来工作。导波管内的导电元件在电脉冲的作用下产生磁场，与磁铁的磁场叠加，根据维德曼效应，在磁铁所在的位置产生扭转应变。电脉冲在同轴导体中产生沿导波管传播的机械扭转脉冲，使用压电式或磁阻式传感器测量这些脉冲的到达时间。线圈和永磁体连接到导波管上。导波管的振动使线圈感应到电脉冲，将电脉冲与激励脉冲的时间差转换为数字代码，从而指示磁铁的位置。磁致伸缩探测器具有高线性度、高重复性和高稳定性的特点，对温度不敏感，适合高压、高温和强辐射等恶劣环境。

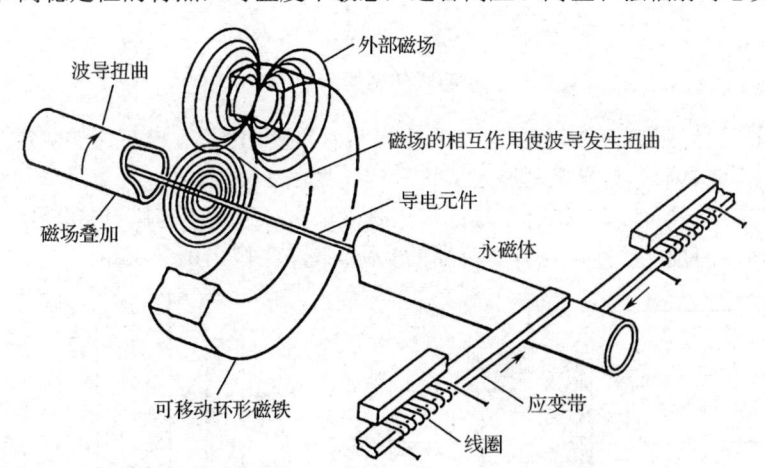

图 3.53　磁致伸缩探测器利用超声波检测永磁体的位置

磁致伸缩位移传感器广泛应用于液压缸、注射成型机（测量模具夹紧的位置、注射成型材料的填充状态及顶出成型件的线性位移）、采矿（检测岩石的移动距离，小至 25μm）、轧钢厂、锻造厂、电梯及其他大运动范围的高分辨率位移测量。

3.9　厚度和液位传感器

厚度和液位传感器是一种检测和测量液体位置和高度的装置，广泛应用于工业、农业、环保和家庭生活等领域。液位传感器可以实时检测液体的位置，以实现自动化控制和安全防护。液位传感器的工作原理因采用的具体传感技术的不同而有所区别，但都利用物理特性或电磁波来检测液体的位置或液位的变化并生成对应的信号，这些信号或经过转换显示为液位高度数值，或用于自动化控制系统。

3.9.1　膜厚传感器

测量膜厚的传感器包括机械量规、超声波传感器、光学传感器、电磁式传感器和电容式传感器。膜厚的测量方法在很大程度上取决于膜的组成（导电、绝缘、铁磁等）、厚度范围、运动方式、温度稳定性等因素。涂层厚度测量仪用于测量干膜厚度。非导电干膜的厚度可在各种基材上通过超声波测厚仪进行测量，或者利用电磁式传感器在磁性或非磁性金属（如不锈钢或铝）的表面进行测量。后一种测量方法基于在基材中产生的涡流效应。

图 3.54 所示为电容式传感器的基本应用，该传感器能够对非导电性液体薄膜的厚度进行精确测量，测量过程基于两个浸入液体内部的小型线性探针形成的电容器，液体充当了电容器两个极板之间的介质，而极板则由这两个小型线性探针构成。由于液体的介电常数与空气的介电常数存在差异，因此任何液面高度的变化都会引起探针间电容的变化，将探针嵌入频率调制电路中可以实现对电容变化的精确测量。

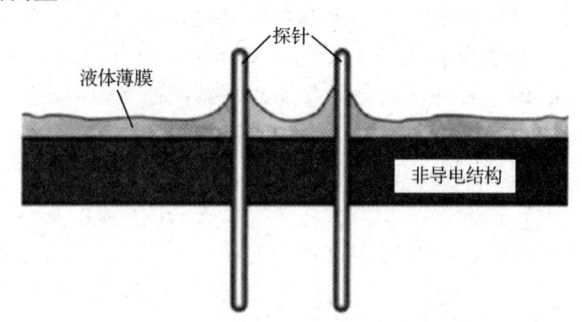

图 3.54　电容式传感器测量液体薄膜

在精确测量干绝缘膜的特性时，采用球形电极具有更高的效率。电容值的测定是在金属球（直径为 3～4mm 的不锈钢球）与导电基座之间进行的［见图 3.55（a）］。为了降低边缘效应的影响，金属球被一个动态屏蔽层环绕，该屏蔽层的作用是确保电场通过绝缘膜直接作用于导电基座。根据图 3.56（b）所示的校准曲线，这种传感器的实际测量范围为 10～30μm。

（a）传感器的结构示意图　　（b）校准曲线

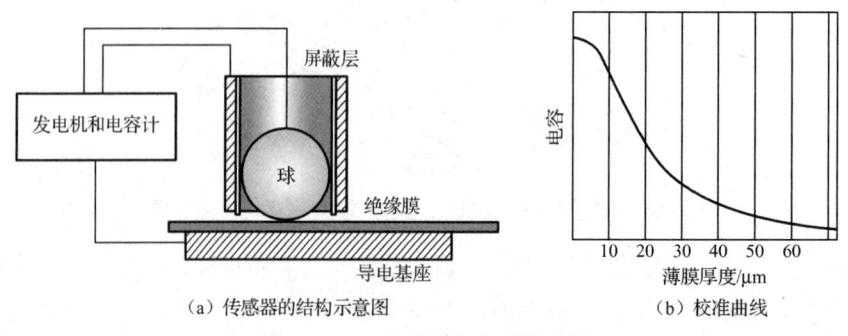

图 3.55　干介质膜电容式传感器

另一种测量方法采用了平行板电容器，如图3.56所示。一个极板是金属板，与导电基座相隔距离为d。介电常数为κ的介质膜在极板间隙中移动。电容测量电路（电容表）产生高频信号以测定金属板与导电基座之间的电容。若间隙中存在厚度为b的介质膜，则平行板电容器的电容随之改变。

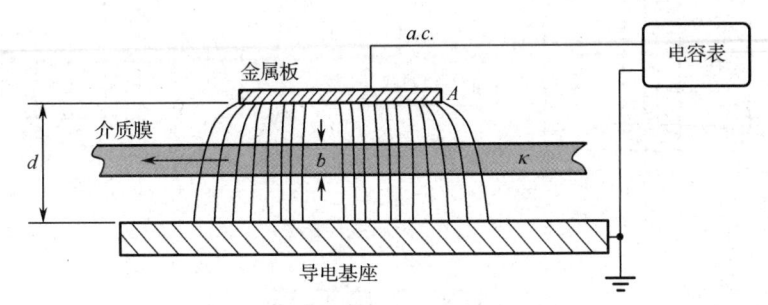

图3.56 测量介质膜厚度的平行板电容器

对于介质膜与间隙的组合，测得的电容为

$$C = A\varepsilon_0 \left[d - b\left(1 - \frac{1}{k}\right) \right]^{-1} \tag{3-33}$$

由此可以推导出介质膜的厚度与电容C的函数关系为

$$b = \left(d - \frac{A\varepsilon_0}{C} \right)\left(1 - \frac{1}{k}\right)^{-1} \tag{3-34}$$

对于微小的厚度变化，该函数关系可视为线性关系。在使用该测量方法时，必须考虑温度的影响，因为介质膜的介电常数κ可能随温度变化。因此，在追求绝对精度的场合，应考虑引入适当的温度补偿电路。当仅需测量相对于基准厚度b_0的厚度变化（相对精度）时，可采用不含介电常数的比率公式：

$$\delta = \frac{b}{b_0} = \frac{\left(d - \dfrac{A\varepsilon_0}{C}\right)}{\left(d - \dfrac{A\varepsilon_0}{C_0}\right)} \tag{3-35}$$

式中，C_0是根据具有理想厚度b_0的参考膜测量的电容。参考膜和待测膜应在相同的条件下（温度、湿度等）进行测量。这种测量方法仅限于测量绝缘膜的厚度。

3.9.2 低温液位传感器

图3.57所示的传输线传感器常用于低温液体的液位检测。其探头的设计类似于电容式传感器，但其测量原理不基于液体的介电特性。传感线探头由长管构成，包含一个内电极，被外部圆柱形电极所环绕，如图3.57（a）所示。当探头浸入液体时，液体可自由进入两个电极之间。为了实现线性响应，探头的长度应小于波长的1/4。采用高频信号（约10MHz）激励探头。高频信号在两个电极形成的传输线上传输。当液体达到特定的高度x时，因其介电常数与蒸汽的介电常数不同，影响传输线的特性，从而确定液位。高频信号在液-气界面之间反射并返回传感器的顶部，类似于雷达的测量原理。通过测量传输信号和反射信号的相位差，可以确定界面的位置，相位差由相位比较器检测并转换为直流电压信号。液体的介电常数越大，反射越强，传感器的灵敏度越高，如图3.57（b）所示。

(a) 传输线探头　　　　　　(b) 传递函数

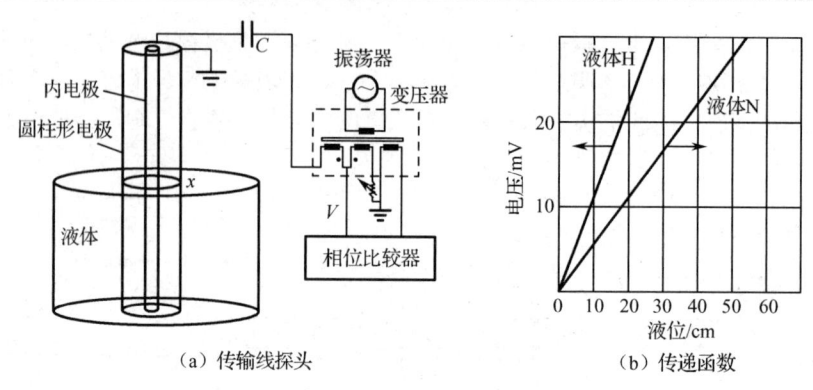

图 3.57　传输线传感器

3.10　角度测量

角度测量技术按测量方式可分为静态测量技术和动态测量技术两种，大多数动态测量技术都能实现静态测量。角度测量技术中研究最早的是机械式和电磁式角度测量技术，机械式角度测量技术主要以多齿分度盘为代表，电磁式角度测量技术以圆磁栅为代表，但这些技术不容易实现自动化，测量精度较低。

3.10.1　激光干涉法测角原理

激光干涉小角度测量技术已经发展得非常成熟，不论是单频激光干涉仪还是双频激光干涉仪，其测量小角度的原理十分相似，都是基于正弦尺的原理。

如图 3.58 所示，在实际应用中，激光干涉仪通常包括一个激光源、两个分束器（通常为分束镜）、两个角锥反射镜，以及用于检测干涉条纹的光电探测器。当被测物体旋转时，角锥反射镜也会随之旋转，导致两束激光的光程差发生变化，从而引起干涉条纹的移动。通过精确测量这些条纹的移动量，可以计算出被测物体旋转的角度。

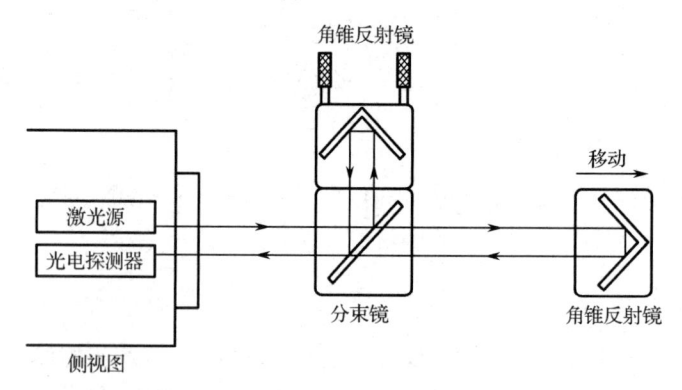

图 3.58　激光干涉仪的结构

3.10.2　激光自准直法测角原理

自准直仪基于物像共面的原理设计，用于确保光学元件相互对准。自准直仪具有极好的方向性，可以利用激光束的直线性来测量物体与基准光束的偏差，从而确定几何量的精确度。自准直仪的光学原理如图 3.59 所示。

自准直仪在机械、航空航天和军事瞄准系统中广泛应用，用于测量平面度、同轴度，可以进行高精度的角度测量，也用于精密几何量的测量和动态监测，如激光跟踪，适用于机器人设计和多自由度误差测量，可以提高测量的精度和效率。

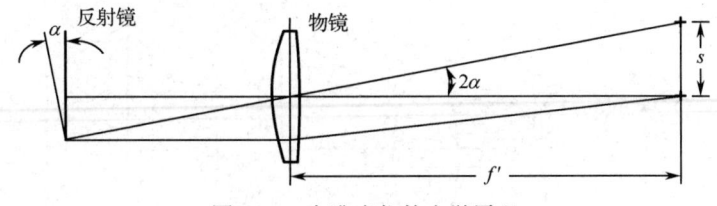

图 3.59 自准直仪的光学原理

3.10.3 光学内反射法测角原理

如图 3.60 所示，光在通过折射率不同的两种介质 A 与 B 的界面时，会发生反射和折射现象。反射光的强度受到两种介质的折射率比值、光的入射角度和入射光的偏振状态的影响。菲涅耳反射定律详细阐述了反射光与入射光之间的幅度和相位关系。在此，我们将分别对垂直于入射光入射平面的 S 偏光和平行于入射光入射平面的 P 偏光进行讨论。设入射角为 θ_1，在介质 B 中的折射角为 θ_2，根据光的折射定律，可以得出以下关系式：$n_1 \sin\theta_1 = n_2 \sin\theta_2$。

光学内反射法可以用于测量表面形貌、直线度、振动等。例如，P. S. Huang 等人利用这种方法制造了一种体积小、适用于小角度测量的仪器，其测量的角度范围可以扩大到 30 弧分，输出信号峰-峰值的漂移小于 0.04 弧秒。此外，光学内反射法还可以用于测量光束的微小偏转角，这在评价液晶光学相阵列的光束偏转特性时尤为重要，因为这些光束的偏转角通常较小，大约为 2°～3°，需要较高的分辨力和定位精度。

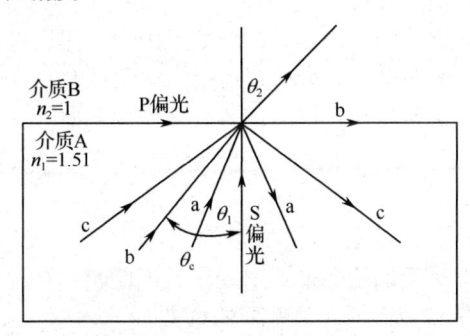

图 3.60 内反射示意图

3.10.4 光电码盘测角原理

1. 光电码盘的工作原理

光电码盘具有较高的性价比，作为精密位移传感器，其在自动化测量和控制领域得到了普遍应用。我国目前拥有 23 种光电编码器，这些设备为科学研究、军事、航天及工业生产提供了精确的位移测量手段。其工作原理是通过光电转换的方式，将被测量的角位移转换为数字代码形式的电信号。光电码盘系统的结构示意图如图 3.61 所示。

光线自光源 1 发出，经由柱面镜 2 的折射，形成平行光束或聚焦光束，随后投射至码盘 3。该码盘采用光学玻璃材料制成，表面刻有众多同心圆形状的码道，每条码道上都有序排列着透光区域与不透光区域，即所谓的亮区与暗区。光线透过亮区后，通过狭缝 4，最终形成一束细窄的光束，投射至光敏元件 5。光敏元件的布局与码道相对应，其中对应亮区的光敏元件的输出信号为"1",而对应暗区的光敏元件的输出信号为"0"。随着码盘旋转至不同的位置,光敏元件输出的信号组合将反映按特定规律编码的数字量,这一数字量代表了码盘轴的角位移量。

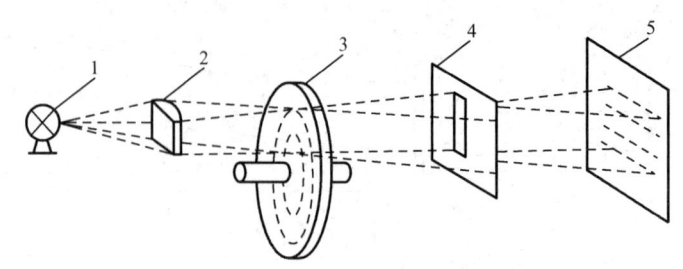

1—光源;2—柱面镜;3—码盘;4—狭缝;5—光敏元件。

图 3.61　光电码盘系统的结构示意图

2. 码盘和码制

根据码盘的起始位置和终止位置就可以确定转角,与转动的中间过程无关。二进制码盘的主要特点如下。

- n 个码道(n 位)的二进制码盘具有 2^n 种不同的编码,称其容量为 2^n,其最小分辨率 $\theta_1=360°/2^n$。
- 对于 5 个码道的二进制码盘,$\theta_1=360°/2^n=360°/2^5=11.25°$。
- 对于 21 个码道的二进制码盘,$\theta_1=0.68''$。
- 二进制码为有权码,编码 $C_n,C_{n-1},\cdots,C_1$ 对应的从零位算起的转角为 $\sum_{i=1}^{n}C_i 2^{i-1}\theta_1$。
- 在码盘转动过程中,当 C_i 发生变化时,所有 C_j($j<i$)应同时变化。

二进制码盘的粗大误差及消除方法。

制作二进制码盘时,任何微小的制作误差,例如其中一个码道提前或延后改变,都可能导致读数出现粗大误差。因此要求各个码道必须刻划精确,彼此对准,这给码盘制作造成很大困难。

消除粗大误差的方法:双读数头法和用循环码代替二进制码。其中,双读数头法的缺点是读数头的个数增加了一倍。当码盘的位数很多时,光敏元件的安装也比较困难。

3. 二进制码与循环码的转换

循环码的特点如下。

- 具有多种编码形式,但不同的编码形式有一个共同的特点,就是任意两个相邻的循环码仅有一位编码不同。这个特点有着非常重要的意义。
- 循环码属于无权码,其特点是每一位数字均遵循特定的循环规律。由观察可知,循环码中任意两个连续的编码仅在一位上存在差异。此外,循环码存在一个对称轴(位于第 7 位和第 8 位之间),在该对称轴两侧的编码,除最高位互为补码外,其余各位数字均关于对称轴镜像对称。

4. 分类

根据码盘的刻度方法及信号的输出形式,光电编码器分为增量式光电编码器和绝对式光电编码器。

- 增量式光电编码器的特点:增量式光电编码器的轴旋转时,有相应的脉冲输出,其计数起点可以任意设定,可实现多圈无限累加测量。编码器的轴转一圈会输出固定的脉冲,脉冲数由编码器光栅的线数决定。需要提高分辨率时,可以利用具有 90°相位差的 A、B 两路信号进行倍频操作或更换高分辨率的编码器。
- 绝对式光电编码器的特点:绝对式光电编码器有与位置相对应的代码输出,通常为二进制码或 BCD 码。根据代码大小的变化可以判别正、反方向和所处的位置,绝对零位代码还可以用于停电位置记忆。绝对式光电编码器的常规测量范围为 0~360°。

增量式绝对值旋转编码器：增量式绝对值旋转编码器为每一个轴的位置提供一个独一无二的编码数字。特别是在定位控制应用中，增量式绝对值旋转编码器减轻了电子接收设备的计算任务，从而省去了复杂且昂贵的输入装置。当机器接通电源或电源故障后再接通电源，不需要回到位置参考点，可以直接利用当前位置的数值进行测量。

5．应用

基于运动控制芯片的机械手控制系统主要包括三个旋转关节（分别控制机械大臂和小臂的旋转及手抓的张合）和一个移动关节（控制手腕的伸缩）。各关节均采用直流电动机作为驱动装置，在机械大臂和小臂的旋转关节上装配有增量式光电编码器，以提供半闭环控制所需的反馈信号。

思考题

1．请简述压阻式位置与位移传感器的工作原理，这类传感器有什么优点？
2．什么是材料的压阻效应？
3．电感式位置与位移传感器的工作原理是什么？其分类包括哪些？
4．线性可变差动变压器式位移传感器产生误差的原因是什么？
5．电容式位置与位移传感器的工作原理是什么，可将其分为几种类型？不同类型的传感器各有什么特点？分别适用于什么场合？
6．如何改善单极电容式位移传感器的非线性？
7．简述变极距型电容式位移传感器的工作原理，并给出必要的公式推导过程。
8．请简述磁栅式传感器的定义？这类传感器有什么特点？并说明其应用范围。
9．线性可变差动变压器式位移传感器和旋转可变差动变压器式位移传感器的相同点和不同点是什么？
10．简述磁性增量位置传感器的工作原理。
11．什么是霍尔效应？霍尔电势与哪些因素有关？如何提高霍尔传感器的灵敏度？
12．超声波在介质中的传播具有哪些特性？
13．超声波传感器的工作原理是什么？可以应用到哪些方面？
14．要测量液位可以用哪些传感器？这些传感器分别有什么特点？
17．简述激光位置与位移传感器的定义与分类，并分别说明其工作原理。
18．简述角度测量的方法和原理，并说明其应用。

第4章 机械参数传感器

知识单元与知识点	➢ 力传感器：将力学量转换为电信号的器件，可以对张力、拉力、压力等进行测量； ➢ 弹性敏感元件：具有弹性变形特性的元件，用于测量力； ➢ 电阻式压力传感器：基于应变测量导体或半导体材料在力的作用下的电阻变化，从而测量力； ➢ 压阻式压力传感器：利用压阻材料的压阻效应测量力； ➢ 压电式压力传感器：基于压电效应，将微小动态力转换为电信号； ➢ 扭矩传感器：测量扭矩的传感器； ➢ 转速传感器：测量旋转物体的转速。
能力点	✧ 理解力传感器的工作原理和应用场景； ✧ 掌握弹性敏感元件的基本特性及其在传感器中的应用； ✧ 学习并应用电阻式压力传感器、压阻式压力传感器和压电式压力传感器的测量技术； ✧ 了解扭矩传感器的分类和测量方法； ✧ 掌握转速传感器的工作原理及其在控制系统中的应用。
重难点	■ 力传感器的精确测量和信号转换机制； ■ 弹性敏感元件的材料选择和性能要求； ■ 电阻式压力传感器、压阻式压力传感器和压电式压力传感器的灵敏度和稳定性问题； ■ 扭矩传感器在动态和静态条件下的测量； ■ 转速传感器的测量技术。
学习要求	✓ 理解力传感器的工作原理和应用场景； ✓ 掌握弹性敏感元件的基本特性及其在传感器中的应用； ✓ 学习并应用电阻式压力传感器、压阻式压力传感器和压电式压力传感器的测量技术； ✓ 了解扭矩传感器的分类和测量方法； ✓ 掌握转速传感器的工作原理。
问题导引	● 常见的机械参数测量分为哪几类？其工作原理是什么？ ● 弹性敏感元件在传感器中的作用是什么？ ● 电阻式压力传感器的灵敏度如何影响测量结果？ ● 压阻式压力传感器和压电式压力传感器在应用上有何不同？ ● 扭矩传感器在动态测量中面临哪些挑战？ ● 转速传感器的稳定性如何影响自动控制系统？

机械传动在机械工程中应用非常广泛，主要是指利用机械方式传递动力和运动。在现代机械工程中，机械传动系统的效率与性能直接影响着整个设备的运行效果。随着智能装备技术的不断进步，传感器的应用日益广泛，传感器成为提升机械传动系统智能化水平的重要组成部分。力传感器、扭矩传感器和转速传感器等设备的集成，不仅能够实时监测机械参数，还能为机械传动系统的优化与故障诊断提供重要的数据支持。这些传感器通过精确的测量和反馈，使机械传动系统在动态环境中保持高效运作，进一步推动了智能制造业的发展。本章将介绍各类机械参数传感器的工作原理、特点及应用。

4.1 力传感器

力是引起物质运动变化的直接原因。力传感器是将力学量转换为相关电信号的器件。力传感器能检测张力、拉力、压力、重力、扭矩、内应力和应变等力学量。常见的力传感器有金属应变片、压力传感器等，这些力传感器在动力设备、工程机械、工作母机系统中是不可缺少的核心部件。

4.1.1 简介

力传感器可分为定量和定性两类。定量力传感器用于测量力的大小,并将其以电信号的形式输出,这类传感器(如应变计和称重传感器)通常与适当的接口电路一起使用。定性力传感器是阈值装置,与力的大小的良好保真度表示无关,仅仅用于检测是否施加了足够大的力,即当力的大小超过设定的阈值时,才输出指示信号,如计算机键盘上的按键,只有在按得足够用力时才会有信号输出。定性力传感器常用于运动和位置的检测,安全系统的压敏地垫和路面上的压电电缆是定性力传感器的具体应用。力传感器的工作原理如图 4.1 所示。

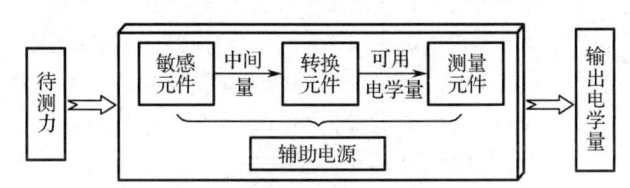

图 4.1 力传感器的工作原理

对于不同种类的力传感器,可以通过以下方法进行检测。
(1)通过平衡未知力和标准力。
(2)通过测量一个已知物体的加速度。
(3)通过平衡力和电磁力。
(4)通过将力转换成流体压力并测量流体压力。
(5)通过测量未知力在弹性构件中产生的应变。

在现代力传感器中,最常用的是方法(5)。

在许多传感器中,力是对某些刺激的响应。这种力不能直接转化为电信号,因此通常需要一些额外的步骤。典型的力传感器是力-位移传感器和位移传感器的组合,将位移转换为电信号输出。力-位移传感器可以是一个简单的螺旋弹簧,其压缩位移 x 可以通过弹簧的弹性系数 k 和压力 F 来计算:

$$x = kF \tag{4-1}$$

式中,x 为压缩位移(mm);k 为弹簧的弹性系数;F 为压力(N)。

图 4.2(a)所示的传感器由弹簧和 LVDT(差动变压器)位移传感器组成。在弹簧的弹性范围内,LVDT 位移传感器产生的电压与施加的力成正比。类似的传感器可以由其他类型的弹簧和压力传感器构成,如图 4.2(b)所示,其中压力传感器与受力的充满流体的波纹管相结合。波纹管通过在压力传感器的传感膜上施加其输入端的局部力来充当力-压力传感器,而压力传感器的传感膜又包括另一个位移传感器,用于将传感膜的运动转换为电信号。

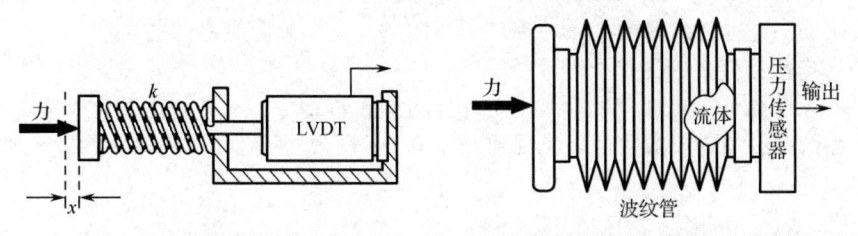

(a)带LVDT的弹簧力传感器　　(b)包含波纹管和压力传感器的力传感器

图 4.2 力传感器示意图

总之,典型的力传感器结合了一个弹性元件(弹簧、聚合物点阵、硅悬臂梁)和一个用于测量元件压缩或应变程度的传感器,目的是将力转换为电信号。力传感器是压力传感器、触觉传感器和加速度传感器的组成部分。根据应用场合、结构形式和测量范围的不同，力传感器有不同的名称，如微力传感器、压力传感器、称重传感器等，都是基本力传感器的变种。

4.1.2 弹性敏感元件

变形：物体因外力作用而改变原来的尺寸或形状。

弹性变形：外力消失后能完全恢复到其原来的尺寸和形状的变形。

弹性敏感元件：具有弹性变形特性的元件。

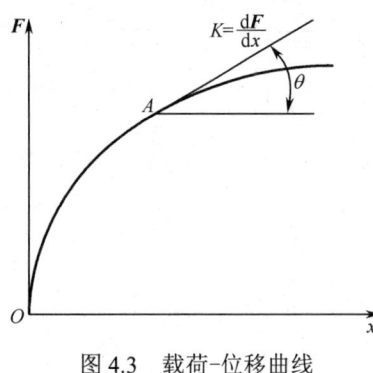

1. 刚度

如图 4.3 所示，弹性敏感元件的刚度是指该元件在外力作用下抵抗变形的能力。具体来说，刚度是对弹性敏感元件形变大小的定量描述，即产生单位位移所需要的力。刚度越大，弹性敏感元件在受到相同外力作用时产生的形变越小，因此刚度与弹性敏感元件的形变成反比。

$$K = \frac{dF}{dx} \tag{4-2}$$

式中，K 为弹性敏感元件的刚度；F 为施加的应力；x 为弹性敏感元件产生的形变。

图 4.3 载荷-位移曲线

2. 灵敏度

灵敏度是指弹性敏感元件在单位大小的力的作用下产生的形变的大小，在弹性力学中也称为弹性敏感元件的柔度，用 k 表示：

$$k = \frac{dx}{dF} \tag{4-3}$$

3. 固有振荡频率

弹性敏感元件具有固有振荡频率，固有振荡频率会影响传感器的动态特性。传感器的工作频率应避开弹性敏感元件的固有振荡频率。

先测量由力引起的弹性敏感元件的物理形变，再利用应变式传感器、压阻式传感器或压电式传感器将其转换为电信号。对于弹性敏感元件有以下几点要求：①良好的机械加工和热处理性能；②良好的弹性特性；③弹性敏感元件的温度系数和材料的线膨胀系数要小且稳定；④某些场合还要求弹性敏感元件耐腐蚀、有良好的导电性或绝缘性。

4.1.3 电阻式压力传感器

电阻式传感器（Resistive Sensor）是一种将被测量（如力、压力、温度、湿度等）转换成电阻变化的传感器。这种传感器的工作原理基于电阻的变化与被测量之间的关联。

4.1.3.1 电阻应变片的工作原理

应变效应：导体或半导体材料在外力作用下发生机械形变，导致其电阻值发生变化的物理现象。设有一根圆截面的金属电阻丝，电阻丝长度为 l，横截面积为 S，电阻率为 ρ，则其电阻为

$$R = \frac{\rho l}{S} = \frac{\rho l}{\pi r^2} \tag{4-4}$$

式中，r 为电阻丝的半径。

如图 4.4 所示，当沿电阻丝的长度方向施加大小均匀的力时，参数 ρ、r、l 都将发生变化，从而导致电阻 R 发生变化。实验证明，电阻丝及应变片的电阻相对变化量 $\Delta R/R$ 与材料力学中的轴

向应变 ε_x 在很大范围内呈线性关系,即

$$\frac{\Delta R}{R} = k\varepsilon_x \tag{4-5}$$

式中,k 为电阻应变片的灵敏度。对于不同的金属材料,k 略微不同,一般为 2 左右。对半导体材料而言,在感受到应变时,电阻率 ρ 会产生很大的变化,所以其灵敏度比金属材料大几十倍。在材料力学中,$\varepsilon_x = \Delta l/l$,称为电阻丝的轴向应变,也称纵向应变,是量纲为 1 的量。ε_x 通常很小,常用 10^{-6} 表示。例如,当 ε_x 为 0.000001 时,在工程中常表示为 1×10^{-6} 或 $1\mu m/m$。对金属材料而言,其受力之后所产生的轴向应变最好不要大于 1×10^{-3},即 $1000\mu m/m$,否则有可能超过材料的极限强度而导致材料断裂。

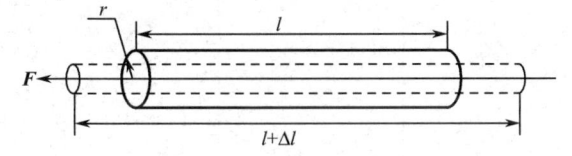

图 4.4 电阻丝的机械形变

应变片用于力 $\boldsymbol{F}$ 的计算,由材料力学相关理论可知,$\varepsilon_x = F/(AE)$,所以 $\Delta R/R$ 又可以表示为

$$\frac{\Delta R}{R} = k\frac{F}{AE} \tag{4-6}$$

式中,k 为灵敏度;A 为横截面积;E 为材料的弹性模量。

电阻应变片的种类:电阻应变片包括金属应变片和半导体应变片,其中金属应变片包括金属丝式应变片、金属箔式应变片和薄膜式应变片。金属箔式应变片选用厚度为 0.002~0.005mm 的合金箔作为敏感栅材料,在箔的一面涂胶基,另一面涂感光材料,采用照相制板、光刻、腐蚀等工艺制成敏感栅,最后在表面涂一层胶膜保护层。硅应变计虽具有灵敏系数高、体积小等优点,但由于其温度效应明显且制作工艺难度较高而难以实际应用,目前的应变式传感器普遍采用金属应变片。

4.1.3.2 测量电路

为了将应变片的阻值变化进一步转化为有效的输出信号(如电压信号或电流信号),需要搭建相应的转换电路。惠斯通电桥测量电路如图 4.5 所示。

直流电桥电路的输出电压:

$$U_o = \frac{R_1 R_3 - R_2 R_4}{(R_1 + R_2)(R_3 + R_4)} U_i \tag{4-7}$$

式中,U_i 为输入电压(V);U_o 为输出电压(V);R 为电阻(Ω)。电桥的平衡条件是

$$R_1 R_3 = R_2 R_4 \tag{4-8}$$

根据应变片插入电桥的方式不同,电桥的工作方式可分为三种:单臂工作、半桥工作和全桥工作。

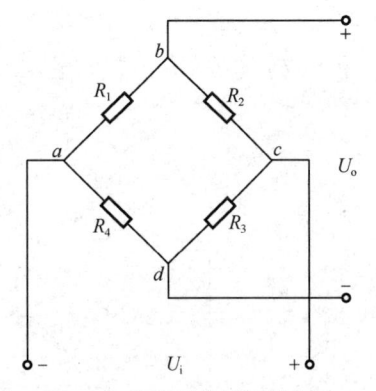

图 4.5 惠斯通电桥测量电路

单臂工作时,如图 4.6 所示,R_1 为应变片,对全等臂电桥而言,桥路的输出电压为

$$U_o = \frac{R_1 R_3 - R_2 R_4}{(R_1 + R_2)(R_3 + R_4)} U_i = \frac{(R + \Delta R) - R^2}{2R \times 2R} U_i = \frac{(R + \Delta R)R - R^2}{2R \times 2R} U_i = \frac{\Delta R}{4R} U_i \tag{4-9}$$

半桥工作时,如图 4.7 所示,R_1 和 R_2 为应变片,R_3 和 R_4 为固定电阻,当两个应变片差动工作时,对全等臂电桥和半等臂电桥而言,桥路的输出电压分别为

$$U_\text{o} = \frac{R_1R_3 - R_2R_4}{(R_1+R_2)(R_3+R_4)}U_\text{i} = \frac{(R+\Delta R)R - (R-\Delta R)R}{2R \times 2R}U_\text{i} = \frac{\Delta R}{2R}U_\text{i} \quad (4\text{-}10)$$

$$U_\text{o} = k\varepsilon\frac{U_\text{i}}{2} \quad (4\text{-}11)$$

式中，U_i 为输入电压（V）；U_o 为输出电压（V）；k 为灵敏度；ε 为应变。

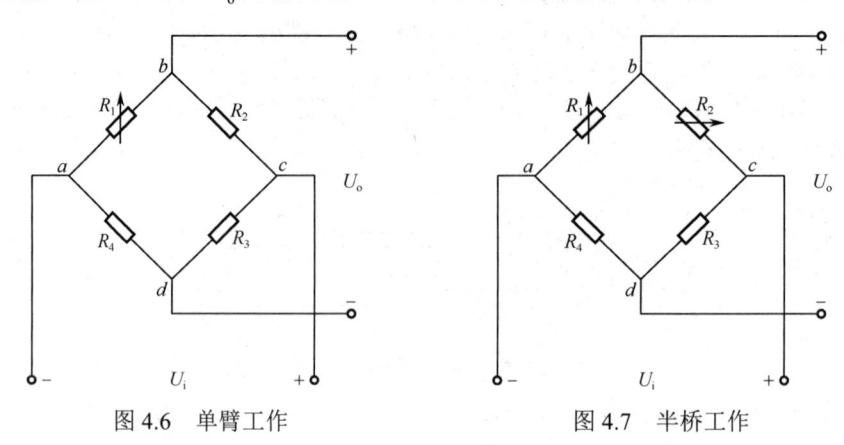

图 4.6　单臂工作　　　　　　　图 4.7　半桥工作

全桥工作时，如图 4.8 所示，当采用差动工作方式时，桥路的输出电压分别为

$$U_\text{o} = \frac{R_1R_3 - R_2R_4}{(R_1+R_2)(R_3+R_4)}U_\text{i} = \frac{(R+\Delta R)^2 - (R-\Delta R)^2}{2R \times 2R}U_\text{i} = \frac{\Delta R}{R}U_\text{i} \quad (4\text{-}12)$$

$$U_\text{o} = k\varepsilon U_\text{i} \quad (4\text{-}13)$$

式中，U_i 为输入电压（V）；U_o 为输出电压（V）；k 为灵敏度；ε 为应变。

电桥的平衡条件是

$$\frac{R_1}{R_2} = \frac{R_4}{R_3} \quad (4\text{-}14)$$

调零电路如图 4.9 所示，调节电阻 RP，最终可以使 $R_1'/R_2' = R_4/R_3$（R_1'、R_2' 是 R_1、R_2 并联电阻 RP 后的等效电阻），电桥趋于平衡，U_o 被预调到零位，这一过程称为调零。图 4.9 中的 R_5 是用于减小调节范围的限流电阻。

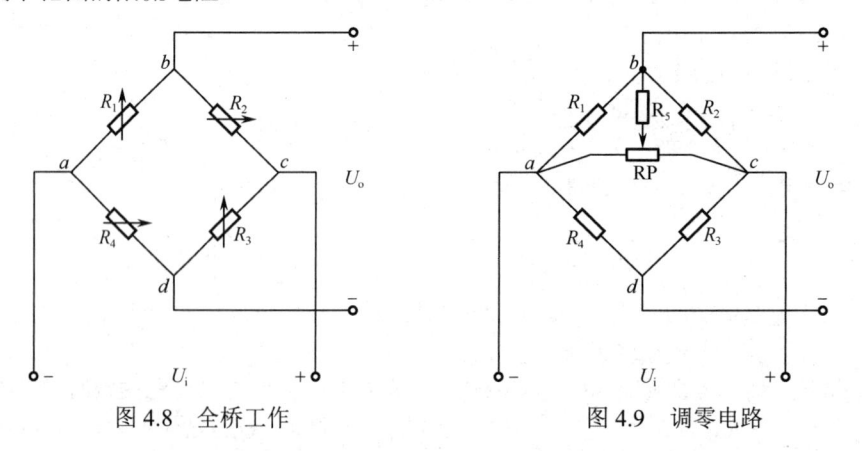

图 4.8　全桥工作　　　　　　　图 4.9　调零电路

4.1.3.3　温度补偿

温度补偿电路是一种通过改变电路参数或输出信号来抵消由于温度变化而引起的误差的电路，可以根据环境温度的变化自动调整电路的工作状态，以保证设备或系统的性能和准确性。

温度补偿电路通常包括温度传感器、信号处理电路和反馈机制。温度传感器用于检测环境温度，并将其转换为电信号。信号处理电路根据温度传感器的输出信号，通过适当的算法和补偿方法，调整电路参数或输出信号。反馈机制用于实现自动控制和调节，以使系统在不同温度下保持稳定。

温度误差产生的原因：因温度变化而引起的应变片敏感栅的电阻变化及附加变形；因被测物体的线膨胀系数不同，应变片产生附加应变。为了减小温度误差，常采用的温度补偿措施有自补偿法和桥路补偿法。

如图 4.10 所示，自补偿法是通过合理选择敏感栅材料和结构参数来实现热输出补偿的。为了补偿温度变化还可以把应变片做成一种特殊的形状。当温度变化时，这种特殊的应变片产生的附加应变为零或相互抵消，这种特殊的应变片被称为温度自补偿应变片。其实现方式有两种：选择式自补偿和双金属敏感栅自补偿。

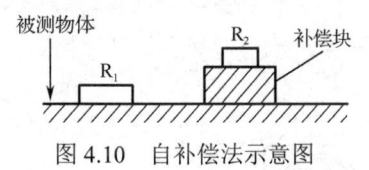

图 4.10　自补偿法示意图

图 4.11 所示的桥路补偿法也称补偿片法。应变片通常是作为平衡电桥的一个桥臂来测量应变的，图 4.11（a）中 R_1 为工作片，R_2 为补偿片。工作片 R_1 粘贴在试件上需要测量应变的地方，补偿片 R_2 粘贴在一块不受力的与试件相同的材料上，这块材料放在试件上或试件附近，如图 4.11（b）所示。当温度发生变化时，工作片 R_1 和补偿片 R_2 的电阻都发生变化，且温度变化相同，R_1 与 R_2 为同类应变片，又贴在相同的材料上，因此 R_1 和 R_2 的电阻变化也相同，即 $\Delta R_1 = \Delta R_2$。如图 4.11（a）所示，R_1 和 R_2 分别接入电桥的相邻两桥臂，由温度变化引起的电阻变化 ΔR_1 和 ΔR_2 的作用相互抵消，这样就起到了温度补偿的作用。

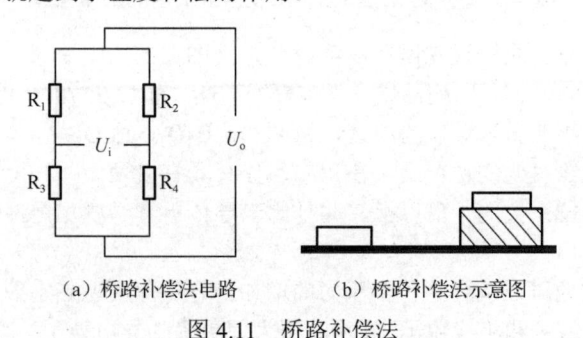

（a）桥路补偿法电路　　（b）桥路补偿法示意图

图 4.11　桥路补偿法

4.1.4　压阻式压力传感器

4.1.4.1　压阻式压力传感器的工作原理

压阻式压力传感器是指利用单晶硅材料的压阻效应和集成电路技术制成的传感器。单晶硅材料在受到力的作用后，电阻率发生变化，通过测量电路可以得到正比于力的变化的电信号输出。

压阻效应是指当半导体受到应力作用时，由于应力引起能带的变化，能谷的能量移动，使其电阻率发生变化的现象，是 C.S Smith 在 1954 年对硅和锗的电阻率与应力变化特性的测试中发现的。半导体压阻传感器已经广泛地应用于航空、化工、航海、动力和医疗等领域。根据结构的不同，半导体压阻传感器可以用来测量压力、压力差、加速度等，其中应用最广的是扩散硅压力传感器，其结构如图 4.12 所示。

(a) 俯视图　　　　　　　　　　　　　　(b) 侧视图

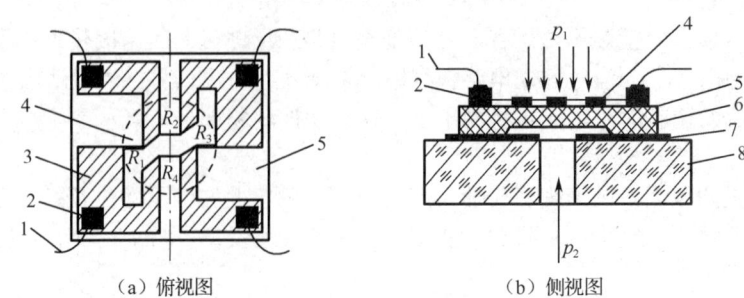

1—引出线；2—电极；3—扩散电阻引线；4—扩散型应变片；5—单晶硅膜片；6—硅环；7—玻璃黏接剂；8—玻璃基板。

图 4.12　扩散硅压力传感器的结构

4.1.4.2　压敏片

压敏片可以分为薄膜传感器和厚膜传感器，其具有灵活、尺寸可变和成本低等特点。由于其独特的性能，经常被用作触觉传感器。典型的厚膜传感器由上下保护膜、印刷压敏膜和两个电极端子组成，如图 4.13 所示。

(a) 厚膜传感器的组成　　　　　　　　(b) 压敏油墨的工作原理

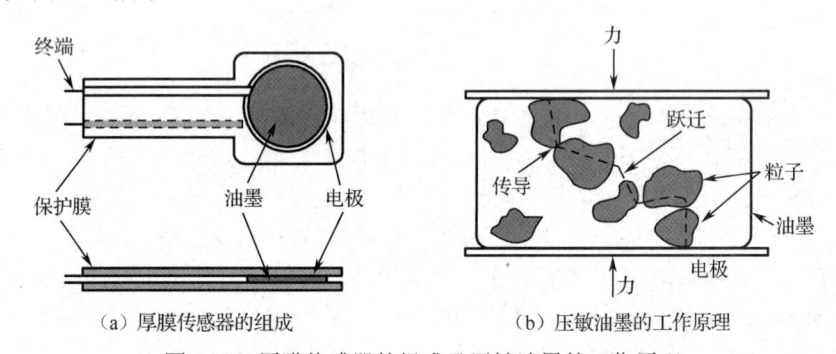

图 4.13　厚膜传感器的组成及压敏油墨的工作原理

厚膜传感器的关键部件是通过丝网印刷具有预定义图案的压阻油墨而产生的压敏层。油墨印刷成厚度为 10～40μm 的厚膜。印刷油墨在 150℃下干燥，然后在 700～900℃的温度下烧结。油墨是各种金属氧化物的小亚微米颗粒的溶液，如 PbO，B_2O_2，RuO_2 等，浓度从 5%到 60%不等。烧结使导电氧化物和绝缘氧化物颗粒结合在一起，使其具有凝聚力和强度。烧结后的油墨具有较大的规系数，可达金属规系数的十倍以上，并且比半导体更具温度稳定性。压敏油墨将力转化为电阻的工作原理如图 4.13（b）所示。

电子跳变和隧道效应可以解释为什么压力的增加会导致厚膜电导率的增加。油墨中有两种不同类型的粒子——导电粒子和绝缘粒子。施加的压力使更多的导电粒子互相接触并形成导电路径。当粒子彼此非常接近（约为 1nm）时，会出现与温度相关的隧道效应，而当粒子之间的距离约为 10nm 时，会出现电子跳变现象。

厚膜传感器本质上是一个电阻，其电导率随施加的力的变化呈线性变化。在没有施加力的情况下，厚膜传感器的电阻在兆欧数量级（电导率非常低）。随着力的增加，传感器的电阻下降，最终达到大约 10kΩ 或更低（电导率上升），电阻的变化取决于油墨的成分和几何形状。将厚膜传感器的电导率转换为线性模拟电压的外部电路相对简单，如图 4.14 所示为可能的设计。这些传感器可以自定义形状，用于各种各样的场景。由于印刷油墨传感器的灵敏度相当高，因此可以记录质量为 5g 的物品所产生的压力（约 0.049N）。然而，为了使传感器工作在相对线性的区域，应该用质量为 40g 的物品产生的压力（约 0.392N）或更大的偏置力沿着至少 80%的传感区域来压缩压敏膜。

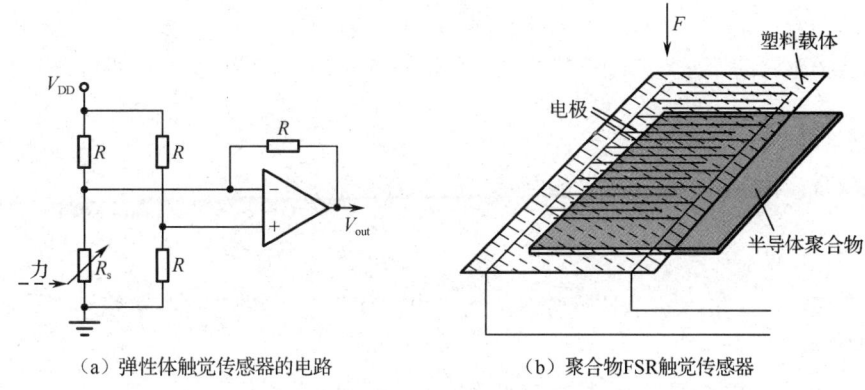

(a) 弹性体触觉传感器的电路　　(b) 聚合物FSR触觉传感器

图 4.14　触觉传感器

厚膜传感器的应用场景之一是汽车的安全带，如图 4.15 所示。其中厚膜传感器位于汽车驾驶员腹部的安全带上。驾驶员每次心跳和呼吸都会引起安全带的微小变化，导致厚膜传感器的压缩，从而产生可测量的电阻变化。使用模式识别软件可以区分心跳和呼吸，处理信息以提取驾驶员的生命体征信息并输出信号。当驾驶员出现异常心率和呼吸时，安全带可以发出警报或迫使车辆停车。

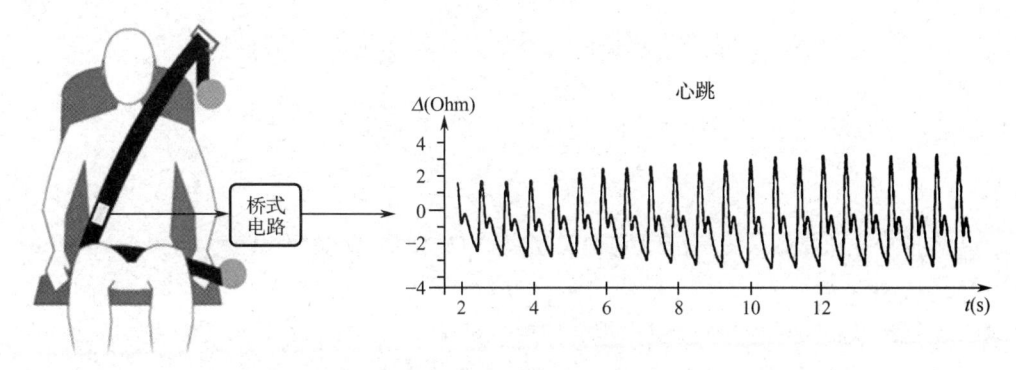

图 4.15　安全带上的厚膜传感器记录驾驶员的心跳信号

4.1.5　压电式压力传感器

压电式压力传感器是检测微小动态力的主要设备，由于其具有性能长期稳定、机械特性良好、工作温度范围宽、频率响应范围宽、动态测量响应快等优点，广泛应用于水利水电、铁路交通、航天航空、军工、石化等行业。

4.1.5.1　压电效应

正压电效应：在特定方向上因受到外力的作用而产生变形时，某些晶体内部会产生极化现象，同时在晶体表面上产生电荷，当外力去掉时，晶体重新回到不带电的状态。当外力的方向改变时，电荷的极性也随之改变。逆压电效应：若在晶体的极化方向上施加外部电场，则晶体产生伸缩机械形变，当外部电场消失时，晶体的机械形变消失。压电效应的可逆性如图 4.16 所示。

4.1.5.2　压电材料

压电式压力传感器是由具有压电效应的压电材料制成

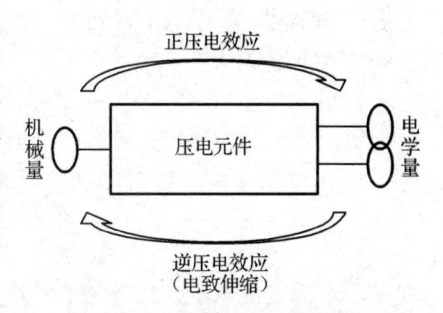

图 4.16　压电效应的可逆性

的，力敏元件作为压电式压力传感器的核心部件，其性能的好坏直接决定了传感器的各项性能指标。为了提高传感器的性能，必须选择合适的压电材料作为传感器的力敏元件。压电材料的性能主要由以下参数决定。

1. 压电系数

压电系数反应的是机械能与电能相互转化的机电耦合关系，其定义为

$$d_{hk}^E = \frac{\partial s_h^p}{\partial E_j}|_T = \frac{\partial D_i}{\partial T_k^p}|_E \tag{4-15}$$

式中，E_j 为电场强度分量；s_h^p 为应变分量；D_i 为电位移分量；T_k^p 为应力分量。

2. 介电常数

介电常数表示压电材料的输出特性和极化能力，其定义为

$$\varepsilon_{ij}^T = \frac{\partial D_i}{\partial E_j}|_T \tag{4-16}$$

式中，E_j 为电场强度分量；ε_{ij}^T 为介电常数；D_i 为电位移分量；T 为应力分量。

3. 弹性柔顺系数

弹性柔顺系数表示压电材料发生弹性形变的能力，其定义为

$$\varepsilon p = Sh_p Tk_p \tag{4-17}$$

式中，ε 为弹性柔顺系数；S 为弹性模量；h_p 为厚度；T 为温度；k_p 为电导率。

4. 压电电压常数

压电电压常数反映的是材料内应力和电场的作用，其定义为

$$g_{ij}^T = \frac{\partial S_h}{\partial D_k}|_T \tag{4-18}$$

式中，g_{ij}^T 为压电电压常数；S_h 为应力张量；D_k 为电极化张量；T 为温度。

5. 机电耦合系数

机电耦合系数表示机电转换时机电耦合程度与机械能和电能相互转换的能力，其定义为

$$k_p^2 = \frac{输出电能}{输入机械能} = \frac{输出机械能}{输入电能} \tag{4-19}$$

6. 品质因数

品质因数表示机电转换过程中的能量损耗程度，其定义为

$$Q_m = \frac{压电器件内存储的机械能}{压电器件每个周期损耗的机械能} \tag{4-20}$$

4.1.5.3 压电式传感器

在测量电路时常把压电晶体等效成一个电流源与一个电容器的并联电路。由于电容器上的电压 U_a、电荷量 Q、电容 C_a 的关系为 $U_a = Q/C_a$，因此压电晶体也可以等效为一个电压源和一个电容器的串联电路。

压电式传感器实际输出的信号很微弱，且内阻很高，需要使用前置放大器。前置放大器有两个作用：一是放大压电式传感器输出的微弱信号，二是实现阻抗变换。

图 4.17 所示为压电式传感器接到电压放大器的等效电路。

$$U_i \approx \frac{dF_m}{C_a + C_c + C_i} \tag{4-21}$$

式中，U_i 为输出电压；F_m 为应力；C_a 为输入电容；C_c 为补偿电容；C_i 为内部电容；d 为压电系数。

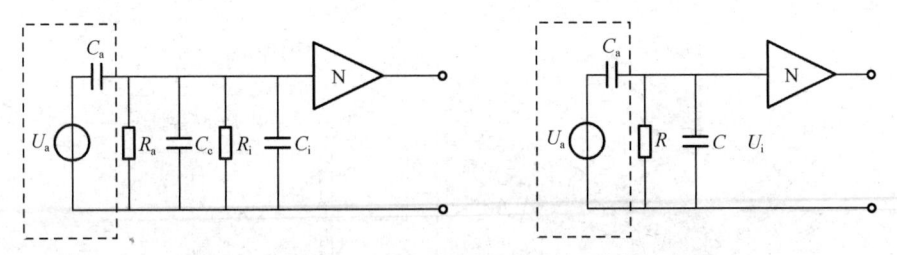

图 4.17　压电式传感器接到电压放大器的等效电路

电荷放大器是有反馈电容的高增益运算放大器，其输入信号是压电式传感器产生的电荷。当略去泄露电阻，且放大器的输入电阻趋于无穷大时，其等效电路如图 4.18 所示。

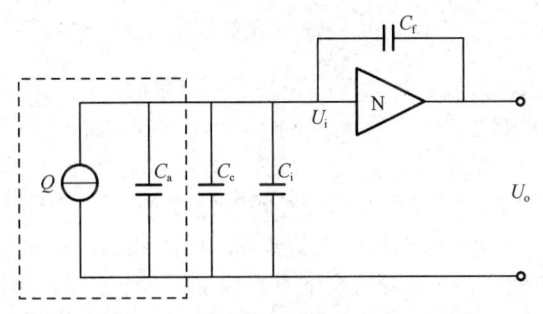

图 4.18　有反馈电容的高增益运算放大器

$$U_o = \frac{-QA}{C_a + C_c + C_i - C_f(A-1)} \tag{4-22}$$

$$U_o = \left|\frac{Q}{C_f}\right| \tag{4-23}$$

式中，U_o 为输出电压；C_c 为补偿电容；C_a 为输入电容；C_i 为内部电容；C_f 为反馈电容；A 为开环增益；Q 为电荷量。

利用压电效应可以非常有效地进行精确测量。压电效应可以看作一种交流现象，可以将变化的力转换为可变的电信号，而稳态力不产生电响应。施加的力可以改变压电材料的特性，当传感器提供激励信号时，这些特性会影响交流响应，也就是说，压电式传感器是一种有源传感器。

有源压电触觉传感器如图 4.19 所示。为了实现精确的定量测量，需要通过施加的力来调制压电晶体的机械谐振频率。这种传感器工作的基本原理如下：

$$f_n = \frac{n}{2L}\sqrt{\frac{c}{\rho}} \tag{4-24}$$

式中，f_n 为振动频率；n 为谐振模式的阶数；L 为长度；c 为波在材料中的传播速度；ρ 为材料的密度。

为了测量极小的力，可以使用纳米级的压电式压力传感器。二硫化钼（MoS_2）在形成分子单层时表现出很强的压电性能，而在块状时则不具有压电性能。若将层数为奇数的二维二硫化钼薄片拉伸并释放，则会产生压电电压和电流输出。对于具有偶数层数的二硫化钼薄片，没有观察到输出信号。单个薄片的应变为 0.53%，输出电压的峰值为 15mV，电流为 20pA。输出信号随薄片厚度的减小而增大，当应变方向旋转 90°时，输出信号发生反转。

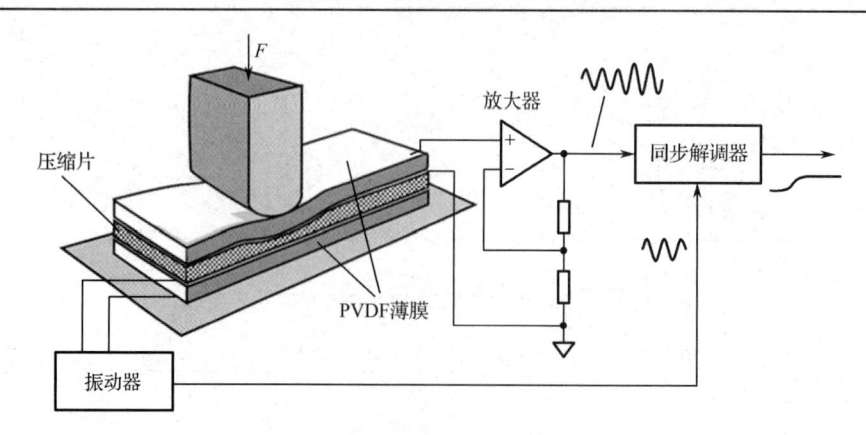

图 4.19 有源压电触觉传感器

以下是使用 PVDF（聚偏二氟乙烯）薄膜和共聚物薄膜的压电式压力传感器的几个例子。

由于湿气和灰尘等污染接触点，许多传统的接触开关的可靠性较低。而 PVDF 薄膜具有完全密封的单片结构，不易受到外界影响，具有良好的可靠性。所有开关应用中最具挑战性的是弹球机。一家弹球机制造商使用 PVDF 薄膜开关代替瞬时翻转式开关。PVDF 薄膜开关由悬臂梁上的 PVDF 薄膜等构成，PVDF 薄膜安装在电路板的末端，如图 4.20（a）所示。PVDF 薄膜开关连接到一个简单的 MOSFET 电路中，在常开状态下不消耗功率。作为对直接接触力的响应，薄膜束弯曲，产生电荷，并瞬间触发 MOSFET 电路，此时开关处于瞬间"高"状态。PVDF 薄膜开关不会出现腐蚀、点蚀或弹跳现象，可以循环使用超过 1000 万次。这种开关主要用作装配线和轴旋转的计数器开关、自动化过程的开关，在机器分配产品的冲击检测中也有应用。

（a）弹球机中的PVDF薄膜开关　　（b）光束开关　　（c）断线传感器

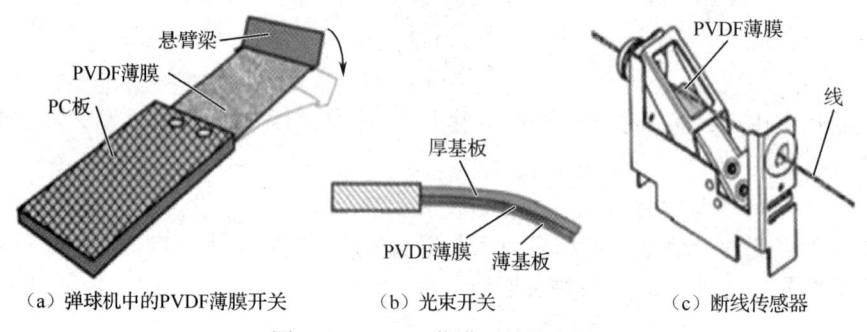

图 4.20　PVDF 薄膜开关的应用

可以通过修改携带 PVDF 薄膜的悬臂梁来调整开关的灵敏度，以适应不同的冲击力。图 4.20（b）所示为光束开关，其中，PVDF 薄膜的一侧层压到厚基板上，另一侧则层压到薄基板上。这种设计使得结构的中性轴移出 PVDF 薄膜，导致 PVDF 薄膜在向下偏转时产生完全拉伸应变，而在向相反方向偏转时产生完全压缩应变。

光束开关广泛应用于燃气表的轴旋转计数器，因为其无须外部电源，可以确保燃气表的安全性，从而降低发生火灾的风险。此外，光束开关还应用于棒球目标的撞击检测、篮球比赛中的投球计数、交互式软娃娃的"亲吻"或"挠痒"检测，以及自动售货机的硬币检测等。

纺织厂常常需要监测数千条线的断裂情况，未能及时检测出断裂可能导致大量材料的浪费。传统的跌落开关在螺纹断裂时不够可靠，线头容易污染接触点，导致无输出信号。为了解决这个问题，可以在细钢梁上安装断线传感器，检测穿过钢梁的线磨损产生的声信号，类似于小提琴弦的工作原理，如图 4.20（c）所示。若传感器未检测到振动，则机器将立即停止运转。

压电式单向测力传感器如图 4.21 所示，这种传感器利用压电材料的特性将施加的力转换为电信号。

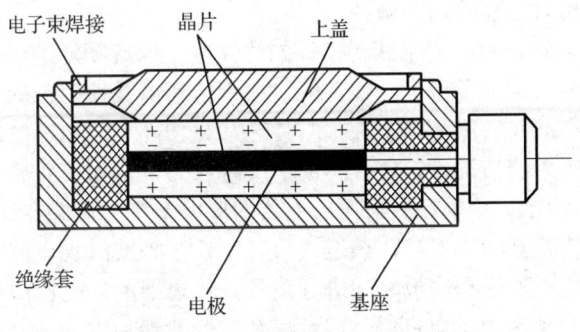

图 4.21 压电式单向测力传感器

当沿特定方向施加力时，压电材料会产生相应的电荷，输出信号与施加的力成正比。这种传感器常用于测量拉力或压力，因其响应快、稳定性好且无须外部电源，广泛应用于工业自动化、机械测试和力学研究中。

能够消除振动加速度影响的压电式压力传感器是一种专门设计的设备，能够在振动环境中精确测量压力。这类传感器采用差分技术或集成滤波技术，能够显著降低振动对信号的干扰，从而提高测量的准确性和稳定性。其抗干扰能力强，适合动态负载的实时监测，广泛应用于工业自动化、结构健康监测和航空航天等领域，以确保在复杂环境中获取到可靠的测量结果。能够消除振动加速度影响的压电式压力传感器如图 4.22 所示。

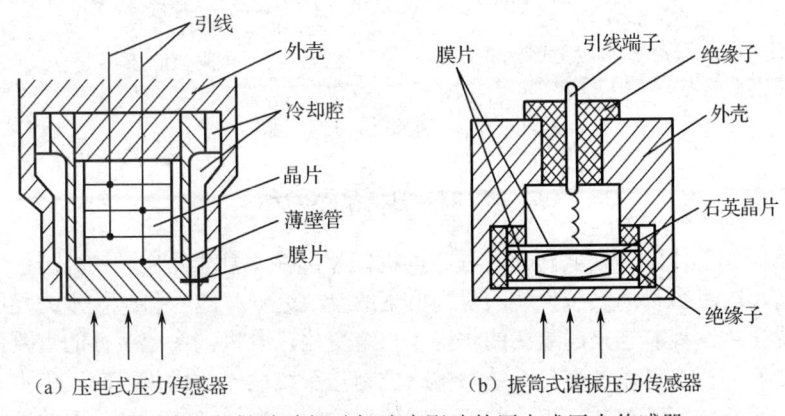

图 4.22 能够消除振动加速度影响的压电式压力传感器

4.1.6 电容式压力传感器

电容式压力传感器是一种利用电容敏感元件将被测压力转换成与之相关的电学量的压力传感器，其特点是输入能量低、动态响应快、自然效应小、环境适应性好。

在电容式压力传感器中，硅膜片可以与另一种压电转换设备（电容式传感器）一起使用。膜片位移调制相对于参考板（背板）的电容。电容式压力传感器与电容式位移传感器类似，整个传感器可以由一块固体硅片制造，从而最大限度地提高了操作稳定性。膜片的设计可在全范围内产生高达 25%的电容变化。压阻式膜片的设计应使其边缘的应力最大化，而电容式膜片则利用其中心部分的位移来检测压力。可以利用靠近膜片两侧的机械止动装置（对于差压传感器）来防止电容式膜片超压。遗憾的是，对于压阻式膜片，由于其操作位移很小，同样的保护并不是很有效。

因此，压阻式压力传感器的爆破压力通常不超过满标度额定压力的十倍，而带有超压止动装置的电容式压力传感器可以处理满标度额定压力的一千倍的压力。这对于低压应用尤其重要，因为在低压应用中偶尔会出现相对较高的压力脉冲。

在设计电容式压力传感器时，为了获得良好的线性度，保持膜片的平坦是很重要的。传统传感器只在比其厚度小得多的位移范围内是线性的。改善传感器线性范围的一种方法是采用微机械加工技术制造具有凹槽和波纹的膜片。平板式膜片通常比相同尺寸和厚度的波纹式膜片更敏感。然而，在存在面内拉伸应力的情况下，波纹有助于缓解应力，从而使传感器具有更好的灵敏度和线性度，如图 4.23（a）所示。用于动脉血压监测器的低成本压力传感器如图 4.23（b）所示。将空气软管从臂套连接到传感器的进气口，该进气口气动连接到波纹管，波纹管的中心焊接在一个巨大的移动顶板上。电容在顶板和底板之间进行测量。传感器的外壳由模压树脂制成。该传感器在 20～300mmHg 的压力范围内具有良好的线性度和较低的滞后性，但其低温稳定性限制了其在室温下的使用。

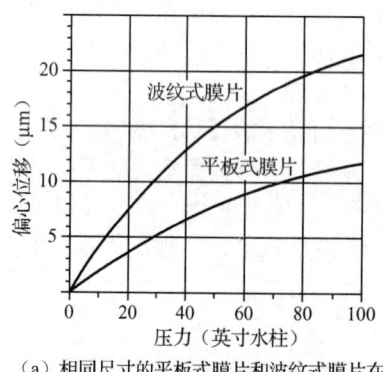

（a）相同尺寸的平板式膜片和波纹式膜片在面内拉伸应力作用下的中心挠度

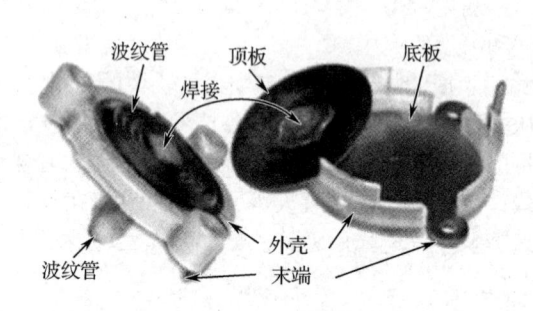

（b）低成本压力传感器

图 4.23　电容式压力传感器

4.2　扭矩传感器

扭矩是一种特别的力矩，在其传递过程中，机械零部件本身会发生转动并产生一定程度的扭转变形，扭矩是反映机械传动系统性能的最为典型的参数之一。随着科学技术的发展，扭矩在系统控制、系统优化中发挥着越来越重要的作用。扭矩变化包含机电系统运行的重要信息，通过对扭矩的实时测量和分析，可以实现对系统的精确控制与系统性能的优化。在汽车生产过程中，需要测量出电机的驱动转矩及转向力矩，航天领域使用的精密谐波减速器最重要的性能评价指标就包括减速器的启动力矩，水轮机机械传动系统的各种工况分析及设计也需要测量扭矩参数。扭矩测量技术综合运用机械、电子和计算机等多方面的知识，在科学研究、工业生产等方面具有广阔的发展前景。

扭矩分为静态扭矩和动态扭矩。测量静态扭矩时传感器的测量弹性体不参与相对运动，如一端固定，另一端受力的轴。测量动态扭矩时传感器的测量弹性体一般会参与相对运动（主要是转动）。因为有相对运动，所以传感器的整体设计对引线、信号处理及机械连接方式的要求较高。一般采用轴-轴联轴器或法兰-法兰弹性连接器。

目前，转轴中扭矩的测量方法主要有三种，分别是能量转换法、传递法和平衡法。

（1）能量转换法：能量转换法是指将能量从一种形式转换为另一种形式并进行测量，这个过程遵循能量守恒定律。传动系统中的驱动机构如电机、内燃机等，分别把电能、化学能转换为机械能。而负载装置，如发电机等把机械能转换为电能。可以通过测量热能、电能等其他相关参数来间接测量扭矩的大小，如图 4.24 所示。能量转换法的测量精度相对较低，只有扭矩无法直接进行测量时才会使用这种间接测量的方法。

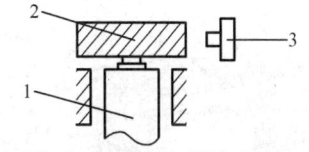

（2）传递法：采用扭矩传感器作为测量设备，扭矩传感器位于驱动轴与负载之间，起到传递和测量扭矩的作用，在传递扭矩时，传感器弹性元件的相关的物理参数，如扭转角、应变、应力等会发生一定程度的变化，通过该参数与扭矩之间的物理关系来测量扭矩的方法，称为传递法，如图 4.25 所示。传递法是目前应用最广泛的一种扭矩测量方法。

1—驱动机构；2—负载；3—测速（角度）传感器。

图 4.24 能量转换法测量扭矩的原理图

（3）平衡法：平衡法又称反力法，通过平衡力矩 T' 来平衡被测扭矩 T。T' 和 T 的大小相等方向相反，测得 T' 的大小就可以确定被测扭矩 T 的大小，即 $T=T'$。使用平衡法测量扭矩的过程并不传递扭矩，而是通过检测传动机构的机体，如电机壳体、磁滞制动器壳体等的平衡力矩确定传动轴中的扭矩，如图 4.26 所示。平衡法的测量机构有砝码、游码、摆锤、力传感器及扭矩传感器等。平衡法仅适合测量匀速工作情况下的扭矩或准静态的扭矩，不能测量动态扭矩。

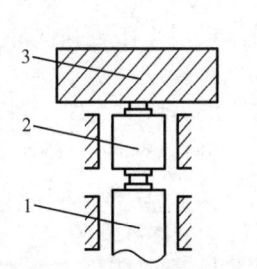

1—驱动机构；2—扭矩传感器；3—负载。

图 4.25 传递法测量扭矩的原理图

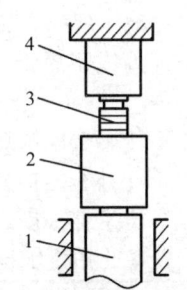

1—驱动机构；2—磁滞加载器；3—耦合器；4—扭矩传感器。

图 4.26 平衡法测量扭矩的原理图

4.2.1 按信号/能源的传递方式分类

按信号/能源的传递方式，扭矩传感器可分为集流环、旋转变压器、红外线扭矩传感器和调频发射机。

4.2.1.1 集流环

集流环是实现两个相对转动的机构的信号及电流传递的精密输电装置，特别适合应用于需要无限制的连续或断续旋转，同时需要将功率或数据从固定位置传送到旋转位置的场景。

在中低速旋转的情形下，集流环的导电环和导电刷之间的电气连接不易产生噪声，然而，较高速旋转引起的噪声将严重降低传感器的性能。滑环的最大旋转速度由导电刷与导电环接触表面的速度决定。对于较大的、典型的、具有较高扭矩力的传感器，由于其滑环的直径较大，因此在给定的最大旋转速度条件下，其表面速度较高，从而导致其最大工作速度较低。

工作原理：用电阻应变片测量转轴上承受的扭矩及其他负荷引起的应力等。在被测轴上贴上电阻应变片，电阻应变片的引线焊在集流环接线盘的焊点上，旋转时，被测轴受到扭力作用产生扭力及变形，使贴于其上的电阻发生变化，通过滑环及导电刷传递变化的信号，并将信号送至相应的二次仪表放大、显示或记录。这样就可以测出被测轴所受扭矩的大小。

4.2.1.2 旋转变压器

为了克服滑环的一些缺点，设计人员设计出了旋转变压器，如图 4.27 所示。利用旋转变压器，可以把电能传输给正在旋转的传感器。外部仪器通过激励变压器把交流激励电压提供给应变计桥。应变计桥驱动次级旋转变压器的线圈，以便从旋转的传感器中获得扭矩信号。通过取消滑环的导电刷和导电环，易于磨损的问题消失了，这使得旋转变压器适合长期测试应用。

旋转变压器是一种电磁式传感器，又称同步分解器。它是一种测量角度用的小型交流电动机，用来测量旋转物体转轴的角位移和角速度，由定子绕组和转子绕组等组成。其中定子绕组作为变压器的原边，接受励磁电压，励磁频率通常为400Hz、3000Hz及5000Hz等。转子绕组作为变压器的副边，通过电磁耦合产生感应电动势：

$$e_1 = -\frac{N_1 \mathrm{d}\varphi}{\mathrm{d}t} \tag{4-25}$$

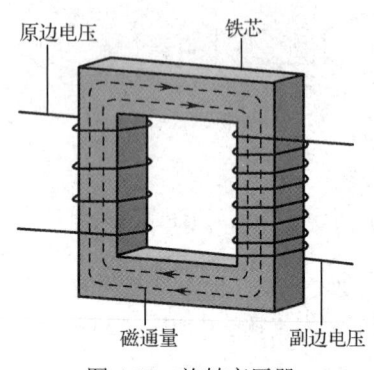

图4.27 旋转变压器

式中，e_1为感应电动势；N_1为匝数；φ为磁通量。

4.2.1.3 红外线扭矩传感器

跟旋转变压器一样，红外线扭矩传感器采用不接触的方法测量扭矩，是一种高精度的测量设备，通过红外线技术实现对旋转或静态扭矩的非接触式测量。这种传感器的主要特点如下。

高精度和高可靠性：红外线扭矩传感器能够提供精确的测量结果，并且采用非接触式设计，可靠性高，维护成本低。

快速响应：红外线扭矩传感器能够迅速响应扭矩的变化，适合动态扭矩测量。

易于安装和维护：由于红外线扭矩传感器的特殊结构设计，其安装简便，且维护要求低。

应用广泛：红外线扭矩传感器被广泛应用于汽车制造、航空航天、机械制造、能源等多个领域，用于监测和控制机械设备的扭矩输出，优化产品设计，降低维护成本并保障生产安全。

技术进步：随着技术的不断发展，红外线扭矩传感器的性能不断提高，应用领域也在不断扩展。

成本低廉：生产技术的成熟和规模效应使得红外线扭矩传感器的成本逐渐降低，使得更多领域能够采用这种高精度的测量仪器。

4.2.1.4 调频发射机

调频发射机是一种将音频信号转换为调频（FM）无线电信号的设备，使得音频内容可以通过无线电波传输。这种设备能够对音频信号进行处理、放大，并通过天线辐射出去，让覆盖范围内的FM收音机接收到清晰的音频广播。

调频发射机的工作原理基于频率调制技术，通过改变载波信号的频率来传递信息。这个过程通常包括以下几个步骤。

（1）音频信号的放大：音频信号通过音频放大器进行放大。

（2）频率调制：放大后的音频信号与固定频率的载波信号结合，通过改变载波的频率来传递音频信息。

（3）信号放大：调制后的信号通过功率放大器再次进行放大，以确保信号在传输过程中能够覆盖一定的范围。

（4）天线发射：放大的信号通过天线发射到空中。

调频发射机在以下多个领域有着广泛的应用。

（1）广播电台：用于高功率的音频广播，覆盖城市或更广阔的区域。

（2）社区和校园广播：用于局部区域的音频广播，如学校、社区或企业内部广播。

（3）便携式应用：如便携式FM发射器，允许用户在车中或家中无线传输音频。

（4）紧急广播系统：在紧急情况下用于快速传播重要信息。

调频发射机可以根据功率、使用场合和广播方式进行分类。例如，低功率调频发射机适合个人或小范围应用，高功率调频发射机则适用于商业广播电台。此外，还有专门为特定应用设计的调频发射机，如车载音频流媒体、教育广播、辅助听力系统等。

4.2.2 按检测方法分类

按检测方法，扭矩传感器可分为压磁式扭矩传感器、磁电感应式扭矩传感器、光电式扭矩传感器、数字式应变片扭矩传感器。

4.2.2.1 压磁式扭矩传感器

压磁式扭矩传感器的工作原理如下。

当由铁磁材料制成的转轴受到扭矩作用时，其导磁率会发生变化。图 4.28 所示的压磁式扭矩传感器分别绕有线圈 A 和 B，其中 A-A 线圈沿轴线方向放置，B-B 线圈沿垂直于轴线的方向放置，彼此互相垂直。两个铁芯的开口端与转轴表面保留 1~2mm 的空隙，当 A-A 线圈通入交流电时，形成通过转轴的交变磁场。

当转轴不受扭矩作用时，磁力线和 B-B 线圈不交链；当转轴受到扭矩作用时，转轴的导磁率发生变化，沿正应力方向的磁阻减小，沿负应力方向的磁阻增大，从而使磁力线的分布发生改变，使部分磁力线与 B-B 线圈交链，并在 B-B 线圈中产生感应电动势。感应电动势随扭矩的增大而增大，两者在一定范围内呈线性关系。

4.2.2.2 磁电感应式扭矩传感器

如图 4.29 所示，在转轴 5 上固定两个齿轮 1 和 2，它们的材质、尺寸、齿形和齿数均相同。永磁体和线圈组成的磁电式检测头 3 和 4 对着齿顶安装。当转轴不受扭矩作用时，两个线圈输出的信号相同，相位差为零。当转轴受到扭矩作用时，两个线圈输出信号的相位差不为零，且随两个齿轮所在横截面之间相对扭转角的增加而增大，其大小与相对扭转角、扭矩成正比。

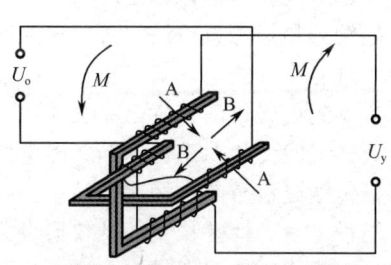

$U_\circ$—基准电压信号；U_y—输出电压信号。

图 4.28 压磁式扭矩传感器

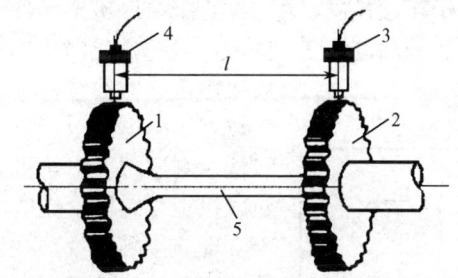

1—齿轮；2—齿轮；3—磁电式检测头；4—磁电式检测头；5—转轴。

图 4.29 磁电感应式扭矩传感器

磁电感应式扭矩传感器的优点是实现了转矩信号的非接触传递，检测信号为数字信号。磁电感应式扭矩传感器的缺点是体积较大，不易安装，在低速旋转时由于脉冲波的前后沿较缓不易比较，因此低速性能不理想。

4.2.2.3 光电式扭矩传感器

光电式扭矩传感器通过在转轴上固定的两个圆盘光栅之间的相对扭转角来测量扭矩。

如图 4.30 所示，在转轴 4 上固定两个圆盘光栅 3，当转轴不承受扭矩时，两个圆盘光栅的明暗区正好互相遮挡，光源 1 的光线不能透过圆盘光栅照射到光敏元件 2 上，不

1—光源；2—光敏元件；3—圆盘光栅；4—转轴。

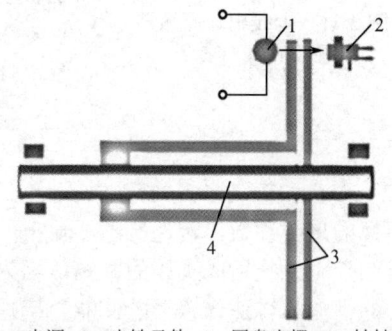

图 4.30 光电式扭矩传感器

产生输出信号。当转轴受到扭矩作用时，转轴的形变将使两个圆盘光栅出现相对转角，部份光线透过圆盘光栅照射到光敏元件上产生输出信号。扭矩越大，扭转角越大，穿过光栅的光通量越大，输出信号越强，从而可实现扭矩测量。

4.2.2.4 数字式应变片扭矩传感器

1. 数字式应变片扭矩传感器的特点

（1）既可以测量静止扭矩，也可以测量旋转转矩。
（2）既可以测量静态扭矩，也可以测量动态扭矩。
（3）检测精度高，稳定性好，抗干扰性强。
（4）体积小，质量轻，具有多种安装结构，易于安装使用。
（5）不需要反复调零即可连续测量正、反转扭矩。
（6）没有导电环等磨损件，可以长时间、高转速运行。
（7）传感器输出的高电平频率信号可直接送至计算机进行处理。
（8）测量弹性体的强度大，可承受100%的过载。

2. 数字式应变片扭矩传感器的应用范围

（1）检测发电机、电动机、内燃机等旋转动力设备的输出扭矩及功率。
（2）检测减速机、风机、泵、搅拌机、卷扬机、螺旋桨、钻探机等设备的负载扭矩及输入功率。
（3）检测各种机械加工中心的自动机床在工作过程中的扭矩。
（4）检测各种旋转动力设备系统所传递的扭矩及效率。
（5）检测扭矩的同时可以检测转速、轴向力。
（6）可用于制造黏度计、电动（气动、液力）扭力扳手。

从国内外研究现状来看，对于静态微小扭矩的测量，平衡法应用非常广泛，同时在扭矩测量过程中，由于接触式扭矩测量法直接接触敏感元件的表面，容易造成元件磨损，甚至会引入额外的摩擦力矩影响测量精度，因此，目前常见的传感器多使用非接触式扭矩测量方法。数字式应变片扭矩传感器的结构设计较为复杂，且应变片的输出信号较弱，线性度较差。磁电感应式扭矩传感器容易受到电磁场的干扰，并且其磁滞特性对测试精度影响极大。相较于数字式应变片扭矩传感器、磁电感应式扭矩传感器，光电式扭矩传感器传输光信号的过程比较简单，易于实现非接触测量，并且光学元件的种类多、性能稳定，从仪器设备的精度和整体性等方面考虑，采用光电式扭矩传感器最为合适，目前美国 Vibrac 公司研制的 TQ 系列静态扭矩传感器的测试精度能达到 ±0.5%FS，这种传感器就属于光电式扭矩传感器。高精度、小量程的扭矩传感器在航空航天、汽车、电子等行业发挥着越来越重要的作用。如图 4.31 所示为无线电遥测扭矩传感器的工作原理。

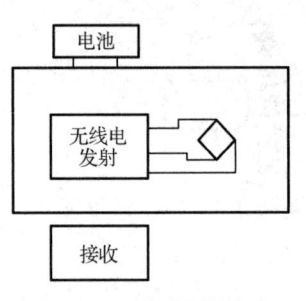

图 4.31 无线电遥测扭矩传感器的工作原理

4.3 转速传感器

对自动控制系统而言，转速不仅是旋转机械的一个工作指标，还是测量控制技术中衡量其他指标的重要参数。转速传感器输出的转速信号被相应的接收装置接收，转速传感器的稳定性会对自动控制系统造成直接的影响，因为其稳定性会影响到发动机的工作水平，人们也将自动控制系统的性能与转速传感器的性能直接挂钩。尤其是近年来，信息化水平越来越高，转速传感器的应用也越来越广泛。如今，转速传感器正在向着智能化和集成化的目标发展。转速传感器的种类有很多，如霍尔式、磁电式、磁敏电阻式、光电式、电容式、电涡流式等。

转速传感器是将旋转物体的转速转换为电学量输出的传感器。转速传感器属于间接式测量装置，可用机械、电气、磁、光和混合方法制造。按信号形式的不同，转速传感器可分为模拟式和数字式两种。

在控制系统中，常要对电机的转速进行测量和控制，以改善其性能，提高其精度。转速的单位是 r/s 或 r/min。

4.3.1　常用的转速测量方法

测频法：在规定的检测时间内，测量脉冲的个数。适合高速测量，测量的准确度随着转速的减小而增大，需要尽可能延长测量的时间。

测周法：测量发出规定的脉冲个数所需的时间。适合低速测量，测量的准确度随着转速的增大而减小，需要尽可能采用高频时钟。

测频法和测周法相结合：通过在同一时间内脉冲发生器产生的脉冲个数 M 及内部时钟脉冲个数 N 来计算转速。这种测量方法介于前两者之间。

除以上三种转速测量方法外，还有其他的转速测量方法，如基于相位差的转矩转速测量方法、基于 ZigBee 技术的红外线转速测量方法、基于视频处理技术的转速测量方法等。

4.3.2　转速传感器的分类

4.3.2.1　光电式转速传感器

光电式转速传感器分为投射式和反射式，其刻线密度为 10～100 线/毫米，圆光栅用于测量角位移，其角度分辨率为 0.01°，其光敏元件输出电流脉冲信号。

所谓的光电式转速传感器（见图 4.32），是指以光敏二极管为基础制造的电子元件，该元件可以感应和接收光强度的变化。这类传感器的组成元件有光敏二极管、光源和检波放大电路等，其主要的工作过程是在光电编码盘接收到光信号时，相应的光敏二极管将其转化为电信号输出，再根据计数脉冲所得的频率算出相应的转速。虽然这类传感器的工作原理并不复杂，但是制作光电编码盘的过程非常复杂，使得传感器的可靠性比较差。这类传感器只是用光电编码盘代替了旋转的齿盘，用光电接收器代替了原先的电磁式传感器，仍然需要利用反射回来的光脉冲信号得到测量结果。而这类传感器的缺点就是容易被电路的计数频率和条纹的最小分辨率影响，无法保证测量的精确性。

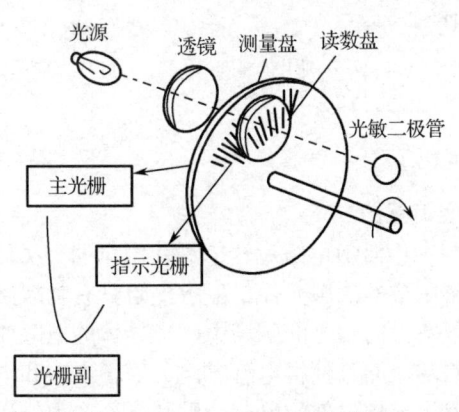

图 4.32　光电式转速传感器的结构

4.3.2.2　磁电式转速传感器

磁电式转速传感器是把机械转速转换为与转速成正比的电压信号的微型电机。磁电式转速传感器可以分为直流式转速传感器（如图 4.33、图 4.34 所示）和交流式转速传感器。

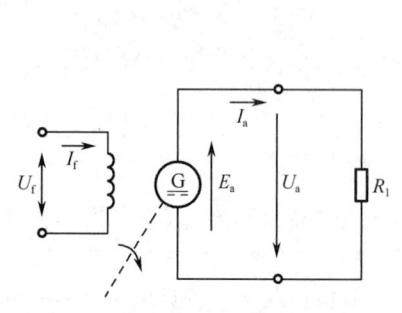

图 4.33　直流式转速传感器带负载

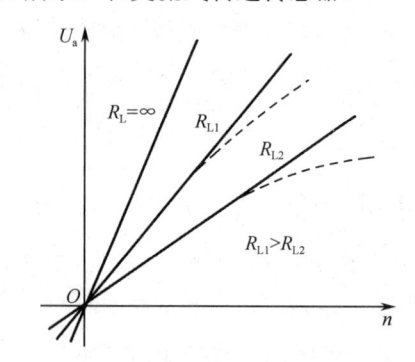

图 4.34　直流式转速传感器的输出特性

负载电阻越小，转速越大，输出特性曲线越弯曲。

$$U_o = k_e n/(1 + R_a/R_L) \tag{4-26}$$

式中，U_o 为输出电压；k_e 为比例常数；n 为转速；R_a 为激励电阻；R_L 为负载电阻。

所谓的磁电式转速传感器，是指通过齿轮的旋转使得振荡线圈中的参数发生有规律的变化，从而测量线圈中参数的频率或振幅的一类传感器。这类传感器具有安装方便、自身发电等优点，是专门测量齿轮转速的传感器。由于这类传感器的工作流程简单，因此在很多领域得到了应用，而在实际运用中，人们发现这类传感器的准确性会受到诸多因素的影响，如是否受到外界磁场的干扰、选择的系统元件是否能够与转速搭配、是否会出现失真现象等，这些因素的存在使得人们对这类传感器测量出的数据的可靠性产生了怀疑。

4.3.2.3　霍尔传感器

霍尔传感器是一种磁传感器，可以检测磁场及其变化。

霍尔传感器以霍尔效应（见图 4.35）为其工作基础，是由霍尔元件及其附属电路组成的集成传感器。霍尔传感器如图 4.36 所示。

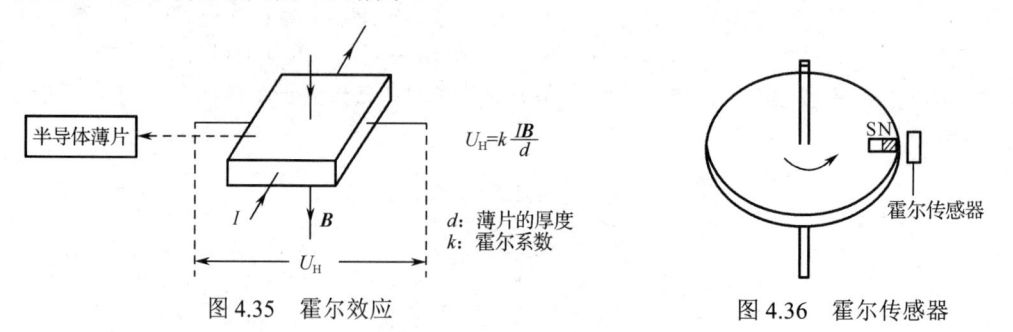

图 4.35　霍尔效应

图 4.36　霍尔传感器

4.3.2.4　磁敏电阻式转速传感器

磁敏电阻式转速传感器是利用磁敏电阻对转速进行测量的一类传感器。其中，磁敏电阻是一类以半导体的磁阻效应为基础制成的磁敏元件。磁敏电阻具有物理磁阻效应，即在半导体中通入一定的电流，并将其放入与电流方向垂直的磁场中，半导体的电阻变大、电流变小的现象。由于对该半导体分别施加电流和磁场，并且使得电流方向、磁场方向和电荷运动方向两两垂直，因此由法拉第电磁感应定律可知，半导体内部的电荷会受到洛伦兹力的作用，在该力的作用下，原本做直线运动的电荷运动轨迹发生了一定的偏转，相当于延长了电荷在半导体中的迁移时间。而时间的延长会增加电荷和半导体中的晶格发生碰撞的概率，从而有效地避免电子发生迁移。该过程的宏观表现就是半导体的电阻增大。研究发现，电阻的变化除了和电流及磁场有关，还和半导体的形状有关,当半导体的宽度远远超过半导体的长度时,该半导体的电阻就会出现较大幅度的增加。人们结合了磁敏电阻的这两个特点制成了相应的传感器元件。磁敏电阻式转速传感器具备很多的优点,如可测量低水平的转速,灵敏性比较好,信号也比较容易测量,和霍尔传感器相比,其测量范围比较大。然而,磁敏电阻式转速传感器也存在一些缺点,如容易受到温度变化的影响,所以,在使用这类传感器的时候要考虑到温度这一因素。

4.3.2.5 电容式转速传感器

电容式转速传感器主要分为以下两种类型。

1. 面积变化型

面积变化型电容式转速传感器是由一块转动板(可动的金属板)和两块固定板组成的,在初始状态下,转动板所在的位置是电容最大的地方,当转动板旋转时,电容会发生有规律的变化,也就是说,电容的变化速率反映了转动板的转速大小。因此,人们可以通过交流激励等方式来测量转速的大小。

2. 介质变化型

介质变化型电容式转速传感器和面积变化型电容式转速传感器类似,只是将面积变化型电容式转速传感器的转动板替换成了一块介电常数较大的可动板,该可动板同样可以随着转动轴旋转,在旋转的过程中,两块极板之间的介电常数会发生规律性的变化,进而引起电容的规律变化,这样电容的变化速率就可以反映出转动轴的转速大小。齿轮外沿面作为电容器的动极板,当定极板和齿轮的顶部相对时,电容最大,而当定极板和齿轮的间隙相对时,电容最小。因此,电容的变化频率与齿轮的转速成正比。

4.3.2.6 电涡流式转速传感器

电涡流式转速传感器是基于电涡流效应来测量转速的传感器。使用这类传感器进行测量可以获得较强的信号,还可以获得较宽的动态响应范围。和普通的转速传感器相比,其具备以下几种特性。

(1) 电涡流式转速传感器可实现零转速测量,并且对转轴装置的要求不高。

(2) 由于电涡流式转速传感器中不包含磁性元件,因此外界的磁场变化不会影响其测量结果。

(3) 在安装电涡流式转速传感器的时候,由于其间隙比较宽,因此安装比较方便。

(4) 电涡流式转速传感器还可以按照相应的脉冲转换电路将输出信号转换为脉冲信号,由于脉冲信号具有稳定和形状简单等特点,可以将传感器和频率计直接进行连接。

4.3.2.7 惯性传感器

惯性传感器是一种自成一体的装置,使用一个或多个陀螺仪进行测量。这类传感器用于跟踪物体的相对位置和方向,不在固定坐标系中进行测量。一个完整的惯性传感器通常包含三个正交的速率陀螺仪,用于测量角速度。

1. 转子陀螺仪

陀螺仪,简称陀螺,是"方向的守护者",就像时钟中的钟摆是"时间的守护者"一样。每当角速度不为零时,陀螺仪就会产生相应的输出信号,这种情况一般发生在平台开始旋转时。陀螺仪的运行基于角动量守恒原理:在任何粒子系统中,如果没有外力作用于系统,那么系统相对于空间中任意固定点的总角动量保持不变。

转子陀螺仪本身被限制在一个框架中,其中一个巨大的圆盘围绕一个自转轴自由旋转,自转轴一般有一个或两个。根据自转轴的数量,转子陀螺仪可以分为单自由度和双自由度两类。转子陀螺仪的特性说明了其有用性:如果没有外力作用,那么转子陀螺仪的自转轴将相对于空间保持固定;转子陀螺仪可以提供方向垂直于自转轴、大小与自转轴的角速度成正比的扭矩(或输出信号)。

当转子自由旋转时，往往保持其轴向位置不变。如果陀螺仪平台围绕输入轴旋转，那么陀螺仪将围绕输出轴产生扭矩，其自转轴将围绕输出轴转动，这种现象称为陀螺进动。这种现象可以用旋转运动定律来解释：任意给定轴上角动量的时间变化率等于施加在给定轴上的扭矩。也就是说，当对输入轴施加扭矩 T 时，保持转子的角速度 ω 恒定，转子的角动量只能通过自转轴相对于输入轴的投影来改变，自转轴绕输出轴的旋转速率与施加的扭矩成正比：

$$T = I\omega\Omega \tag{4-27}$$

式中，I 为转动惯量；T 为扭矩；ω 为角速度；Ω 为角加速度。

陀螺进动的方向总是使转子的旋转方向与施加扭矩的旋转方向对齐。

转子陀螺仪的精度在很大程度上取决于额外的扭矩和漂移的大小。如转子摩擦、转子不平衡、磁效应等。一种广泛使用的减小转子摩擦的方法是将转子和驱动电机放入具有黏性、高密度的液体中，如氟碳化合物，从而完全取消悬架。这种方法需要严格控制液体的温度，效果可能受到老化的影响。另一种减小转子摩擦的方法是使用气体轴承，转子由高压氦气、氢气或空气支撑。更好的解决方案是在真空中用电场支撑转子（静电陀螺）。而磁陀螺仪中的转子由磁场支撑。在这种情况下，系统被低温冷却到转子进入超导态的温度，然后，外部磁场在转子内部产生足够强的反磁场，使转子漂浮在真空中。这种磁陀螺仪有时被称为低温陀螺仪。

虽然多年来转子陀螺仪是唯一实用的选择，但它确实不适合用于设计许多移动应用程序所需的小型单片传感器。传统的转子陀螺仪包含需要精确加工和组装的万向节、支承轴承、电机和转子等部件，这阻碍了传统的转子陀螺仪成为一种低成本的便携式传感器，而运行过程中电机和轴承的磨损导致转子陀螺仪只能在有限的时间内运行。

因此，人们开发了其他方法来感知物体的运动方向和角速度，如 GPS（全球定位系统）等。然而，GPS 不能用于太空、水下、隧道和建筑物内，也不能用于任何至关重要的地方。此外，GPS 的空间分辨率对许多手持设备来说是不够的。

2. 振动陀螺仪

如图 4.37 所示，物体最初在半径为 r_1 的轨道上旋转，其切向速度为 v_1。当该物体远离中心移动到半径为 r_2 的轨道上时，其切向速度会增加。

当物体远离中心时，其切向速度增加，这意味着物体在加速。这种现象是 1835 年由法国物理学家科里奥利（1792—1843）发现的，这种加速度被称为科里奥利加速度。这种加速度在矢量表示法中被描述为

$$a_c = -2\Omega V \tag{4-28}$$

式中，V 为物体在旋转系统内运动的速度；Ω 为角矢量，其大小等于旋转速度，其方向为旋转轴的旋转方向。如果物体的质量是 m，那么科里奥利加速度产生的力（科里奥利力）用矢量表示为

$$F_C = -2\Omega V_m \tag{4-29}$$

式中，F_C 为科里奥利力；Ω 为角速度；V_m 为速度。

科里奥利力被称为虚拟力，因为其不是由不同物体之间的相互作用产生的，而是由单个物体的旋转产生的。科里奥利加速度与旋转速率成正比，产生于垂直于包含其他两个轴的平面的第三个轴上。从图 4.38 中可以看出，科里奥利加速度垂直于角速度矢量和物体速度矢量所在的平面。

由于力的大小是角速度的函数，因此可以利用将科里奥利力转换为电信号的力传感器来设计角速度传感器。物体不需要只在一个方向上运动，可以在测量角速度的参考系中来回运动，换句话说，物体可能在一个方向上振荡，而框架的旋转将导致在另一个方向上产生科里奥利力，因此，我们可以测量产生输出电信号的力。

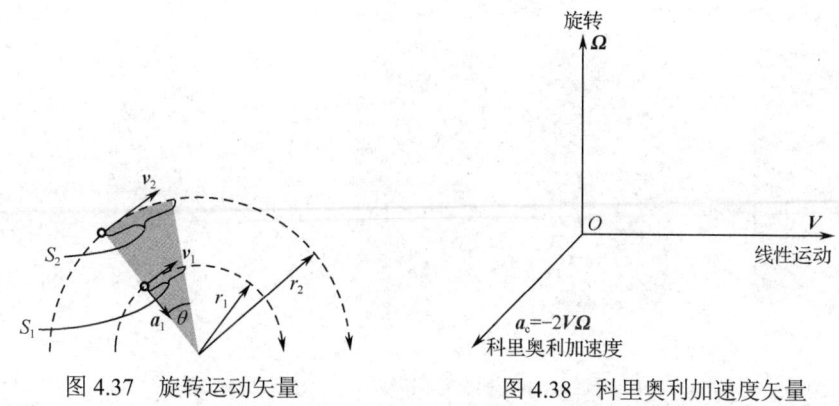

图 4.37　旋转运动矢量　　　　图 4.38　科里奥利加速度矢量

图 4.39 所示是振动陀螺仪的原理图。大质量物体 M 受到外部驱动器的驱动，沿 y 轴以几千赫兹的频率振荡。物体 M 高速上下运动产生的运动曲线是正弦曲线。当框架旋转时，产生科里奥利力并推动物体向左或向右移动。其位移由定位在 x 轴上的位移传感器测量。位移遵循正弦函数的变化规律，其幅度与角速度成正比。

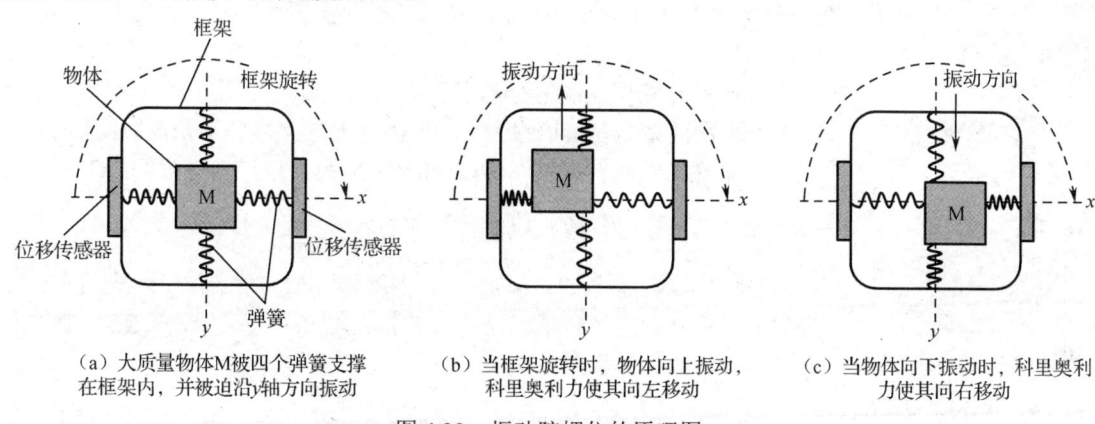

(a) 大质量物体M被四个弹簧支撑在框架内，并被迫沿轴方向振动

(b) 当框架旋转时，物体向上振动，科里奥利力使其向左移动

(c) 当物体向下振动时，科里奥利力使其向右移动

图 4.39　振动陀螺仪的原理图

振动陀螺仪充分利用了电子工业中的技术，非常适合大批量生产。有以下几种谐振器可用于设计振动陀螺仪。

（1）简单振荡器（弦、梁）。
（2）平衡振荡器（音叉）。
（3）壳体谐振器（酒杯、圆柱体、环）。

这三种谐振器都已在实际设计中实现。现代振动陀螺仪示例如图 4.40 所示。现代振动陀螺仪使用圆柱体形状的压电陶瓷（直径为 0.8mm，长为 9mm），六个电极沉积在圆柱体的侧面。

该设计利用了压电效应的可逆现象：一方面，电荷使压电材料产生应变，从而将电信号转化为机械形变；另一方面，应变产生电荷，从而将机械力转化为电信号。由外部振荡器提供交流电压来驱动电极，从而使圆柱体按图 4.40（c）中黑色箭头所示的方向弯曲。当圆柱体以角速度 Ω 绕其垂直轴旋转时，产生的科里奥利力使圆柱体向白色箭头方向弯曲——角速度越高，弯曲程度越大。这种与旋转相关的弯曲在一对电极中产生压电电荷：正输出和负输出，产生反相正弦电压。电压由信号调节器放大和处理，从而可以作为陀螺仪的输出信号。这种设计的优点是体积小，易于生产，成本较低。现代振动陀螺仪测量角速度的灵敏度相当好，约为 0.6（mV/deg）/s，广泛应用于相机稳定设备、游戏控制器、GPS 补充传感器（在卫星射频信号丢失时继续导航）、机器人和虚拟现实系统。

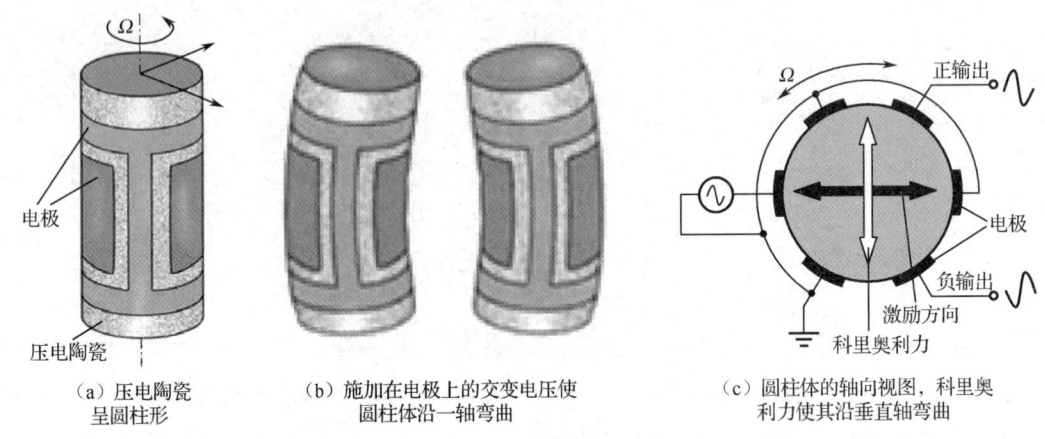

(a) 压电陶瓷呈圆柱形　　(b) 施加在电极上的交变电压使圆柱体沿一轴弯曲　　(c) 圆柱体的轴向视图，科里奥利力使其沿垂直轴弯曲

图 4.40　现代振动陀螺仪示例

3. 光学（激光）陀螺仪

环形激光陀螺仪（RLG）是一种惯性导航传感器。其特点是具有非常高的可靠性（无运动部件）和非常高的精度，角不确定度为 0.01 阶/h。光学陀螺仪的一个主要优点是能够在恶劣环境中工作，这对转子陀螺仪来说是困难的。

环形激光陀螺仪的运行基于萨格纳克效应，如图 4.41 所示。由激光光源产生的两束光在折射率为 n、半径为 R 的光环内沿相反方向传播。

一束光沿顺时针（CW）方向传播，而另一束光沿逆时针（CCW）方向传播。光在环内传播所需要的时间为 $\Delta t = \dfrac{2\pi R}{nc}$，其中 c 为光速。现在，我们假设环以角速率 Ω 沿顺时针方向旋转。在这种情况下，光将在两个方向上以不同的路径传播。连续波的传播速度为 $l_{ccw}=2\pi R+\Omega R\Delta t$，因此，路径差异导致的光程差

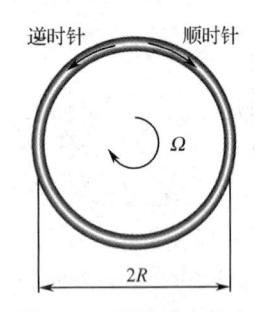

图 4.41　萨格纳克效应

$$\Delta l = \frac{4\pi \Omega R^2}{nc} \tag{4-30}$$

式中，Δl 为光程差；Ω 为角速率；R 为光回路的半径；n 为介质的折射率；c 为光速。

因此，为了准确地测量角速率 Ω，必须开发一种技术来确定光程差 Δl。已知的路径检测方法有三种：光学谐振器、开环干涉仪和闭环干涉仪。

对于环形激光陀螺仪，Δl 的测量是利用光学腔的激光特性（光学腔产生相干光的能力）来实现的。要使激光在封闭的光学腔中传播，激光在环形路径中的波长必须是一个整数。不满足这一条件的光束在沿着光路传播时会对自身产生干扰。为了补偿由于旋转引起的周长变化，光的波长 λ 和频率 v 必须改变：

$$-\frac{dv}{v} = \frac{d\lambda}{\lambda} = \frac{dl}{l} \tag{4-31}$$

以上是环形激光陀螺仪中频率、波长和周长变化的基本方程。如果环形激光以角速率 Ω 旋转，光波在一个方向上拉伸，在另一个方向上压缩，以满足环形激光波长为整数的标准（类似于多普勒效应），这反过来导致了光束之间的净频率差。如果两束光混合在一起，那么产生信号的频率：

$$F = \frac{4A\Omega}{\lambda nl} \tag{4-32}$$

式中，A 是环所包围的面积。

在实际应用中，光学陀螺仪要么设计为光纤环形谐振器，要么设计为线圈式光纤陀螺仪，其

中光纤环形谐振器包含许多匝的光纤。光纤环形谐振器如图 4.42（a）所示，由光纤分束器形成的光纤环路组成，该分束器具有非常小的交叉耦合比。当入射光的频率与光纤环的谐振频率相同时，光耦合进入光纤腔，出射光的强度下降。线圈式光纤陀螺仪［见图 4.42（b）］包含光源和耦合到光纤上的光探测器。偏振镜位于光探测器和第二个光纤耦合器之间，以确保两束光反向传播。

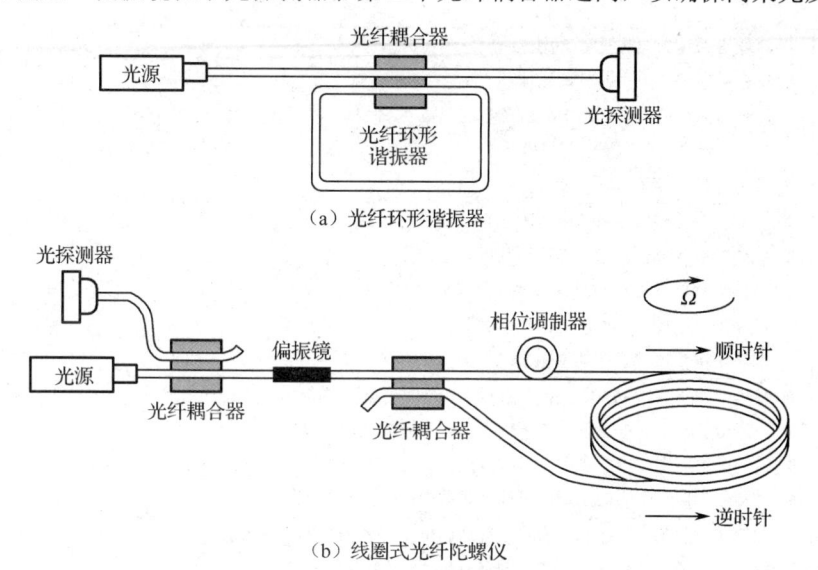

（a）光纤环形谐振器

（b）线圈式光纤陀螺仪

图 4.42 光学陀螺仪的实际应用

在光纤线圈中遍历相同的路径，两束光混合并碰撞到光探测器上，光探测器通过测量两束沿相反方向传播的光束在光纤线圈中产生的相位差来检测旋转引起的相位变化，从而计算出旋转速度。这种类型的光学陀螺仪成本相对较低，且动态范围高达 10000dB，主要用于偏航和俯仰测量、姿态稳定和陀螺仪的罗盘。

思考题

1．力传感器在工业自动化中扮演着怎样的角色，这种传感器是如何将力学量转换为电信号的？
2．弹性敏感元件在传感器中的作用是什么，如何影响传感器的性能？
3．应变式电阻传感器的工作原理是什么，其灵敏度如何影响测量结果？
4．压阻式传感器和压电式传感器在应用上有何不同，其工作原理分别是什么？
5．扭矩传感器在动态测量中面临哪些挑战，为应对这些挑战，人们对扭矩传感器进行了怎样的特殊设计？
6．转速传感器的稳定性如何影响自动控制系统的性能？
7．力传感器的精确测量和信号转换机制中存在哪些难点，如何优化这种机制以提高测量精度？
8．电阻式压力传感器的温度补偿方法有哪些，这些方法是如何减小温度变化对测量结果的影响的？
9．压电式压力传感器在测量微小动态力时的优势是什么，在哪些行业中有广泛的应用？

第5章 流体传感器

知识单元 与知识点	➢ 流体压力传感器的类型、测量原理及测压方法； ➢ 流速传感器的类型、测量原理及方法； ➢ 流量传感器的类型、测量原理及方法； ➢ 密度传感器的基本概念及分类； ➢ 黏度传感器的基本概念及分类。
能力点	✧ 能够分析传感器测量流体压力原理及测压方法； ✧ 能够知道传感器测量流速的原理及方法； ✧ 能够了解传感器测量流量的原理及方法； ✧ 能够了解密度传感器的基本概念及分类； ✧ 能够知道黏度传感器的基本概念及分类。
重难点	■ 流体压力传感器中，重点讲解汞压力传感器、压阻式传感器等的测量原理及测压方法； ■ 流速传感器中，重点分析热传输流速传感器的原理和分类； ■ 流量传感器中，重点讲解差压式流量计、容积式流量计、速度式流量计和其他类型的流量计的原理； ■ 比较各种流量传感器的适用条件及测量方法。
学习要求	✓ 理解流体压力、流速、流量、密度和黏度传感器的基本概念及分类； ✓ 学习各种流体传感器的工作原理和测量方法； ✓ 分析和解释不同类型的传感器测量流体压力的原理和方法； ✓ 了解流量传感器的类型、测量原理及方法，并能比较不同流量传感器的适用条件； ✓ 了解如何使用各种传感器进行实验，包括传感器的校准、数据采集和处理。
问题导引	● 流体压力传感器与普通压力传感器有什么不同？ ● 流速传感器与压力传感器有什么联系？ ● 流量传感器与流速传感器有什么联系？ ● 为什么需要质量流量计？ ● 密度传感器的测量原理有那些？ ● 黏度传感器的测量原理有那些？

"流体"一词用于描述具有流动性的物质，包括液体与气体两大类。流体压力就是物理学中所指的压强，是反映流体状态的关键参数，也是工业自动化生产流程中至关重要的工艺参数。本章将简要阐述流体压力的定义及其度量单位，并着重阐释各类流体压力传感器、流速传感器、流量传感器、密度传感器、黏度传感器的工作原理及测量技术。

5.1 流体压力传感器

5.1.1 流体压力的概念及单位

埃万杰利斯塔·托里拆利（Evangelista Torricelli）在1643年发现了大气会对地球表面施加压力。除与流体表面垂直的方向外，流体无法在其他方向上施加压力。流体压力的大小不受封闭边界形状的影响。若将压力施加于限制流体的表面一侧，则该压力将被均匀传递至整个表面，并且其强度不会降低。对于处于静止状态的流体，流体压力可定义为作用于单位面积 A 上的垂直力 F，即

$$p = \frac{\mathrm{d}F}{\mathrm{d}A} \tag{5-1}$$

压力传感器与力传感器之间存在着紧密的联系,在实际应用中,压力传感器常被用于力的测量。压力随海拔高度的变化而变化:

$$dp = -wdh \tag{5-2}$$

式中,w 是地球大气的相对密度;h 表示垂直高度。

气体动力学理论认为,压力可以看作分子"碰撞"表面的总动能的量度。

$$p = \frac{2}{3}\frac{E_k}{V} = \frac{1}{3}\rho C^2 = NRT \tag{5-3}$$

式中,E_k 是动能;V 是体积;C^2 是分子速度平方的平均值;ρ 是密度;N 是单位体积的分子数;R 是比气体常数;T 是热力学温度。

式(5-3)表明可压缩流体(气体)的压力和密度是线性相关的。压力的增加会导致密度成比例增加。

压力的国际单位是帕斯卡,1 帕斯卡等于 1 牛顿的力均匀分布在 1 平方米的表面,即 $1Pa=1N/m^2$。在技术领域中,标准大气压常被用作压力的度量单位。标准大气压是指在 4℃的温度和标准重力加速度下,1 米高的水柱施加在 1 平方厘米的表面上的压力。1Pa 可利用下列关系换算成其他单位。

$$1Pa = 1.45\times10^{-4} lb/in^2 = 9.869\times10^{-6} atm = 7.5\times10^{-4} cmHg$$

在进行实际估算时,牢记 0.1 毫米水柱大约等等于 1 帕斯卡。此外,一个更大的压力单位是巴尔,其等于 10^5 帕斯卡。

在工业中,有一个单位是以托里拆利(Torricelli)命名的,称为托(Torr)。在标准大气压和正常重力下,由 1 毫米水银柱在 0℃所施加的压力为 1 托。

$$1Torr = 1mmHg$$

地球大气的标准压力是 760Torr(毫米汞柱),此值也被称为物理大气压。

$$1atm = 760Torr = 101,325Pa$$

在美国普遍使用的度量标准中,压力的度量单位被规定为磅/平方英寸(psi)。

$$1psi = 6.89\times10^3 Pa = 0.0703atm$$

压力可分为绝对压力、大气压力、表压力、真空和负压。上述各种压力的关系如图 5.1 所示。

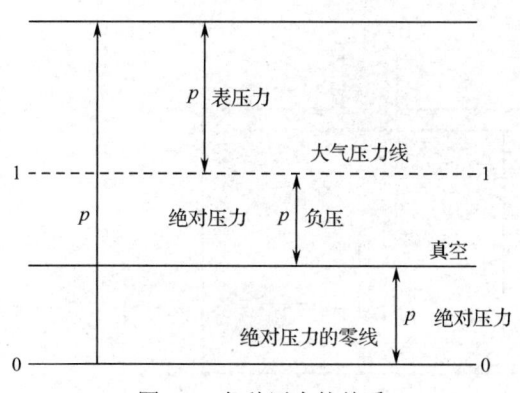

图 5.1 各种压力的关系

5.1.2 汞压力传感器

图 5.2 所示是一种基于通信血管原理的传感器,主要用于测量气体压力。该传感器通过将一根 U 形导线浸入汞中,使得导线的电阻与管子中汞的高度成比例地发生短路。导线与惠斯通电桥

电路相连接，当管内压差为零时，电路达到平衡状态。当压力施加到管子的其中一个导线臂上时，电桥将失去平衡，进而产生相应的输出信号。具体而言，左侧管中的压力越高，对应导线臂的电阻越大，反之则越小。输出电压与未被汞分流的导线臂的电阻变化量 ΔR 成正比：

$$V_{\text{out}} = V \frac{\Delta R}{R} = V\beta\Delta p \tag{5-4}$$

式中，V_{out} 是输出电压；V 是输入电压；R 是初始电阻；ΔR 是电阻的变化量；β 是电流增益；Δp 是压力的变化量。

汞压力传感器可以直接以托为单位进行校准。这种传感器虽然结构简单，但存在几个缺点，如必须精确调平、对冲击和振动具有较高的敏感性、体积较大及被测气体可能遭受汞蒸气的污染等。

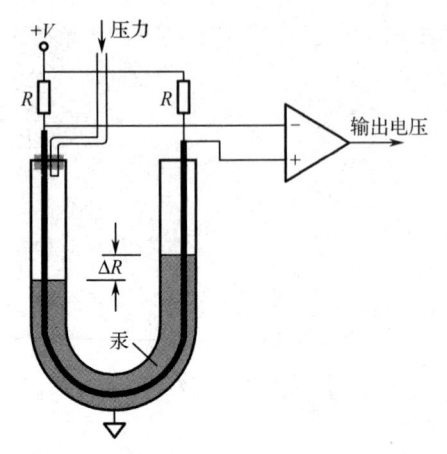

图 5.2 汞压力传感器

5.1.3 波纹管、薄膜和薄板

典型的压力传感器包括可变形元件，其变形或运动由位移传感器予以测量，并被转换为能够代表压力值的电信号。在压力传感器中，这种可变形元件是一种机械装置，在压力引起的应变作用下发生结构变化。这类可变形元件包括波纹管（C 形波纹管、扭曲波纹管和螺旋波纹管）、波纹和悬链式隔膜、胶囊、筒管等，其形状在压力作用下会发生变化。

波纹管用于将压力转换为可通过传感器测量的线性位移。因此，波纹管在将压力转换为电信号的过程中扮演了基础性角色。波纹管的特性在于其表面积相对较大，在低压状态下会产生较大的位移。无缝金属波纹管的刚度和波纹管材料的弹性模量成正比，与波纹管的外径及卷曲数成反比。其刚度还会随着壁厚的增加而有所增加。

将压力转换为线性偏转的一种常见应用是无液气压计中的金属波纹膜片，如图 5.3 所示。偏转装置通常构成压力室的一面壁墙，并与应变传感器相连，该传感器借助压阻将偏转转换为电信号。目前，绝大多数压力传感器都是利用微机电系统（MEMS）技术在硅膜上制作的。

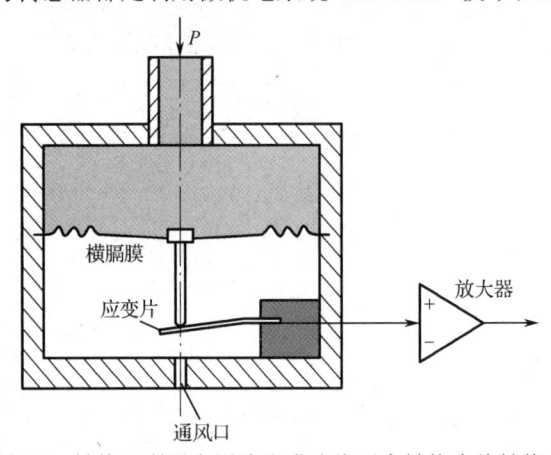

图 5.3 转换器利用金属波纹膜片将压力转换为线性挠度

薄膜承受径向张力（S），张力的单位为 N/m，如图 5.4（a）所示。由于薄膜的厚度比其半径小得多（至少为半径的 $\frac{1}{200}$），因此其抗弯刚度可以忽略不计。当压力施加在薄膜的一侧时，薄膜的形状是球形的。在低压下，跨膜差 p、最大中心挠度 $z_{\max}$ 和最大应力 $\sigma_{\max}$ 是压力的准线性函数。

$$z_{max} = \frac{r^2 p}{4S} \tag{5-5}$$

$$\sigma_{max} \approx \frac{S}{g} \tag{5-6}$$

式中，r 为薄膜的半径；g 为薄膜的厚度。薄膜上的应力大体上是均匀的。

对于薄膜，其最低固有频率可通过计算得出。

$$f_0 = \frac{1.2}{\pi r}\sqrt{\frac{S}{\rho g}} \tag{5-7}$$

式中，ρ 是薄膜材料的密度。

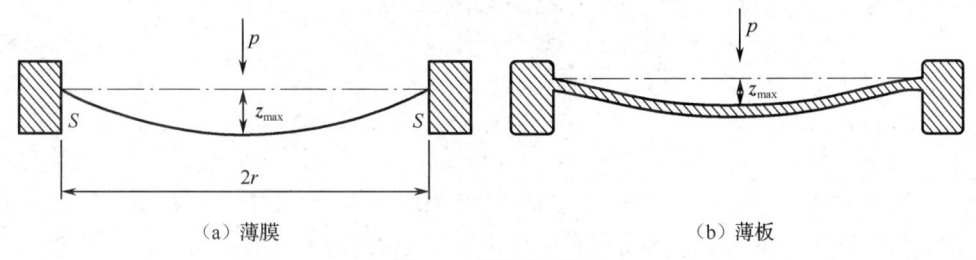

(a) 薄膜　　　　　　　(b) 薄板

图 5.4　薄膜和薄板

如果薄膜的厚度并非小到可以忽略（r/g 为 100 或更小），则薄膜不再是"膜"，而被定义为薄板，如图 5.4（b）所示。倘若薄板被压在某种夹环之间，由于薄板和夹环之间存在摩擦，因此会呈现显著的滞后现象。更为理想的设计是将其制成一体式结构，其中薄板和支撑部件由同一块材料制造而成。

对于薄板，其最大中心挠度也与压力呈线性关系：

$$z_{max} = \frac{3(1-v^2)r^4 p}{16Eg^3} \tag{5-8}$$

式中，E 为弹性模量（N/m²）；v 为泊松比。

圆周上的最大应力也是压力的线性函数：

$$\sigma_{max} \approx \frac{3r^2 p}{4g^2} \tag{5-9}$$

式（5-8）表明，可以利用薄膜和薄板的挠度来设计压力传感器。

5.1.4　真空传感器

一般来说，真空指的是在指定空间内低于环境大气压力的气体状态，相较于普通的压力传感器，真空能够被测量为正压。虽然在大多数情况下，压力传感器采用薄膜技术与位移（挠度）传感原理，但真空传感器的工作机制则有其独特之处，有些真空传感器依据气体分子的特定物理特性进行测量，这些特性（如导热系数、黏度、电离等）与单位体积内气体分子的数量有关。在此，我们简要介绍气体阻力计。

气体分子与运动物体之间存在着机械性的相互作用，这是旋转转子规（SRG）的基本原理。SRG 的优点是不会因热阴极（灯丝）或高压放电而扰乱真空环境，并且能与包括腐蚀性气体在内的各类气体兼容。这些特性使得 SRG 被广泛用作校准其他真空计的参考标准，SRG 的压力范围为 $10^{-4} \sim 10^{-1}$ Pa（$10^{-6} \sim 10^{-3}$ Torr），并为监测工艺气体的化学活性提供了可能。

SRG 有以下三个主要组件。

（1）位于顶针之中的磁性钢球。作为传感器或转子的一部分，该组件是真空系统薄壁的延伸。

（2）位于顶针外部的悬浮头。该组件由用于使球体悬浮的永磁体和电磁铁、用于检测及稳定球体悬浮位置的悬置线圈、用于驱动球体旋转至其工作频率范围的感应驱动线圈，以及用于监测球体旋转状态的拾取线圈组成。

（3）电子控制单元（控制器）负责实现所有的操作功能，放大来自球体的拾取信号，并处理信号中的数据以获得压力值。

在该装置中，直径为 4.5mm 的磁性钢球在顶针内处于磁悬浮状态，该顶针与真空室耦合，并以 400Hz 的频率旋转。球体的磁矩在拾取线圈中产生感应信号。气体分子对球体施加阻力导致其旋转速度逐渐减缓。由运动学理论可知，球体与气体分子的碰撞使得其自转频率随时间 t 呈指数式减小，同时使得其自转周期 r 随时间 t 呈指数式增大：

$$r = \tau_0 e^{KPt} \tag{5-10}$$

式中，τ_0 是时间常数；P 是压力；K 是校准常数。该常数的定义为

$$K = \frac{\pi \rho a c}{10 \sigma_{\text{eff}}} \tag{5-11}$$

式中，ρ 是球体的密度；a 是球体的半径；c 是平均气体分子速度（取决于气体温度和气体分子质量）；σ_{eff} 是考虑球体的表面粗糙度和分子散射特性的有效切向动量调节系数。对于"光滑"球，σ_{eff} 通常在 0.95% 至 1.07% 之间（更准确的测定需要对照真空标准进行校准）。因此压力可以由式（5-10）计算得出。同时，考虑到球体旋转速度的减缓，必须在特定的时间间隔内进行集成。

5.2　流速传感器

流速传感器是一种高精度的检测工具，专门用于精确测量液体或气体在管道系统或自然渠道中的流动速率。流速传感器运用了一系列物理测量技术，包括但不限于机械阻挡、热传递、电磁感应及超声波传播等原理，将流体的速度变化转化为可量化的电信号。这些电信号经过后续的处理与分析，能够为我们提供关于流体流速的详尽且准确的数据。

5.2.1　压电式风速传感器

当气流的速度改变时，风速传感器会产生输出瞬态。以日本特殊陶业株式会社所生产的压电式风速传感器为例，该装置由一对压电（或热释电）元件构成。其中一个元件直接暴露在外界环境中，而另一个元件被封装树脂涂层保护，以实现对环境温度变化的差分补偿。这些元件串联成对置电路，即当其因随机干扰产生等量电荷时，偏置电阻 R_b 两端的电压基本为零，如图 5.5（a）所示。

（a）电路图　　（b）TO-5 罐的金属外壳

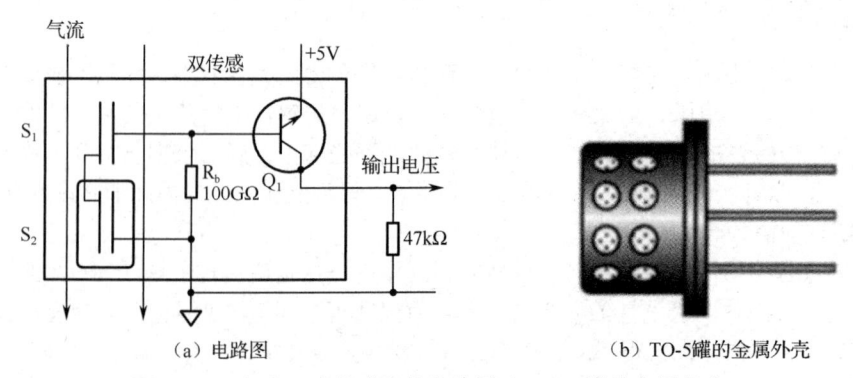

图 5.5　压电式风速传感器的电路图及 TO-5 罐的金属外壳

偏置电阻和 JFET（结型场效应晶体管）电压跟随器封装在 TO-5 罐的金属外壳［见图 5.5（b）］

中，并配备了通风口，使 S_1 元件暴露于气流中。

该传感器的工作原理如图 5.6 所示。在无气流或气流极为稳定的情况下，压电元件所承载的电荷达到平衡状态。在极化过程中定向的内部电偶极子与材料内部的自由载流子和元件表面带电的漂浮空气分子平衡。因此，压电元件 S_1 和 S_2 两端的电压为零，这便构成了基线输出电压。

当穿过 S_1 表面的气流发生变化时（S_2 表面被树脂保护），移动的气体分子会从压电元件上剥离浮动电荷，从而造成电荷分布失衡。这种失衡导致压电元件的电极上出现电压，因为内部极化的电偶极子与外部的浮动电荷不再平衡。该电压被施加到作为阻抗转换器的 JFET 从动器上，并在输出端呈现瞬态现象。

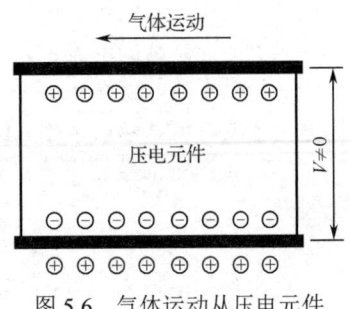

图 5.6 气体运动从压电元件表面剥离电荷

5.2.2 热传输流速传感器

检测流动介质散热速率的传感器称为热传输流速传感器。热传输流速传感器的设计决定了其工作极限。如在常压和常温（约 20℃）下，热传输流速传感器可以检测到的最大风速为 60m/s。流动介质的压力和温度，特别是气体的压力和温度，对容积率计算的准确性有很大的影响。用于热传输流速传感器的典型数据处理系统必须至少接收三个可变的输入信号：流动介质的温度、温差和加热功率信号。这些信号被转换成数字形式通过多路传输，并由计算机进行处理以计算流量特性。

5.2.2.1 热线风速计

最著名的热传输流速传感器是热线风速计和后来开发的热膜风速计，被用于测量风洞中的湍流强度、模型周边的流动特性及径向压缩机中的叶片尾迹。热线风速计的核心部件是一根电热丝，其标准尺寸为 0.00381～0.00508mm，直径范围为 0.0038～0.005mm，长度则为 1.0～2.0mm，其导线电阻通常为 2～3Ω。该传感器的工作原理基于电流的热效应，先将导线加热至远高于流动介质温度的 200～300℃，随后测量导线的温度变化。由于导线的温度远高于流动介质的温度，该传感器对流动介质的温度变化不敏感，因此无须进行介质温度补偿。在介质不流动的状态下，导线的温度保持恒定；然而，一旦介质开始流动，导线便会逐渐冷却。介质流动的强度越大，导线的冷却效果越显著。热线风速计和热膜风速计的优势在于能够快速响应，可以分辨高达 500Hz 的频率。

恒压法与恒温法是用于调节温度及评估传感器的冷却效能的技术。在恒压法中，通过测量导线温度的下降程度来实现控制；而在恒温法中，则通过增大供电功率以在任意适宜的流量条件下维持温度的稳定。功率是流量的量度。在热线风速计中，导线具有正温度系数（PTC），从而具备双重功能：先将导线的温度提升至介质温度之上以产生冷却效应，然后测量该温度。因为当导线冷却时，其电阻会相应降低。恒温热线风速计的零平衡电桥如图 5.7 所示，该电路为恒温法的简化桥接电路。

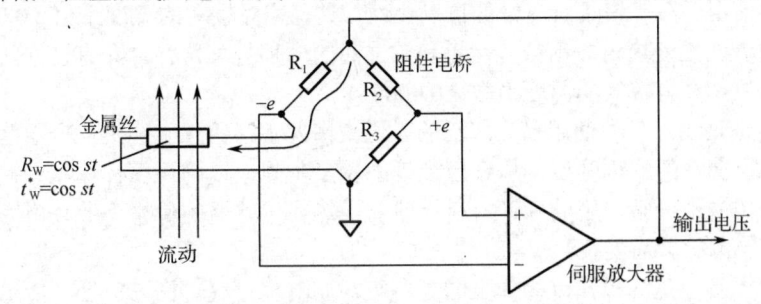

图 5.7 恒温热线风速计的零平衡电桥

来自伺服放大器的反馈使电桥保持平衡状态。电阻 R_1～R_3 的阻值是恒定的，而 R_W 表示热线电阻，其阻值随温度的变化而变化。导线温度 t_w 的下降导致 R_w 的阻值减小，进而导致施加于伺服放大器负输入端的桥接电压 $-e$ 相应降低。这一变化促使反馈至电桥的输出电压 V_{out} 上升。当 V_{out} 上升时，流经导线的电流 I 增加，从而导致导线的温度升高。流动的介质冷却导线的过程会维持导线的温度不变，使得 t_w 在不同的流速条件下保持恒定。输出电压 V_{out} 是电路的输出信号和质量流量的量度。流速越快，相应的输出电压越高。

在流量恒定的条件下，由于对流换热效应，提供给导线的电能 Q_e 与流动介质携带出的热功率 Q_T 平衡：

$$Q_e = Q_T \tag{5-12}$$

根据加热电流 i、导线的温度 t_w、流体的温度 t_f、导线的表面积 A_w 和换热系数 h，可以写出功率平衡方程：

$$i^2 R_w = hA_w(t_w - t_f) \tag{5-13}$$

1914 年，L.V.King 发展了一种低雷诺数不可压缩流体中无限大圆柱体热损失的解。热损失系数（换热系数）为

$$h = a + bv_f^c \tag{5-14}$$

式中，a 和 b 为常量；c 为 0.5。这个方程式被称为国王定律。

将上述三个方程组合在一起，我们可以消除换热系数 h，得

$$a + bv_f^c = \frac{i^2 R_w}{A_w(t_w - t_f)} \tag{5-15}$$

考虑到 $V_{out} = i(R_w + R_1)$ 和 c 为 0.5，我们可以得到输出电压与流体速度 v 的函数关系式：

$$V_{out} = (R_w + R_1)\sqrt{\frac{A_w(a+b\sqrt{v})(t_w - t_f)}{R_w}} \tag{5-16}$$

当温度梯度（$t_w - t_f$）较高时，输出信号几乎不依赖流体的温度 t_f。为了有效运行，温度梯度（$t_w - t_f$）和导线的表面积应尽可能大。

当导线相对较短（不超过 2mm）时，必须由探头以特定方式支撑导线，使其在流体中保持稳定。此外，导线的电阻应相对较低，以允许电流加热。同时，导线应具有尽可能大的热系数。为了满足这些要求，需要精心设计。不仅对流（有用的效应）会产生热损失，热辐射和热传导（干扰效应）也会产生热损失。虽然热辐射通常很小，可以忽略，但支撑结构的热传导损失可能与对流损失相当，甚至更大。因此，导线必须在物理上尽可能具有相对支撑结构的最大热阻。这给传感器设计带来了一系列挑战。

热线传感器和热膜传感器的典型设计如图 5.8 所示。钨、铂及铂-铱合金是最为常见的导线材料。钨丝很结实，具有很高的温度系数（0.004℃$^{-1}$）。但是由于其抗氧化性差，因此其在高温环境下及多种气体中使用受限。铂具有良好的抗氧化性，具有相对较大的温度系数（0.003℃$^{-1}$），但其在高温条件下的机械强度较弱。铂铱丝是钨和铂之间的一种折衷选择，具有良好的抗氧化性，并且比铂更坚固，但是具有较低的温度系数（0.00085℃$^{-1}$）。

目前，钨丝是热线材料中使用最为广泛的。通常情况下，钨丝上会覆盖一层薄铂涂层以增强钨丝与镀层端部及探针的结合强度。探针应当既细长又坚固，以确保探针体具有较高的热阻，即低导热系数。不锈钢是最常选用的探针材料。然而，热线传感器的价格不菲且极为脆弱，极易因机械冲击或过度的电脉冲而受损。

热膜传感器本质上是沉积在绝缘体上的导电膜，如陶瓷衬底。图 5.8（b）所示的锥形热膜传感器是一个表面有铂膜的石英锥。锥体的侧面镀有金层，以提供电气连接。与热线传感器相比，热膜传感器具有以下优点。

（a）热线传感器　　　　　　　　　（b）锥形热膜传感器

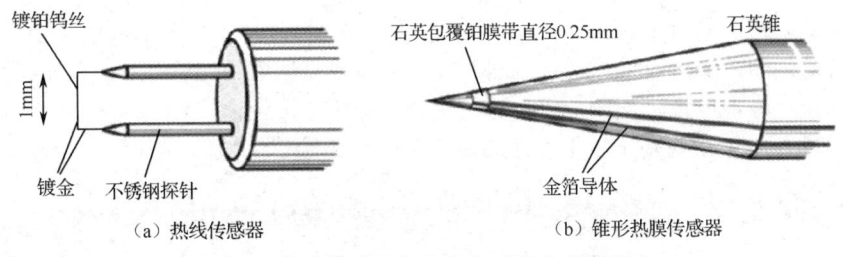

图 5.8　热线传感器和热膜传感器的典型设计

（1）相较于同等直径的热线，有更好的频率响应（当电子控制时），因为热膜传感器的敏感区域更大。

（2）对于给定的长径比，由于衬底材料的导热性能较差，导致支撑件的热传导效率不高，因此感测长度较短。

（3）传感器的配置更加灵活。有楔形、锥形和抛物线形可供选择。

（4）不太容易结垢，更容易清洁。热膜传感器的表面涂有一层薄薄的石英层，可以防止异物堆积。

典型热膜传感器的金属膜厚度一般小于 100nm，因此其物理强度和有效导热系数几乎完全由衬底材料决定。大多数薄膜是由铂制成的，因为其具有良好的抗氧化性和长期稳定性。热膜传感因其坚固性和稳定性，得以应用于多种测量场合。相比之下，过去依赖于脆弱且稳定性不足的热线传感器进行测量的方法显得尤为差劲。热膜传感器已能够在锥面、柱面、楔面、抛物面、半球面和平面结构上制作，还可以用于制作安装了悬臂的圆柱形热膜传感器。这种传感器是通过用石英管制作圆柱形热膜，并将其中一根导线穿过管的内部来实现的。

如图 5.8（b）所示，锥形热膜传感器主要用于进行水处理，其设计在预防棉絮和其他纤维杂质缠绕方面具有特别的价值。锥形热膜传感器适用于处理含有较多悬浮物的水体，而圆柱形热膜传感器则更适合过滤后的水体。

5.2.2.2　三段式温度风速计

如图 5.9 所示，热风速计主要用于液体，也可用于气体，是一种非常坚固耐用、耐污染的传感器。该传感器由浸入流动介质中的三根管子组成，其中两根管子包含温度传感器 R_0 和 R_s。这两个温度传感器与介质进行热交换，并与用于测量流量的结构元件及管道保持热隔离。在两个温度传感器之间设置有加热器。这两个温度传感器通过细小的导线连接到电线上，以最大限度地减少导热损失。

（a）温度传感器的横截面图　　　　（b）热风速计的双传感器设计

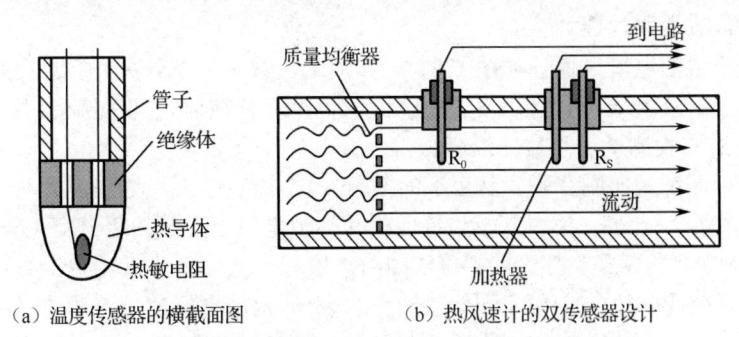

图 5.9　温度传感器的横截面图及热风速计的双传感器设计

热风速计的工作原理如下。温度传感器 R_0 负责测量流动介质的温度。R_0 下游的加热器负责对介质进行加热，温度传感器 R_s 负责测量加热后的温度。在静止的介质中，热量将通过介质从加热器传递到两个温度传感器。在静止的介质中，热量主要通过热传导和重力对流从加热器散发出去。由于加热器与探测器 R_s 的距离较近，因此该温度传感器将记录更高的温度。当介质流动时，由于强制对流的作用，散热效果增加。流速的提升会导致热量散失加剧，从而使得温度传感器 R_s 记录的温度降低。通过测量热损失，可以将其转换为介质的流量值。

热风速计的基本关系式基于如上所述的国王定律。热量变化为

$$\Delta Q = kL\left(1+\sqrt{\frac{2\pi\rho cdv}{k}}\right)(t_s - t_f) \tag{5-17}$$

式中，k 和 c 是介质在给定压力下的导热系数和比热容；ρ 是介质的密度；L 和 d 是温度传感器 R_s 的长度和直径；t_s 是温度传感器的表面温度；t_f 是温度传感器 R_0 的温度（介质温度）；v 是介质的速度。科利斯和威廉姆斯用实验证明了国王定律需要进行修正。对于 $L/d_1 \gg 1$ 的圆柱形传感器，利用修正后的国王定律可得到介质的速度：

$$v = \frac{K}{\rho}\left(\frac{\mathrm{d}Q}{\mathrm{d}t}\frac{1}{t_s - t_f}\right)^{1.87} \tag{5-18}$$

式中，K 是校准常数。由此可见，要测量流量，必须测量温度传感器 R_s 和流动介质之间的温度梯度和散热。虽然流体的速度具有非线性特征，但其与热损失之间存在明确的函数关系，如图 5.10 所示。

为了准确测量流体的温度，需要选择合适的温度传感器，如电阻式、半导体式和光学式等。然而，如今大多数制造商使用的是电阻式温度传感器。在工业和科学测量中，电阻式温度传感器因其卓越的线性度、可预测的响应特性及在较大温度范围内的长期稳定性而成为首选。在医学上，热敏电阻往往由于其较高的灵敏度而受到青睐。无论在哪种场景下使用电阻式温度传感器，尤其对于遥感场景，都应该考虑采用四线制测量技术。这项技术可以解决连接导线的有限电阻引起的问题，这一问题可能是一个重要的误差来源，特别是对于像 RTDs 这样的低阻温度传感器。

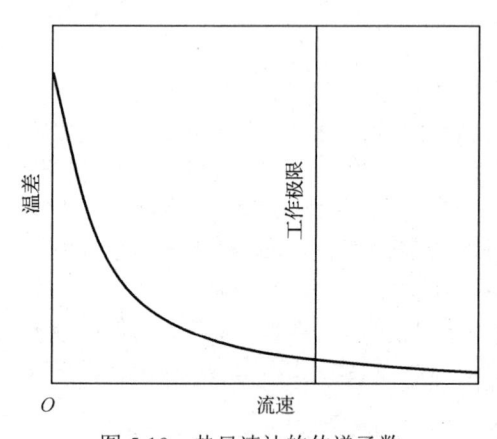

图 5.10 热风速计的传递函数

在设计热风速计时，重要的是要确保介质在层流井筒混合流中能够无湍流地通过温度传感器。因此，热风速计通常会配备混合栅格或湍流破碎器，有时称为质量均衡器，如图 5.9（b）所示。

5.2.2.3 两段式温度风速计

由两个部分组成的温度风速计如图 5.11（a）所示，其中一部分是介质温度基准传感器 S_1，而另一部分是加热器 H 和温度传感器 S_2 的组合，这两个元件彼此之间保持密切的热耦合。换句话说，温度传感器 S_2 负责测量加热器的温度。

两个温度传感器都是印刷在陶瓷基板上的厚膜 NTC 热敏电阻。这些基板形成了图 5.12（a）所示的两个"传感条"。此外，第二基板包括印刷在热敏电阻层上的热敏电阻（$H=150\Omega$），其间具有电隔离屏障。两个"传感条"都涂上了薄薄的防护层玻璃或导热环氧树脂。如图 5.11（a）所示，热敏电阻被接入惠斯通电桥，其中两个固定电阻 R_3 和 R_4 构成电桥的另外两个臂。为了产生热量，必须满足以下条件：$R_4<R_3$。温带与基准带应处于热分离的状态下，并且两个带都应暴露在气流中。这个传感器的响应速度不是很快，其时间常数相对较大，约为 0.5s，但对于许多应用来说，这已经足够小了。

热敏电阻 S_2 在介质（空气）温度的基础上以恒定的增量 $\Delta T=5\sim10^\circ\mathrm{C}$ 升温。在操作过程中，空气流经热敏电阻 S_1 和 S_2，并从较热的热敏电阻 S_2 中带走相对于气流速度的热能。对流冷却通

过类似于图 5.7 所示的反馈电路提供给加热器 H 的电力来补偿。区别在于输出电压脉冲 V_H 是通过脉冲宽度调制（PWM）反馈到加热器来提供热量的。PWM 信号是通过具有固定周期 T_0 的锯齿波发生器生成的，其周期大约为 4ms。来自比较器的脉冲信号控制着连接电路的开关 sw，以调节加热器两端的电压至参考电压 V_r。PWM 信号的脉冲宽度越宽，生成的热量越多。此外，该 PWM 信号也可作为传感器的输出，其中的占空比 N 代表气流速率。

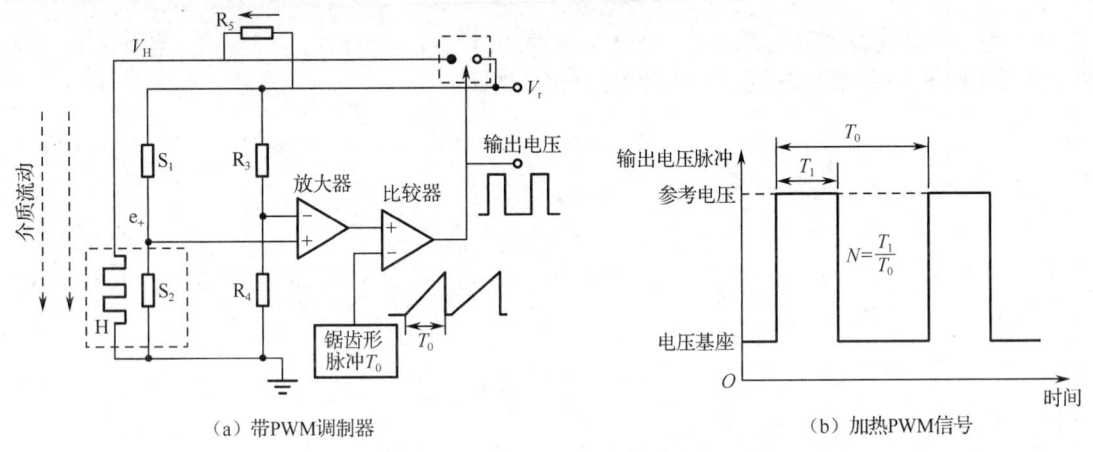

（a）带PWM调制器　　　　　　　　　　（b）加热PWM信号

图 5.11　温度风速计控制电路

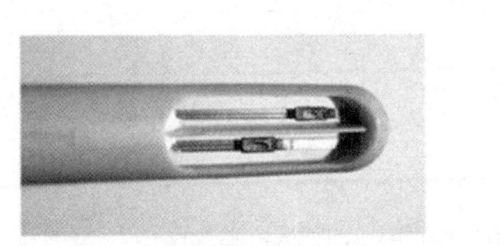

（a）热风速计探头　　　　　　　　　　（b）传递函数

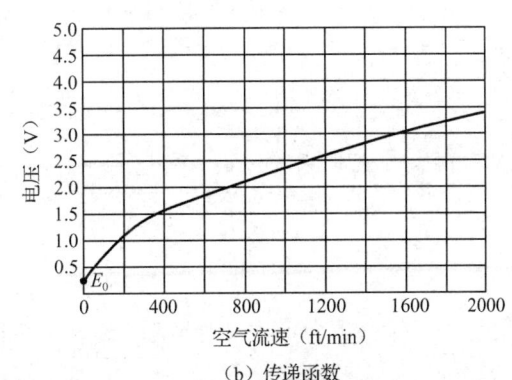

图 5.12　陶瓷基板上的厚膜 NTC 热敏电阻

该传感器相当坚固耐用，两个"传感条"都由探头支撑。坚固的代价是条带和探针体之间的热阻不太高，大量的热功率通过热传导损失在支撑结构中。为了抵消这一不利影响，当开关 sw 打开时，电阻 R_5 会向加热器 H 提供补偿电流 i_0。这体现为图 5.11（b）所示的横跨加热器 H 的电压基座 E_0。

最初，当参考电压 V_r 刚刚接通时，热敏电阻周围的空气温度相同，因此具有几乎相等的电阻。由于 $R_4<R_3$，电桥是不平衡的。电桥的差分电压（e_+-e_-）以增益 a 放大，并与锯齿信号进行比较，进而形成 PWM 信号。来自比较器的矩形 PWM 脉冲控制门控开关 sw，产生作用于加热器 H 的输出电压脉冲 V_H。该脉冲在加热器 H 中产生焦耳热并加热热敏电阻 S_2。S_2 的温度比空气温度高 Δt，S_2 的电阻值下降，直到桥梁进入平衡状态：

$$\frac{S_1}{S_2}=\frac{R_3}{R_4} \tag{5-19}$$

只要热敏电阻周围的气流速率保持不变，反馈电路便可以维持平衡状态，从而满足式（5-19）。

气流速率的变化（冷却的变化）使电桥失去平衡，进而调制 PWM 信号的占空比 N，以恢复式（5-19）的比值。因此，占空比 N 能够反映出气流速率的变化。

为了得到传感器的传递函数，需要记住加热器 H 和热敏电阻 S_2 通过热传导的方式以一定的速率向探头体传递热能：

$$P_L = \frac{\Delta t}{r} \tag{5-20}$$

式中，r 为支撑结构的热阻（℃/W），r 的典型值约为 50℃/W，该值应尽可能大。当开关 sw 打开时，通过电阻 R_5 向加热器 H 提供补偿功率以平衡损耗：

$$P_0 = \frac{E_0^2}{H}(1-N)^2 \tag{5-21}$$

空气流动导致热敏电阻 S_2 产生对流热损失：

$$P_a = kv\Delta t \tag{5-22}$$

式中，v 是空气速度；k 是比例因子。为了补偿对流冷却，焦耳热功率通过 PWM 反馈电路传递给加热器 H：

$$P_f = \frac{N^2 V_r^2}{H} \tag{5-23}$$

式中，H 为加热器的电阻。

根据能量守恒定律，在稳态条件下：

$$P_L + P_a = P_0 + P_f \tag{5-24}$$

将式（5-20）～式（5-23）代入式（5-24）后，可得

$$\frac{\Delta t}{r} + kv\Delta t = i_0^2 H(1-N)^2 + \frac{N^2 V_r^2}{H} = \frac{E_0^2}{H}(1-N)^2 + \frac{N^2 V_r^2}{H} \tag{5-25}$$

从中得出占空比 N：

$$N = \sqrt{\frac{\left(\frac{\Delta t}{r} + kv\Delta t\right)H - i_0^2 H^2}{V_r^2 - i_0^2 H^2}} \approx \frac{\sqrt{\left[\left(\frac{1}{r} + kv\right)\Delta t - i_0^2 H\right]H}}{V_r} \tag{5-26}$$

由于根号下必须为正数，因此为了避免传感器出现不响应的死区，必须满足以下条件：

$$\frac{\Delta t}{r} \geq i_0^2 H = \frac{V_r^2 H}{(H+R_5)^2} \tag{5-27}$$

传感器的响应如图 5.12（b）所示。在实际设计中，热敏电阻 S_1 和 S_2 可能存在制造公差，因此需要通过调整电阻 R_3 或 R_4 来进行补偿。若导电热损失被电流 i_0 完全补偿，则满足补偿条件：

$$\frac{\Delta t}{r} = i_0^2 H \tag{5-28}$$

根据反演公式（5-26），质量流速可以通过占空比 N 来计算：

$$v = \frac{V_r^2}{k\Delta t H} N^2 \tag{5-29}$$

5.3 流量传感器

流量传感器，又称流量计，是一种精密仪器，专门用于测定在特定时间段内流经管道或导管的流体总量。这种传感器在众多领域中扮演着重要角色，广泛应用于制造业、化学加工、水资源管理及暖通空调系统等，是进行流程控制、确保工作效率的关键技术。

5.3.1 流量的测量方法

流量是流体在单位时间内通过管道或设备某一横截面的数量。按表示方法不同可分为体积流量、质量流量和累积流量。

（1）体积流量：单位时间内通过的流体体积，用 Q_v 表示，单位为 m^3/s。

$$Q_v = vA \tag{5-30}$$

（2）质量流量：单位时间内通过的流体质量，用 Q_m 表示，单位为 kg/s。

$$Q_m = Q_v \rho = \rho vA \tag{5-31}$$

（3）累积流量：一段时间内流体体积流量或质量流量的累积值。

$$V = \int_0^t Q_v dt \qquad m = \int_0^t Q_m dt \tag{5-32}$$

流量的测量方法：

（1）速度式流量测量方法：直接测出管道内流体的流速，以此作为流量测量的依据。

（2）容积式流量测量方法：通过测量单位时间内经过流量仪表排出的流体的固定容积来实现。

（3）通过直接或间接的方法测量单位时间内流过管道截面的流体质量。

工业上常用的流量计，按其测量原理可分为以下四类。

（1）差压式流量计：主要利用当管内流体通过节流装置时，其流量与节流装置前后的压差有一定关系的原理进行测量。这类流量计包括标准节流装置等。

（2）容积式流量计：主要利用流体连续通过一定容积之后会产生流量累积的原理进行测量。这类流量计包括椭圆齿轮流量计和腰轮流量计等。

（3）速度式流量计：主要利用管内流体推动叶轮旋转，叶轮的转速和流体的流速成正比的原理进行测量。这类流量计包括叶轮式流量计和涡轮式流量计等。

（4）其他类型的流量计：如基于电磁感应原理的电磁流量计、涡街流量计等。

5.3.2 差压式流量计

差压式流量计的工作原理基于流体在通过设置于流通管道上的流动阻力件时产生的压差与流体流量之间的确定关系，通过测量该压差可以求得流体的流量。

1. 节流装置的工作原理

当流体流经管道内的节流件时，流体在节流件处形成局部收缩，因而流速增加，静压力降低，于是在节流件前后便产生了压差。流体的流量越大，产生的压差越大，这样可以依据压差来衡量流量的大小。这一测量原理基于流体连续性方程（质量守恒定律）和伯努利方程（能量守恒定律）。

流体连续性方程：如图 5.13 所示，任取一管段，设截面 I、截面 II 处的面积、流体密度和截面上流体的平均流速分别为 A_1、ρ_1、v_1 和 A_2、ρ_2、v_2，则

$$\rho_1 v_1 A_1 = \rho_2 v_2 A_2 \tag{5-33}$$

伯努利方程：如图 5.14 所示，在重力作用下，当理想流体在管道内定常流动时，对于管道中任意两个截面 I 和 II，有

$$gh_1 + \frac{v_1^2}{2} + \frac{p_1}{\rho_1} = gh_2 + \frac{v_2^2}{2} + \frac{p_2}{\rho_2} \tag{5-34}$$

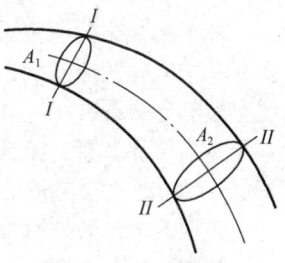

图 5.13 管段截面图

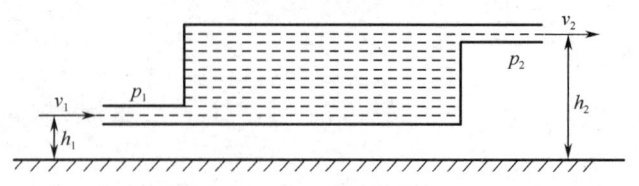

图 5.14 重力作用下理想流体在管道内流动的截面图

2. 流量方程

如图 5.15 所示，由于流束在节流装置后的最小收缩面积 S_2 难以精确测量，因此常用节流装置开孔的截面积 S_0 来表示：

$$S_2 = \mu S_0 \tag{5-35}$$

式中，μ 称为流束的收缩系数，其大小与节流装置的类型有关。

$$v_1 = \mu v_2 \frac{S_0}{S_1} = \mu m v_2 \tag{5-36}$$

设被测流体为不可压缩的理想流体（液体），根据伯努利方程，对于截面 $I—I$、$II—II$ 处管道中心的流体，有以下能量关系：

$$\frac{P_1}{\rho_1} + \frac{v_1^2}{2} = \frac{P_2}{\rho_2} + \frac{v_2^2}{2} \tag{5-37}$$

$$\rho_1 = \rho_2 = \rho$$

$$P_1 + \frac{\rho v_1^2}{2} = P_2 + \frac{\rho v_2^2}{2} \tag{5-38}$$

合并上列等式，可得

$$v_2 = \frac{1}{\sqrt{1-\mu^2 m^2}} \sqrt{\frac{2}{\rho}(p_1 - p_2)} \tag{5-39}$$

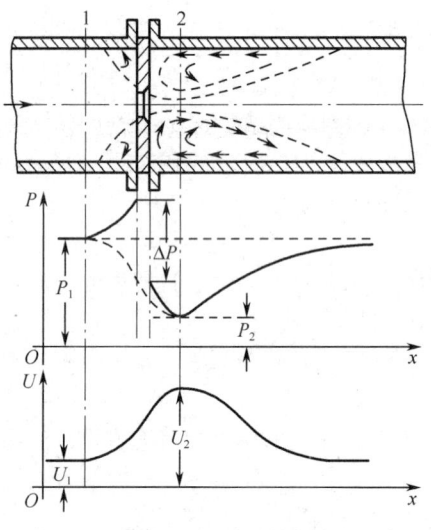

图 5.15 节流式流量计的测量原理图

流过截面 $II—II$ 的体积流量为

$$Q_v = v_2 S_2 = v_2 \mu S_0 = \frac{\mu S_0}{\sqrt{1-\mu^2 m^2}} \sqrt{\frac{2}{\rho}(p_1 - p_2)} = \alpha S_0 \sqrt{\frac{2}{\rho}(p_1 - p_2)} \tag{5-40}$$

流过截面 $II—II$ 的质量流量为

$$Q_m = \rho Q_v = \alpha S_0 \sqrt{2\rho(p_1 - p_2)} \tag{5-41}$$

流量公式中的流量系数 α 与节流装置的结构形式、取压方式、开孔直径、流体的流动状态（雷诺数）及管道条件等因素有关，是一个用实验确定的系数。

标准节流装置：节流装置安装在流体管道中，使流体的流通截面发生变化，进而引起流体的静压变化。

常用的节流装置有标准孔板、标准喷嘴、文丘里管。

标准孔板：如图 5.16 所示，标准孔板是一块具有与管道同心的圆形孔的圆板，迎流一侧是有锐利直角入口边缘的圆筒形孔，顺流出口呈扩散的锥形。标准孔板的优点是结构简单，加工方便，价格便宜；缺点是压力损失较大，测量精度较低，只适用于洁净流体介质，在测量大管径、高温、高压介质时，孔板容易变形。

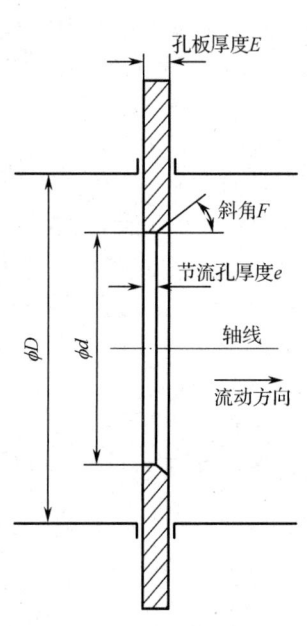

图 5.16 标准孔板示意图

标准喷嘴是一种以管道轴线为中心线的旋转对称体，主要由入口圆弧收缩部分与出口圆筒形喉部组成，有 ISA1932 喷嘴（见图 5.17）和长径喷嘴（见图 5.18）两种类型。其中，ISA1932 喷嘴由垂直于轴线的入口平面部分 A、圆弧形曲面 B 和 C 所构成的入口收缩部分、圆筒形喉部 E 和用于防止边缘损伤的保护槽 F 组成。而长径喷嘴由入口收缩部分 A、圆筒形喉部 B 和下游端平面 C 组成。

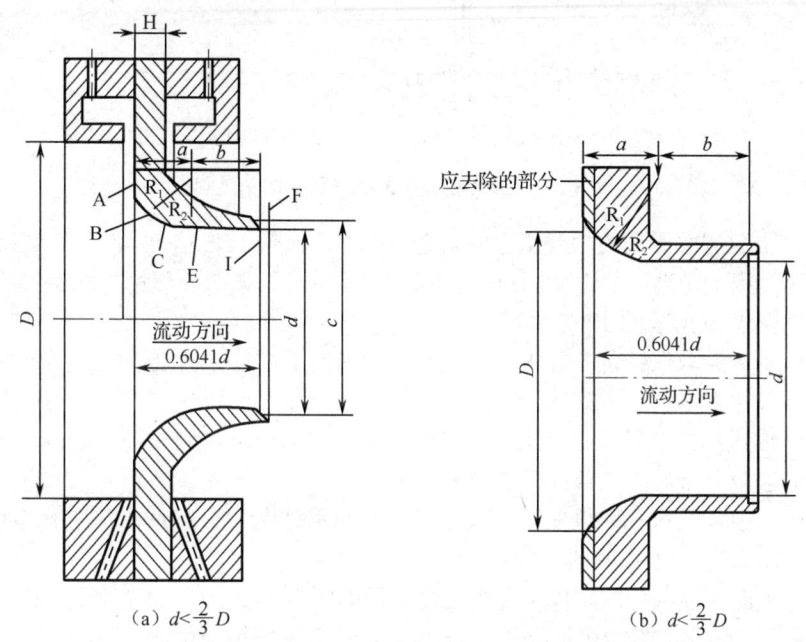

(a) $d < \frac{2}{3}D$

(b) $d < \frac{2}{3}D$

图 5.17 ISA1932 喷嘴示意图

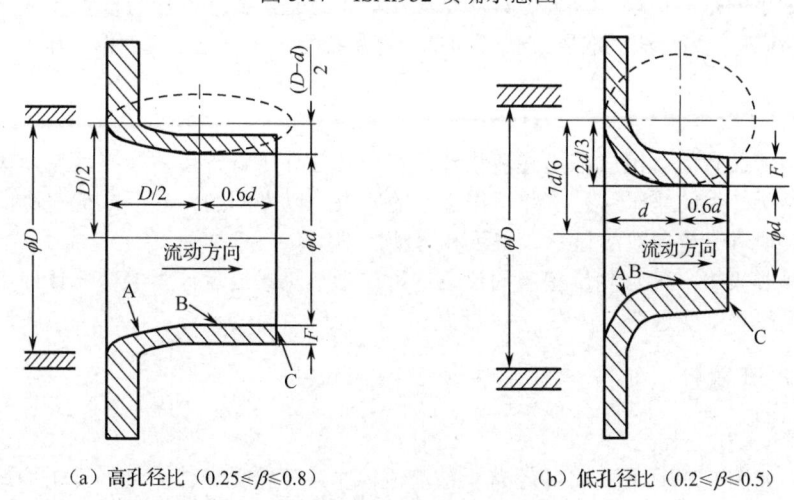

(a) 高孔径比（$0.25 \leq \beta \leq 0.8$）

(b) 低孔径比（$0.2 \leq \beta \leq 0.5$）

图 5.18 长径喷嘴示意图

文丘里管有两种标准型式：经典文丘里管与文丘里喷嘴。

优点：压力损失最低，有较高的测量精度，对流体中的悬浮物不敏感，可用于脏污流体介质的流量测量，在大管径流量测量方面应用较多。

缺点：尺寸大、笨重，加工困难，成本高，一般用在有特殊要求的场合。

3. 取压方式

差压式流量计是通过测量节流件前后的压力差 Δp 来实现流量测量的，而压力差 Δp 的值与取压孔的位置和取压方式紧密相关。节流装置的取压方式有以下 5 种，各种取压方式及取压孔的位置如图 5.19 所示。

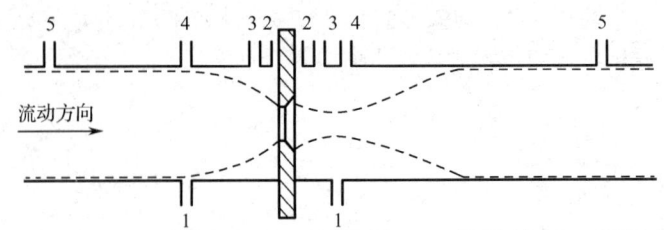

1—1 理论取压；2—2 角接取压；3—3 法兰取压；4—4 径距取压；5—5 管接取压。

图 5.19 各种取压方式及取压孔的位置

理论取压：上游侧取压孔的轴线至孔板上游端面的距离为 $1D±0.1D$，D 为管道内径。下游侧取压孔的轴线至孔板上游端面的距离因 $β$ 值的不同而有所不同。该距离理论上就是流束收缩到最小截面的距离，如图 5.19 所示的 1—1 位置。

角接取压：上下游取压管位于孔板（或喷嘴）的前后端面处。角接取压包括单独钻孔和环室取压，如图 5.19 所示的 2—2 位置。

法兰取压：取压孔的轴线至孔板上、下游侧端面之间的距离均为 24±0.8mm。取压孔位于孔板上、下游侧的法兰上，如图 5.19 所示的 3—3 位置。

径距取压：上游侧取压孔的轴线至孔板上游端面的距离为 $1D±0.1D$，下游侧取压孔的轴线至孔极下游端面的距离为 $0.5D$，如图 5.19 所示的 4—4 位置。

管接取压：上游侧取压孔的轴线至孔板上游端面的距离为 $2.5D$，下游侧取压孔的轴线至孔板下游端面的距离为 $8D$，如图 5.19 所示的 5—5 位置。该方法很少使用。

目前广泛采用的是角接取压方式，其次是法兰取压方式。角接取压方式比较简便，容易实现环室取压，测量精度较高。法兰取压方式较简单，容易装配，计算也方便，但其精度较角接取压方式的低一些。

4. 差压计

差压计与节流装置配套组成节流式流量计。差压计经导压管与节流装置连接，接收被测流体流过节流装置时所产生的差压信号，并根据生产的要求，以不同的信号形式把差压信号传递给显示仪表，从而实现对流量参数的显示、记录和自动控制。

差压计的种类很多，凡可测量差压的仪表均可作为节流式流量计中的差压计使用。目前工业生产中大多数采用差压变送器。

5.3.3 速度式流量计

1. 叶轮式流量计

工作原理：如图 5.20 所示，将叶轮置于被测流体中，叶轮受流体流动的冲击而旋转，叶轮旋转的快慢反映流量的大小。典型的叶轮式流量计是水表，可分为机械传动输出式或电脉冲输出式。一般机械传动输出式水表准确度较低，误差约为±2%，但其结构简单，造价低，国内已经可以批量生产，并且实现了标准化、通用化和系列化。

2. 涡轮式流量计

工作原理：在一定范围内，涡轮的转速与流体的平均流速成正比，通过磁电转换器将涡轮转速变成电脉冲信号，以推导出被测流体的瞬时流量和累积流量，如图 5.21 所示。

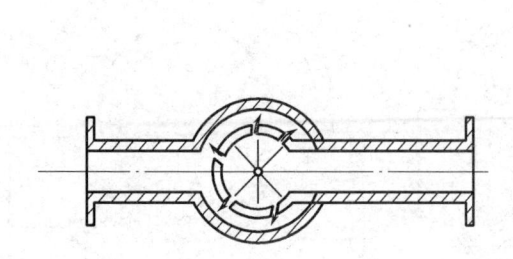

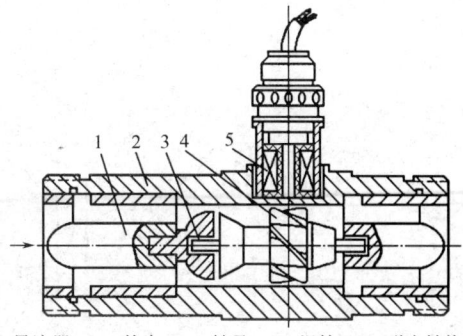

图 5.20　叶轮式流量计的工作原理图　　图 5.21　涡轮式流量计的工作原理图

1—导流器；2—外壳；3—轴承；4—涡轮；5—磁电转换器。

优点：测量精度高，复现性和稳定性好；量程大，刻度线性化；耐高压，压力损失小；对流量变化的反应迅速，可测量脉动流量；抗干扰能力强，信号便于远距离传输及与计算机相连。

缺点：制造困难，成本高。

使用场合：涡轮式流量计主要用于对测量精度的要求高、流量变化快的场合，还可用作标定其他流量计的标准仪表。

5.3.4　容积式流量计

工作原理：在一定容积的空间里充满流体，流体随流量计内部运动元件的移动而被送出出口，通过测量送出流体的次数就可以求出通过流量计的流体体积。

优点：测量精度高，受被测流体黏度的影响小，不要求设置前后直管段。

缺点：对介质的清洁度要求较高，不允许有固体颗粒杂质流过流量计。

如图 5.22 所示，椭圆齿轮流量计每转一周，四个相同月牙形腔（测量室）被形成、被封闭、被传送、被卸出。两个齿轮共送出 4 个标准容积的流体。介质的黏度越大，从齿轮和计量空间的间隙中泄漏出去的介质越少，因此被测介质的黏度越大，对测量越有利。

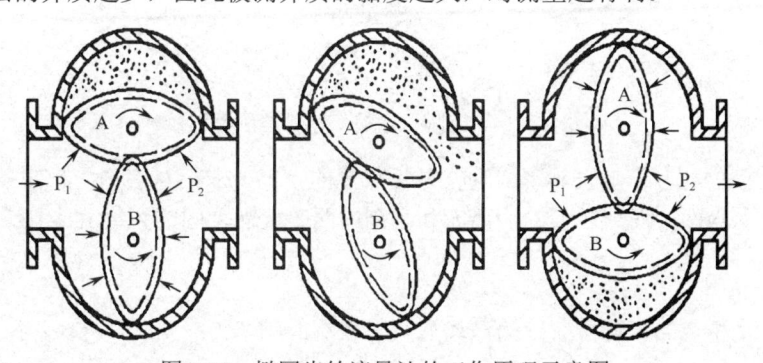

图 5.22　椭圆齿轮流量计的工作原理示意图

腰轮流量计又称罗茨流量计，其工作原理与椭圆齿轮流量计的工作原理相同。如图 5.23 所示，腰轮流量计的转子是一对不带齿的腰形轮，依靠套在壳体外的与腰轮同轴的啮合齿轮来实现转动。

如图 5.24 所示，刮板式流量计的转子在流量计进、出口的压差作用下转动，每当相邻的两个刮板进入计量区时，刮板均伸出至壳体内壁且只随转子旋转而不滑动，形成具有固定容积的测量室，当离开计量区时，刮板缩入槽内，流体从出口排出，同时后一个刮板又与另一个相邻的刮板形成测量室。转子旋转一周，排出 4 份固定体积的流体，由转子的转数就可以求得被测流体的流量。

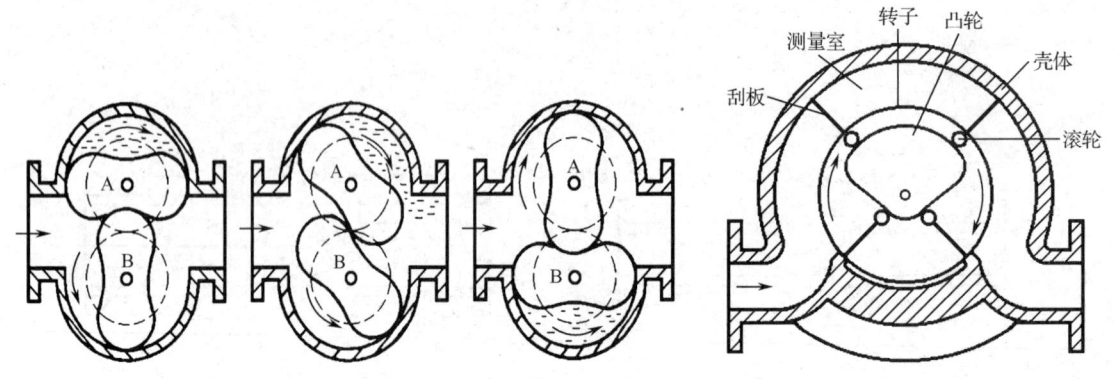

图 5.23　腰轮流量计的工作原理示意图　　　图 5.24　刮板式流量计的工作原理示意图

5.3.5　流体振动式流量计

流体振动式流量计具有如下特点：可得到与流量成正比的频率输出信号；将被测流体作为振动体，无机械可动部件，几乎不受流体的组成、密度、黏度、压力等因素的影响。

涡街流量计又称旋涡流量计，其测量方法基于流体力学中的卡门涡街原理。如图 5.25 所示，将一个旋涡发生体（如圆柱体、三角柱体等非流线型对称物体）垂直插在管道中，当流体绕过旋涡发生体时会在其左右两侧后方交替产生旋涡，形成涡列，且左右两侧旋涡的旋转方向相反。这种涡列就称为卡门涡街。

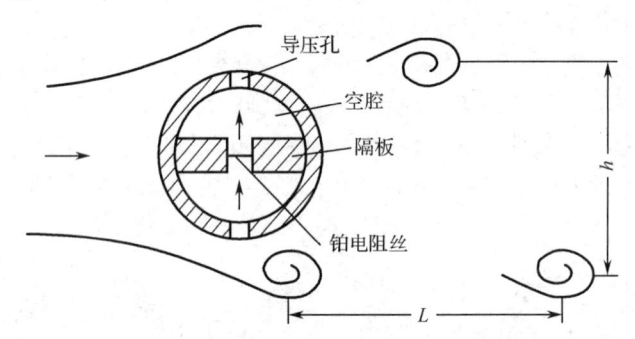

图 5.25　涡街流量计的工作原理示意图

由于旋涡之间的相互影响，其形成通常是不稳定的。冯·卡门对涡列的稳定条件进行了研究并得出结论：只有当两个涡列之间的距离 h 和同列的两个旋涡之间的距离 L 之比满足：

$$\frac{H}{L} = 0.281 \tag{5-42}$$

所产生的涡街才是稳定的。流体流过圆柱体后产生旋涡的频率为

$$f = S_t \frac{v}{d} = 0.21 \times \frac{v}{d} \tag{5-43}$$

式中，S_t 是与雷诺数有关的无量纲数，称为斯特劳哈尔数。则体积流量为

$$Q_v = Av = \left(\frac{1}{4}\pi D^2 - Dd\right)v \tag{5-44}$$

旋涡在圆柱体下游产生时，由于受到升力的影响，圆柱体下方的压力高于上方的压力。这种压力差使流体从下方导压孔进入，流过铂电阻丝，然后从上方导压孔流出。

当铂电阻丝加热到高于流体的温度时，流体流过铂电阻丝会带走热量，导致铂电阻丝的温度和阻值发生变化。如果流体流动产生旋涡，那么每次旋涡通过铂电阻丝都会改变其阻值。因此，

通过检测铂电阻丝阻值的变化频率可以确定产生旋涡的频率，从而计算出流量。

优点：涡街流量计的测量精度较高、量程比大、使用寿命长、压力损失小，安装与维护比较方便；测量结果几乎不受流体参数变化的影响，用水或空气标定后的流量计无须校正即可用于其他介质的测量；易与数字仪表或计算机连接，对气体、液体和蒸汽介质均适用。

缺点：流体的流速分布情况和脉动情况将影响测量的准确度，因此适用于紊流流速分布变化小的情况，并且要求流量计前后有足够长的直管段。

5.3.6 电磁流量计

电磁流量计用于测量导电液体的运动。其工作原理基于法拉第发现的电磁感应现象。

当流动的导电液体穿过导电介质（如电线）产生的磁力线时，在运动的导体（液体）中会产生电动势。电动势的值与运动导体的速度成正比。如图 5.26 所示，磁场 B 中有一根流动管，管道中有两个电极，用来接收液体中产生的电动势。电磁场的大小为

$$V = e - e' = 2aBv \tag{5-45}$$

式中，a 为流动管的半径；v 为流体的流动速度。

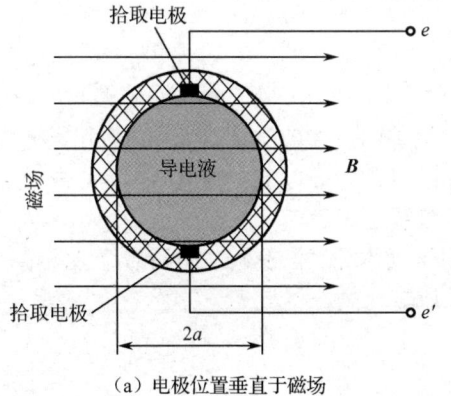

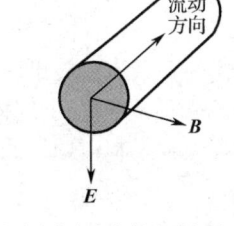

(a) 电极位置垂直于磁场　　(b) 流动方向与电矢量和磁矢量之间的关系

图 5.26　电磁流量计的工作原理

通过求解麦克斯韦方程组可以得出，对于横截面积内流体速度不均匀但在管轴周围保持对称（轴对称）的情况，所生成的电动势与上述相同，只是将 v 替换为平均速度 v_a，得：

$$v_a = \frac{1}{\pi a^2} \int_0^a 2\pi v r \, dr \tag{5-46}$$

式中，r 是电极到管道中心的距离。式（5-46）可以用体积流量表示：

$$v_a = \frac{2AB}{\pi a} \tag{5-47}$$

式中，Λ 是等效电导。

从上面的方程可以得出，在拾取电极上记录的电压与流动剖面或流体的导电性无关，在管道的几何形状和磁通量一定的情况下，其只取决于瞬时体积流量。

在拾取电极上产生感应电压的方法一般有两种。第一种是直流法，其中磁感应强度是恒定的，电压是直流电压或缓慢变化的电压。与这种方法相关的一个问题是，微小且单向的电流流经电极表面会导致电极出现极化现象；另一个问题是低频噪声干扰，这使得检测小流量变得困难。

第二种比较好的方法是施加交变磁场，使电极间产生交流电压（见图 5.27）。交变磁场的频率应当满足一定的条件——高于奈奎斯特速率。也就是说，交变磁场的频率必须高于流量变化的最高频率的两倍。在实际应用中，交变磁场的频率为 100～1000Hz。

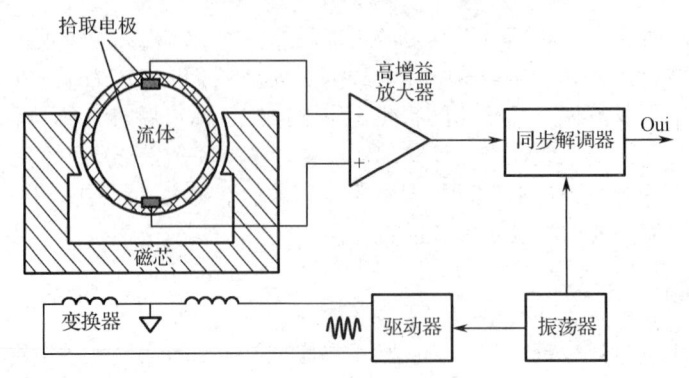

图 5.27 磁场通过磁集中器（磁芯）施加到管道上并且拾取电极接触流体

电磁流量计是根据法拉第电磁感应定律制成的一种测量导电液体的体积流量的仪表。

在均匀磁场中，有一个垂直于磁场方向且直径为 D 的管道。管道由不导磁的材料制成，导电液体在管道中流动时切割磁力线，因而在与磁场方向及导电液体的流动方向垂直的方向上产生感应电动势，如果安装一对电极，那么电极间会产生与导电液体的流速成比例的电位差。

体积流量与感应电动势成正比：

$$Q_v = \frac{\pi D^2}{4}v = \frac{\pi DE}{4B} \tag{5-48}$$

优点：压力损失小，适用于含有颗粒、悬浮物等的流体的流量测量；可以用来测量腐蚀性介质的流量；测量范围大；流量计的管径小到 1mm，大到 2m 以上；测量精度为 0.5~1.5 级；流量计的输出与流量呈线性关系；反应迅速，可以测量脉动流量。

缺点：被测介质必须是导电的液体，不能用于气体、蒸汽及石油制品的流量测量；流速测量存在下限；工作压力受到限制；结构比较复杂，成本较高。

5.3.7 超声流量计

利用超声波技术可以实现流量的测量。该技术的核心原理是对流动介质引起的频率变化或相位移动进行检测。实现该技术的一种方法是借助多普勒效应，而另一种方法则是检测流动介质中有效声速的增加或减少。在流动介质中，有效声速等于声速相对于介质及声源的速度之和。因此，声波在上游传播时有效速度较小，而在下游传播时有效速度较大。由于这两个速度之差正好是介质速度的两倍，因此可以通过测量上游和下游的速度差来确定流体的速度。

如图 5.28（a）所示，两个超声波发生器（一般为压电晶体）分别位于流动管的两侧。每个压电晶体都具有产生超声波（在电机模式下）或接收超声波（在发生器模式下）的功能。

两个压电晶体之间的距离为 D，相对于流动方向的角度为 θ。此外，可以将两个压电晶体沿流动方向放置在管道内。在这种情况下，$\theta = 0$。声波在两个压电晶体 A 和 B 之间的传递时间可以通过平均流体速度 v_c 求得：

$$T = \frac{D}{c \pm v_c \cos\theta} \tag{5-49}$$

式中，c 是流体中的声速；加号/减号分别表示不同的流动方向；速度 v_c 是沿超声路径的平均流速。格斯纳（Gessner）发现，对于层流，$v_c = 4v_a/3$，对于湍流，$v_c = 1.07v_a$，其中 v_a 是横截面积上的平均流量。通过计算上游和下游的速度差，我们得到：

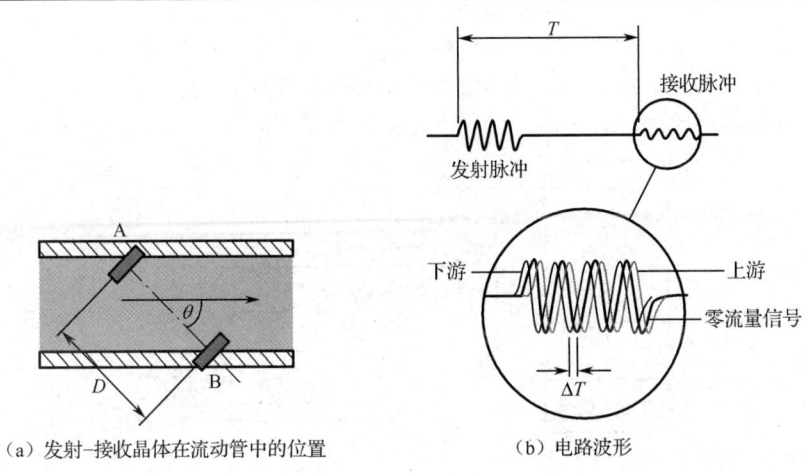

(a) 发射-接收晶体在流动管中的位置　　　　(b) 电路波形

图 5.28　超声流量计

$$\Delta T = \frac{2Dv_c\cos\theta}{c^2 + v_c^2\cos^2\theta} \approx \frac{2Dv_c\cos\theta}{c^2} \tag{5-50}$$

式（5-50）适用于 $c \gg v_c\cos\theta$ 的大多数实际情况。为了提高信噪比，通常对上行和下行方向的传输时间都进行测量。也就是说，每个压电晶体在一个时间段内作为发射器，在另一个时间段内作为接收器。这可以通过选择器（见图 5.29）来完成，该选择器的采样率相对较慢（在本例中为 400Hz）。正弦超声波（约 3MHz）以同样的时钟速率（400Hz）作为脉冲信号进行传输。接收到的正弦脉冲信号比发送的脉冲信号延迟了时间 T，该时间被水流调制，如图 5.28（b）所示。该时间由发射时间检测器检测，然后利用同步探测器恢复两个方向的时间差。

用超声流量计测量流量的另一种方法是检测在上、下游方向上发射和接收脉冲的相位差。相位差

$$\Delta\varphi = \frac{4fDv_c\cos\theta}{c^2} \tag{5-51}$$

式中，f 为超声波的频率。很明显，随着频率的增加，灵敏度会更好。然而，在较高的频率下，系统中的声波衰减会更强，这可能会导致信噪比降低。

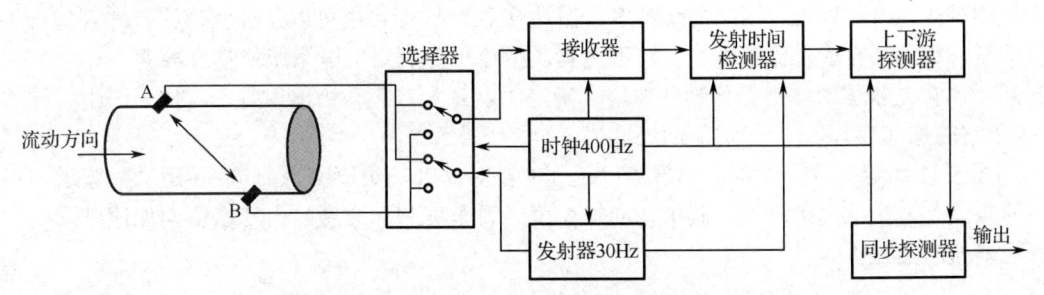

图 5.29　发射器和接收器交变的超声流量计的工作原理图

对于多普勒流量测量，可以使用连续的超声波。连续传输超声多普勒流量计如图 5.30 所示，其包含一个位于流动流体内部的发射器-接收器组件。像多普勒无线电接收机一样，发射和接收的频率在一个非线性电路（混频器）中混合。输出的低频微分谐波由带通滤波器进行选择。这个微分频率为

$$\Delta f = f_s - f_r \approx \pm\frac{2f_s v}{c} \tag{5-52}$$

式中，f_s 和 f_r 分别为发射晶体和接收晶体的频率；正、负号表示不同的流动方向。由式（5-52）得

出的一个重要结论是，微分频率与流速成正比。显然，压电晶体的尺寸必须比流动管的间隙小得多。因此，该流量计测量的速度不是平均速度，而是局部速度。在实际应用中，需要在可用的温度范围内用实际流体校准超声流量计，以便考虑流体黏度的影响。

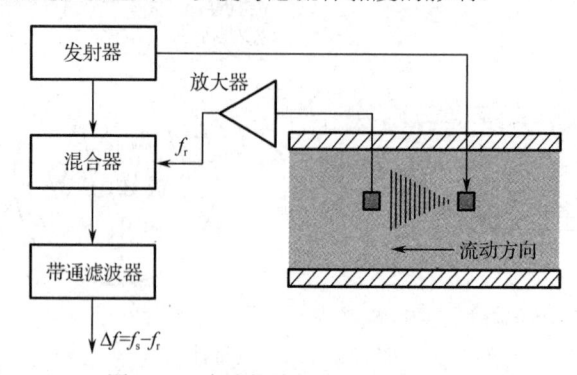

图 5.30　连续传输超声多普勒流量计

超声波压电传感器可以由封装在流量计中的小陶瓷片制成。晶体的表面可以用合适的材料来保护，如硅橡胶。超声流量计的一个明显优点是能够在不直接接触流体的情况下测量流量。

超声流量计的优点包括量程宽、输出与流量呈线性关系、可以实现非接触式测量、无流动阻碍、适合难以接触的流体和大管径测量、能测量含固体或气泡的液体及非导电液体。其缺点是只能测量温度在 200℃ 以下流体，且结构复杂、成本高。

5.3.8　科里奥利质量流量计

与测量速度或体积的流量计不同，科里奥利质量流量计可以直接测量质量流量。科里奥利质量流量计几乎不受流体压力、温度、黏度和密度的影响。因此，科里奥利质量流量计无须重新校准，也无须针对某种特殊类型的液体对特定参数进行补偿。虽然科里奥利质量流量计最初设计时主要用于液体流量测量，但如今也适用于气体流量测量。

科里奥利质量流量计通常由一个或两个振动管组成，这些振动管通常由不锈钢材料制成，以防止流体对管道造成腐蚀，影响测量精度。振动管多为 U 形，也可以是其他形状。细管适合气体流量测量，粗管适合液体流量测量。科里奥利质量流量计利用机电系统使管道振动。

质量流量是根据流体对振动管的作用来确定的。从入口流动到出口时，流体会产生不同的力（取决于它的加速度），这是管道振动的结果。

如图 5.31 所示，当质量为 m 的质点以速度 v 在对 P 轴作角速度为 ω 的旋转运动的管道内移动时，质点具有两个加速度分量，其中切向加速度（科里奥利加速度）由与该切向加速度同向的来自管道壁面的力提供。

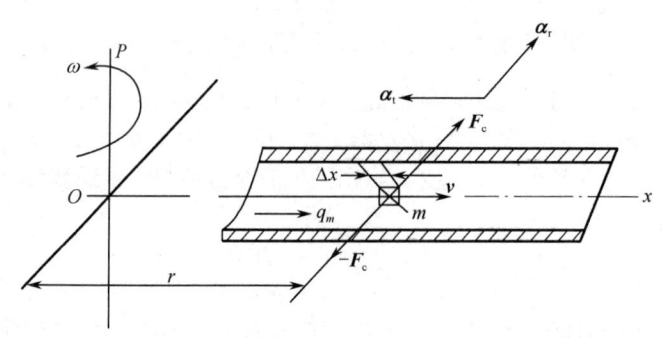

图 5.31　科里奥利质量流量计的工作原理图

科里奥利力：

$$F_c = 2\omega vm \tag{5-53}$$

式中，m 是质量；ω 是旋转的角速度；v 是流体的平均速度。由于这些力的作用，管道在振动循环时发生扭转运动。扭转的量与通过管道的质量流量成正比。如图 5.32（a）所示，为无流情况下的科里奥利管，如图 5.32（b）所示，为有流情况下的科里奥利管。

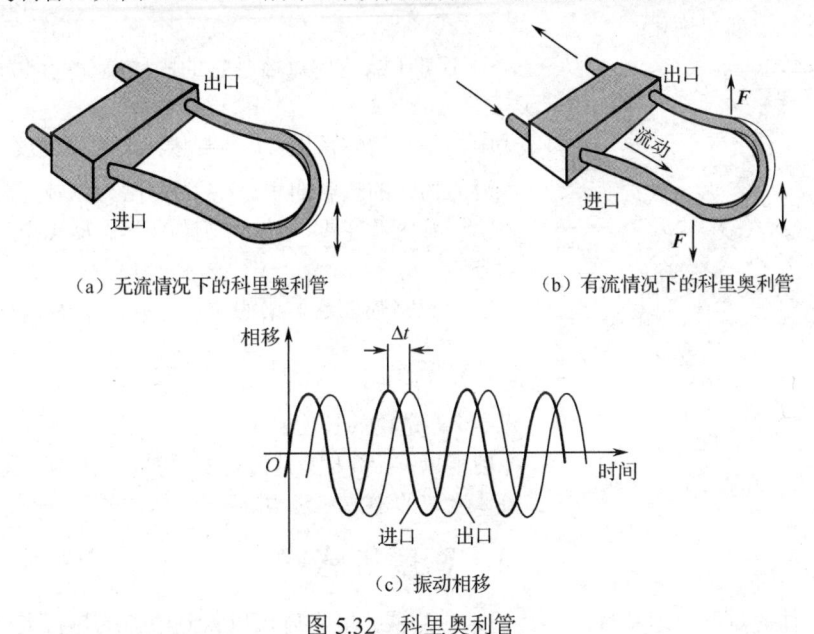

（a）无流情况下的科里奥利管

（b）有流情况下的科里奥利管

（c）振动相移

图 5.32　科里奥利管

当密度为 ρ 的流体在旋转管道中以恒定速度 v 流动时，长度为 Δx 的管道将受到一个切向的科里奥利力 ΔF_c 的作用：

$$\Delta F_c = 2\omega v\rho A\Delta x = 2\omega \Delta x Q_m \tag{5-54}$$

优点：精度高、量程比大、动态特性好。可测量的流体范围广泛，包括高黏度的各种液体、含有固形物的浆液等。流体密度变化对测量结果的影响很小。

缺点：对外界的振动干扰较为敏感，为防止外界的振动干扰对管道振动的影响，大部分型号的流量传感器对安装的稳定性要求较高；不能用于较大管径，目前只适用于 150mm 以下的管径；大部分型号的重量和体积较大；价格昂贵，约为同口径的电磁流量计价格的 2~8 倍。

在无流状态下，管道在进口和出口两端的正弦波运动是同步的，两者之间的相移为零。在流动过程中，管道会随着气流的变化而发生扭曲，导致进出口两端的振动出现差异，从而产生相位差［见图 5.32（c）］。U 形科里奥利质量流量计如图 5.33 所示，其主要用于将原油装载到油轮上的管道中。这种流量计能够测量高达 3200 吨/小时的质量流量。

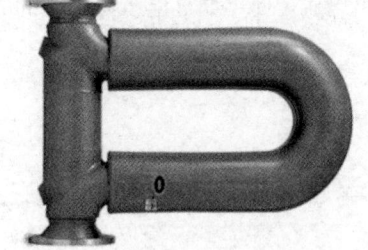

图 5.33　U 形科里奥利质量流量计
（艾默生电气公司）

5.3.9　阻力式流量计

当流体运动呈现零星、多向及湍流特性时，阻力式流量计往往能发挥其效用，其主要用于测定空气或水流的速度及近地表的湍流情况。阻力元件被置于流体流动的路径中，通过测量流体对阻力元件施加的力,并将其转换为电信号来指示流速值。阻力式流量计的显著优点是能够对二维乃至三维的流速进行测量。

阻力式流量计的工作原理基于对弹性悬臂梁变形的应变测量,通过球形阻力元件对弹性悬臂梁施加力(见图 5.34)。理想的阻力元件是一个平坦的圆盘,因为这种阻力元件具有与流量无关的阻力系数。当使用球形阻力元件时,阻力系数可能会随着流量的变化而变化,须根据预期的使用条件对仪表进行校准和优化。

不可压缩流体对接触它的固体施加的阻力

$$F_D = C_D \rho A v^2 \tag{5-55}$$

式中,ρ 为流体密度;v 为测量点的流体速度;A 为垂直于水流的物体的投影面积;C_D 为总阻力系数,是一个无量纲因子,其大小主要取决于物体的形状及其相对于流体的运动方向。

若忽略弹性悬臂梁的质量,则应变为

$$\varepsilon = \frac{3C_D \rho A v^2 (L-x)}{Ea^2 b} \tag{5-56}$$

式中,L 是梁的长度;x 是应变片所在梁上的点坐标;E 是弹性模量;a 和 b 是几何目标系数。由此可见,梁的应变是流体流速的平方律函数。

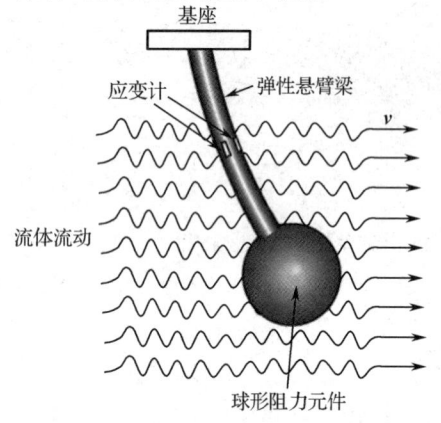

图 5.34 阻力式流量计的工作原理

5.4 密度传感器

密度是液体的重要物理特性之一,通过检测液体的密度可以得到液体的热膨胀属性、压缩性能等重要指标。用于测量液体密度的传感器包括电容式液体密度传感器、射线式液体密度传感器、超声波式液体密度传感器、谐振式液体密度传感器等。

5.4.1 电容式液体密度传感器

电容式液体密度传感器的工作原理:传感器自带的标准物(浮子)在不同的待测液体中受到的浮力不同,导致浮子两端电容极板之间的距离发生改变,进而使电容式液体密度传感器的电容值发生改变。利用这种特性,只需将测量电压加载到电容上,同时利用反馈放大器追踪变化的输出电压,便可通过电压与密度的关系推导出液体的密度,如图 5.35 所示。

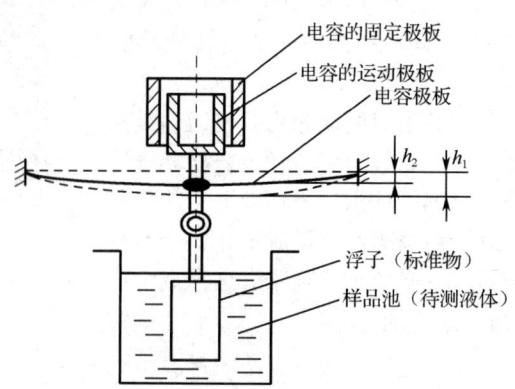

图 5.35 电容式液体密度传感器的测量原理

5.4.2 射线式液体密度传感器

射线式液体密度传感器在工作时利用放射性同位素的衰变特性，放射性同位素在衰变时会以波或粒子的形式放出射线，而当射线穿过不同的介质时，射线的强度会受到介质密度的影响发生变化，如图 5.36 所示。

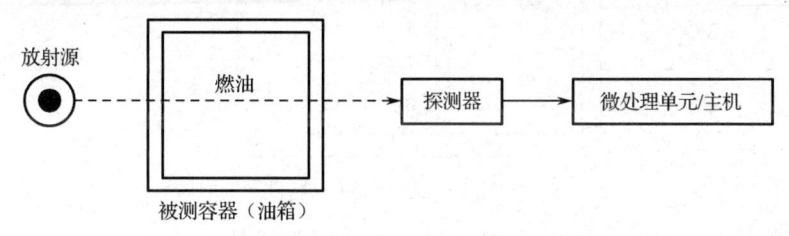

图 5.36 放射性燃油密度测量示意图

射线式液体密度传感器在工作时不直接接触待测液体，可实现非接触式测量，对液体的流量大小没有限制，且在测量时不会对待测液体产生阻力，同时可对多相液体进行测量。其主要缺点为分辨力低，因而影响了其使用价值。

5.4.3 超声波式液体密度传感器

超声波的传播速度、频率、相位及衰减程度受传播介质的影响很大，因此可以利用其传播性质来测量液体的密度，测量方法可以分为阻抗法、速度法和声波法等。图 5.37 所示为带有自动增益控制（AGC）的超声波测距系统。

在液体中，超声波的传播速度随温度的变化而变化。一般情况下，超声波的传播速度随温度的升高而减小，随压力的升高而增大。这表明，温度和压力是影响超声波在液体中传播的两个重要参数。

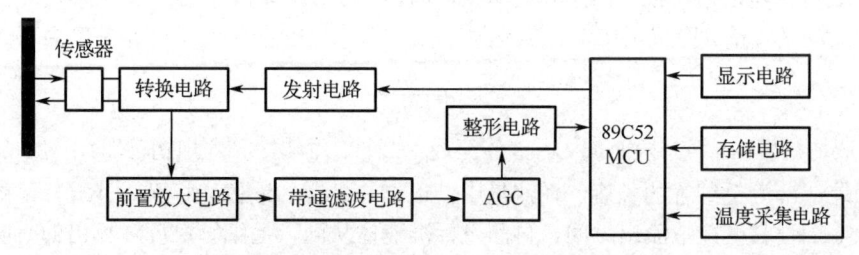

图 5.37 带有自动增益控制的超声波测距系统

超声波液体密度传感器可以实现非接触式测量，且响应速度较快，测量准确度较高。但由于超声波液体密度传感器对待测液体的要求比较高，因此待测液体的黏度、杂质含量及气泡含量都需要严格控制。

5.4.4 谐振式液体密度传感器

谐振式液体密度传感器通过谐振筒的振动来测量液体的密度，包括谐振筒、激振线圈和拾振线圈、放大电路。通电后，激振线圈使谐振筒的筒壁微微振动，改变磁阻和磁通，产生与振动频率一致的电信号。这个电信号被拾振线圈接收、转换并经谐振电路处理，用于维持筒壁的振动，以及经过温度补偿后输出，从而实现密度测量。

如图 5.38 所示，处于工作过程中的谐振筒可视为以系统的固有频率振动的单自由度系统，且系统的固有频率只与系统中的等效质量 m_e 和等效弹性系数 k_e 有关。

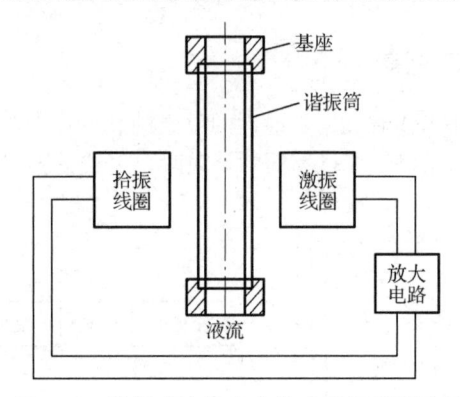

图 5.38 谐振式液体密度传感器的测量原理

谐振式液体密度传感器利用谐振筒的振动频率与流过谐振筒的液体的密度两者之间的关系来进行测量。正常工作时，谐振筒以其固有频率稳定振动，当有被测液体流经谐振筒时，谐振筒内的液体一起参与谐振筒的振动，由于谐振筒振动时的质量发生改变，谐振筒的固有频率也会随之改变，这一改变量与被测液体参与振动的质量有关，根据液体质量与密度之间的关系，就可以得到液体的密度信息。

5.5 黏度传感器

黏度表征流体抵抗位置变化和反抗形变的能力，是流体内部流动阻力的量度，是描述流体性质的重要参数。目前，各种类型的黏度传感器已经普遍应用于石油、化工、食品和制药行业，在生产过程中的质量控制和最终产品的性能评估中起着重要作用。

5.5.1 毛细管黏度计

毛细管黏度计是根据哈根·泊萧叶定律设计的。如图 5.39 所示，在一定温度下，当液体在直立毛细管中流动（管壁完全润湿）时，其运动黏度与流动时间成比例。液体黏度由下式计算：

$$\eta = \frac{\pi R^4 \rho}{8 v L} t \tag{5-57}$$

式中，η 为液体黏度；v 为一段时间 t 内液体流经毛细管的体积；R 为毛细管的半径；ρ 为毛细管末端的压强差；L 为毛细管的长度。在测量中，以已知黏度的液体为标准，计算样品的黏度。先测量样品从毛细管黏度计中流出时间，再测量标准液体从同一毛细管黏度计流出的时间，然后通过计算得出样品的黏度。

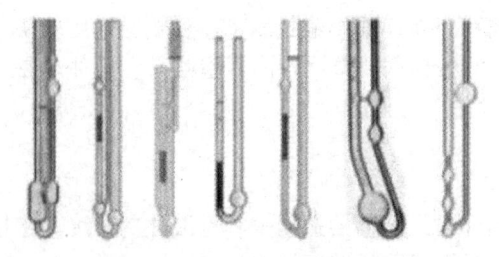

图 5.39 毛细管黏度计

毛细管黏度计虽然应用广泛，但存在一些明显的缺点：测试时间长，因为需要等待液体流出；过程复杂，需要标准黏度液体作为对照；容易引入误差。此外，毛细管黏度计操作不便，对操作者的技能要求高，且仪器的体积较大。

5.5.2 落球黏度计

在一个倾斜的柱状测量管中对球体在试样液体内的滚动进行计时,试样的黏度与球体穿过某一特定距离的时间相关。如图 5.40 所示,液体的黏度越高,球体在其中下落越慢,因此可通过球体的下落速度比较液体黏度的大小。液体黏度

$$\eta = \frac{gd^2(\rho_b - \rho)}{18l}t \tag{5-58}$$

式中,η 为液体的黏度;g 为重力加速度;d 为球体的直径;ρ_b 为球体的密度;ρ 为液体的密度;t 为球体在液体中下落的时间;l 为球体在液体中下落的距离。

落球黏度计的结构简单、操作方便,在生产监控、质量控制领域有着广泛的应用,但这种黏度计的体积大、操作烦琐、测试时间长,需要操作者进行手动操作,自动化程度低。

图 5.40 落球黏度计

5.5.3 旋转黏度计

旋转黏度计通过在液体中转动的物体所受到的阻力来反映液体的黏度,如图 5.41 所示。旋转黏度计有两种测量方式:一种是通过固定的力或转矩使物体转动,测量转动物体的角速度;另一种是测量转动的物体达到特定的转动速率所需的力或转矩。

在液体中放入两个圆柱筒,其中一个圆柱筒以一定的角速度转动,另一个圆柱筒也会受到转矩的影响并且该转矩与液体的黏度成正比。通过转矩和角速度之间的关系就可以计算出液体的黏度。液体黏度

$$\eta = K\frac{M}{4\pi\omega L} \tag{5-59}$$

式中,η 为液体的黏度;ω 为圆柱筒转动的角速度;M 为圆柱筒表面的转矩;L 为圆柱筒浸入液体中的深度;K 为常数,由仪器尺寸决定。

旋转黏度计的应用广泛,相对于落球黏度计与毛细管黏度计,其结构更为简单,运行可靠,造价低廉,标定简单,维护方便,在国内已经大规模生产应用。

旋转黏度计的自动化程度较高,对操作者的操作要求较低,在某些情况下可以实现在线实时测量。但旋转黏度计依然存在清洗困难、体积大、需要动力源等缺点。

图 5.41 旋转黏度计

5.5.4 振动黏度计

振动黏度计通过测量液体中谐振机构的阻尼来确定液体的黏度,阻尼越大表示液体的黏度越高。如图 5.42 所示,谐振机构可以是悬臂梁、悬臂板、振荡球或振弦。谐振机构的阻尼通过维持恒定振动幅度的反馈回路来测量。液体的黏度也可以通过共振频率、品质因数或振荡衰减来测量。驱动和感测振动的仪器包括电磁式、压阻式或光学应变计等。振动黏度计在石油化工行业广泛应用,因为其使用的样品量少,并且可以实现在线实时测量。

相比于旋转黏度计,振动黏度计需要更少的维护,并且在密集

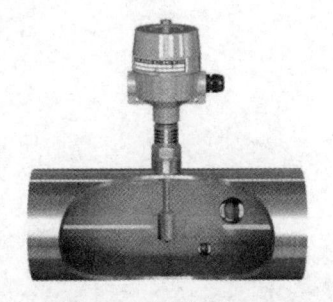

图 5.42 振动黏度计

使用后不需要频繁校准。振动黏度计没有活动部件，没有薄弱部件，可靠性很高。振动黏度计具有小型化的潜力，但目前商用的产品体积还比较大。

思考题

1. 简述流体压力传感器与普通压力传感器有什么不同？
2. 根据本章所学，简述流速传感器与压力传感器有什么联系？
3. 根据本章所学，简述流量传感器与流速传感器有什么联系？
4. 请阐述薄膜与薄板流体压力传感器的区别。
5. 请阐述真空传感器中的旋转转子规的基本原理及其优点。
6. 流量的检测方法有哪些？
7. 与热线风速计相比，热膜风速计具有哪些优点？
8. 请说明恒压法与恒温法的测量原理。
9. 常用的节流装置有几种？其中哪种是以管道轴线为中心线的旋转对称体？
10. 容积式流量计的工作原理是什么？
11. 流量传感器有哪几种？为什么需要质量流量计？
12. 密度传感器的测量方法有哪些？简述密度传感器的测量原理，并举三个例子。
13. 黏度传感器的类别有哪几种？简述其测量原理。
14. 旋转黏度计的工作原理是什么？请说明旋转黏度计的测量方式。
15. 与旋转黏度计相比，振动黏度计有哪些特点？

第6章 温度传感器

知识单元 与知识点	➤ 温度、温标的概念； ➤ 摄氏温标与华氏温标的区别和联系、绝对零度； ➤ 温度检测仪表的概念及其分类方法； ➤ 传感器的组成结构；传感器响应信号的方式； ➤ 陶瓷热敏电阻的分类及其分析方法； ➤ 热电传感器、热电定律、热电偶电路及其组件； ➤ 光学温度传感器的分类。
能力点	◇ 能够解释温度、温标、温度传感器的基本概念； ◇ 对传感器的结构及陶瓷热敏电阻的模型分类有一定了解； ◇ 知道热电传感器的定义并可对热电定律进行自主分析； ◇ 能够复述光学温度传感器的分类及其各自特点。
重难点	■ 熟练掌握陶瓷热敏电阻中几种模型的名称、近似分析方法； ■ 掌握热电传感器的分类和热电定律的分析。
学习要求	✓ 了解传感器的组成结构及其响应信号的方式； ✓ 掌握陶瓷 NTC、PTC 热敏电阻的概念及其分类方法； ✓ 知道什么是热电定律，了解各热电偶组件并清楚热电偶电路的分类与区别。
问题导引	● 传感器的结构组成是什么？ ● 陶瓷热敏电阻的分类有哪些？ ● 光学温度传感器的分类有哪些？

在现代工业和科学研究中，温度的准确测量与监控是至关重要的环节。温度传感器广泛应用于制造、环境监测、医疗、航空航天等领域。不同类型的温度传感器具有各自独特的工作原理和特点，如热电偶、热电阻、红外传感器等，它们在精度、响应速度、测量范围等方面各有优势。随着科技的不断进步，温度传感器的性能也在不断提升，使其能够满足日益复杂的应用需求。本章首先介绍温度的检测方法及其特点，涉及对接触式温度检测器（热电阻、热敏电阻、热电偶、集成温度传感器）和非接触式温度检测器（光学高温计、辐射温度计、红外温度传感器、光纤温度传感器）工作原理的分析。

6.1 基本概念

6.1.1 温度

温度是表征物体冷热程度的物理量，是物体内部分子无规则热运动剧烈程度的标志，是工业生产中最普遍、最重要的热工参数之一。温标是衡量物体温度的标准尺度，是温度的数值表示方法，是规定温度的读数起点（零点）和测量的基本单位。温标的种类很多，目前国际上常用的温标有摄氏温标、华氏温标、热力学温标和国际实用温标。

摄氏温标由瑞典天文学家 Anders Celsius 于 1742 年提出，是目前世界上使用较为广泛的一种温标，用符号"℃"表示。在标准大气压下，纯净冰水混合物的温度为 0 度，水的沸点为 100 度，其间平均分为 100 份，每一等份为 1 度，记作 1℃。

1714 年德国人 Gabriel D. Fahrenheit 以水银为测温介质，发明了玻璃水银温度计，选取氯化铵和水的混合物的冰点温度（氨水结冰的温度）为温度计的零度，人体温度为温度计的 100 度。

在标准大气压下，冰的熔点为 32 度，水的沸点为 212 度，中间有 180 等份，每等份为华氏 1 度，记作"1 度"。摄氏（Celsius）温标与华氏（Fahrenheit）温标之间的换算关系为

$$C = (5/9)*(F-32) \tag{6-1}$$

热力学温标是 1848 年由威廉·汤姆首先提出的，是以热力学第二定律为基础建立起来的温度仅与热量有关而与物质无关的温标，又称开尔文温标，用符号 K 表示。

$$T(K)=t(℃)+273.15 \tag{6-2}$$

式中，T 为绝对温度。

绝对零度是热力学的最低温度，但其只是理论上的下限值。在此温度下，物体的分子没有动能。绝对零度是不可能达到的最低温度，自然界的温度只能无限逼近此温度。

在设计和制造温度传感器时，必须确保其精度，即响应结果与既定温度标准的接近程度。因此，对于任何温度传感器的校准，都需要一个精度基准。通常，参考传感器是一个非常稳定的基准，而且，必须以更高的参考标准校准参考传感器。

校准尺度根据所选的标准而定。根据 1990 国际温标（ITS-90）的规定，精密温度仪表应在某些物料的平衡状态可重复的情况下进行校准。该标度用符号 T90 表示国际开尔文温度，用 t90 表示国际摄氏温度。在科学研究和工业生产中，校准物质是某些具有温度特性的化合物（见表 6.1），它们在选定的平衡状态下的温度行为符合基本自然定律。

表 6.1 温度参考点

温度参考点描述	℃	温度参考点描述	℃
氢的三相点	−259.34	锡的凝固点	231.968
正常氢的沸点	−252.753	铋的凝固点	271.442
氧的三相点	−218.789	镉的凝固点	321.108
氮气的沸点	−195.806	铅的凝固点	327.502
氩气的三相点	−189.352	锌的凝固点	419.58
氧气的沸点	−182.962	锑的凝固点	630.755
二氧化碳的升华点	−78.476	铝的凝固点	660.46
汞的凝固点	−38.836	银的凝固点	961.93
水的三相点	0.01	金的凝固点	1064.43
水的冰点（冰水混合物）	0.00	铜的凝固点	1084.88
水的沸点	100.00	镍的凝固点	1455
苯甲酸的三相点	122.37	钯的凝固点	1554
铟的凝固点	156.634	铂的凝固点	1769

注：三相点是指物质的固态、液态、气态三个相（态）平衡共存时的相态点。

6.1.2 温度传感器的类型

在温度检测系统中，感受温度变化的元件称为感温元件；将温度转换成电学量（如电压、电阻等）输出的仪表称为温度传感器。按照测温范围的不同，将测量区间在 600℃以上的测温仪表称为高温计；将测量区间在 600℃以下的测温仪表称为温度计。

根据感温元件与被测对象是否接触，将温度传感器分为接触式和非接触式两大类。接触式温度传感器在测量时使感温元件与被测对象接触，两者进行充分的热交换，当热交换平衡时，感温元件与被测对象的温度相等。接触式温度传感器的优点是结构简单、工作可靠、测量精度高、稳

定性好、价格低；缺点是有较明显的滞后现象（由于测温时要进行充分的热交换），不方便对运动的物体进行温度测量，被测对象的温度场易受传感器的影响，感温元件材料的性质决定了传感器的测温范围等。

常用的非接触式温度传感器：辐射式温度计，基于普朗克定理，包括光电高温计、辐射温度计、比色温度计；光纤式温度计，基于光纤的温度特性、传光介质，包括光纤温度传感器，光纤辐射温度计。非接触式温度传感器的优点是不与被测对象接触，不破坏原有的温度场，在被测对象为运动物体时尤为适用；缺点是精度一般不高。

6.1.3 静态热交换

温度测量的本质是将被测对象的一小部分热能传递给温度传感器，温度传感器将该热能转化为电信号。当温度传感器的探头与物体进行热交换时，其中的感温元件就会升温或降温。当热能通过辐射的方式传递时，也会发生同样的情况——温度传感器和被测对象表面之间将通过红外光传播的形式进行热交换。任何一个温度传感器在测量时发生的导热、对流和辐射传热都可能对测量现场造成干扰，从而引起一定的温度测量误差。因此，应通过选用合适的温度传感器设计方法和正确的测量技术将耦合误差降到最低，其中温度传感器与被测对象之间的耦合是最关键的部分。

温度传感器与被测对象之间的耦合将会影响测量精度。温度传感器总是附着在被测对象之外的其他东西上。例如，接触式温度传感器的非待测对象是一根连接电缆，如图 6.1（a）所示，它附着（如夹紧或用黏合剂粘合）在被测对象上。在附着瞬间或被测对象的温度发生变化时，传感器和被测对象的温度是不同的。在任意时刻，传感器的温度为 T_S，而被测对象的真实温度为 T_B。接触耦合的目标是使 T_S 尽可能地接近 T_B，从而使误差保持在可接受的范围内。

在实际系统中，电缆的一端与接触式温度传感器相连，因此电缆这一端的温度为 T_S，另一端的温度为环境温度 T_0，两者可能不同。电缆既传导电信号，又向传感器传导一些热量（或从传感器处吸收一些热量）。如图 6.1（b）所示，为包含物体、传感器、环境和热阻 r_1、r_2 的接触式温度传感器的等效热路。热阻表示物质传导热能的能力，与热导率成反比，即 $r = 1/\alpha$。

图 6.1（b）所示电路的特性，可以用电路定律来评估，假设有足够长的接触时间，所有温度都稳定在某个固定的水平上，并且被测对象和环境的温度是稳定的，不受传感器互连的影响，对于这样的稳定状态，根据能量守恒定律，从被测对象流向传感器的热能等于从传感器流向环境的能量。

如图 6.1（c）所示，非接触式温度传感器与被测对象之间可能出现耦合问题。被测对象的表面温度为 T_B、表面发射率为 ε_B，并因此向非接触式温度传感器发射与发射率成比例的有用通量 Φ_B。由于 $\varepsilon_B<1$，被测对象发射的热辐射通量 Φ_x 并不能完全吸收，因此杂散通量 Φ_x 的一部分，即 $\Phi_x(1-\varepsilon_B)$ 将被被测对象反射至非接触式温度传感器，这部分通量会导致测量误差产生。因此，被测对象和非接触式温度传感器之间的红外光学耦合的不足是一个潜在的误差源。

静态平衡（均衡）方程：

$$\frac{T_B - T_S}{r_1} = \frac{T_B - T_0}{r_1 + r_2} \tag{6-3}$$

由此可推导出传感器的温度：

$$T_S = T_B - (T_B - T_0)\frac{r_1}{r_2} = T_B - \Delta T \frac{r_1}{r_2} \tag{6-4}$$

式中，ΔT 是被测对象与周围环境之间的热梯度。由式（6-4）可知：温度传感器的温度 T_S 与被测对象的温度 T_B 不同，唯一的例外是当环境与被测对象（当 $\Delta T = T_B - T_0 = 0$ 时的一种特殊情况）处于同一温度时。当 r_1/r_2 的比值趋近于零时，无论热梯度 ΔT 如何，T_S 都将接近 T_B，为了最小化测量误差，须改善被测对象与传感器之间的热耦合（$r_1 \to 0$），并使传感器与周围环境的热解耦尽可能接近实际（$r_2 \to \infty$）。

(a) 传感器、被测对象和连接电缆的热耦合

(b) 接触式温度传感器的等效热路

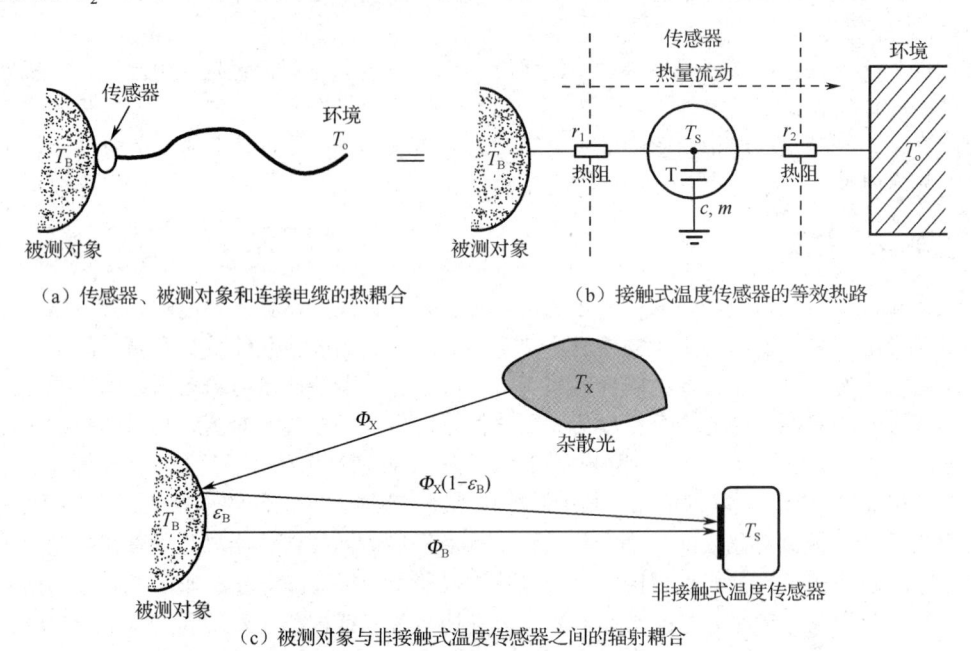

(c) 被测对象与非接触式温度传感器之间的辐射耦合

图 6.1 温度传感器与被测对象的耦合

使式（6-4）中 ΔT 更接近于零的最佳方法是将温度传感器嵌入被测对象中，用热脂、环氧树脂或其他方法将温度传感器与空腔壁热粘合，如图 6.2（a）所示。另外，在接触式温度传感器外部制作一个表面热屏蔽装置，如图 6.2(b)所示，可以在被测对象表面形成"虚拟空腔"，使 $\Delta T \to 0$。这是一个热等效驱动电容屏蔽装置，由具有良好导热性能的金属（如铝）制成，并包含两个嵌入式部件：加热器（或冷却器）和另一个称为屏蔽温度传感器的温度传感器。这种装置能最大限度地减少接触式温度传感器和屏蔽温度传感器之间的热梯度 ΔT，从而保护接触式温度传感器免受环境的影响。

(a) 嵌入式温度传感器

(b) 主动驱动热屏蔽表面温度传感器

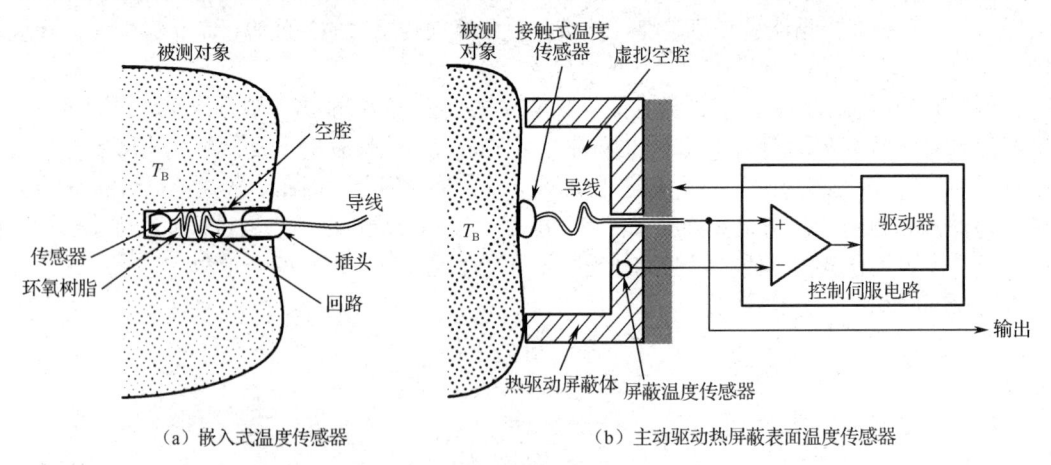

图 6.2 降低温度传感器误差的方法

6.1.4 动态传热

当温度传感器与被测对象之间的热交换随时间变化，并且其温度尚未稳定在平衡状态时，同

样涉及接触式和非接触式温度传感器,下面只讨论接触式温度传感器。

在理想情况下,需要做出两个假设:一是温度传感器和环境之间的热阻是无穷大的($r_2 \to \infty$),这意味着温度传感器将与被测对象完全热耦合而不与其他物体耦合;二是与温度传感器连接后,被测对象的温度不会改变。当温度传感器与这样一个理想化的被测对象耦合时,温度传感器的温度变化如图6.3所示。

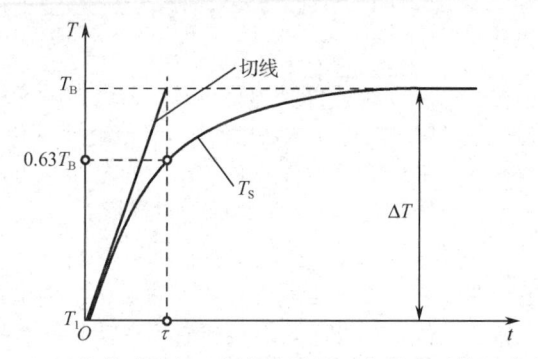

图6.3 温度传感器与理想化的被测对象耦合时的温度变化

在初始时刻($t=0$),具有初始温度T_1的温度传感器与具有温度T_B的被测对象接触。之后,根据牛顿冷却定律,从被测对象传递到传感器的热量增量正比于某一时刻传感器的即时温度T_S和被测对象的静态温度T_B之间的温度梯度:

$$dQ = \alpha_1(T_B - T_S)dt \tag{6-5}$$

式中,$\alpha_1 = 1/r_1$为传感器与被测对象边界的导热系数。注意,T_S是变化的,而T_B为定值。如果传感器具有平均比热容c和质量m,则传感器吸收的热量为

$$dQ = mcdT \tag{6-6}$$

无论传递什么热量,吸收相同的热量等式均成立。联立式(6-5)与式(6-6),求得一阶微分方程:

$$\alpha_1(T_B - T_S)dt = mcdT \tag{6-7}$$

温度传感器的热时间常数τ_T为

$$\tau_T = \frac{mc}{\alpha_1} = mcr_1 \tag{6-8}$$

此时,微分方程可变形为

$$\frac{dT}{T_B - T_S} = \frac{dt}{\tau_T} \tag{6-9}$$

此方程有解,为

$$T_S = T_B - \Delta T e^{-\frac{1}{\tau_T}} \tag{6-10}$$

式中,热时间常数τ_T为温度T达到初始梯度$\Delta T = T_B - T_1$所需时间的63.2%。热时间常数越小,温度传感器对温度变化的响应越快,可以通过减小温度传感器的尺寸和提高其与被测对象的耦合程度来最小化热时间常数。

如果经过长时间等待后($t \to \infty$)再连接温度传感器,由式(6-10)可知,此时温度传感器的温度接近被测对象的温度:$T_S = T_B$,此为理想平衡条件,因此温度传感器的输出可用于计算被测对象的温度。从理论上讲,要使T_S和T_B之间达到理想平衡需要无限长的时间。由于通常只需要有限的精度,对于大多数实际情况,在等待与热时间常数的5~10倍相等的时间后可以认为T_S和T_B达到准平衡态。例如,在等待时间$t = 5\tau$后,温度传感器的温度将与被测对象的温度相差初始梯度

的 0.7%，而经过与热时间常数的 10 倍相等的时间后，温度传感器的温度与被测对象的温度差将在初始梯度的 0.005% 以内。

如果去掉上述假设中的第一个，考虑温度传感器与环境的热耦合不是完全耦合的情况，即 $r_2 \neq \infty$。此时温度传感器也与其他物体进行热交换，热时间常数：

$$\tau_T = \frac{mc}{\alpha_1 + \alpha_2} = mc \frac{r_1}{1 + \frac{r_1}{r_2}} \tag{6-11}$$

根据图 6.4（a）所示的温度变化曲线，可以确定热时间常数和温度传感器的响应。值得注意的是，现在温度传感器的响应比较快（热时间常数较小），但无论等待多久，温度传感器的温度永远不会与被测对象的温度相等，除非所有的构件都具有相同的温度（如被测对象、传感器和电缆都放在温控器内部）。因此，由于与环境的耦合，即使在平衡状态下，也会存在剩余的温度梯度 δ_T，这就是误差。

现在去掉第二个假设——被测对象不是理想的热源或热汇。这意味着被测对象的体积与温度传感器相近，或者其热导系数相对较低。此时，温度传感器在安装后会对测量现场造成暂时的干扰。从图 6.4（b）可以看出，在安装温度传感器后，温度传感器接触被测对象的瞬间温度会发生改变（降温或升温），然后逐渐恢复到某一稳态水平。这导致温度传感器的温度变化曲线偏离理想的指数函数曲线，热时间常数（τ_T）的概念不再适用。环境产生的影响通常难以评估或消除。在实际应用中，如果人们希望使用预测算法，或者需要快速的温度跟踪，那么这种偏差就变得非常显著。例如，医用腋窝温度计在测温时需要长达 3 分钟才能达到平衡。

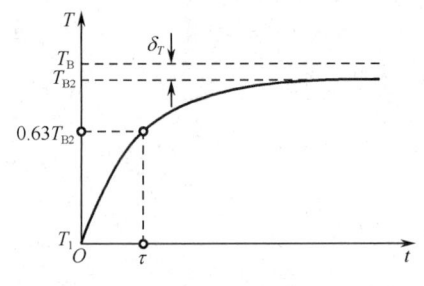

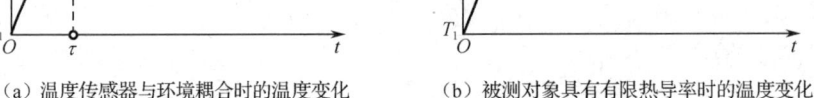

（a）温度传感器与环境耦合时的温度变化　　（b）被测对象具有有限热导率时的温度变化

图 6.4　温度传感器与被测对象的温度变化

6.1.5　温度传感器的结构

如图 6.5（a）所示，典型的接触式温度传感器包括敏感元件、接线端子和保护罩。敏感元件的电学特性随温度的变化而变化。敏感元件应该具有比热容低、质量轻、温度敏感性强且可预测及稳定性强等特点。

接线端子是敏感元件与外部电子电路连接的导电垫片或导线。接线端子应具有尽可能低的热导率和较低的电阻（铂通常是最好的选择，但价格昂贵）。此外，接线端子可用于支持敏感元件，因此应具有合理的机械强度和稳定性。

保护罩是将敏感元件与环境物理隔离，但保证两者之间仍存在热耦合的外壳或涂层。保护罩应具有较低的热阻（高热导率），较低的热容量，较高的电气隔离性能，且具有较高的机械强度。保护罩必须稳定，确保水及其他可能会对传感元件产生影响的化合物不会渗透进温度传感器的内部。

如图 6.5（b）所示的非接触式温度传感器是一种光学热辐射传感器。与接触式温度传感器一样，非接触式温度传感器也包括可以响应自身温度的敏感元件。当非接触式温度传感器通过辐射吸收或释放热量时，其温度会发生变化。接触式和非接触式温度传感器的区别在于被测对象和敏感元件之间的热传递方式：在接触式温度传感器中，敏感元件通过物理接触的方式进行热传递，而在非接触式温度传感器中，敏感元件通过热辐射（光学）的方式进行热传递。

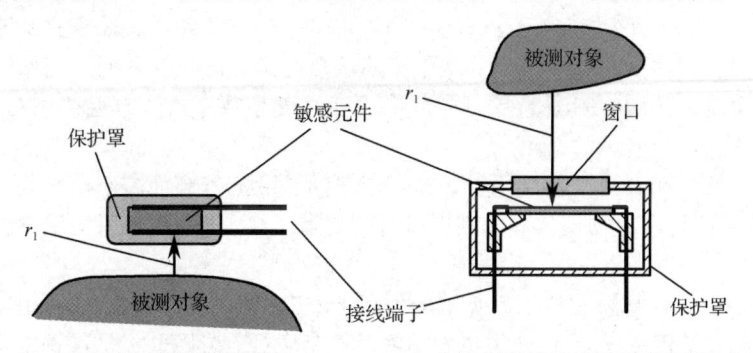

(a) 接触式温度传感器导热　　(b) 非接触式温度外传感器通过辐射换热

图 6.5　温度传感器的一般结构

接触式或非接触式温度传感器通过各自的热阻 r_1 与被测对象进行热耦合。然而，接触式温度传感器的热阻比非接触式温度传感器的热阻小得多。因此，根据式（6-4），两种温度传感器的平衡温度完全不同，如图 6.6 所示。接触式温度传感器中的平衡温度更接近于被测对象的平衡温度，非接触式温度传感器的平衡温度更接近于传感器的温度 T_0，导致传感器与被测对象之间存在潜在的非常大的热梯度 $\delta_{T_{辐射}}$。对于接触式温度传感器，热梯度 $\delta_{T_{接触}}$ 要小得多。综上所述，对于接触式温度传感器，$r_1 \ll r_2$，而对于非接触式温度传感器，$r_1 \gg r_2$。

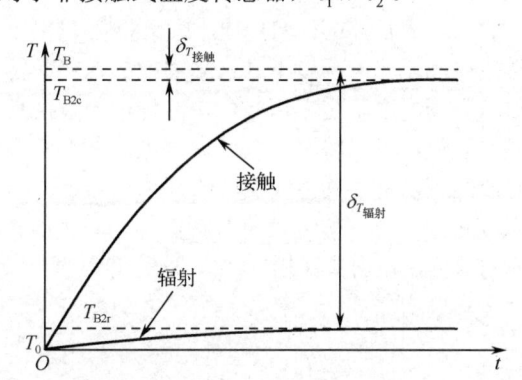

图 6.6　接触式和非接触式温度传感器的热响应差异

6.1.6　温度传感器响应信号的处理

当温度敏感元件与被测对象热耦合时，其自身温度发生变化，温度传感器产生电输出信号。在某一时刻，温度变化可能会停止，这意味着通过温度传感器的净热流量要么结束，要么变得稳定。只要温度传感器的温度不断变化，温度传感器就会吸收热能或释放热能。因此，温度传感器的响应可能有两种：稳定的或变化的。根据这些条件，可以采用两种基本的信号处理方法确定被测对象的温度：平衡法和预测法。在平衡法中，当被测对象与温度传感器探头内部的敏感元件之间的热梯度达到稳定时，温度测量就完成了，此时温度传感器的输出代表着被测对象的温度。

被测对象与温度传感器之间达到热平衡可能是一个缓慢的过程。例如，接触式医用电子体温计在水浴中测量温度仅需 3s（热耦合良好的情况下），但在腋窝处测量温度至少需要 3min。在平衡法中，当温度在规定的时间间隔内的变化小于可接受的误差限时，测量结束。例如，在 1s 的时间间隔内，温度变化小于 0.05℃，对医疗精度来说，这一测量结果可以认为足够稳定。

6.2 热敏电阻

热敏电阻通常应用于采用液滴形、条形、圆柱形、矩形薄片和厚膜等形式制造的金属氧化物传感器。热敏电阻也可由硅和锗制成。热敏电阻属于热力学温度传感器的一类，即它可以测量参考热力学温标的温度。热敏电阻分为两类：NTC（负温度系数）热敏电阻和 PTC（正温度系数）热敏电阻。

传统的陶瓷热敏电阻具有负温度系数，即其阻值随温度的升高而减小。与其他电阻器一样，NTC 热敏电阻的阻值是由其物理尺寸和制作材料的电阻率决定的。其电阻与温度的关系是高度非线性的。

热敏电阻是由半导体材料制成的。热敏电阻和光敏电阻的电阻调制方式有相似之处。光敏电阻的特征在于带隙（禁带宽度），而热敏电阻用激活能来表征。带隙和激活能都是电子的势垒，阻止了电子从价带到导带的移动。为了能够跃过带隙，电子的能量通过吸收光子或获得额外的动力学（热）能量来提高。

当对精度要求较高或工作温度范围较宽时，热敏电阻的特性不应直接取自生产商的数据表。对于大批量生产的热敏电阻，其标称阻值（在 25℃ 以下）的典型允许公差可能比较大：5% 的公差是相对正常的，但对于价格更高的热敏电阻，1% 允许公差甚至更低的允许公差也是存在的。除非生产的热敏电阻具有严格的公差，为了达到高精度，每个低公差的热敏电阻都需要在整个工作温度范围内单独校准。

生产商可以通过将热敏电阻打磨至所需尺寸，并直接修正其在设定温度下的尺寸来控制热敏电阻的标称阻值（在 25℃ 以下）。然而，这将增加成本。终端用户也可以单独校准热敏电阻。校准是指在陶瓷热敏电阻的阻值精确已知的温度下（常采用搅拌水浴）测量陶瓷热敏电阻的阻值。如果需要进行多点校准，则在不同温度下重复进行。校准精度与校准期间使用的参考温度计的精度相当。为了测量热敏电阻的阻值，可以将其连接到通过电流的测量电路中。根据所需的精度和生产成本限制，热敏电阻的校准可以基于其温度响应的几个已知近似值（模型）中的一个。

当使用热敏电阻作为温度传感器时，假设其所有特性都是基于所谓的零功率电阻，即通过热敏电阻的电流不会导致任何明显的温度升高（焦耳热），这种假设可能会影响测量的准确性。由自热效应引起的热敏电阻的静态温度增加

$$\Delta T_{\mathrm{H}} = r \frac{N^2 V^2}{R_t} \qquad (6\text{-}12)$$

式中，r 是热敏电阻对周围环境的热阻；V 是测量电阻时施加的直流电压；R_t 是热敏电阻在被测温度下的电阻；N 是测量的占空比（例如，$N=0.1$ 表示只在 10% 的时间内对热敏电阻施加恒定电压），对于连续直流测量，$N=1$。

由式（6-12）可知，通过选择高电阻值的热敏电阻，增加热敏电阻与被测对象的耦合（减小 r），并在短时间间隔内施加低电压测量其电阻，可以使热敏电阻接近零功率。在下文中，将展开介绍自热效应对热敏电阻响应的影响，但就目前而言，假设自热效应导致的极小误差可忽略。

要在实际装置中使用热敏电阻，必须准确建立其传递函数（电阻的温度依赖性）。由于该传递函数是高度非线性的，并且对于每个传感器都是特定的，因此建立一个联系电阻和温度的解析方程是必要的。热敏电阻传递函数的几种数学模型已经被提出，然而，任何模型都只是近似的，一般来说，模型越简单，精度就越低。而在更复杂的模型下，热敏电阻的校准和实际使用变得更加困难。所有现有的模型都是基于实验确定的，热敏电阻的阻值 R_T 的对数与它的热力学温度 T 通过多项式方程联系起来：

$$\ln R_T = A_0 + \frac{A_1}{T} + \frac{A_2}{T^2} + \frac{A_3}{T^3} \tag{6-13}$$

6.2.1 NTC 热敏电阻的自热效应

在使用 NTC 热敏电阻时，不应忽视其自热效应。热敏电阻是一种有源类型的传感器，需要激励信号才能工作。激励信号通常是直流或交流的。通过热敏电阻的电流产生焦耳热进而导致电阻的温度升高。在某些应用中，这可能是误差的来源，因为热量并非来自物体，而是来自热敏电阻内部。然而，在其他应用中，自热效应被成功地应用于感测流体流动、热辐射和其他刺激。

下面分析热敏电阻在通电时的自热效应。如图 6.7（a）所示，一个电压源 E 通过一个限流电阻 R 连接到一个热敏电阻 R_T 上。

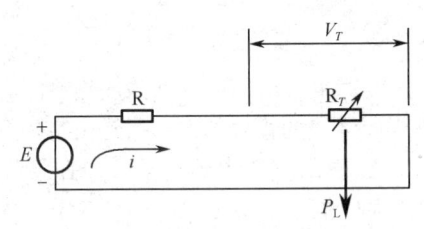

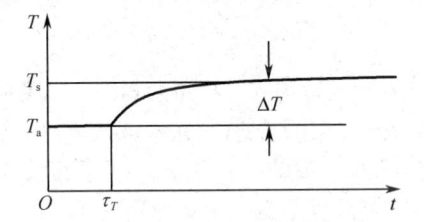

（a）通过热敏电阻的电流引起自热效应　　（b）热敏电阻的温度随着热时间常数τ_T的增大而上升

图 6.7　热敏电阻在通电时的自热效应

在图 6.7（b）中，当电路的功率为 P 时，供给热敏电阻能量的速率等于损失能量 H_L 的速率加上热敏电阻吸收能量 H_S 的速率。P_L 是在周围环境中损失的热功率。吸收的能量存储在热敏电阻的热容量 C 中。电路的功率平衡方程为

$$\frac{dH}{dt} = \frac{dH_L}{dt} + \frac{dH_S}{dt} \tag{6-14}$$

根据能量守恒定律，向热敏电阻提供热能的速率等于电压源 E 所提供的电功率：

$$\frac{dH}{dt} = P = \frac{V_T^2}{R_T} = V_T i \tag{6-15}$$

式中，V_T 为热敏电阻两端的电压。热能从热敏电阻散失到周围环境的速率与热敏电阻的温度和周围环境的温度 T_a 之间的温度梯度 ΔT 成比例：

$$P_L = \frac{dH_L}{dt} = \delta \Delta T = \delta(T_s - T_a) \tag{6-16}$$

式中，δ 是耗散因子，等效于热敏电阻对周围环境的热导率，被定义为耗散功率与温度梯度（在给定的环境温度下）的比值。耗散因子的大小取决于传感器的设计、导线的长度和厚度、热敏电阻的材料、支撑组件、热敏电阻表面的热辐射及热敏电阻所在介质的相对运动等多个因素。

吸热速率与传感器组件的热容量成比例：

$$\frac{dH_s}{dt} = C\frac{dT_s}{dt} \tag{6-17}$$

该速率将导致热敏电阻的温度 T_s 高于其周围环境的温度。

将式（6-16）与式（6-17）带入式（6-15），可以得到：

$$\frac{dH}{dt} = P = Ei = \delta(T_s - T_a) + C\frac{dT_s}{dt} \tag{6-18}$$

式（6-18）是描述电流生热时热敏电阻的热行为的微分方程。若为传感器供电的电功率恒定，即 P 为常数，$P=C$，则式（6-18）的解应为

$$\Delta T = (T_s - T_a) = \frac{P}{\delta}\left(1 - e^{-\frac{\delta}{C}t}\right) \qquad (6\text{-}19)$$

式中，e 是自然对数的底数。上述计算结果表明，当施加电功率时，传感器的温度将指数上升至周围环境温度以上。这规定了以热时间常数 $\tau_T = C\delta^{-1}$ 表征的瞬态条件。这里，$\delta^{-1} = r_T$ 表示传感器与周围环境之间的热阻。指数过渡过程如图 6.7（b）所示。

当等待足够长的时间，热敏电阻达到稳态温度水平 T_s 时，式（6-18）的比率等于零（$dT_s/dT = 0$），热损率等于供电功率：

$$\delta(T_s - T_a) = \delta\Delta T = V_T i \qquad (6\text{-}20)$$

若选择低电源电压和高电阻，则电流值 i 很小，温升 ΔT 可忽略不计，自热效应几乎被消除。此时，式（6-18）中的温度变化速率变为

$$\frac{dT_s}{dt} = -\frac{\delta}{C}(T_s - T_a) \qquad (6\text{-}21)$$

该微分方程的解与式（6-10）相同。这意味着传感器对来自内部或外部的加热响应具有相同的热时间常数 τ_T。由于热时间常数取决于热敏电阻与周围环境的耦合情况，因此在某些条件下人们规定了热时间常数的值，例如，当温度为 25℃ 时，在静止空气中的 $\tau_T = 1s$，在搅拌水中的 $\tau_T = 0.1s$。需要注意的是，上述分析是一个简化的热流模型。而实际上，由于热量从内向外或从外向内通过整个热敏电阻体，包括其保护涂层，因此热敏电阻的响应可能呈现出非指数的形态。

所有热敏电阻的应用都会涉及下列三个基本特性。

（1）在大多数基于 NTC 热敏电阻的电阻值与温度关系的应用中，人们不希望自热效应出现。因此，热敏电阻的标称阻值 R_{T0} 应尽量高，并使其与物体的耦合达到最大（δ 增加）。该特性主要用于温度的测量。典型的应用有接触式电子温度计、温控器和热断路器。

（2）温度随时间的变化（或称电阻随时间的变化），如图 6.3 和图 6.4 所示。

（3）热敏电阻的伏安特性对于应用自热效应及其他不能忽略此特性的场合很重要。电能供损平衡由式（6-20）控制。若其中 δ 的变化很小（通常是这种情况），且电阻随温度的变化特性已知，则通过式（6-21）可解得热敏电阻的静态伏安特性。该特性通常绘制在双对数坐标轴上，其中恒定电阻线的斜率为 1，恒功率线的斜率为 -1，如图 6.8 所示。

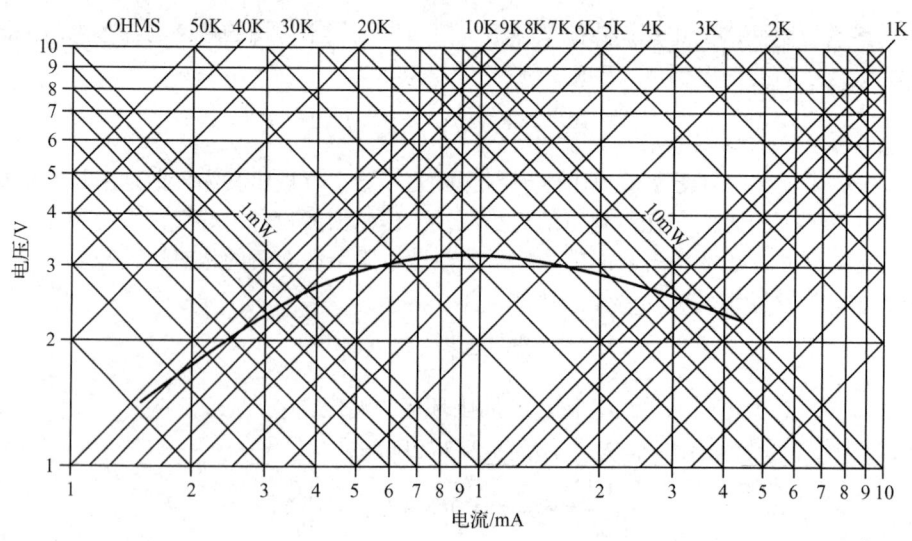

图 6.8 NTC 热敏电阻在 25℃ 静止空气中的伏安特性曲线（特性曲线的弯曲是由于其自热效应）

当电流较小时（见图 6.8 左侧），热敏电阻耗散的功率小到可以忽略不计，并且其特性曲线与

热敏电阻在特定温度下的恒定电阻线相切。因此，尽管热敏电阻对温度敏感，但仍会表现出普通电阻的特性。也就是说，热敏电阻两端的电压 V_T 与电流 i 成正比。

随着电流的增大，热敏电阻的自热效应也随之增大，这导致热敏电阻的阻值减小。由于热敏电阻的阻值不再恒定，其特性曲线开始弯曲。特征曲线的斜率（dV_T/di）随着电流的增大而减小。电流的增大导致电阻进一步减小，进而导致电流进一步增大。最终，电流在电压最大值 V_p 处达到最大值 i_p。需要注意的是，此时，热敏电阻的电阻值为零。电流 i_p 的进一步增加将导致斜率的进一步减小，这意味着其电阻值为负值（见图6.8右侧）。电流的进一步增大将导致电阻值进一步减小，其中铅丝电阻成为主导因素。热敏电阻无法在这种条件下工作。热敏电阻的生产商通常会规定热敏电阻的最大功率值。

由式（6-20）可知，自加热热敏电阻可用于测量 δ、ΔT 或 V_T 的变化。真空计（如皮拉尼真空计）、风速计、流量计、液位传感器等可用于测量 δ 的变化。以 ΔT 为激励的应用包括微波功率计。V_T 变化的应用场合包括一些电子电路：自动增益控制电路、电压调节电路、音量控制电路等。

6.2.2 PTC热敏电阻

所有的金属都具有正温度系数（PTC），而其电阻温度系数（TCR）都很低，因此对需要高灵敏度的温度传感器来说，很多金属并不适用。如前所述，RTD具有较小的正温度系数。相比之下，陶瓷PTC材料在相对较小的温度范围内具有非常大的温度依赖性。

PTC热敏电阻由多晶陶瓷制备而成，其基体化合物通常为钛酸钡或钛酸钡和钛酸锶（高阻材料）的固溶体，通过添加掺杂剂使其半导体化。在复合材料的居里温度以上，铁电性能迅速变化，导致电阻值增大，通常为几个数量级。图6.9所示为PTC热敏电阻的传递函数曲线，并与NTC热敏电阻和RTD热敏电阻的传递函数曲线进行了比较。由于曲线的形状不适合使用简单的数学近似，因此，生产厂家通常用一组数字来指定PTC热敏电阻。

（1）零功率电阻，R_{25}，在25℃时，自热可以小到忽略不计。

（2）最小电阻 R_m 的值为热敏电阻变化曲线上温度系数的值由正值变为负值的点（m 点）的对应值。

（3）转变温度 T_r 为电阻开始快速变化的温度。它与材料的居里点大致吻合。转变温度的范围一般为-30～+160℃。

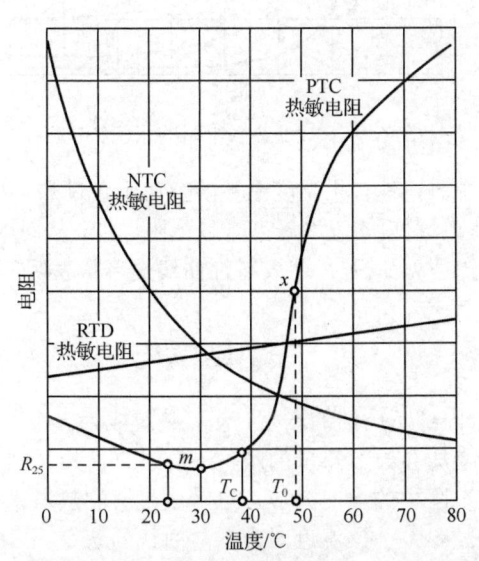

图6.9 PTC热敏电阻、NTC热敏电阻和RTD热敏电阻的传递函数曲线

（4）电阻温度系数采用以下标准形式定义：

$$\alpha = \frac{1}{R}\frac{\Delta R}{\Delta T} \tag{6-22}$$

该系数随温度变化的幅度非常显著，通常在 x 点，即在其最高值进行定义，可能高达 2/℃，这意味着电阻的变化是 200%/℃；

（5）最大电压 $E_{\max}$ 是热敏电阻在该温度下所能承受的最高值。

（6）热特性由热容量、耗散常数 δ（在与环境耦合的给定条件下指定）和热时间常数（定义为特定条件下的速度响应）确定。

对于 PTC 热敏电阻来说，有两个关键因素：环境温度和自热效应。这两个因素中的任何一个都会改变热敏电阻的工作点。

PTC 热敏电阻的温度敏感性反映在图 6.10 所示的伏安特性中。根据欧姆定律，一个电阻温度系数接近于 0 的常规电阻器具有线性特征。NTC 热敏电阻具有正曲率的伏安特性，其含义是，如果将 NTC 热敏电阻连接到硬电压源，那么由于焦耳热耗散而产生的自热会导致热敏电阻的阻值减小。反过来，将导致电流的进一步增加，产生更多的热量。如果限制从 NTC 热敏电阻流出的热量，那么自热效应最终可能导致设备过热和灾难性破坏。

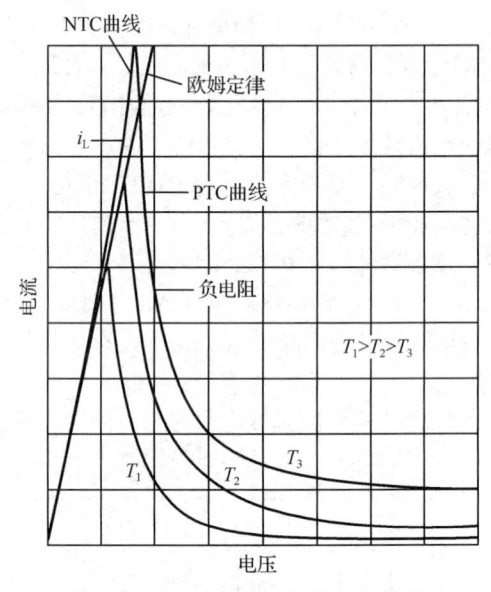

图 6.10　PTC 热敏电阻的伏安特性

然而，当连接到硬电压源时，具有正温度系数的金属不会过热，并表现为自限制设备。例如，白炽灯中的灯丝不会被烧毁，因为它的温度升高导致电阻增加，从而限制了电流。这种自限制（自调节）效应在 PTC 热敏电阻中大大增强。伏安特性曲线的形状表明，在较窄的温度范围内，PTC 热敏电阻具有负电阻值，即

$$R_x = -\frac{dV_x}{di} \tag{6-23}$$

这导致了 PTC 热敏电阻内部负反馈的产生，使该装置成为一个可以自我调节的恒温器。在负阻区，热敏电阻两端电压的增加会导致热量的产生，反过来，热量的产生又会增加电阻值并减少热量产生。因此，PTC 热敏电阻中的自热效应可以产生足够的热量来平衡热量损失，使器件的温度维持在恒定的水平 T_0（见图 6.9）。该温度对应于与曲线的切点 x，具有最大斜率。

值得注意的是，在较高的温度（在 100℃ 以上）下，PTC 热敏电阻的效率相对较高，在较低

的温度下,其效率(x点附近R-T曲线的斜率)明显下降。就其本质特性而言,PTC热敏电阻在远高于工作环境温度的温度范围内是有用的。

在许多场合下,PTC热敏电阻的自调节效应可能非常有用。下面简要介绍其中的四个应用。

(1)电路保护。PTC热敏电阻可用作电路中的可复位保险丝,以感应电路中过大的电流。如图6.11(a)所示,PTC热敏电阻与电源电压E串联,向负载注入电流i。PTC热敏电阻在室温下的阻值很低,通常为0~140Ω。电流i在负载两端产生电压V_L,在热敏电阻两端产生电压V_x。假设$V_L \gg V_x$。由热敏电阻耗散的功率$P=V_x i$散失到周围环境中,因此热敏电阻的温度以相对较小的值升高到高于环境的温度。当环境温度过高,或者负载电流急剧增大(如负载内部发生故障)时,热敏电阻散发的热量使其温度升高到T_τ区域,热敏电阻的阻值开始增大。这限制了电流的进一步增大。在负载短路$V_x=E$的条件下,电流i降至最低。这种状态将一直保持,直到负载的电阻恢复正常,并称熔断器本身复位。但要保证$E<0.9E_{max}$,否则热敏电阻可能会被破坏。

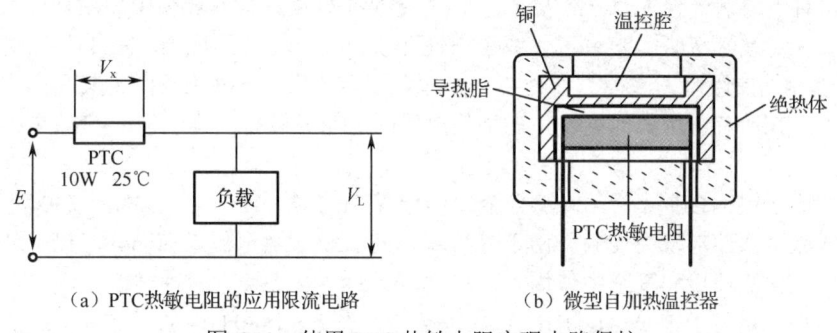

图6.11 使用PTC热敏电阻实现电路保护

(a)PTC热敏电阻的应用限流电路　(b)微型自加热温控器

(2)用于微型自加热温控器,图6.11(b)所示的微型自加热温控器适用于微电子、生物医学、化学和其他合适的应用,可以用单个设计PTC热敏电阻,其转变温度要适当选择。温控器包含一个碟片,它与环境隔热,并与热敏电阻热耦合。建议使用热润滑脂来消除干接触。热敏电阻的一端接一个电压源,其电压值可由下式进行估算:

$$E \geq 2\sqrt{\delta(T_\tau - T_a)R_{25}} \tag{6-24}$$

式中,δ是依赖于与环境热耦合的散热常数;T_a是环境温度。温控器的设定值由PTC热敏电阻的物理性质(居里温度)决定,由于内部热反馈,PTC热敏电阻在相对较大的电源电压和环境温度范围内可以可靠工作,环境温度一般小于T_τ。

(3)由于在加热过程中电能加热到低电阻值点之间的过渡时间相对较长,因此可以使用PTC热敏电阻组成时间延迟电路。

(4)使用PTC热敏电阻可以较为简单地制造基于散热原理的流量计和液位检测器。

6.3　热电式传感器

热电式传感器又称热电偶,因为至少需要两个不同的导体连接在一起形成一个结,这样的结至少需要两个才能制成可用的温度传感器。热电偶是一种无源传感器,即对温度响应产生电压,不需要任何外部激励电源。热电偶是直接将热能转化为电能的转换器,由于其是产生电压的传感器,因此有时热电偶被称为"热电池"。

热电偶属于相对传感器的一类,因为热电偶产生的电压取决于两个热电偶结之间的温差,而与每个结的绝对温度无关。为了使用热电偶测量温度,将一个结作为参考,其绝对温度必须由单独的绝对温度传感器进行测量,如热敏电阻或RTD,或者与处于已知参考温度状态的材料(见表6.1)进行热耦合。

常用于制作热电偶的金属有铜（Cu）、镍铜合金（55%Cu+45%Ni）、铁（Fe）、铬镍合金（90%Ni+10%Cr）、镍铝合金（95%Ni+2%Mn+2%Al）、镍铬合金（84.6%Ni+14.2%Cr+1.4Si）、镍硅合金（95.5%Ni+4.4%Si+1%Mg）、铂（Pt）、铑（Rh）等。

下面为人们总结出的使用标准热电偶时的一些建议。

T型：铜（+）相对于镍铜合金（-）来说，在潮湿大气中耐腐蚀，适合在零度以下的温度范围内进行测量，而由于铜热电偶的氧化反应，其在空气氧化环境中的使用温度被限制在370℃（700℉）以内。T型热电偶也可以用于某些大气温度较高的情况。

J型：在0~760℃（32~1400℉）的温度范围内，在真空、氧化、还原或惰性环境中，铁（+）与镍铜合金（-）都是适用的。在540℃（1000℉）以上，铁质热电偶的氧化速度很快，当要求在较高温度下保持长寿命时，建议使用厚规格电线。这种热电偶不建议在冰点以下使用，因为铁热电偶的锈蚀和脆化使其不如T型热电偶的测量效果理想。

E型：相对于镍铜合金（-），铬镍合金（+）建议在氧化或惰性环境中使用，使用温度范围为200~900℃。在还原性气氛、交替氧化或还原性环境、弱氧化性环境和真空中，E型热电偶受到与K型热电偶相同的限制。这种类型的热电偶适合在零下温度下使用，因为其在高水分含量的环境中不受腐蚀。在所有常用的类型中，E型热电偶的电动势最高，这也是E型热电偶被广泛使用的主要原因。

K型：相比于镍铝合金（-），铬镍合金（+）推荐在200~1260℃（-330~2300℉）温度范围内的氧化性或完全惰性环境中使用。由于其抗氧化性，K型热电偶常在540℃以上使用，但无法在还原性环境、含硫环境和真空中使用。

R型和S型：相对于铂（-），铂铑合金（+）适合在0~1480℃（32~2700℃）的氧化性或惰性环境中连续使用。

B类：相比于6%铂铑合金（-），30%铂铑合金（+）更适合在870~1700℃（1000~3100℃）的氧化性或惰性环境中连续使用。它也适合在真空中短期使用，但无法用于还原性环境，也不适用于含有金属或非金属蒸气的环境。绝不能将其直接插入金属主保护管或井中。

6.3.1 热电定律

从实际应用的角度出发，应掌握三条基本定律，它们为热电偶的正确连接提供了基本的依据。一个接口电子电路必须始终与两个完全相同的导体相连，否则会在电路处形成两个寄生热电偶，造成误差。这些相同的导体可以由其中一个热电偶桥臂形成。该桥臂断开，用于连接热电偶与电压测量电路。如图6.12所示，材料A代表断臂。

定律一：热电电流不能仅靠在均匀电路中加热产生。

该定律表明，非均匀导体是产生温差电动势的必要条件。如果导体是均匀的，不管温度沿其长度方向的分布如何，得到的电压都是零。两个不同导体的连接为电压的产生提供了条件。

定律二：在任意数量和组合的不同材料组成的电路中，若所有结均处于均匀温度，则热电力的代数和为零。

该定律表明，只要两个附加的连接点处于相同的温度，就可以在热电回路的任意臂上插入额外的材料C，而不会影响所得电压V_1，如图6.12（a）所示的T_3。只要每次插入的两个触点都处于相同的温度，就可以插入任意数量的导体。这意味着必须以这样的方式连接接口电路，以确保两个触点的温度一致。该定律的另一个重要结果是，可以通过任何技术制造热电接头，即使涉及额外的中间材料（如焊料）。热电接头可以通过焊接、钎焊、扭转、熔合等方式形成，而不影响塞贝克电压的精度。该定律还提供了一个关于可加性材料的规则，如图6.12（b）所示。若已知两个导体（B和C）相对于参考导体（A）的热电电压（V_1和V_2），则这两个导体的组合电压为它们相对于参考导体的电压的代数和。

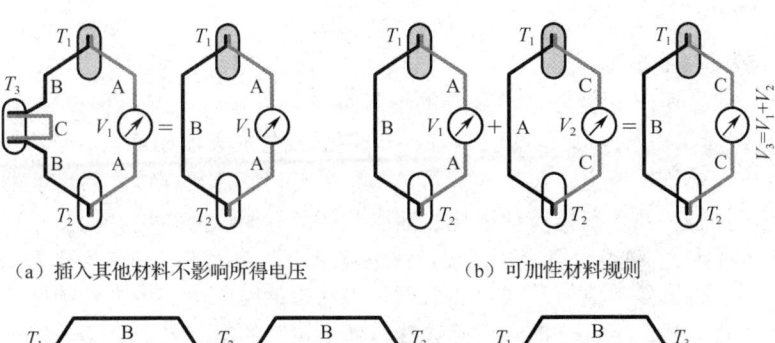

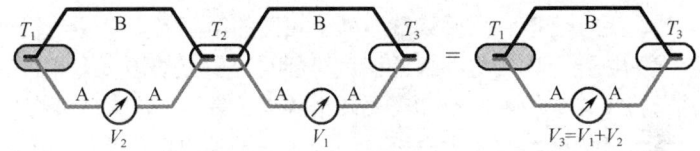

（a）插入其他材料不影响所得电压　　（b）可加性材料规则

（c）中间温度定律

图 6.12　热电定律图解

定律三：若两个结在温度 T_1 和 T_2 下产生塞贝克电压 V_2，在温度 T_2 和 T_3 下产生塞贝克电压 V_1，则在温度 T_1 和 T_3 下会产生塞贝克电压 $V_3 = V_1 + V_2$，如图 6.12（c）所示。这一定律也被称为中间温度定律。该定律表明，可以在一个温度区间内校准热电偶，然后在另一个温度区间内使用，以及在不影响精度的情况下将相同组合的延长线插入回路中。

上述定律提供了许多实际的电路应用，其中热电偶可以以各种各样的组合使用。它们可以用于测量一个物体的平均温度、测量两个物体之间的温差，以及使用热电偶以外的传感器作为参考节点等。

热电电压非常小，对于传感器，特别是对导线较长的传感器来说，容易受到各种传输干扰。为了扩大输出信号，可以将多个热电偶串联，同时将所有参考节点和测量节点都保持在各自的温度下。这种布置方式被称为热电堆（就像将几个热电偶堆积起来）。一般来说，参考节点被称为冷节点，测量节点被称为热节点。

图 6.13（a）所示为热电偶的等效电路。每个节点由一个电压源和一个串联电阻组成。电压源代表热节点（e_h）和冷节点（e_c），而电阻组合在一个电阻器 R_p 中。温差电动势形成的净电压 $V_p = e_h - e_c$，其大小由物体与参考节点之间的温度差（$T_O - T_r$）来表征。在此 J 型热电偶的示例中，假设电路的终端是用相同的材料——铁制造的。

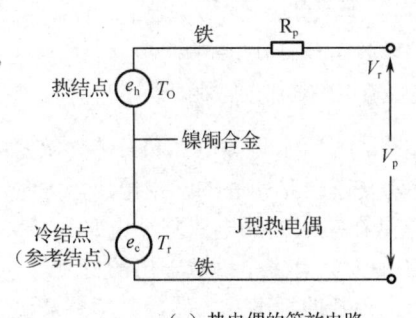

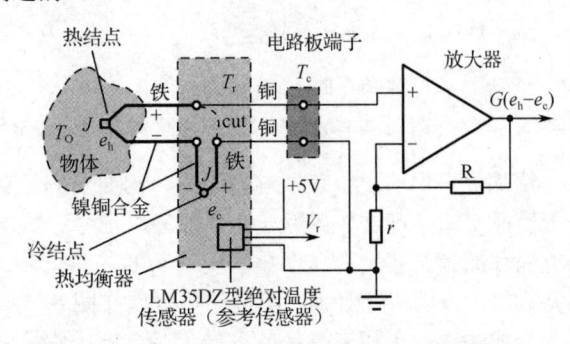

（a）热电偶的等效电路　　（b）具有半导体参考传感器和分裂热电丝的温度计

图 6.13　热电偶的使用

6.3.2 热电偶电路

6.3.2.1 分裂导线电路

图 6.13（b）所示为热电偶与电子线路的连接情况，其中一条热导线（铁制）被切断，如图 6.13（b）中虚线所示，两根铜导线插入裂口中。铜导线与放大器相连。一个冷节点（或称参考节点）被放置在一个热均衡器上，该热均衡器与一个参考传感器热连接。热均衡器可以是铜块或铝块。为了避免干接触，热均衡器应使用导热油脂或环氧树脂以获得更好的热跟踪效果。本例中的参考传感器为 LM35DZ 型绝对温度传感器。该电路具有两路输出，一路为代表塞贝克电压的放大器输出信号，另一路为参考信号 V_r。该图表明，电路板的输入端与放大器的同相输入和接地总线由相同类型的导线（铜）进行连接。两板终端应处于相同的温度 T_c，但不一定处于冷节点的温度 T_r。这对于远程测量尤为重要，因为电路板的温度可能与冷节点的温度 T_r 不同。

通过热电偶计算热节点（T_h）的绝对温度需要两个数据。第一个是来自具有增益 G 的放大器的热电偶电压，另一个是参考传感器的输出电压 V_r。放大器的输出电压为

$$V = G(e_h - e_c) = G\alpha(T_O - T_r) \tag{6-25}$$

式中，α 为热电系数，T_r 为参考传感器测量的参考温度。因此，物体的温度为

$$T_O = \frac{V}{G\alpha} + T_r \tag{6-26}$$

来自前置放大器和参考传感器的信号都可以被数字化，并被信号微处理器用于计算具有适当比例因子的和。热电系数不一定是常数，在一定程度上依赖于温度，因此必须对其进行修正，以便进行精确的测量。

6.3.2.2 分离节点电路

对于第二个热电定律，在不影响精度的情况下，只要新形成的结处于相同的温度，就可以在一个结中插入导线形成另外两个结。基本的热电偶电路如图 6.14（a）所示，两个不同金属 A 和 B 的热节点和冷节点分别位于具有温度 T_o 的物体和具有参考温度 T_r 的恒温块（热均衡器）上。然而，这种安排是不切实际的。在图 6.14（b）所示的电路中，冷节点被分割，插入两根铜导线形成两个冷节点。只要两个冷节点处于相同的温度，就不会对热电信号产生影响。两根铜导线与外部电压表连接，以监测差分热电偶的电压。这种分离节点电路因简单和易于使用而最受欢迎。

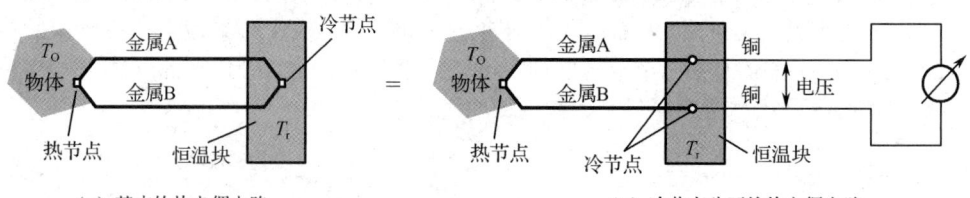

（a）基本的热电偶电路　　　　　　　　　　（b）冷节点分开的热电偶电路

图 6.14　冷节点被分开通过铜导线连接电压表（左、右电路是热电等效的）

增加热电偶的电压和参考电压不一定要借助计算机。如图 6.15 所示将热电偶和参考传感器的电压模拟相加，可以获得组合的模拟输出信号。热电偶和参考传感器是串联的，当电压增大时，热电偶和参考传感器的温度灵敏度（V/℃）将同步变化。这是在集成的热电偶基准电路 LT1025 中完成的，该电路针对不同类型的热电偶（图 6.15 所示为 K 型）具有多个缩放输出的特点。

合成输出电压代表了热节点的绝对温度。它被发送到一个公共的标度放大器，其增益被设置为提供 10mV/℃ 的标准化输出标度。值得注意的是，集成的热电偶基准电路应与冷节点在同一恒温块上。

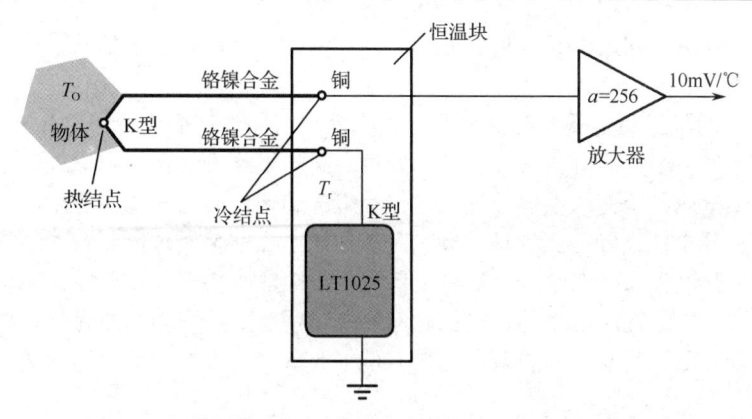

图 6.15　热电偶和集成的热电偶基准电路的模拟信号组合

6.3.3　热电偶组件

一个完整的热电偶传感组件通常由以下部分组成：感测元件组件（连接处）、保护管（陶瓷或金属护套）、热电偶套管（在一些关键的应用中，这些是钻孔的实心棒料，其制造公差小，并经过高度抛光以抑制腐蚀）、终端（其接触形式可分为螺丝式、开式、插拔式、军用标准型连接器等）。图 6.16（a）所示为典型的热电偶组件，导线可能裸露，也可能利用电气隔离器将其与空气隔开。对于高温应用场合，电气隔离器可以是鱼刺型或球形陶瓷型，这样的形状可以提供足够高的灵活性。如果不对热电偶丝进行电气隔离，那么可能会产生测量误差。潮湿、磨损、扭曲、极端温度、化学侵蚀和核辐射等将对绝缘材料的绝缘效果产生不利影响。了解绝缘材料的特性对于准确和可靠的测量至关重要。有些绝缘材料具有天然的防潮性能，如聚四氟乙烯（Teflon）、聚氯乙烯（PVC）和某些形式的聚酰亚胺等。对于纤维型绝缘材料，可利用浸渍蜡、树脂或硅酮化合物等物质来实现防潮保护。需要注意的是，只要有一次暴露在超极端温度下就会导致浸渍材料的蒸发和保护材料的流失。湿气渗透不局限于组装体的传感端，例如，如果热电偶穿过热区或冷区，冷凝可能导致测量产生误差，除非为热电偶提供足够的防潮保护。

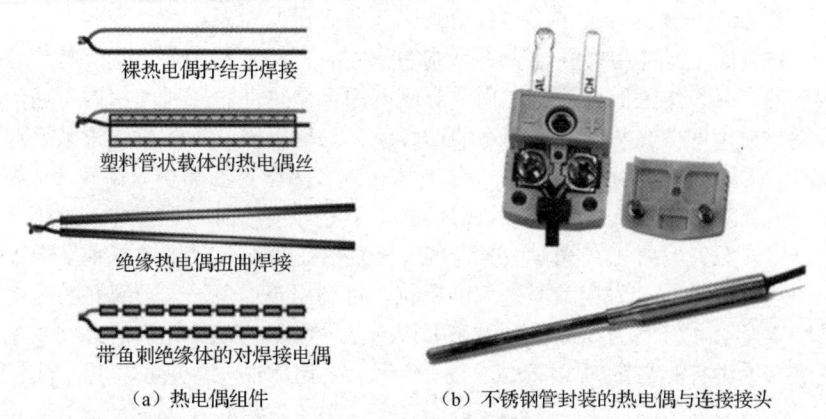

图 6.16　典型的热电偶组件

在高温场合下使用的柔性绝缘材料的基本类型是玻璃纤维、纤维状二氧化硅和石棉（由于存在健康危害，应谨慎使用）。此外，热电偶必须避免用于与合金不相容的环境。保护管具有保护热电偶免受机械损伤和在电线和环境之间设置屏蔽层的双重作用。保护管可采用碳钢（在氧化性气氛中高达 540℃）、不锈钢（最高可达 870℃）、铁素体不锈钢（AISI400 系列）、高镍合金、镍铬合金、镍-铬-铁合金等（在氧化气氛中最高可达 1150℃）材料制作。虽然热电导线之间应相互隔离并且热电导线与环境之间应该具有良好的隔离性和绝缘性，但热节点仍然必须与被测对象处于紧密的热耦合状态。

实际上，所有的母材热电偶丝都需要经过退火处理或由生产商进行"稳定热处理"。这种处理一般是比较充分的，很少在测试或使用前需要对金属丝进行进一步的退火处理。虽然一些生产商销售的新型铂热电偶和铂铑热电偶丝已经进行了退火处理，但在许多实验中，一般会对所有的R型、S型和B型热电偶进行退火处理，无论是新的还是先前使用过的，在尝试精确校准之前都要进行退火处理。此过程通过在空气中对热电偶进行电加热来实现。退火时，整个热电偶被支撑在两个接线柱之间，接线柱应紧密地连接在一起，以使钢丝中的张力和热拉伸保持在最小水平。用光学高温计可以方便地测定导线的温度。在1400~1500℃加热的最初几分钟内，大部分机械应变被消除。

薄膜式热电偶是由金属箔片粘接而成的。它们可以是带有可移动载体的自由丝状，也可以是矩阵式的，传感器嵌入在薄的叠层材料中。厚度在5μm（0.0002″）量级的薄膜具有极低的质量和热容量。薄的平面结与被测表面热耦合得紧密。箔式热电偶是非常快速的（热时间常数一般为10ms），可与具有标准接口的电子仪器配合使用。而在使用质量较小的传感器测量温度时，必须始终计入通过连接线的热传导（见图6.1）。由于薄膜热电偶的长度与厚度之比很大，导线的热损失通常很小，可以忽略不计。

为了将薄膜热电偶连接到物体上，通常采用几种特定的方法，如使用各种水泥和火焰或等离子喷涂陶瓷涂层。为了便于操作，传感器通常安装在聚酰亚胺薄膜（Kapton）等临时载体上，该薄膜具有坚韧、柔韧、尺寸稳定、非常耐热和惰性等特点。在选择胶结物时，必须注意避免腐蚀性化合物。例如，含有磷酸的水泥不建议与单臂含铜的热电偶配合使用。电路的电气连接应采用特殊的等温连接器，如图6.16（b）所示。

6.4 光学温度传感器

6.4.1 荧光传感器

荧光传感器依赖于一种特殊的磷光体化合物来响应光激发而发出荧光信号的能力。该化合物可以直接涂在测量表面上，并用紫外线（UV）脉冲照射，同时观察余辉。余辉响应脉冲是温度的函数。余辉响应的衰减在很大的温度范围内具有高度的可重复性。一般使用四价锰活化过的氟磁铁矿镁作为传感材料，即荧光粉。荧光粉在照明行业中长期以来一直被用作汞蒸气路灯的颜色校正剂，在1200℃的温度下通过固态反应制备成粉末，具有热稳定性和相对惰性，从生物学的角度来看是良性的，并且对大多数化学物质或长时间暴露于紫外线辐射的损害并不敏感。荧光粉可以被紫外线或蓝色辐射激发射出荧光。荧光粉的荧光发射在深红色区域，基本呈指数级衰减。

为了尽量减少激发信号和发射信号之间的串扰，可利用带通滤波器分离相关光谱，如图6.17（a）所示。脉冲激发源（氙气闪光灯）可以在多传感器系统中的多个光通道之间共享。温度是通过测量荧光的衰减率进行测量的，如图6.17（b）所示。换句话说，温度可以用时间常数τ来表示，在-200~+400℃的温度范围内，时间常数τ减小了$\frac{1}{5}$。由于时间测量通常是最简单和最精确的操作之一，可以通过电子电路进行，因此可以保持良好的分辨率和测量精度：温度测量的误差在上述范围内大约为±2℃，无须校准。

由于时间常数与激发强度无关，因此可以采用多种设计。例如，荧光物质可以直接涂覆在合适的目标表面上，光学系统可以在没有物理接触的情况下进行测量，如图6.18（a）所示。这使得在不干扰测量现场的情况下进行连续温度监测成为可能。在另一种设计中，荧光物质涂覆在一个柔软探针的尖端，当探针触及物体时可以形成良好的接触区域进行测量，如图 6.18（b）所示。

(a) 激发信号和发射信号的光谱响应

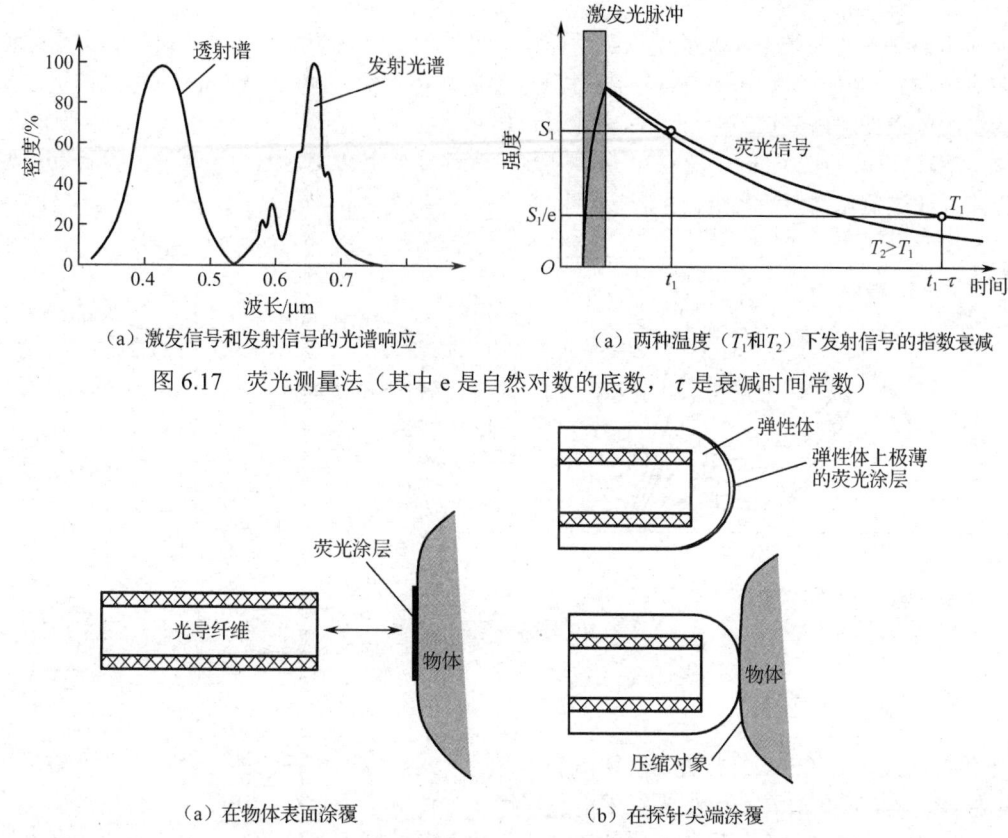

(a) 两种温度（T_1和T_2）下发射信号的指数衰减

图 6.17　荧光测量法（其中 e 是自然对数的底数，τ 是衰减时间常数）

(a) 在物体表面涂覆

(b) 在探针尖端涂覆

图 6.18　荧光物质涂覆的位置

6.4.2　干涉型传感器

光学温度测量的另一种方法是通过干涉两束光束来调制光的强度，其中一束光束是参考光，而另一束光束在温度检测介质中的传播会有所延迟，延迟情况取决于温度。这会导致干扰信号发生相移并随后消失。对于温度测量，可以在光纤上涂覆薄薄的硅层，因为硅的折射率随温度变化（热光效应），从而可以用于调节光的传播距离。

图 6.19 所示为薄膜光学温度传感器的工作原理。该传感器是通过在具有 100 μm 核心直径和 140 μm 包层直径的阶梯型多模光纤的端部溅射三层材料制造而成的。第一层是涂有二氧化硅的硅层。位于探针末端的铁-铬-铝复合层可防止底层硅的氧化。光纤可在高达 350℃的温度下使用，成本更高的具有金缓冲涂层的光纤可在高达 650℃的温度下使用。该传感器可以与工作在 860nm 范围的 LED 光源和微型光学光谱仪配合使用。

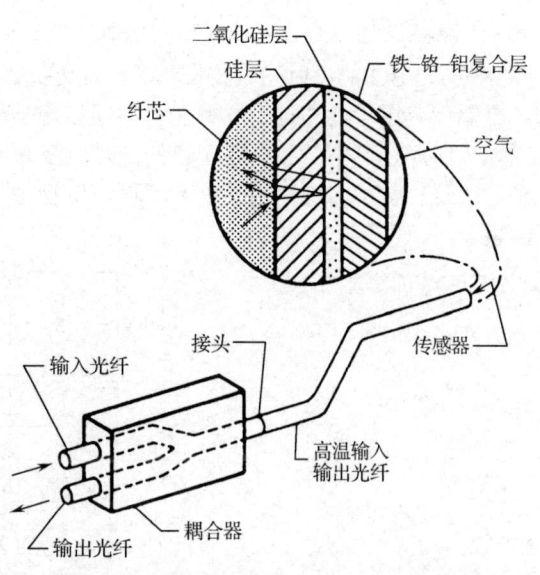

图 6.19　薄膜光学温度传感器的工作原理

6.4.3 热致变色传感器

对于电磁干扰可能带来问题的生物医学应用，可以使用热致变色溶液制备温度传感器，如氯化钴溶液（$COCl_2 \cdot 6H_2O$）。该传感器的操作基于热致变色溶液在400~800nm可见光范围内光谱吸收的温度依赖性，如图6.20所示，这意味着该传感器应包括光源、光电探测器和与物体热耦合的氯化钴溶液。如图6.20（b）、图6.20（c）所示，为热致变色传感器的两种可能的设计其中发射和接收光纤通过氯化钴溶液耦合。

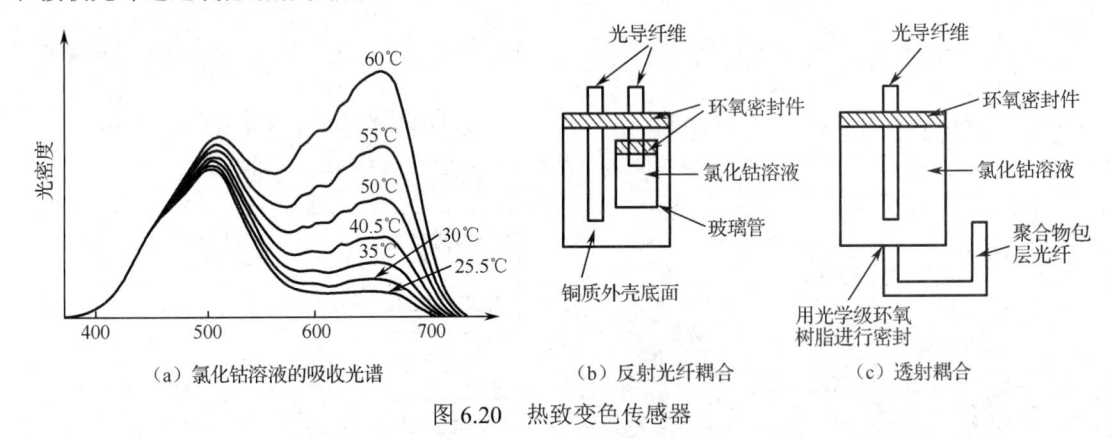

图 6.20 热致变色传感器

6.4.4 光纤温度传感器

光纤布拉格光栅（FBG）传感器对温度较为敏感。这种温度传感器的优点包括抗电磁干扰、没有电导体、具有稳定性和在单根光纤中链式连接多个传感器的能力。FBG温度传感器的工作原理基于光纤的热膨胀和具有不同折射率的光栅之间的距离调制。这里我们将该传感器的温度灵敏度记为

$$\frac{\Delta \lambda}{\lambda} = (\alpha_L + \alpha_n)T \tag{6-27}$$

式中，常数的值分别为 $\alpha_L = 0.55 \times 10^{-6} K^{-1}$， $\alpha_n = 6.67 \times 10^{-6} K^{-1}$。在一个实验中，用光谱分析仪检测和测量了FBG的反射光。波长移动表现为线性传递函数（见图6.21）。光纤温度传感器的限制之一是温度范围不能超过光纤组件的物理和化学稳定性。这种传感器具有相当广泛的用途，包括航空航天应用，其中一些需要测量的量是应变映射、变形、振动检测、微陨星探测器、分布式温度测量。这种传感器也适用于土木工程、生物医学工程，以及嵌入智能结构中用于连续监测应变和温度。

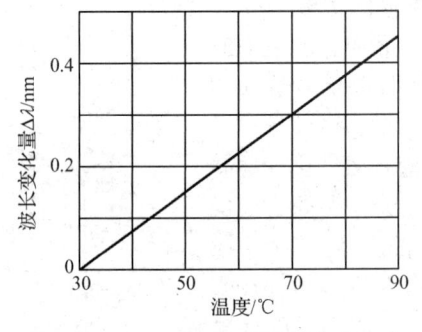

图 6.21 FBG温度传感器的传递函数

思考题

1. 热电偶的工作原理是什么？
2. 热敏电阻的工作原理是什么？
3. 红外传感器的工作原理是什么？
4. 按照接触形式的不同，传感器可分为哪几类？
5. 在选择温度传感器时，需要考虑哪些因素？
6. 有哪些影响温度传感器的环境因素？它们对温度传感器的影响如何？
7. 在使用 NTC 热敏电阻时，为什么不可以忽略其自热效应？
8. 不同类型的热电偶的适用场景分别是什么？
9. 热敏电阻的分类方法与类别有哪些？

第 7 章 湿度传感器

知识单元 与知识点	➢ 湿度的基本概念； ➢ 湿度传感器绝对湿度、相对湿度和露点的基本概念； ➢ 湿度传感器的分类及特点； ➢ 湿度计的基本原理； ➢ 土壤湿度测量的方法。
能力点	✧ 能够解释湿度的基本概念； ✧ 能够解释绝对湿度、相对湿度的基本概念； ✧ 清楚相对湿度的计算公式； ✧ 会分析校准湿度传感器的方法； ✧ 能够复述土壤湿度测量的基本方法。
重难点	■ 重点：湿度传感器相对湿度和露点的基本概念； ■ 难点：温度及水分对湿度传感器的影响。
学习要求	✓ 熟练掌握湿度的概念以及相对湿度的计算公式； ✓ 了解湿度传感器的类型。
问题导引	● 湿度的概念是什么？ ● 如何分析湿度传感器的湿度？ ● 如何评价湿度传感器的湿度？

空气中的水分含量，即湿度，是影响人类和动物健康的关键环境参数，而舒适度不仅受到相对湿度的影响，还与环境温度密切相关。西伯利亚地区冬季的气候以干燥和寒冷著称，即便当地气温下降至零下 30℃，由于空气干燥，相对湿度低，人体也不会感到太冷，因为干燥的空气不利于热量的传递。然而在伊利湖附近的克利夫兰，即使气温为 0℃，较高的相对湿度也会让人感觉更加寒冷和潮湿。这是因为湿润的空气导热性能更强，热量更容易散失，湿气也让人感觉不适。湿度是确保高阻抗电子电路、静电敏感元件、高压设备及机械装置等设备正常运行的关键环境参数，在正常室温范围内（20～25℃），应保持相对湿度为 50%。在不同的行业中，对湿度水平的要求变化很大，例如 10 级洁净室的相对湿度可能需要维持在 38%左右，而医院手术室相对湿度则可能需要保持在 60%左右。因此，对湿度的测量是一个重要环节，本章主要介绍各种湿度传感器的原理与应用。

7.1 湿度传感器的概念

7.1.1 湿度

湿度可以通过湿度计来测量，世界上第一个湿度计是由约翰·莱斯利爵士（1766—1832 年）发明的。

湿度和水分的表达方式有很多种，例如，气体中的水分含量有时以每百万立方英尺气体中水蒸气的磅数来表示；液体和固体中的水分含量通常以水分占总质量的百分比（在湿重基础上）来表示，有时也会采用基于干重的表述方式；对于与水的混合性较低的液体中的水分，通常以重量每百万分比（PPM_w）来表示。水分一词通常指任何材料中的水含量，但出于实际原因，它只适用于液体和固体，而湿度一词则专指气体中水蒸气的含量。以下是一些相关概念的定义。

水分是液体或固体通过吸收或吸附所含的水量，这一部分水可以在不改变其化学性质的情况下被移除。湿度比 r 是指单位质量的干气体中水蒸气的质量。

绝对湿度（水蒸气的质量浓度或密度）是指单位体积 v 的湿气体中水蒸气的质量 m，公式表示为 $d_w=m/v$，绝对湿度就是水蒸气组分的密度。例如，可以通过吸湿物质（如硅胶）来测量空气的湿度，并在吸湿前后称重。绝对湿度的单位是 g/m^3。

相对湿度(%RH)是指在特定温度下空气的实际蒸气压与相同温度下最大饱和蒸气压的比值，以百分数表示的相对湿度的定义为

$$H = 100\frac{P_w}{P_s} \tag{7-1}$$

式中，P_w 是水蒸气分压；P_s 是给定温度下饱和水蒸气的压力；H 表示水汽含量占导致水汽饱和（在该温度下形成露滴）所需浓度的百分比。相对湿度的另一种表示方法是空间中水蒸气的摩尔分数与饱和时空间中水蒸气的摩尔分数之比。

水蒸气的分压 P_w 与干空气的分压 P_a 之和等于密闭容器内的压力，如果容器是开放的，那么就等于大气压力 P_{atm}：

$$P_w + P_a = P_{atm} \tag{7-2}$$

当温度在沸点以上时，水蒸气会取代封闭空间内的其他气体，此时气体将完全由过热蒸汽组成，水蒸气的分压 P_w 等于大气压 P_{atm}。在高于 100℃ 的温度下，相对湿度作为表示水分含量的指标可能会产生误导，因为在这些温度下，水蒸气的饱和分压 P_s 总是大于大气压 P_{atm}，而且相对湿度的最大值永远无法达到 100%。因此，在正常的大气压和 100℃ 的温度下，相对湿度的最大值是 100%，而在 200℃ 的温度时，相对湿度的最大值仅为 6%。

露点温度指的是空气中水蒸气的分压达到最大值，即饱和蒸汽状态。露点温度也被定义为气体-水蒸气混合物在等压条件下结霜或结冰的温度。露点温度是相对湿度为 100% 时的温度，也是指空气在该温度下能够保持其所能容纳的最大水分的温度。当温度降至露点时，空气中的水蒸气含量达到饱和状态，这时就可能产生雾、露或霜的现象。

根据相对湿度和温度 t 计算露点温度。水面饱和蒸汽压 P_s 的计算公式为

$$P_s = 10^{0.66077+7.5\frac{t}{237+t}} \tag{7-3}$$

并根据近似值求得露点温度：

$$DP = \frac{237.3(0.66077 - \lg P_w)}{\lg P_w - 8.16077} t \tag{7-4}$$

$$P_w = \frac{P_s \cdot RH}{100}$$

相对湿度与绝对温度成反比。这意味着，在绝对湿度相同的情况下，温度越高，相对湿度越低。

露点温度通常通过冷镜装置来测量。但是，对于 0℃ 以下的露点，测量结果会变得不准确，因为水分会结冰，形成类似雪花的晶体生长结构。即便如此，考虑到分子运动、对流速度、样品气体温度、污染程度等因素，水分在 0℃ 以下仍有可能以液态形式存在较长的一段时间。

校准湿度传感器需要一个湿度参考源。创建湿度参考源的方法有很多种，例如，可以通过混合干燥的空气（0%相对湿度）和湿润的空气（100%相对湿度）来创建特定湿度的参考源，并且可以根据比例对其湿度进行调节。更常用的方法是利用水中的饱和盐溶液来实现，将含有饱和盐溶液的容器置于一个与外界大气隔离的密闭容器中，饱和盐溶液在密闭容器上方的自由空间中产生的相对湿度可以被准确测量。相对湿度的具体数值取决于所使用的饱和盐溶液的种类，这些信息通常可以在表 7.1 中查到。饱和盐溶液上方的相对湿度几乎不受温度变化的影响，但它对温度

的空间分布均匀性非常敏感。为了确保相对湿度测量的准确性达到±2%RH，密闭容器内的温度均匀性必须小于 0.5℃。

表 7.1 饱和盐溶液的相对湿度

温度 (℃)	氯化锂溶液 LiCl·H$_2$O（%）	氯化镁溶液 MgCl·6H$_2$O（%）	硝酸镁溶液 Mg(NO$_3$)$_2$·6H$_2$O（%）	氯化钠溶液 NaCl·6H$_2$O（%）	氯化钾溶液 KCL（%）
5	13	33.6±0.3	58	75.7±0.3	98.5±0.9
10	13	33.5±0.2	57	75.7±0.2	98.2±0.8
15	12	33.3±0.2	56	75.6±0.2	97.9±0.6
20	12	33.1±0.2	55	75.5±0.1	97.6±0.5
25	11.3±0.3	32.8±0.3	53	75.3±0.1	97.3±0.5
30	11.3±0.2	32.4±0.1	52	75.1±0.1	97.0±0.4
35	11.3±0.2	32.1±0.1	50	74.9±0.1	96.7±0.4
40	11.2±0.2	31.6±0.1	49	74.7±0.1	96.4±0.4
45	11.2±0.2	31.1±0.1	—	74.5±0.2	96.1±0.4
50	11.1±0.2	30.5±0.1	46	74.6±0.9	95.8±0.5
55	11.0±0.2	29.9±0.2	—	74.5±0.9	—

相对湿度传统上是通过一种称为干湿球湿度计（Aspirated Psychrometer）的设备来测量的，该设备由两个相同的温度计构成，其中一个温度计的水银球是干燥的（称为干球），而另一个温度计的水银球则被湿纱布包裹（称为湿球），湿纱布上系有一根绳，浸在水中以保持纱布湿润。当空气吹过两个温度计的水银球时，如果第二个温度计的湿球被水或冰覆盖，水分蒸发会从球的表面吸收潜热，导致湿球的温度低于干球（空气）的温度。在湿度较低时，水的蒸发会更加活跃，导致湿球的温度下降得更多。干湿球湿度计通过测量干球温度和湿球温度之间的差值（热梯度）来确定湿度：$\Delta t = t_a - t_w$。相对湿度是根据以下公式计算的：

$$RH(\%) = 100 \frac{P_w - A\Delta t}{P_s} \tag{7-5}$$

式中，A 是一个常数，当水银球为湿球时，$A=63$，而当水银球被冰覆盖时，$A=56$；P_w 代表水蒸气分压；P_s 代表饱和水蒸气分压；t_a 和 t_w 分别代表干球温度和湿球温度。水蒸气分压是大气压力 P、干湿球的热梯度 Δt 和气温下的饱和水蒸气分压 P_s 三个变量的函数，其关系式可表示为

$$P_w = P_s - \frac{A}{755} P \Delta t \tag{7-6}$$

干湿球湿度计通常用于校准湿度传感器。

7.1.2 湿度传感器

湿度传感器要能够精确地对空气中的水分子产生响应，这要求湿度传感器能够区分水分子与其他气体分子，并根据水分子的浓度变化调整其内部特性，将水蒸气分压转换成相应的电信号。常用的湿度传感器通常基于电容或电阻的变化来检测湿度，当湿度传感器中的电容器或电阻器接触到水分时，其电容值或电阻值会发生改变，如图 7.1 所示。

第 7 章 湿度传感器

(a) 电容式湿度传感器　　(b) 电阻式湿度传感器

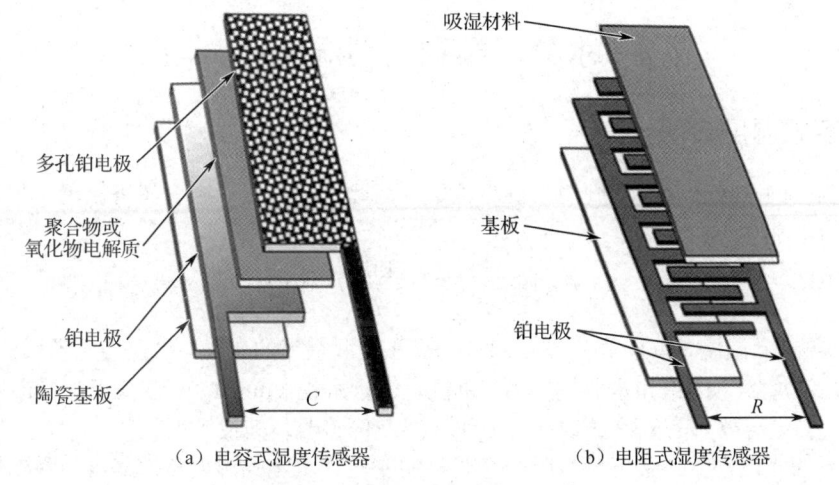

图 7.1　湿度传感器的多层结构

图 7.1（a）所示的电容式湿度传感器由两个铂电极和夹在中间的薄介电层（聚合物或氧化物电解质）组成，该介电层的介电性取决于吸收水分的浓度，上方的铂电极设计成多孔状，以便水分子能够穿透电极到达并被对水分敏感的介电层吸收，这些层都沉积在一个陶瓷基板上，电容 C 是通过常规的接口电路在两个铂电极之间测量得到的。

图 7.1（b）所示的电阻式湿度传感器内含有吸收水分的材料，其电阻值会随着吸收的水分子数量的变化而变化，吸湿材料位于两个交错排列的铂电极之上，整个结构构建在基板上。两个电极之间电阻 R 的大小取决于环境的湿度，可以通过测量得到。

在信号处理过程中，无论是电容还是电阻，都需要通过适当的电路转换成电信号，如阻抗到电压（Z-to-V）、阻抗到频率（Z-to-F）或阻抗到数字（Z-to-D）转换器。在操作时，湿度感测元件只能通过交流电进行测量，以消除直流分量，避免对水分敏感材料的电解（极化）。交流电的频率通常为 200Hz～10kHz。

湿度传感器的分类如下。

（1）水分子亲和力型湿度传感器：湿敏材料吸附（物理吸附和化学吸附）水分子后，其电气性能（电阻、介电常数、阻抗等）发生变化，如湿敏电阻、湿敏电容等。

（2）非水分子亲和力型湿度传感器：利用物理效应测量湿度的湿度传感器，包括热敏电阻式、红外吸收式、超声波式和微波式湿度传感器。

湿敏元件的主要特性参数如下。

（1）湿度量程：即感湿范围。理想情况下为 0～100%RH，一般情况下为 5～95%RH。

（2）感湿特征量：湿度变化所引起的传感器的输出量，如电阻、电容、电压、频率。

（3）感湿特性曲线：反映感湿特征量与环境湿度的关系，感湿特性曲线一般要求全量程连续、线性、斜率适当。

（4）感湿灵敏度：在一定湿度范围内，当相对湿度变化 1%RH 时，其感湿特征量的变化量或变化的百分率。

（5）响应时间：湿度传感器响应相对湿度变化量的 63.2%所需要的时间，反映湿度传感器的动态响应特性。该时间分为吸湿响应时间和脱湿响应时间，由于湿敏元件的吸湿响应时间和脱湿响应时间不同，因此表现出一定的滞后现象。

（6）湿度温度系数：感湿特性曲线随温度变化的特性。

7.2 水分子亲和力型湿度传感器

7.2.1 电容式湿度传感器

由于大气中的水分变化会改变空气的电容率，因此充满空气的电容器可以用作相对湿度传感器，湿空气的电容率

$$k = 1 + \frac{211}{T}\left(P_w + \frac{48P_s}{T}H\right)10^{-6} \tag{7-7}$$

式中，T代表热力学温度，单位是开尔文（K）；P_w代表湿空气的压力，单位为毫米汞柱（mmHg）；P_s代表在特定温度T下的饱和水蒸气压力，单位是毫米汞柱（mmHg）；H代表相对湿度（%RH）。尽管充满空气的电容器具有较好的线性，但作为湿度传感器，其灵敏度较低。

绝缘材料的介电常数在接触湿气时会有明显的变化。电容式湿度传感器可由吸湿性聚合物薄膜和沉积在对侧的金属化电极组成，电介质由厚度为 8～12μm 的亲水性醋酸纤维素丁酸酯和作为增塑剂的二甲基乙酸酯薄膜制成，在聚合物薄膜上通过真空沉积技术沉积直径为 8mm、厚度为 20nm 的金质多孔圆盘电极，聚合物薄膜由支架悬挂，其上的多孔圆盘电极连接到端子，这种传感器的电容值大致与相对湿度H成正比：

$$C_h \approx C_0(1 + \alpha_h H) \tag{7-8}$$

式中，C_0是$H=0$时湿度传感器的电容；α_h是湿度系数。

图 7.2（a）所示为电容式湿度传感器，图 7.2（b）所示的传递函数显示随着湿度的增加，电容近乎线性地增加，这是因为水具有较高的介电常数，但水的介电常数是温度的函数，因此电容式湿度传感器需要采用一个温度传感器来进行补偿。

（a）电容式湿度传感器 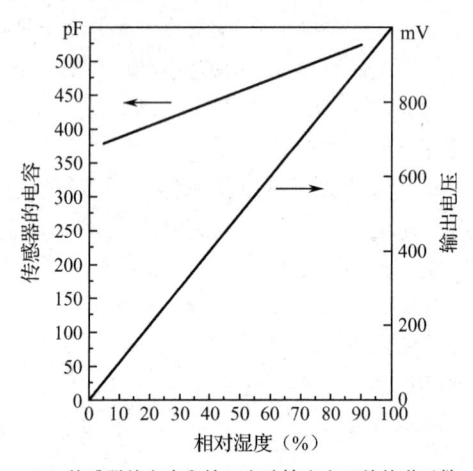　　　　（b）传感器的电容和接口电路输出电压的传递函数

图 7.2　电容式湿度传感器及其传递函数

图 7.3 所示为由 Silicon Labs 生产的 Si7015 型温度补偿集成式湿度传感器，其封装上的圆形开口用于接收空气样本。集成电路不仅包含传感元件（湿度和温度传感器），还整合了信号调节电路、模数转换器（ADC）、校准存储器、补偿电路，以及 I^2C 等串行数字接口。

因为介电层吸收水分子需要一定的时间，所以利用电容式湿度传感器进行湿度测量是一个缓慢的过程。现代微电机系统（MEMS）技术的应用使得湿度测量的速度得到了显著提升，MEMS 技术通过缩小电容器的尺寸并增加介电材料的表面积，形成了许多侧壁外露的圆柱形电容器，从而加快了水分子的吸收，实现了更快的响应，如图 7.4（b）和图 7.4（c）所示。

(a) 封装形式　　　　　　　　　　　　(b) 功能图

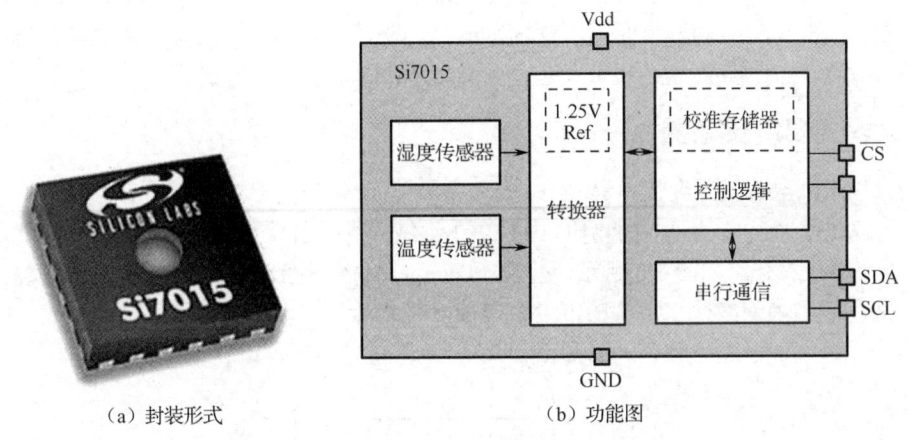

图 7.3　Si7015 型温度补偿集成式湿度传感器

圆柱形电容式湿度传感器外露的侧面采用了聚酰亚胺材料，这种材料能以更快的速度吸收湿气。圆柱形电容式湿度传感器的直径仅为数微米，这样的设计使得湿气能够通过其侧壁沿圆周方向迅速扩散，从而加快了传感器对环境湿度变化的响应速度。为了进一步提升传感器的性能，设计中特别增加了一个加热元件，以防止冷凝现象的发生。冷凝会导致传感器表面形成水滴，可能损坏传感器，在冷凝后传感器需要较长时间来恢复到正常工作状态。为了避免这种情况，多个圆柱形电容式湿度传感器被设计成并联的形式，如图 7.4（c）所示的设计可以将传感器的响应速度提高十倍。

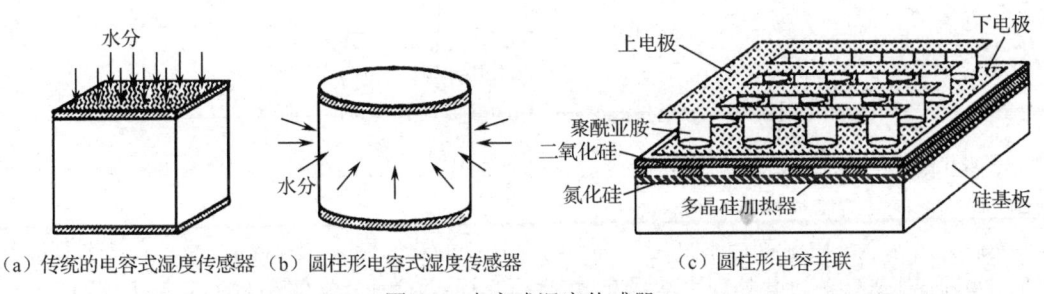

(a) 传统的电容式湿度传感器　(b) 圆柱形电容式湿度传感器　(c) 圆柱形电容并联

图 7.4　电容式湿度传感器

电容技术可以用于测量材料样品中的水分，图 7.5 所示为电容式湿度测量系统，其中样品的介电常数会导致 LC 振荡器的频率发生变化，这种测量湿度的方法对于医药产品生产的过程控制非常有价值。与水的介电常数（室温下大约是 75～80）相比，大多数医药用片剂的介电常数为 2.0～5.0。将待测材料样品放置在两块测试板之间，构成一个电容器，这两块测试板与一个 LC 振荡电路连接。通过测量 LC 振荡器的频率，可以将测得的频率与样品的湿度联系起来。

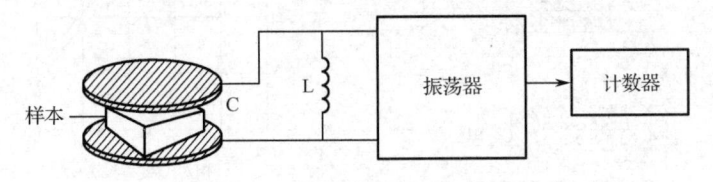

图 7.5　电容式湿度测量系统

差分技术是一种减少环境条件变化对测量结果影响的有效方法，在湿度测量中，这种方法通过计算两个在不同条件下测得的测量值的差值来消除共同误差源的影响。例如，通过比较空容器和装有样品的容器的频率变化（$\Delta f = f_0 - f_1$），可以更准确地评估样品的湿度。但这种方法也存在局限性，如在测量低于0.5%的湿度时该方法的准确性会降低、样品中不能含有介电常数较高的杂质（如金属和塑料颗粒）、样品需要保持一定的堆积密度和固定的几何形状等。

7.2.2 电解式湿度传感器

7.2.2.1 无机电解质湿度传感器

无机电解质是通过离子导电的物质，如LiCl湿敏元件，其感湿原理为LiCl吸湿潮解，导致离子的导电率发生变化。如图7.6所示，登莫（Dunmore）式湿度传感器的结构包括涂覆式氯化锂（LiCl）溶液和聚乙烯醋酸盐水溶液的混合液薄膜和钯电极。

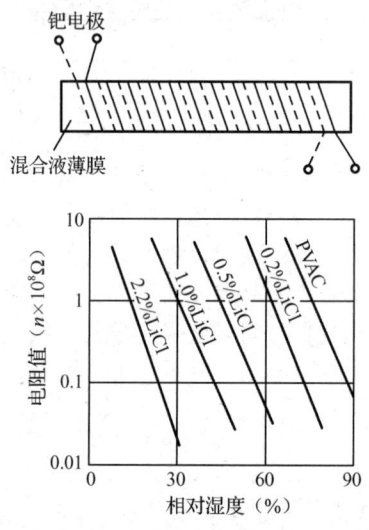

图7.6 登莫式湿度传感器的结构及其感湿特性曲线

浸渍式湿度传感器的结构：天然树皮或玻璃带基片上浸渍LiCl溶液，其感湿特性曲线与登莫式湿度传感器的感湿特性曲线相似。

光硬化树脂电解质湿敏元件如图7.7所示，采用光硬化树脂作为胶合剂，通过浸渍或蒸镀LiCl溶液，并进行干燥、光硬化处理来增强其耐湿性和耐温性，使其能够在80℃高温下使用。

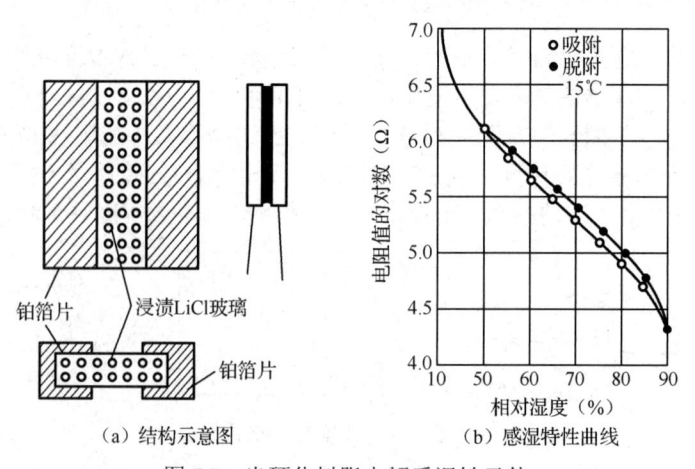

（a）结构示意图　　（b）感湿特性曲线

图7.7 光硬化树脂电解质湿敏元件

7.2.2.2 高分子电解质湿度传感器

高分子电解质湿度传感器可以分为两大类：湿敏电容型（材料的介电常数变化）和湿敏电阻

型（其材料的导电性发生变化）。

在聚苯乙烯磺酸锂强电解质感湿膜上制作多孔梳状金电极可以制成聚苯乙烯磺酸锂湿敏电阻，其工作温度为-30～+90℃，测湿范围为0～100%RH。

有机季铵盐高分子电解质湿敏电阻中的离子导电高分子湿敏材料通过吸湿电离导致电极间的电阻发生变化，从而实现湿度测量。其工作温度为-20～90℃；测湿范围为20～99.9%RH；响应时间约为30s；滞后小于±2%RH；测湿精度为±（2～3）%RH。

聚苯乙烯磺酸铵湿敏电阻的测湿范围为20～99.9%RH；温度系数为a=-0.6%RH；耐水性好。这类湿敏电阻的特性与相对湿度的关系如图7.8所示。

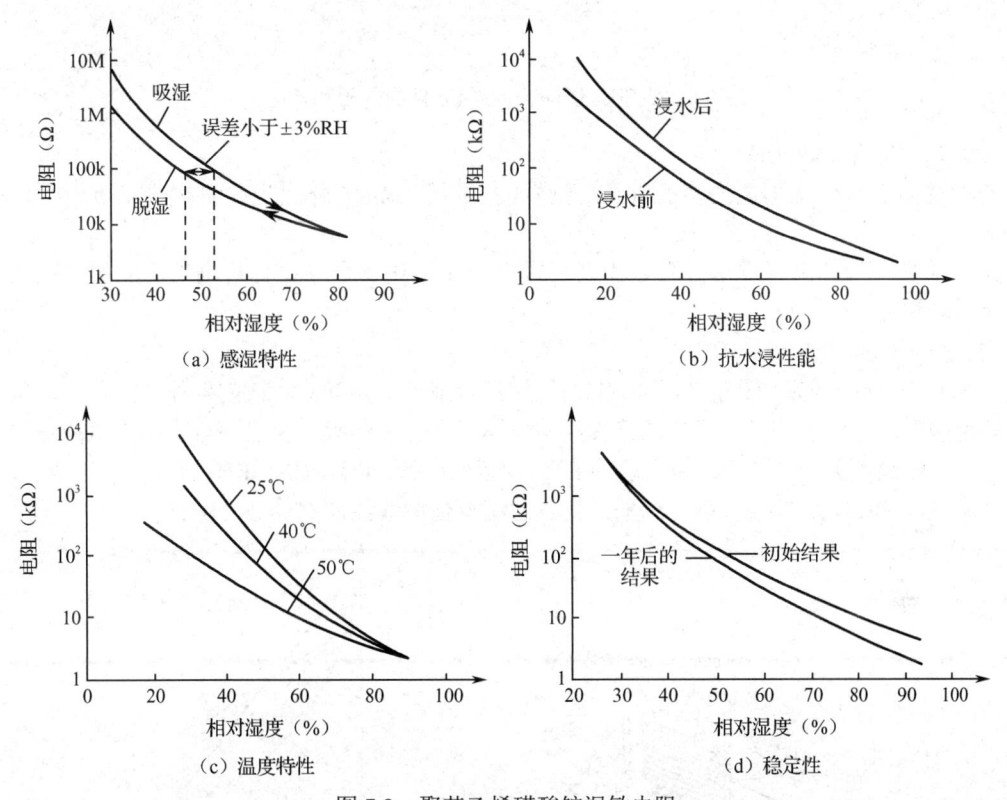

图7.8 聚苯乙烯磺酸铵湿敏电阻

7.2.3 半导体及陶瓷湿度传感器

薄膜型陶瓷湿度传感器主要为湿敏电容，基于感湿材料吸湿前后介电常数的变化实现湿度测量。使用时一般将电容信号调理成频率输出。

（1）涂覆膜型 Fe_3O_4 湿敏元件。

结构：采用感湿材料粉末（Fe_3O_4）调浆，随后将其喷洒并涂覆于带电极的基片上构成。其测湿范围为0～100%RH；稳定性好；响应时间长。涂覆膜型 Fe_3O_4 湿敏元件的结构和性能如图7.9所示。

其他涂覆膜型感湿材料：Cr_2O_3、Mn_2O_3、Al_2O_3、ZnO、TiO_2 等金属氧化物。

（2）Al_2O_3 薄膜湿敏元件。

优点：工作温度范围宽；体积小；响应快；低湿测量灵敏度高，无"冲蚀"现象。缺点：对污染敏感；高湿测量精度差；工艺复杂；易老化，稳定性差。

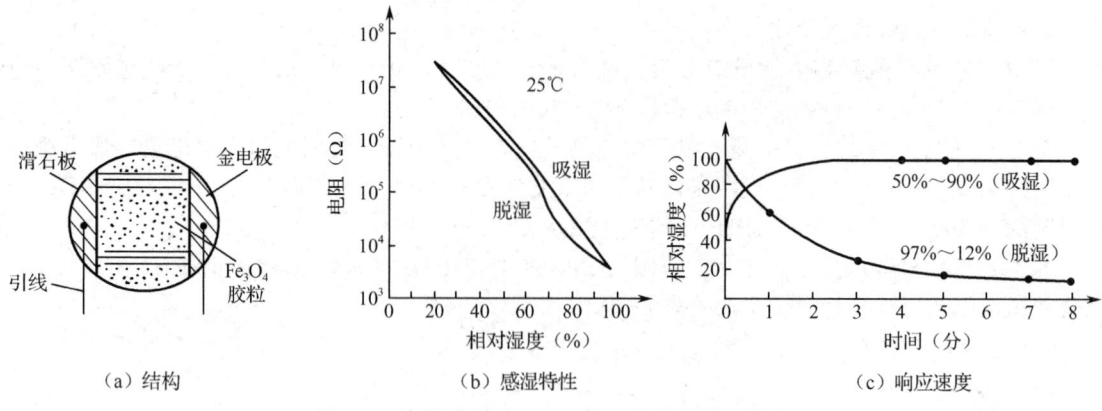

图 7.9 涂覆膜型 Fe_3O_4 湿敏元件的结构和性能

（3）TaO 电容湿敏元件。

将通过阳极氧化法形成的多孔 TaO 薄膜（厚度仅 1mm）作为电介质构成湿敏电容，稳定性好。

烧结体型半导体陶瓷湿敏元件是由两种以上金属氧化物半导体材料烧结而成的多孔陶瓷制成的半导体陶瓷湿敏元件。

（1）$MgCr_2O_4$-TiO_2 湿敏元件。

结构：按 $MgCr_2O_4$：TiO_2=70%：30%的比例混合烧结（1300℃）成陶瓷体并切片，印制电极制成感湿陶瓷。感湿机理：陶瓷烧结体微结晶表面对水分子的吸、脱引起电极间电阻的变化。感湿特性：工作温度大于 150℃，最高达 600℃，测湿范围为 1%～100%RH；稳定性好；响应时间小于 20s 等。$MgCr_2O_4$-TiO_2 湿敏元件的结构及感湿特性曲线如图 7.10 所示。

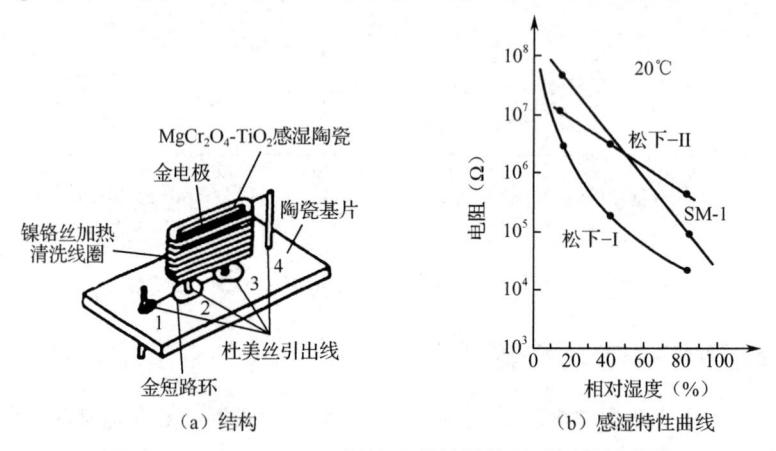

图 7.10 $MgCr_2O_4$-TiO_2 湿敏元件的结构及感湿特性曲线

（2）V_2O_5-TiO_2 陶瓷湿敏元件。

V_2O_5-TiO_2 陶瓷湿敏元件属于体积吸附多孔陶瓷烧结体湿敏元件，体积吸附是指材料通过其多孔结构捕获或吸附周围环境中水分子的能力。这种吸附作用主要发生在材料的孔隙内部，这些孔隙为水分子提供了大量的表面积，从而增加了吸附的可能性。

主要特点：测湿范围宽，耐高湿，响应快，但容易发生漂移。

（3）ZnO-Cr_2O_5 陶瓷湿敏元件。

ZnO-Cr_2O_5 陶瓷湿敏元件属于无须加热清洗的半导体陶瓷烧结体湿敏元件。主要特点：稳定性好，响应快，湿度变化为±20%时，响应时间约为 2s；吸湿、脱湿几乎无滞后现象。

7.2.4 高分子聚合物湿度传感器

利用高分子聚合物（电介常数 er=2～7）随环境湿度的变化成比例地吸附和释放水分子（吸附量 r=83）使其介电常数发生改变的特性，将其作为电介质制成湿敏电容，其电容量随环境湿度的变化而变化。

7.2.4.1 胀缩性有机物湿敏元件

利用有机纤维吸湿溶胀、脱湿收缩的特性，将导电微粒或离子掺入其中作为导电材料，便可将环境湿度的变化转换为感湿材料电阻的变化。

（1）碳湿敏电阻。

结构：丙烯酸塑料基片（两长边制作电极）；浸涂由羟乙基纤微素、导电炭黑和润湿性分散剂组成的浸涂液，蒸发后形成具有胀缩性的导电感湿膜，如图 7.11 所示。

（a）结构　　（b）感湿特性曲线

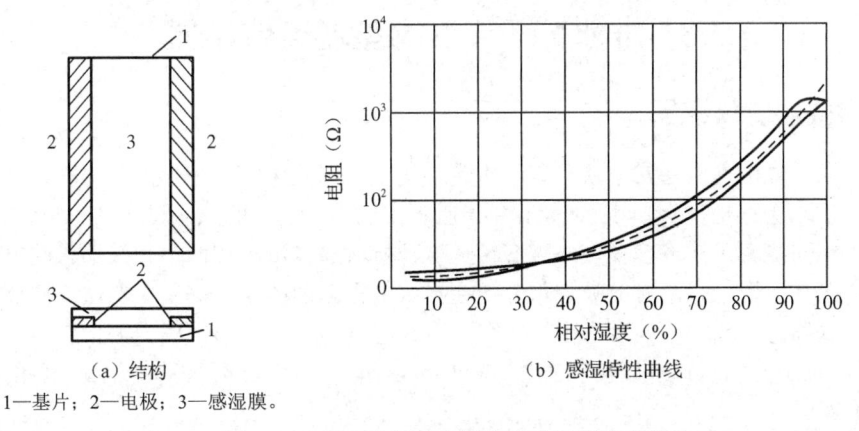

1—基片；2—电极；3—感湿膜。

图 7.11　碳湿敏电阻的结构及感湿特性曲线

如图 7.12 所示，当相对湿度大于 90%时，感湿特性曲线具有负的斜率，曲线出现"隆起"或被"压弯"的现象；在 25℃和 33.3%RH 条件下，湿敏元件的湿滞回线有一交叉点。

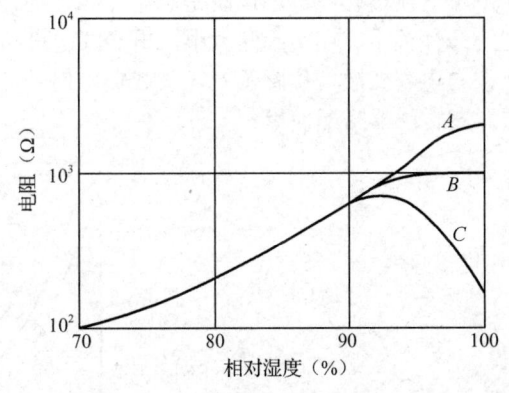

图 7.12　碳湿敏电阻的感湿特性曲线的"隆起"现象

（2）结露敏感湿敏电阻。

结构：在印刷梳状电极的氧化铝基片上涂覆由新型树脂和碳粒组成的电阻式感湿膜构成湿敏电阻。感湿特点：灰尘和其他气体的表面污染对元件的感湿特性影响小；能检测并区别结露等高湿状态；具有开关特性，工作点变动小；导电无极化现象，可用直流电源设计测量电路。

7.2.4.2 高分子聚合物薄膜湿敏元件

（1）等离子聚合法聚苯乙烯薄膜湿敏电容。

结构原理：当环境湿度发生变化时，聚苯乙烯吸湿或脱湿从而引起介电常数的改变，在玻璃基片上镀一层铝薄膜作为下电极，用等离子聚合法在铝膜上镀一层聚苯乙烯（0.05mm）作为电容器的电介质（感湿材料），再在上面镀一层多孔金膜作为上电极，制作成湿敏电容。感湿特点：感湿范围宽，几乎覆盖全湿范围；使用温度范围宽（-40~+150℃）；响应速度快（响应时间小于1s）；结构尺寸小；湿度温度系数小。

（2）醋酸纤维有机膜湿敏电容。

结构原理：利用醋酸纤维吸湿或脱湿从而引起介电常数的改变特性，制作成平板湿敏电容。感湿特点：响应速度快（响应时间小于1s）；重复性好；工作温度范围为0~80℃；测湿范围宽（0~100%RH）；湿度温度系数小（0.05%RH/℃）；测湿精度为±（1~2）%RH。

7.3 非水分子亲和力型湿度传感器

7.3.1 电阻式湿度传感器

许多非金属导体的电阻通常取决于其含水量，这是电阻式湿度传感器的工作基础。如图7.13（a）所示，电阻式湿度传感器在陶瓷（氧化铝）基板上制造，使用的感湿材料具有较低的电阻率，并且其电阻在不同湿度条件下会发生显著变化。这种材料通常沉积在两个相互啮合的电极顶部，以提供较大的接触面积。感湿材料吸收水分子会导致电极之间的电阻率发生变化。通过测量电阻率的变化，可以确定环境中的湿度水平，使得电阻式湿度传感器能够准确地测量湿度，并将其转换为电子信号。最早的电阻式湿度传感器是F.W.Dunmore于1935年开发的由2%~5%的氯化锂水溶液组成的吸湿膜。

固体聚合物电解质是制造电导式湿度传感器薄膜的潜在材料，虽然这些化合物的稳定性和可重复性通常不是很高，但使用相互渗透的聚合物网络、载体及支持介质可以显著提高其稳定性和可重复性。如图7.13（c）所示，在1kHz频率下测量时，当相对湿度从0%变为90%时，这种薄膜的阻抗从100MΩ变为1000Ω。湿度传感器的电阻是高度非线性的，而其电导率与电阻率互为倒数，与相对湿度存在合理的线性关系。在实际测量中，电导式湿度传感器可以安装在探头的顶端，也可以安装在电路板上。与电容式湿度传感器一样，其输出信号受到空气温度的强烈影响。因此，信号调节电路需要与温度传感器搭配使用。

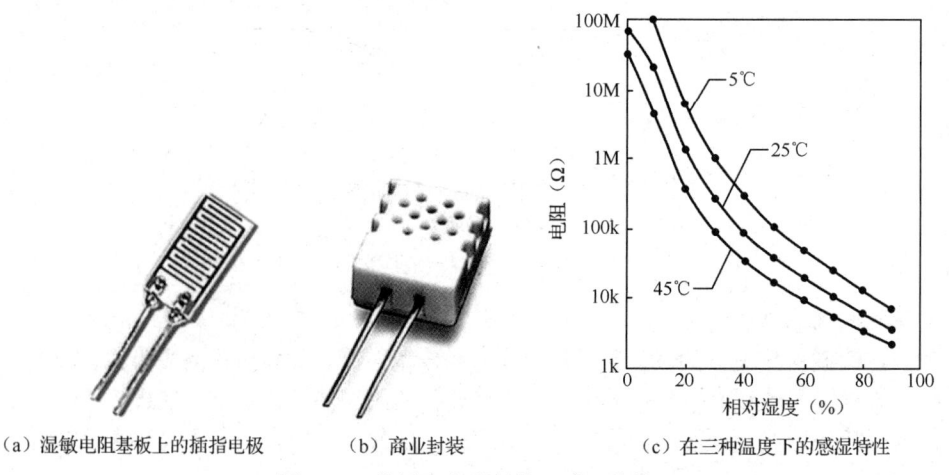

(a) 湿敏电阻基板上的插指电极　　(b) 商业封装　　(c) 在三种温度下的感湿特性

图7.13 基板和商业封装及感湿特性

7.3.2 热传导式湿度传感器

如图 7.14（a）所示，利用差分热敏电阻测定气体的热导率，可间接实现对湿度的测量。两个微型热敏电阻（R_{t1} 和 R_{t2}）由细线支撑，以尽量减少外壳的热传导损失，左边的热敏电阻通过小孔暴露在外部气体中，而右边的热敏电阻则密封在干燥的空气中，两个热敏电阻被连接到一个桥式电路（R_1 和 R_2）中，该电路由参考电压+E 供电。热敏电阻在电流通过时会产生自热现象，为了确保热敏电阻能够达到所需的温度（比环境温度高出 170℃），其电阻值一般在 10～50Ω。开始测量之前，需要在干燥的空气中对桥式电路进行平衡，确立一个零点参考值。随着绝对湿度的增加，湿度传感器的输出值会逐渐上升。当绝对湿度达到大约 150g/m³ 时，传感器的输出会达到饱和状态，随后在绝对湿度达到大约 345g/m³ 时发生极性变化并开始下降，如图 7.14（b）所示。这种传感器需要在静止的空气中进行测量，否则空气对流产生的额外冷却将导致测量误差。

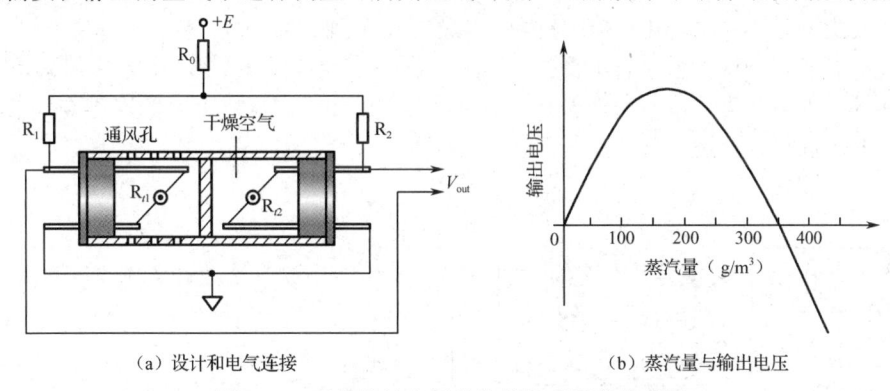

（a）设计和电气连接　　（b）蒸汽量与输出电压

图 7.14　配备热敏电阻的热传导式湿度传感器

7.3.3 红外吸收式湿度传感器

每种气体分子都有固定的吸收光谱，其吸收强度与该气体的体积分数有关，通过测量光谱的吸收强度变化可以推算出气体的体积分数。当一束光强为 I_0 的入射平行光通过待测气体时，若光源光谱覆盖气体分子的吸收光谱，则光线通过气体时会发生衰减。根据朗伯-比尔定律（Lambert-Beer Law），出射光强 I 与入射光强 I_0 和气体的体积分数之间的关系为

$$I(\lambda) = I_0(\lambda) e^{-px} [-\alpha(\lambda)CL] \tag{7-9}$$

式中，I 和 I_0 分别是出射光强和入射光强；$\alpha(\lambda)$ 是一定波长下单位浓度、单位长度的介质的吸收系数；L 是待测气体与光相互作用的长度；C 是待测气体的浓度。

需要知道当前温度下的饱和水汽压，测出水汽浓度 C，才能得到相对湿度值。要获取较高的测量准确度必须实时测量环境的温度和压力，用于修正测量结果。利用红外吸收式湿度传感器测量空气湿度的流程如图 7.15 所示。

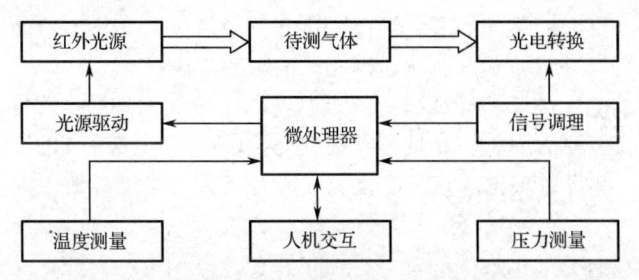

图 7.15　利用红外吸收式湿度传感器测量空气湿度的流程

7.3.4 冷凝镜光学湿度计

大多数湿度传感器存在滞后现象，其典型值从 0.5%～1%RH 不等，这限制了湿度传感器在精密过程控制中的应用。要减小滞后效应给湿度测量带来的不良影响，需要使用光学湿度计。露点是水（或任何液体）的液相和气相达到平衡时的温度，在露点温度时，空气中的水蒸气分压达到饱和状态，此时只存在一个饱和水蒸气压力的值。利用式（7-4）求得露点温度进而计算绝对湿度或相对湿度，只要知道环境大气压力，就可以通过露点温度测量绝对湿度。

光学湿度计基于一面由珀耳帖热泵精确控制表面温度的镜子，镜子的温度被调节到露点。在测量过程中，取样空气被泵送到镜子表面，如果空气中含有足够的水分，且镜面温度低于空气的露点温度，那么空气中的水蒸气就会在镜面上凝结成露珠，当镜面温度达到或超过空气的露点温度时，空气中的水分将以水滴的形式释放出来。此时，由于水滴对光线的散射作用，会导致镜面的反射特性发生变化，这种变化可以通过光电探测器检测到。

冷镜露点传感器及冷镜湿度计如图 7.16 所示。该湿度计包括一个热泵，这个热泵是基于珀耳帖效应工作的。热泵负责从镜子的表面吸收热量，镜子的表面内嵌一个温度传感器。该传感器是数字温度计的组成部分，用于监测并显示镜面的温度。

（a）带光桥的冷镜露点传感器　　（b）商用冷镜湿度计

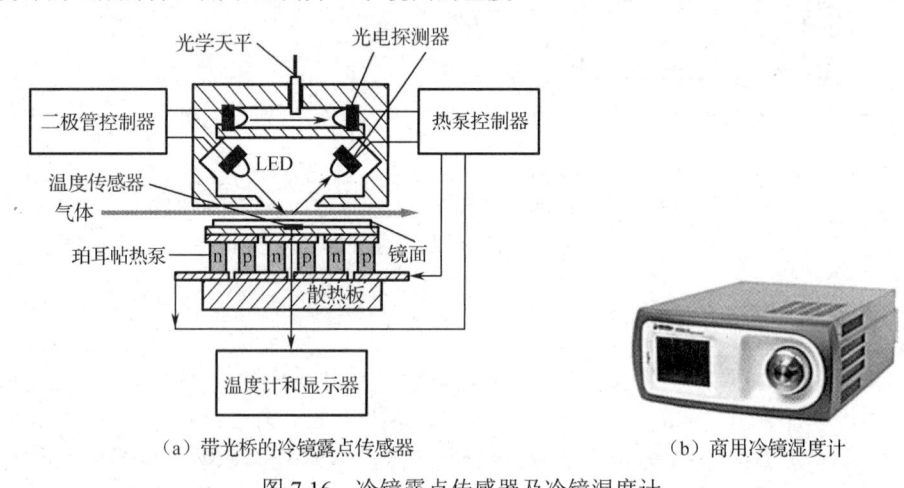

图 7.16　冷镜露点传感器及冷镜湿度计

在湿度计的差分电路中，顶部的光耦合器、发光二极管（LED）和光电探测器用于补偿漂移，而底部的光耦合器则用于测量镜面的反射率。传感器的对称性可以通过在光路平衡中插入一个楔形光学天平来平衡，下部的光耦合器与镜面成 45°角。在露点温度以上，镜面是干燥的，反射率最高。热泵控制器利用热泵来降低镜面的温度，当温度降至露点，空气中的水蒸气会在镜面上凝结成水珠，导致镜面的反射率突然下降，这使得光电探测器接收到的光量减少，进而导致光电流减小。光电探测器检测到这种变化后，会向热泵控制器发出信号，热泵控制器接收到信号后，会调节供给热泵的电流，以保持镜面的表面温度稳定在露点温度。这样，镜面上的水珠既不会因为过冷而结冰，也不会因为过热而蒸发，从而确保了测量的准确性。

利用镜面感知到的温度能够精确地确定露点温度，这被认为是测量湿度最基础且最准确的方法。这种方法几乎消除了滞后现象，并且具有极高的灵敏度——接近 0.03℃ 的露点变化。只要知道当前的温度和压力，就可以根据露点温度推算出所有相关的湿度参数，包括相对湿度（%RH）、水蒸气压力等。

露点测量方法虽然具有准确性高的优点，但也存在一些问题。首先，这种方法的成本相对较高。其次，传感器的镜面可能受到污染，这种污染会影响测量结果的准确性，通过使用粒子过滤器和特殊技术，可以有效地减少镜面污染问题。此外，使用热泵来控制镜面温度也会导致相对较高的能耗。

7.3.5 光学相对湿度传感器

某些感湿材料在水分子的影响下会改变其光学特性，如偏振、折射率和光吸收能力等，这些变化是光调制相对湿度传感器进行湿度测量的基础。通过捕捉感湿材料在不同湿度水平下光学特性的变化来测量空气中的水分含量，并将这些变化转化为相对湿度的测量值。聚乙二醇（PEG）就是一种感湿材料，它在吸收水分子后会改变其折射率并具有膨胀，从而可以在10%到95%的范围内测量相对湿度。聚乙二醇是一种具有高度亲水性的材料，对湿度没有单调的线性响应，因而可以在不同的湿度范围内表现出不同的厚度和折射率特性。在相对湿度大约为80%时，聚乙二醇薄膜会发生物理相变，从半晶体结构变为凝胶状。在这一相变点上，聚乙二醇薄膜的折射率会急剧下降，膨胀率也会急剧上升。如果在真空室中对聚乙二醇薄膜进行氢化，可消除湿度引起的相变的影响。

聚乙二醇薄膜因其吸湿性被用于制造光调制相对湿度传感器。如图7.17所示，这种传感器包含一个棱镜，其上表面涂覆了一层聚乙二醇薄膜。当光源产生的光线在上表面发生反射时，会发生全内反射（TIR），并被光电探测器接收，当聚乙二醇薄膜暴露在流经表面的空气中时，空气中的水分含量变化会导致聚乙二醇薄膜的折射率和厚度发生变化，进而影响光的传播特性，从而实现对湿度的测量。

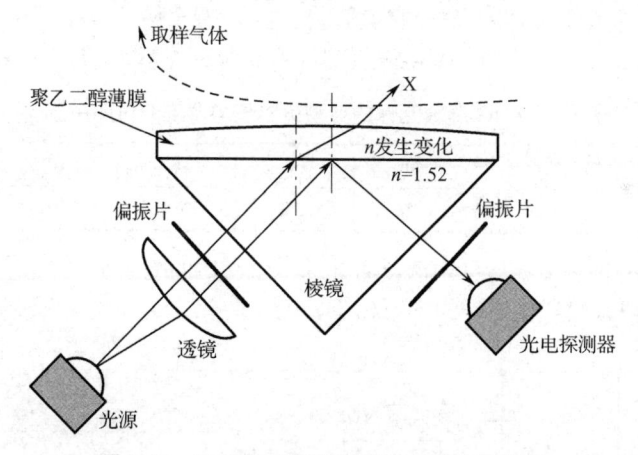

图7.17 光学相对湿度传感器中的光强调制

另一种光学相对湿度传感器的工作原理是将感湿材料与染料结合，染料能够响应相对湿度的变化，感湿材料能够吸收水分，其颜色随之改变，从而反映出不同的湿度水平。在聚合物材料中加入染料可以制成光学相对湿度传感器，当这种材料暴露在空气中测量相对湿度时，染料的光学特性会因湿度的变化而变化，这种变化可能是由于染料与聚合物载体膜形成的复合物的结合/解离，或者是由于pH值的变化。在这种光学相对湿度传感器中，含有染料的聚合物材料被放置在光耦合器的光路中，这样光强就能被转换成可变的电信号。

7.3.6 振荡式湿度计

振荡式湿度计的原理与光学冷却镜传感器类似，但其通过检测冷却板质量的变化来测量露点温度。冷却板是由薄石英晶体制成的，它是振荡电路的一部分，又称压电湿度计，因为冷却板的振荡是基于压电效应。

石英晶体与珀耳帖制冷器热耦合,该制冷器能够高精度控制石英晶体的温度。如图 7.19 所示,当温度降至露点温度时,水蒸气会在石英晶体的暴露表面上凝结,晶体的质量发生了变化,振荡器的谐振频率会从 f_0 变化到 f_1,新的频率 f_1 对应于水层的特定厚度。频率的变化控制着通过珀耳帖制冷器的电流,从而改变石英晶体的温度,使其稳定在露点温度。设计振荡式湿度计的主要困难在于如何在制冷器和石英晶体之间提供足够的热耦合,同时在最小的机械负荷下保持石英晶体的小尺寸。

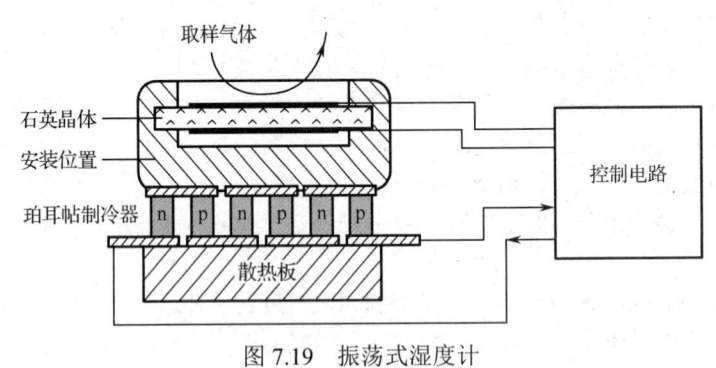

图 7.19 振荡式湿度计

7.3.7 湿度电压变送器

ZHG 湿敏电阻以多孔半导体陶瓷材料为感湿材料,设置金属电极和引线,其电阻值随环境湿度的变化而变化。ZHG 湿敏元件的典型电阻值与湿度的对照关系如表 7.2 所示。

表 7.2 ZHG 湿敏元件的典型电阻值与湿度的对照关系

相对湿度/%RH	20	30	40	50	60	70	80	90
电阻值/Ω	4M	2.2M	1.2M	650k	320k	170k	86k	44k

湿度电压变送器通过测量介质中由湿度引起的电学性质的变化来实现湿度测量,并将这种变化转换为电压信号输出,以提供湿度的定量信息。图 7.20 所示为湿度电压变送器的电路图。

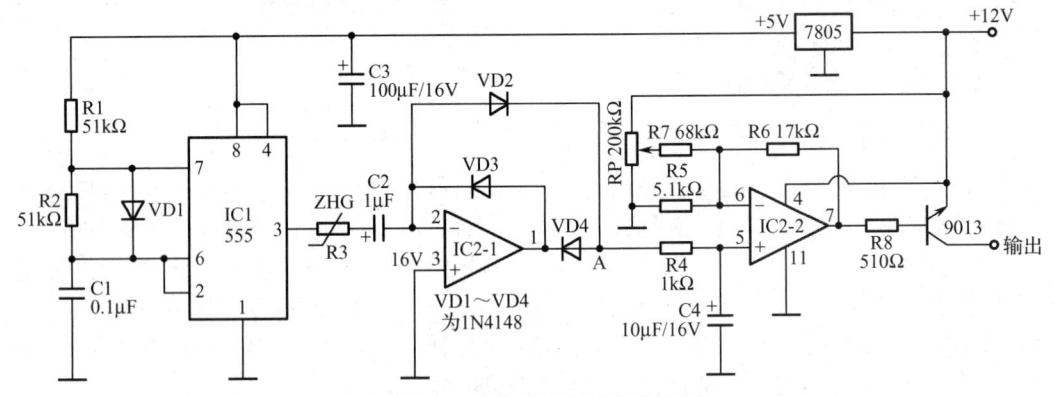

图 7.20 湿度电压变送器的电路图

7.4 湿度传感器的应用

湿度传感器广泛应用于气象、军事、纺织、电子、食品、烟草、农业、医疗、建筑及日常生活等领域不同场景下的湿度监测、控制与报警。

7.4.1 土壤湿度测量

在农业和地质学领域，对土壤中水分的监测是一项重要工作，许多土壤水分监测设备都是利用电导率来测量湿度的。水的典型电导率如表 7.3 所示。

表 7.3 水的典型电导率

去离子水	5.5×10^{-6} S/m
饮用水	0.005~0.05 S/m
海水	5 S/m

土壤是由多种矿物质和有机物质组成的复杂混合物，它们以固态、气态和液态的形态存在。土壤中的水分含量是影响土壤电导率的关键因素。土壤中水的电导率会根据土壤的具体成分在 0.01~8 S/m 的范围内变化，这意味着土壤的电导率主要由其中的水分含量决定。

如图 7.21（a）所示，使用简单的双电极探头，通过监测插入土壤样本中的电极 A、B 之间的电压和电流来测量土壤电阻率 R_s，进而监测土壤中的水分含量。手持式土壤湿度测量仪使用直流电测量电路来确定土壤中的水分含量。在这些测量仪中，电流通过土壤，并且电路配置通常包括一个上拉电阻 R_1 和土壤本身的电阻 R_2，它们共同构成一个分压器。由于电路中使用的是直流电，因此电极之间的电容 C_s 对测量结果没有影响。如图 7.21（b）所示，输出电压可以清楚地表示土壤的含水量。为了防止长期使用后电解沉积物的积累导致出现误差，此类传感器每次使用后都应清洗电极。

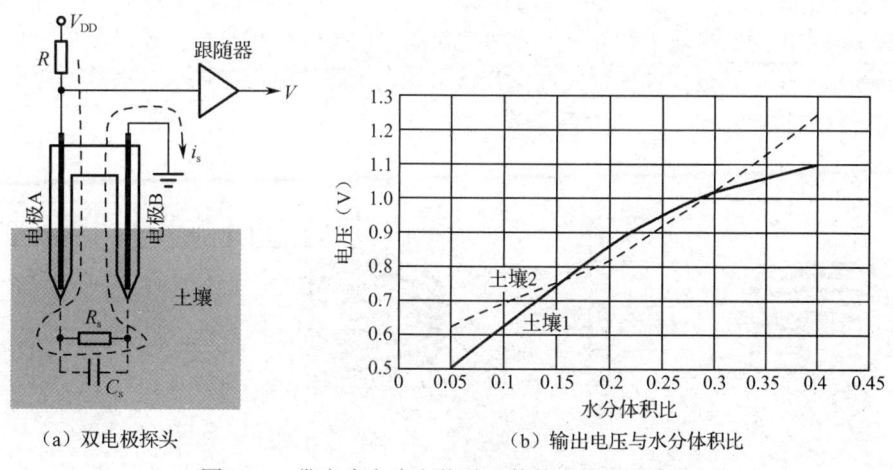

（a）双电极探头　　　　　　　　（b）输出电压与水分体积比

图 7.21 带直流电流和传递函数的土壤电导率仪

为避免电极极化，应使用交流电进行测量，如图 7.22（a）所示。典型的探头有多个电极，其中电极 A（电流注入该电极）设置于探头的中心位置［见图 7.22（b）］，通常与 3~5 个电极 B（电流回流该电极）环绕放置并平行连接。这样，通过频率约为 1kHz 的电流就可以测量电极 A 和 B 之间由电阻 R_s 和电容 C_s 组成的土壤阻抗。为了消除电流中可能存在的直流分量，电容器 C_1 与电阻器 R_1 串联。电阻器两端的电压经整流后输入处理器，其大小与所选频率下的土壤阻抗有关。

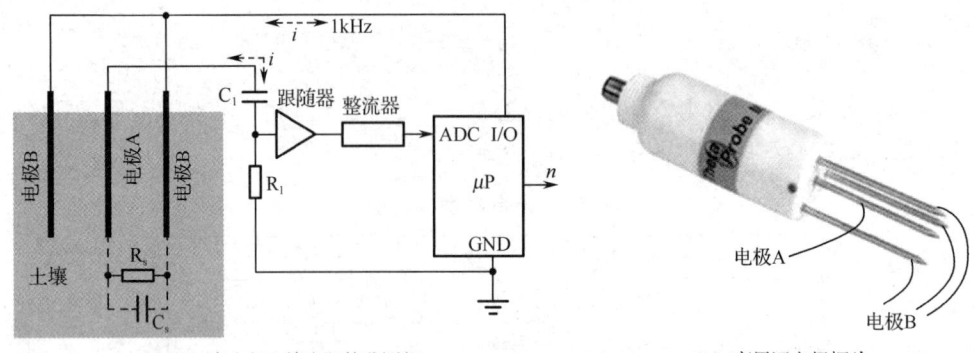

(a) 多电极土壤电阻抗监测仪　　　　　(b) 商用四电极探头

图 7.22　电阻抗监测仪及四电极探头

如图 7.23（a）所示，当土壤阻抗的测量需要在较深的地下进行时，可以采用涡流探测技术来进行土壤电磁传导性的测量，当一个线圈放置在土壤上方时，会在土壤中产生涡流。这种涡流能够反映土壤的电磁特性，从而可以根据土壤的电磁特性间接测量土壤的阻抗。线圈通过高频振荡器来驱动，其工作机制与金属探测器相似，这种线圈对土壤中产生的圆形感应电流做出反应，土壤的含水量越高，涡流越强。根据楞次定律，土壤中的感应电流与线圈的交流电流相反，因此可以测量。

双线圈装置如图 7.23（b）所示，它包含两个线圈——发射线圈和接收线圈。发射线圈位于装置的一端，能在土壤中产生环形涡流回路。这些回路的大小与土壤的电导率成正比。每个电流回路都会产生一个与电流大小成正比的次级感应电磁场。装置的接收线圈截获了次级感应电磁场的一部分，这些感应信号的总和被放大并调节为输出电压，该电压与深度加权的土壤的电导率相关。接收线圈对土壤中的次级磁场进行测量，这种次级磁场的振幅和相位与初级磁场相比存在差异，而这些差异是由土壤的特定属性所决定的。具体来说，土壤的黏土含量、含水量和盐度等特性都会影响次级磁场的特性。

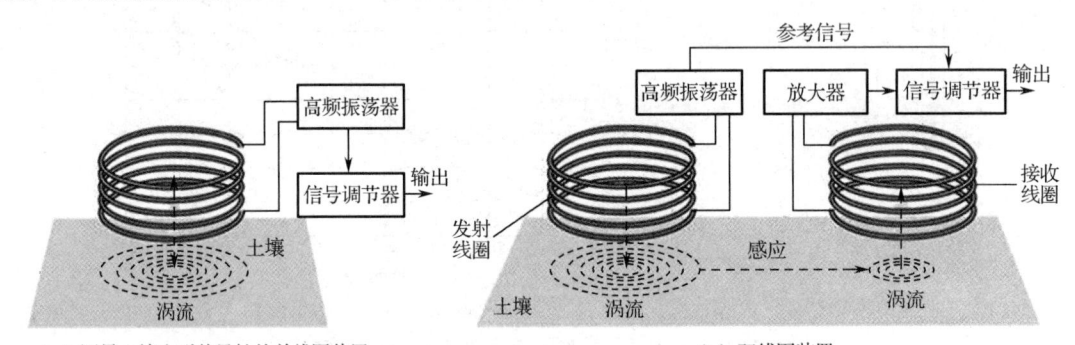

(a) 测量土壤电磁传导性的单线圈装置　　　　　(b) 双线圈装置

图 7.23　测量土壤电磁传导性的单线圈及双线圈装置

7.4.2　自动除湿器

自动除湿器通过内置的湿度传感器来监测环境湿度，当检测到环境湿度超过预设值时，除湿器便自动启动，开始除湿过程。自动除湿器的除湿效果与其内部的制冷效率、空气流通量及湿度传感器的精度密切相关。选择自动除湿器时，应考虑其除湿能力、耐用性、能效比，以及是否使用无毒、安全的材料制造。汽车后车窗玻璃自动除湿装置的电路图如图 7.24 所示。

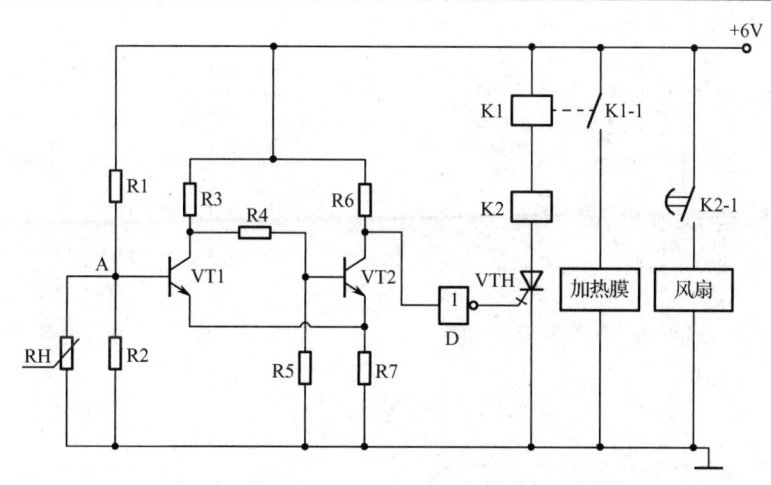

图 7.24 汽车后窗玻璃自动除湿装置的电路图

7.4.3 房间湿度控制器

房间湿度控制器能够将室内湿度保持在适宜的范围内，为用户提供舒适的生活环境，并在特定的应用场景下，如食品储存、药品保存等，确保物品的品质和安全，房间湿度控制器的电路原理图如图 7.25 所示。

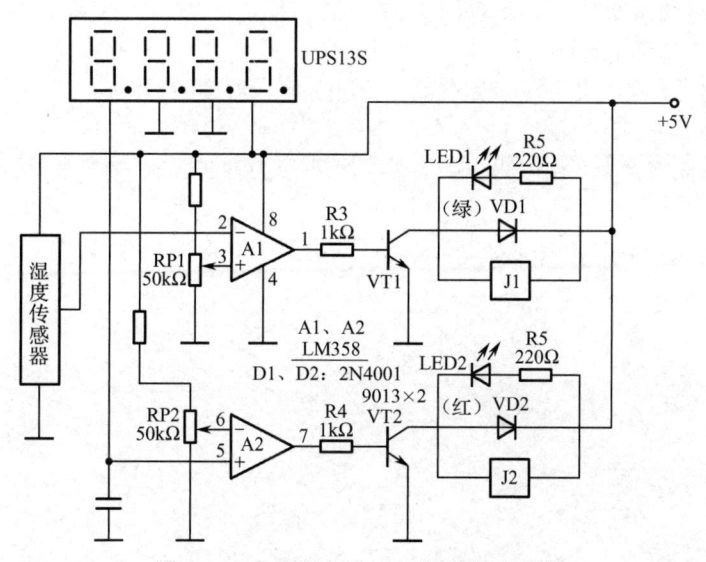

图 7.25 房间湿度控制器的电路原理图

7.4.4 结露传感器

HOS103 结露传感器通过测量空气中的温度和相对湿度判断是否存在结露现象。HOS103 结露传感器的应用电路如图 7.26 所示。

如图 7.27 所示，HOS103 结露传感器的特性是在低湿范围内变化不明显，但当相对湿度达到 80%RH 以上时，其电阻值会急剧增加。

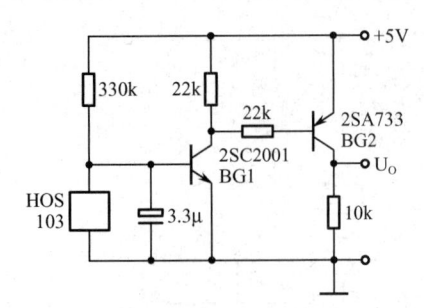

图 7.26　HOS103 结露传感器的应用电路 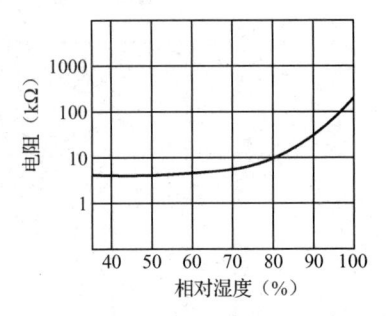　　图 7.27　HOS103 结露传感器的感湿特性曲线

思考题

1. 湿度的定义是什么？
2. 绝对湿度和相对湿度的定义是什么？如何计算相对湿度？
3. 湿度传感器的分类有哪些？
4. 电容式湿度传感器是如何测量湿度的？
5. 热传导式湿度传感器是如何工作的？
6. 水分子亲和力型湿度传感器的工作原理是什么？
7. 在水分子亲和力型湿度传感器中，选择什么样的材料是关键的？
8. 电阻式湿度传感器的工作原理是什么？
9. 露点和霜点的区别是什么？
10. 光学湿度传感器的工作原理是什么？是如何测量湿度的？
11. 湿度传感器的应用有哪些？
12. 在一个密闭容器中，温度为 30℃，实际水汽压力为 25mb，饱和水汽压力为 30mb，求相对湿度。
13. 在一个密闭容器中，温度为 25℃，相对湿度为 70%RH，求此时的露点温度。

第 8 章　化学与生物传感器

知识单元 与知识点	➢ 化学传感器的特性及分类； ➢ 化学传感器的工作原理及相关应用； ➢ 生物传感器的基本概念及工作原理； ➢ 生物传感器的分类及应用； ➢ 化学与生物传感器的发展难点及发展方向。
能力点	✧ 能够分析化学传感器的两个重要特性； ✧ 能够了解不同类型的化学传感器的工作原理； ✧ 能够掌握生物传感器的原理和分类； ✧ 能够了解化学与生物传感器的发展难点及新的发展方向。
重难点	■ 重点：化学与生物传感器的基本概念、特点及分类；不同化学与生物传感器的组成和原理。 ■ 难点：化学与生物传感器的工作原理；化学量微传感器和多传感器阵列的发展。
学习要求	✓ 熟练掌握化学与生物传感器的特性、工作原理及分类； ✓ 掌握不同类型的化学与生物传感器的应用实例及发展； ✓ 了解化学与生物传感器的发展难点，新兴化学传感器的发展状况。
问题导引	● 什么是化学传感器，它有哪些用途？ ● 什么是生物传感器？ ● 化学传感器与生物传感器有什么区别？ ● 化学与生物传感器今后会有怎样的发展？

化学传感器主要利用化学反应来检测物质，而生物传感器则利用生物体系来检测物质。化学传感器和生物传感器都是用于检测和测量特定物质的工具，其主要区别在于所检测的物质类型不同。化学传感器主要检测化学物质，而生物传感器主要检测生物分子。然而，在某些情况下，化学传感器和生物传感器可以相互转化。本章主要介绍各类化学传感器和生物传感器的工作原理、应用与未来发展趋势。

8.1　化学传感器

8.1.1　化学传感器的基本概念

化学传感器是用于检测和测量气体、液体或固体中的化学物质的装置，通常由敏感元件和信号转换器组成。敏感元件能够感知化学物质的存在，并将其浓度转换为电信号，信号转换器则将电信号转换为可读的输出信号，如数字信号或模拟信号。多数化学传感器都可以使用通用的标准和特性来描述，如稳定性、可重复性、线性度、选择性和灵敏度。其中，选择性和灵敏度是衡量化学传感器性能的两个关键特性。

8.1.1.1　选择性

选择性是指传感器对特定化学物质或某一类化学物质的响应程度相对于其他化学物质的响应程度。根据被检测物质的物理或化学相互作用，将选择性分为三类：探针和受体选择性、催化选择性和电化学选择性。

（1）探针和受体选择性。

理想的选择性指的是传感器只对一种特定的化学物质有反应，而对其他的化学物质没有反应。作为敏感元件一部分的特定分子仅与目标分析物结合，这种方法被称为亲和感应。分子印迹聚合物（MIP）是一种具有特定的分子识别能力的合成材料，通过分子印迹技术制备而成。其原理是先以可预测的方式识别分子的形状和大小，将目标分子（模板分子）与功能单体结合，形成复合物；然后通过聚合反应将这种复合物固定在聚合物网络（主体高分子材料）中，模板分子在聚合物网络中形成印迹，在聚合物网络中形成与模板分子互补的空腔或结合位点（见图8.1）。当目标分析物与MIP传感器接触时，目标分析物会与MIP传感器的空腔结合，引起传感器的响应变化。这种响应变化可以转化为电信号、光信号、质量变化信号或其他可检测的信号。

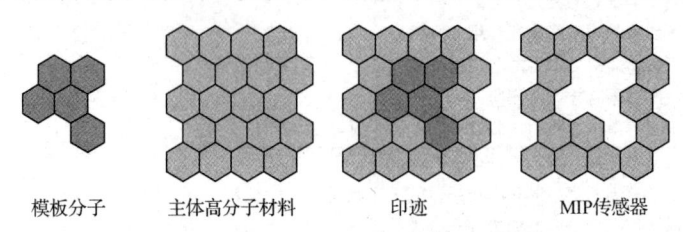

图 8.1 创建探针和受体 MIP 传感器

（2）催化选择性。

催化选择性基于传感器中的催化剂对特定化学反应的加速作用，可以为敏感元件提供催化剂，通过激活或增强化学反应来帮助传感器区分特定的分析物。如酶传感器将酶作为催化剂，可以选择性地检测特定的底物，因为酶对其所催化的底物具有选择性。催化选择性对于生物传感器尤为重要，因为酶可以加速特定的生物化学反应，从而实现对目标分析物的高选择性检测。

（3）电化学选择性。

电化学选择性基于传感器中的电化学反应，如氧化还原反应、电导变化等。电化学传感器通常包含两个或三个电极，其中一个电极作为工作电极，在此发生相关的化学作用，而其他电极则是对电极、辅助电极或参比电极。在某些情况下，参比电极用来强制系统进行测量或控制电化学反应。电化学传感器的工作原理类似于电池，通过施加特定的电势或化学物质，诱导某种化学反应发生。电化学传感器可以通过该化学反应测量电流、电位或电导率的变化，从而检测目标分析物。

8.1.1.2 灵敏度

灵敏度描述了设备可以成功且重复感应到的最小浓度和浓度变化（称为分辨率）。图 8.2 和图 8.3 所示为用于确定传感器灵敏度和选择性的典型数据。对于化学传感器，灵敏度是分辨率的同义词。当化学传感器的传递函数是线性的，或至少在输入刺激的狭窄范围内是线性的时，使用已知浓度的标准化学品以类似方式绘制的校准曲线可用于确定化学品的浓度与传感器响应曲线的斜率，从而确定传感器的灵敏度。

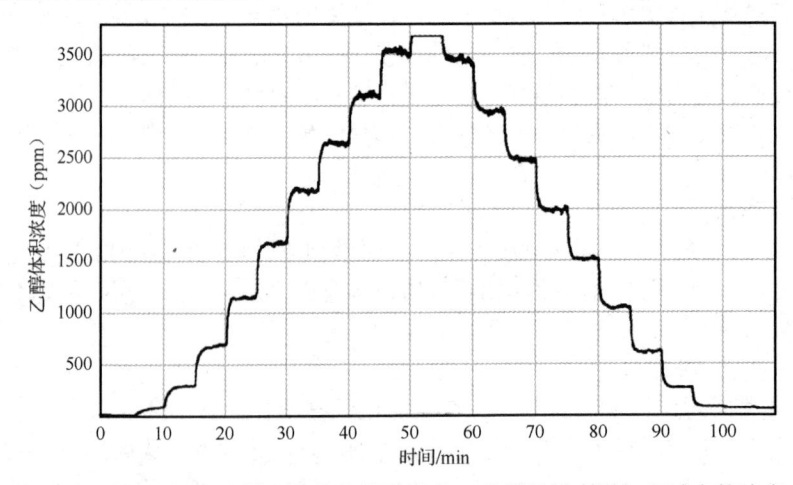

图 8.2 基于金属氧化物半导体的传感器对乙醇体积浓度增加和减少的响应

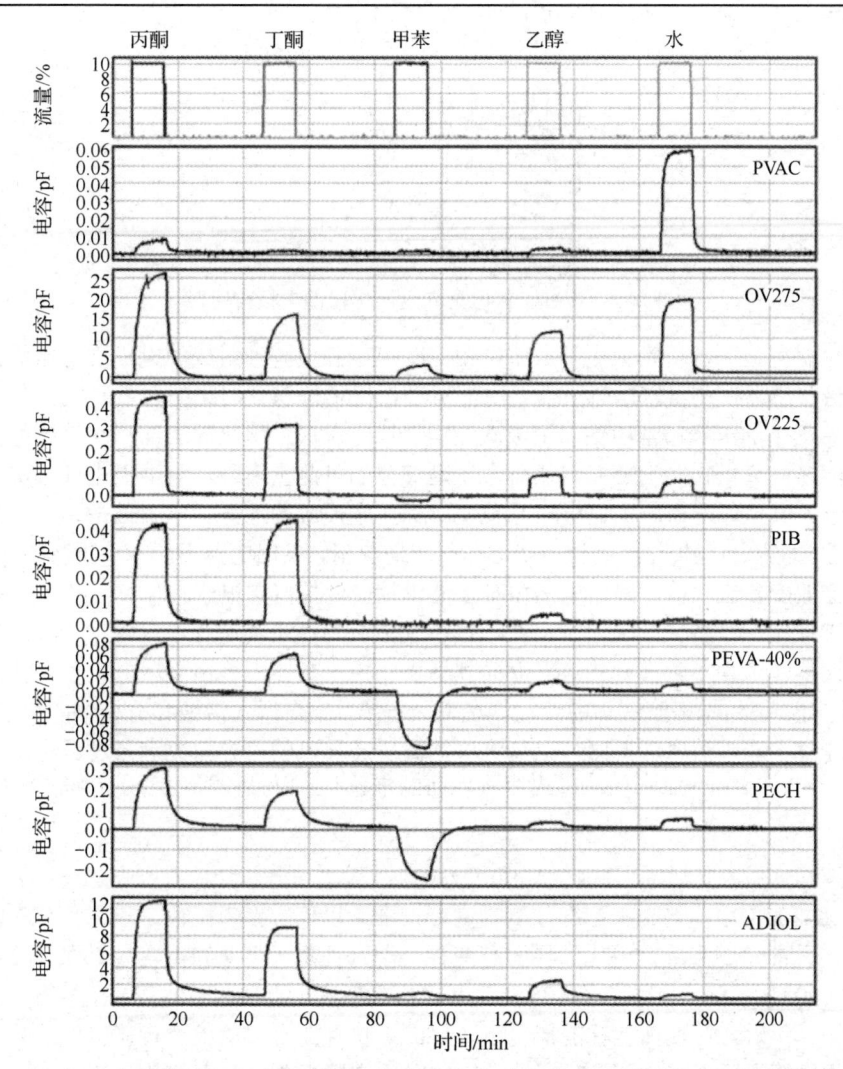

图 8.3　电容性 VOC（挥发性有机化合物）传感器阵列对不同物质的脉冲响应

8.1.2　化学传感器的分类

化学传感器根据传导方法可分为三类：第一类是测量电学特性或电化学特性的传感器，如电学传感器和电化学传感器；第二类是测量物理特性变化的传感器，如光电传感器和物理传感器；第三类是依靠吸收或释放电磁辐射进行测量的传感器，如分光计和光学传感器。

8.1.2.1　电化学传感器

电化学传感器利用电化学反应来检测化学物质。这类传感器通常包括一个或多个电极，通过测量电极间的电流、电位或阻抗变化来确定目标分析物的浓度，包括电极传感器、电位传感器、电导传感器、金属氧化物传感器、化学电容式传感器等。

1. 电极传感器

电极传感器利用电极与目标分析物之间的相互作用来测量化学物质的浓度或活性。电极传感器在测量时需要形成闭合回路，即必须有电流流动才能进行测量，因此这种传感器至少需要两个电极，一个称为工作电极，另一个称为返回电极、对电极或辅助电极（见图 8.4）。

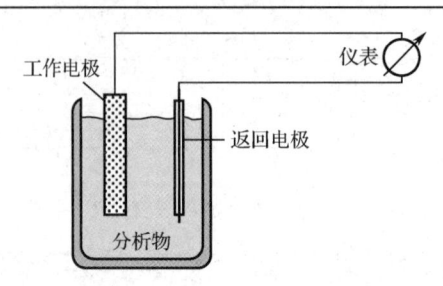

图 8.4 带有工作电极和返回电极的电极传感器

将两个电极都浸入分析物或电解液中，由这些电极和电解液组成的电极传感器称为电化学电池。尽管电极传感器在测量电压时不需要电流流动，但仍须保证回路闭合。

电极传感器中的电极通常由铂、钯或碳涂层金属等制成。电极的表面积应设计得尽可能大，以便与尽可能多的分析物发生反应，从而产生足够强的可测量信号。对电极进行修饰可以提高其反应速率并延长其工作寿命。工作电极是发生目标化学反应的地方。电信号是相对于参比电极进行测量的，通常将返回电极作为参比电极。在理想情况下，参比电极不会对分析物造成任何影响，分析物也不会改变参比电极，参比电极相对于分析物应保持恒定电位。

通常，参比电极被桥式溶液包围，并通过桥式溶液与分析物进行电接触。一般选择氯化钾浓溶液作为桥式溶液。为了防止桥式溶液泄漏到分析物中，参比电极由金属电极和多孔阻挡层（如陶瓷）组成，阻挡层用于限制液体的流动。在阻挡层中，来自桥式溶液和分析物的离子相互扩散，由于它们的迁移率和扩散速度不同，电荷将根据离子迁移率的差异按比例跨过势垒。由于桥式溶液的存在，参比电极的电位是电极-桥式溶液界面的电位（e_r）与桥式溶液-分析物界面的电位（e_j）之和：

$$e_{\text{ref}} = e_r + e_j \tag{8-1}$$

电极传感器在使用前要先用标准分析物进行校准，以确定参考电位。

从电荷转移的角度来看，电化学界面有两种类型：理想极化（纯电容）界面和非极化界面。当某些金属（如 Hg、Au、Pt）与只含有惰性电解质的溶液（如 H_2SO_4 溶液）接触时，其界面接近理想极化界面。不过，即使在这样的情况下，界面上也存在有限的电荷转移电阻，并且过量的电荷会随着时间的流逝而泄漏，泄漏时间的长短与时间常数有关。时间常数

$$\tau = R_{\text{ct}} C_{\text{dl}}$$

式中，R_{ct} 为电荷转移电阻；C_{dl} 为双层电容。

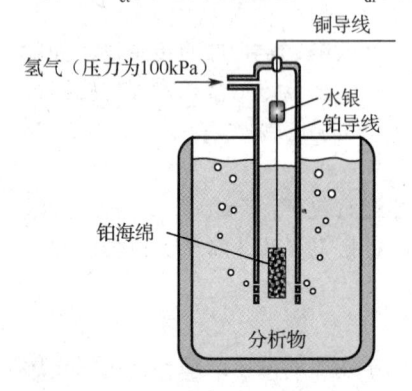

图 8.5 氢气参比电极

由于多数分析物是水溶液，因此使用氢离子参与反应的参比电极是有意义的。标准氢电极（SHE）由铂箔和被称为"铂黑"的铂海绵组成，铂海绵的表面积非常大。如图 8.5 所示，标准氢电极被放置于玻璃管内部，玻璃管内置一个小腔室，其中放置一滴水银，使铂导线和铜导线之间产生电接触，用于外部电气连接。将铂海绵浸入分析物中进行电化学反应。玻璃管顶部有一个入口，用于泵入氢气，而底部有穿孔，用于逸出多余的氢气。

纯净、干燥的氢气进入玻璃管后，会在铂海绵上流动。铂海绵表面吸收的氢气和溶液中的氢离子之间建立了平衡，形成了电荷极性相反的双电层。在导线上形成的电势称为氢电极电势，被定义为当压力为一个标准大气压（约 100kPa）的氢气与单位浓度的氢离子达到平衡时，吸附在铂海绵上的氢气与溶液中的氢离子之间产生的电势。标准氢电极的电位被视为零。由于标准氢

电极难以制备和维护，因此在实践中很少将其作为参比电极，其主要用途是为其他参比电极的标准化建立基准电位。

2. 电位传感器

电位传感器利用浓度对电化学电池中发生在电极-电解质界面上的氧化还原反应平衡的影响进行测量。工作电极表面发生氧化还原反应，在这个界面上可能会产生电势：

$$OX + Z_{e^-} = Red \tag{8-2}$$

式中，OX 为氧化剂；Z_{e^-} 为氧化还原反应中涉及的电子数；Red 为还原产物。

该反应发生在其中一个电极上，称为半电池反应。在热力学准平衡条件下，可使用能斯特（Nernst）方程，其表达式为

$$E = E_0 + \frac{RT}{nF} \ln \frac{C_O^*}{C_R^*} \tag{8-3}$$

式中，C_O^* 和 C_R^* 分别为 OX 和 Red 的浓度；n 为转移的电子数；F 为法拉第常数；R 为气体常数；T 为热力学温度；E_0 为标准状态下的电极电位。

在电极传感器中，每个电极上会同时发生两个半电池反应。不过，只有一个半电池反应涉及目标分析物，而另一个半电池反应最好是可逆的、无干扰的和已知的。电极传感器的电池电位测量应在零电流或准平衡条件下进行，通常需要一个输入阻抗非常高且偏置电流很小的放大器。离子选择膜是所有电极传感器的关键部件，为传感器在样品中存在其他离子成分的情况下对相关离子做出反应提供了参考，并与溶液形成非极化界面。性能良好的离子选择膜应该是稳定的、可重复的，并且不受吸附和搅拌作用的影响，同时具有选择性和较高的绝对和相对交换电流密度。

3. 电导传感器

电导传感器用于测量电化学电池中电解质的电导率的变化。电化学电池可能涉及电极极化和法拉第过程或电荷转移过程产生的容抗。

在均相电解液中，电解质的电导 $G(\Omega^{-1})$ 与电解液沿电场的分段数 L 成反比，与垂直于电场的横截面积 A 成正比：

$$G = \frac{\rho A}{L} \tag{8-4}$$

式中，$\rho(\Omega^{-1}\text{cm}^{-1})$ 是电解质的比电导率，与离子的浓度和电荷的大小相关。

根据科尔劳施离子独立迁移定律，电解液在任意浓度下的等效电导率

$$\lambda = \lambda_0 - A\sqrt{C} \tag{8-5}$$

式中，λ_0 是电解质稀释到一定程度时的等效电导率；A 是比例常数；C 是电解液的浓度。

通过电导传感器测量电解电导的技术基本保持不变。惠斯通电桥与电化学电池共同组成电桥的一个电阻臂。然而，与测量固体的电导率不同，电解质的电导率测量通常因工作电压下电极的极化而变得复杂。由于电极表面会发生电荷转移，因此电导传感器应在不会发生法拉第过程的电压下进行测量。当电池上存在电势时，每个电极附近都会形成双电层，这就是所谓的瓦尔堡阻抗。因此，即使不发生法拉第过程，测量电导时也必须考虑双电层的影响。通过保持传感器的高电池常数 L/A，使电池电阻保持在 1~50kΩ，可将法拉第过程的影响降至最低，这意味着要使电极的表面积和电极间的距离尽可能大。不过，这会降低惠斯通电桥的灵敏度。在实际应用中，一般采用多电极配置，通过使用高频低幅交流电将双电层和法拉第过程的影响降至最低。另一种技术是将可变电容器并联到与电池相邻的电桥区域的电阻上，从而平衡电池的电容和电阻。

血糖监测器是电导传感器的一个典型应用案例。血液样本的电导率无法直接反映葡萄糖的浓度，但利用电化学反应可以使葡萄糖产生电流，从而测量其浓度。其中一种方法是：将一滴血滴

在葡萄糖试纸上,由葡萄糖脱氢酶(一种蛋白质催化剂)对其进行化学预处理。但葡萄糖和葡萄糖脱氢酶并不容易直接与电导传感器的电极交换电子,因此需要另一种介质来促进(或调解)电子转移,如图8.6所示。

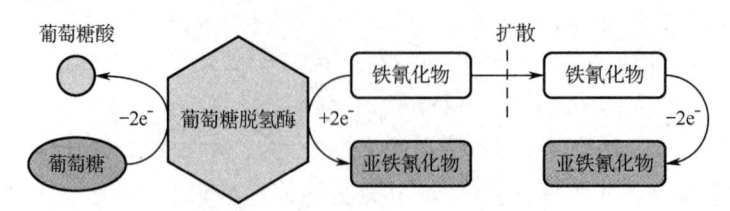

图 8.6 葡萄糖试纸上的化学反应

血液样本中的葡萄糖首先与葡萄糖脱氢酶反应。葡萄糖被大气中的氧气氧化为葡萄糖酸,而葡萄糖脱氢酶则因接收了来自葡萄糖的两个电子而被暂时还原。被还原的葡萄糖脱氢酶与介质(M_{ox})发生反应,将两个电子分别传递给两个介质离子。葡萄糖脱氢酶恢复到原来的状态,两个 M_{ox} 离子被还原为 M_{red}。在传感器的电极表面,M_{red} 被氧化为 M_{ox}(完成电路),经过完成反应和稳定过程所需的一些孵育时间后,通过修饰样品的电流可以测定血液中葡萄糖的浓度。

葡萄糖脱氢酶具有高度特异性,可使葡萄糖加速氧化为葡萄糖酸。与葡萄糖氧化酶相比,葡萄糖脱氢酶不易受到常见干扰的影响。其高度特异性使其能够在复杂的血液样本中只与葡萄糖发生选择性反应,而不会受到成千上万种化合物的干扰。这种特异性至关重要,因为健康人体的血糖水平会随着时间的推移而发生很大变化,同时会受到血细胞比容、氧气水平、代谢副产物和药物等许多其他因素的影响。葡萄糖试纸中的介质是铁氰化钾,氧化铁-铁氰化物氧化还原耦合物能够与工作电极快速交换电子。因此,电子通过葡萄糖脱氢酶和介质在葡萄糖和电极之间转移,并促进电导率随葡萄糖浓度的变化而降低。

电导血糖传感器的工作原理如图 8.7 所示。试验带上有三个电极与血液样本接触。工作电极用于与试剂中的介质交换电子,参比电极用于关闭电流回路并提供偏置电压,以促进化学反应并测量样品的电导率,而触发电极则用于检测血液样本滴在试验带上的时间。启动电路可检测由血液样本的导电性引起的电压下降。通过工作电极的电流是释放电子数的线性函数。因此,其几乎与血液样本中葡萄糖的浓度成正比。

图 8.7 电导血糖传感器的工作原理

4. 金属氧化物传感器

金属氧化物传感器,利用半导体的电阻率随其化学环境的变化而变化的特点将反应物质浓度的变化转换为电阻的变化。锗常被用于制作金属氧化物传感器,可以清楚地显示出电阻的变化。商品化的金属氧化物传感器价格低廉,坚固耐用,可用于许多不同的领域。

金属氧化物传感器通常由半导体敏感薄膜层、用于测量该传感层电阻的电子电路及用于控制设备温度的加热器组成。反应性分子在金属氧化物的表面化学吸附后,就会发生电荷转移。在 SnO_2 等金属氧化物晶体在空气中被加热到一定的温度后,氧会吸附在晶体表面,形成抑制电子流动的表面电位。当晶体表面暴露在氢气、甲烷和一氧化碳等可氧化气体中时,其表面电位会降低,电导率会明显增加。随着目标化学物质浓度的增加,电阻变化的幅度也随之增大。

敏感薄膜层的电阻与给定的可氧化气体的浓度之间的关系由以下经验方程描述：

$$R_S = A[C]^{-\alpha} \tag{8-6}$$

式中，R_S 是传感器的电阻；A 是特定薄膜成分的规格常数；C 是气体的浓度；α 是构成敏感薄膜的金属氧化物材料和预期气体的 R_S 特征曲线的斜率。

金属氧化物传感器在存在可氧化气体时会改变其电阻率，因此需要额外的电子电路才能进行测量。一种典型的设计是将金属氧化物传感器作为惠斯通电桥电路中的一条支路，这样就可以通过电桥电路上的电压降不平衡来检测电阻的变化，如图 8.8 所示。这种电路需要一个带有线性并联电阻器的 NTC 热敏电阻根据传感器的温度来调整电桥的平衡点。

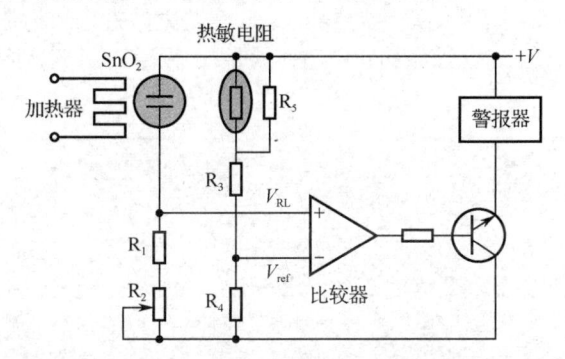

图 8.8　用于金属氧化物传感器的 SnO_2 惠斯通电桥电路

由于金属氧化物传感器是一个可变电阻器，其阻值受气体种类和气体浓度的控制，因此传感器上的电压降与其电阻成正比。记录下电压降与气体浓度的关系曲线，在对数图上绘制的传感器的响应是线性的，如图 8.9 所示。不同的可氧化气体对应曲线的斜率和偏移量不同，从而可以相互区分开来，并在曲线不重叠的特定浓度范围内进行量化，也可以使用电导率的变化率来区分不同的可氧化气体及其浓度。

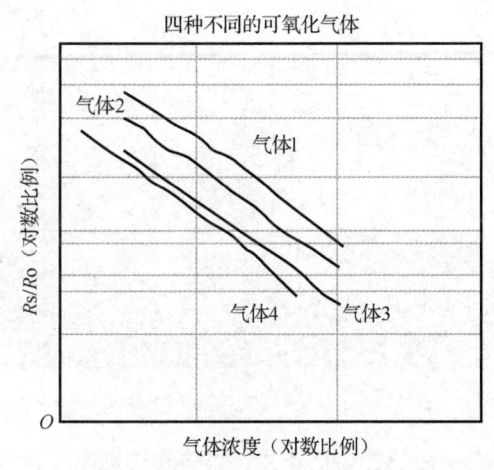

图 8.9　SnO_2 惠斯通电桥电路对不同的可氧化气体的响应

基于许多不同的材料，已经出现了一些用于检测各种气体的薄膜和厚膜传感器。氧化锡是应用最普遍的纯薄膜材料。此外，掺铂和掺钯的氧化锡薄膜已被用于检测一氧化碳、氢气和碳氢化合物；二氧化钛已被用于检测氧气；掺铑的二氧化钛被用来检测氢气；氧化锌已被用于检测氢气、一氧化碳和碳氢化合物。以上这些材料的电学特性会随着其表面或内部气体的吸附、吸收、解吸、重排和反应而发生变化。

5. 化学电容式传感器

化学电容式传感器是一种将选择性吸收材料（如聚合物或其他绝缘体）作为电介质的电容器，当电介质吸收化学物质时，其介电常数会发生变化，相应地，传感器的电容也会发生变化。最常见的化学电容式传感器由水敏感聚合物组成，用于感测湿度。其他材料也被用于化学电容式传感器，以扩大其可检测化学物质的范围，例如，溶胶-凝胶化学电容器可以检测二氧化碳；聚合物已被用于制造可以检测挥发性有机化合物（VOCs）的低功耗传感器。

化学电容式传感器的一个例子是基于微机械电容器的 MEMS 传感器。如图 8.10、图 8.11 所示，方形平行板电容器的边长约为 285μm，两板之间的垂直间隙为 0.75μm。其顶板穿孔形成晶片图案，硅梁的直径为 2.5μm，硅孔的直径为 5μm。16 个较大的方形结构是支撑柱，它们与方形外缘（孔）用于防止顶板脱落。该结构由导电多晶硅制成，采用商用半导体制造方法使其沉积在绝缘氮化硅层上。

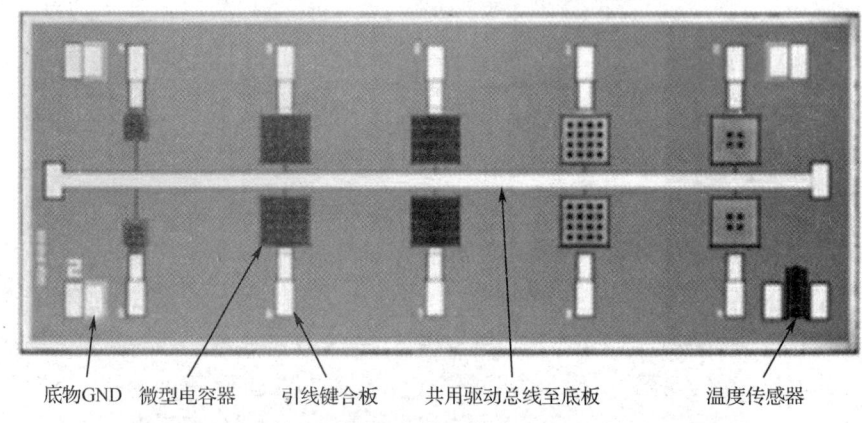

图 8.10　包含多种平行板电容器的 MEMS 芯片（2×5mm）

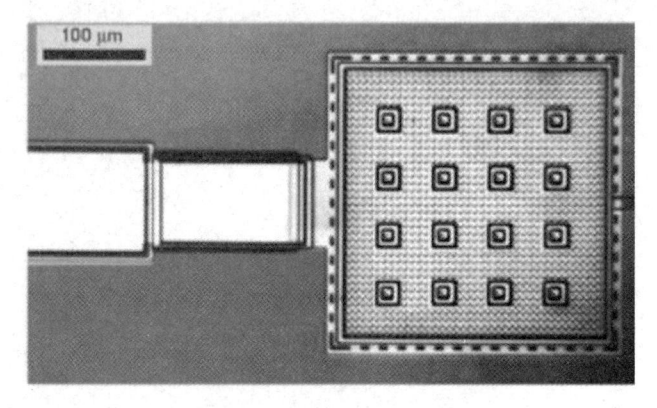

图 8.11　平行板电容器俯视图

化学电容式传感器可以有不同的几何形状，可以包含不同数量的传感器，可以涂覆不同的敏感涂层，可以使用喷墨技术填充聚合物。目标分析物与聚合物之间的相互作用会改变聚合物的介电性质，从而导致电容的变化。任何电容测量电路都可以用于测量这些类型的设备。这些 MEMS 探测器阵列可在一般环境压力和温度下的空气中正常工作，因此不需要特殊的压缩载气，并可减小自身的尺寸，以提高便携性。目前，这些仪器已作为气相色谱仪的检测器投入商业使用，适用于学术实验室中的学生培训等应用场景。

化学电容式传感器可以使用传统的薄膜技术制造，其导电电极可以平行排列，如图 8.12 所示。

通常，插指电极由沉积在基板上的单层金属组成，形成两个网状梳齿，聚合物或其他材料则沉积在梳状结构的顶部。平行板传感器通常包括沉积在基板上的一层金属，然后是一层绝缘体，最后是绝缘体上的第二层多孔金属。

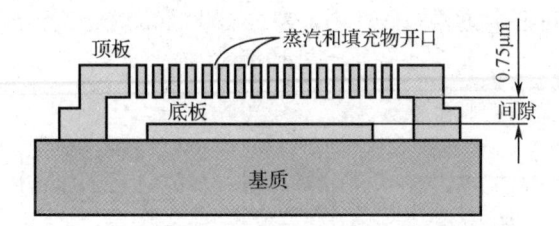

图 8.12　0.75μm 间隙的平行板电容器的横截面

为了测量电容，电路向底板施加方波电压。如图 8.13 所示的充电/放电测量电路使用振荡充电/放电驱动电压测量每个传感器阵列的电容，并产生相应的输出电压 V_out：

$$C_\text{Sensor} = \frac{(V_\text{out} - V_\text{mid})}{\Delta V_\text{osc}} \left(\sum C_\text{ref} \right) \tag{8-7}$$

式中，V_mid 是虚拟接地电压或参考电压；ΔV_osc 是振荡器驱动电压的振幅；C_Sensor 是电容式传感器的电容；C_ref 是参考电容，应接近或在传感器的电容范围内，并由增益开关的位置决定。在电路中，当传感电容器放电时，参考电容器充电。

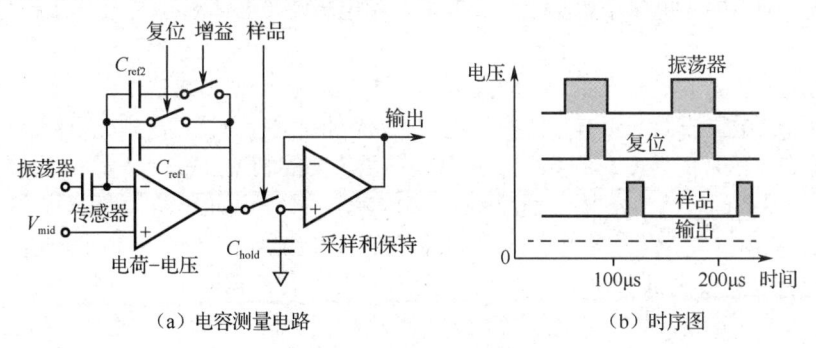

(a) 电容测量电路　　(b) 时序图

图 8.13　充电/放电测量电路

8.1.2.2　光电传感器

1. 光电离检测器

光电离检测器（PID）通常使用高能量紫外线（UV）将分子分解成带正电的离子。分子吸收光能后会暂时失去电子，形成带正电荷的离子。分子会产生电流，电流可利用电流计进行测量。式（8-8）显示了分子物质 R 在入射紫外线辐射下电离成离子 R^+ 和电子的过程。

$$R + h\nu \rightarrow R^+ + e^- \tag{8-8}$$

UV 灯是光电离检测器的核心，UV 灯设计方法的改进大大降低了成本，延长了预期寿命。紫外线的波长取决于 UV 灯中气体的类型。常用的是氪灯，其发出的光的能量为 10eV 和 10.6eV。当气体分子通过 UV 灯时，它们会发生电离并产生自由电子，如图 8.14 所示。自由电子随后被吸引并收集在一对紧密排列的电极板上，这些电极板对电场中的微小波动极为敏感，并能将这些波动转换为信号输出。通过电极板检测到的电流与气体的浓度呈正相关。

每种化学物质都有一个电离电位（IP），当 IP 值低于灯管的额定 eV 值时，气体会被电离，从而被检测到。例如，有机芳香族化合物和胺可以使用 9.5eV 灯进行电离，许多脂肪族有机化合物需要使用 10.6eV 灯进行电离，乙炔、甲醛和甲醇等化合物更难电离，需要使用 11.7eV 灯进行电离。每盏灯都能电离电势低于其额定 eV 值的气体，但不能电离电势较高的气体。通常，便携式光电离检测器配备 10.6eV 灯，因为它能够电离大多数挥发性有机化合物。异丁烯通常用于校准这些设备，对于给定的灯管能量，每种化学物质都和一个与电离程度相关的校准系数对应。光电离检测器的输出在低于 200ppm 时通常是线性的，超过 2000ppm 时将达到饱和。

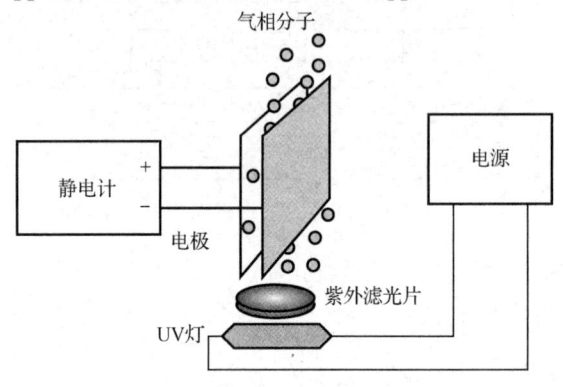

图 8.14 光电离检测器

2. 光电化学传感器

光电化学传感器通常由激发信号（及光源）、检测系统（识别系统和信号转变系统）和信号放大系统组成。常用的光电化学检测系统一般由三相电极池（电解液）、电化学工作站和计算机系统组成。

光电活性材料是光电化学传感器的重要组成部分，其在可见光或紫外光的激发下，发生电荷的分离与转移，在电极表面产生有效的光生电子-空穴对并进行分离，产生光电流或光电压，从而实现从光信号到电信号的转变。因此，在光电化学传感器的制造过程中，光电活性材料的研发与制备是一个至关重要的环节。光电活性材料多种多样，主要分为无机材料（CuO、ZnS、TiO$_2$ 等）、有机材料（偶氮染料、吡啶及叶琳类等）和复合材料等，一些生物大分子也具有光电化学活性。

如图 8.15 所示，以无机半导体材料为例阐述光电化学传感器的工作原理：当光照射到光电活性材料上，吸收光子的能量大于带隙的能量时，光电活性材料中的电子就会从价带（VB）跃迁至导带（CB）上，进而转移到电极表面；而光电活性材料的价带上就会留下空穴，形成电子-空穴对（$e^- - h^+$），而产生的光生电子-空穴对可能会复合，也可能会发生电荷转移，从而产生电流。若电解质溶液中存在电子供体，则产生的是阳极光电流，如图 8.15（a）所示；若电解质溶液中存在电子受体，则光电活性材料产生的电子会被溶液中的电子受体捕获，从而产生阴极光电流，如图 8.15（b）所示。

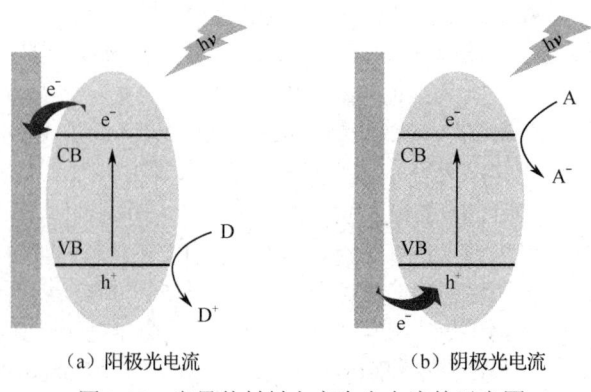

（a）阳极光电流　　　　　　（b）阴极光电流

图 8.15 半导体材料上产生光电流的示意图

8.1.2.3 物理传感器

物理传感器利用分析物的物理特性或分析物与另一种材料的相互作用来进行检测。其传感元件通常不会发生化学反应，物理传感器技术可以是可逆的，也可以是破坏性的。常见的可逆技术包括那些需要将被分析物吸收到位于灵敏微天平上的基质中的技术，该基质可以对质量的变化做出反应。这种传感器包括声表面波装置、石英晶体微天平和微悬臂。破坏性物理传感器可以直接测量分析物的分子质量（如离子迁移率光谱法）或在完全氧化过程中释放的热量（如热传感器或量热传感器）。

1. 声波装置

声波装置可以用来制造化学传感器，检测吸附的化学分子改变系统的机械性能导致的非常小的质量变化，被称为质量、重力或微平衡传感器，通常由压电晶体或可以在高频（从几千赫兹到几千兆赫兹）下振荡的材料制成。在这类装置中，声波由振荡电路产生，使晶体产生共鸣。在吸附化学分子的过程中，当晶体受到扰动时，传感器的共振频率会发生变化，当装置的质量增加时，传感器的共振频率会降低。压电晶体谐振频率的变化与沉积在晶体表面的额外质量成正比。根据电路的构造方式，压电晶体的谐振频率被称为串联（f_r）或并联（f_{ar}）谐振。频率是晶体质量和形状的函数。简言之，可以将其描述为一个振荡板，其固有频率取决于质量，质量的变化与频率的关系为

$$\frac{\Delta f}{f_o} = S_m \Delta m \tag{8-9}$$

式中，f_o 是无负载时的自然振荡频率；Δf 是频率偏移，$\Delta f = f_{loaded} - f_o$；$\Delta m$ 是单位面积的新增质量；S_m 是灵敏度系数，S_m 的大小取决于声波装置的设计、材料和工作频率（波长）。

由于频率和时间是电子电路中最容易测量的变量，因此整个传感器的精度实际上取决于系数 S_m 是否已知并且在测量过程中不发生变化，如图 8.16 所示。

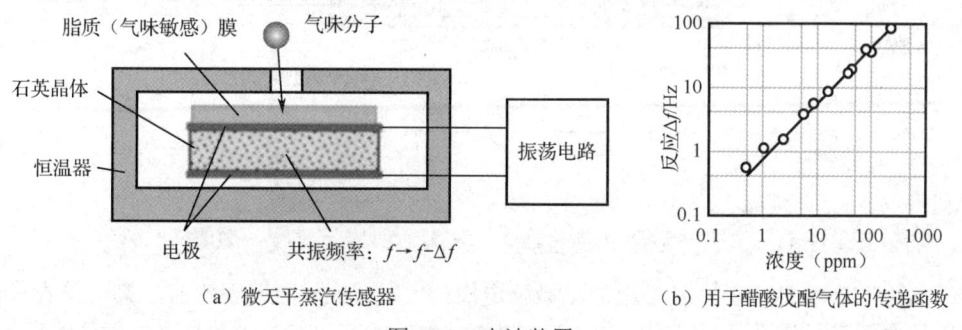

(a) 微天平蒸汽传感器　　(b) 用于醋酸戊酯气体的传递函数

图 8.16　声波装置

电子振荡器测量频率偏移可能与采样气体中目标分析物的化学浓度有关。该方法的准确性取决于晶体的机械压紧、温度等因素，因此通常需要校准。

一般来说，在化学感应研究和产品中广泛应用的声学传感器有四种类型，包括石英晶体微天平（QCM）、声表面波（SAW）传感器、声板模式（APM）传感器和由薄膜制成的弯曲板波（FPW）装置。这些类型的设备还有多种变体，都是为特定用途而开发或改装的，包括使用不同的振荡模式、共振模式和材料。与工作在谐振频率的 QCM 不同，SAW、APM 和 FPW 通常被称为延迟线装置。延迟是指设备一端（发射器）施加的电信号在材料（声波）中传播并被另一端（接收器）测量到所需的时间。

重力传感器不需要直接测量敏感层的特性，而是间接测量该层与环境的相互作用。一般来说，所有的振荡传感器都是极其敏感的，如其灵敏度为 5MHz cm²/kg，这意味着 1Hz 的频率偏移对应

着大约17ng/cm² 的质量增加。其动态范围可达20μg/cm²。为提高传感器的选择性，可在设备上涂上针对相关材料的化学层。

声表面波传感器是重力检测器的一种。声表面波传感器的固体表面与密度较低的介质（如空气）接触利用机械波沿固体表面传播的原理进行测量。与其他延迟线装置一样，声表面波传感器包含一条传输线，由三个基本部件组成：压电发射器、传输线（通常带有化学选择层）和压电接收器。电子振荡器会使压电发射器的电极与基板接触，从而产生机械波或声波，波沿着发射面向压电接收器传播。基板可由具有高压电系数的 $LiNbO_3$ 制成。然而，传输线不一定非得具有压电特性，这为设计不同材料的传感器提供了多种可能性。透射表面利用涂层的选择性与样品的相互作用来调节传播波。电波在另一端被接收，随后被转换成电形式。为了减少干扰和漂移，通常会使用另一个参考传感器，从测试传感器的输出信号中减去其信号。

如图8.17 所示，弯曲板SAW 气体传感器被设计成弯曲的薄硅板的形式，其中两对数字化的电极通过使用溅射技术沉积而成。在电极下方沉积一层薄薄的压电薄膜，使得极板可以通过外部电子电路进行机械激励。这种压电薄膜是赋予硅衬底压电特性所必需的。传感器极板的顶面可以涂上一层薄薄的化学选择性不同的材料。整个传感器位于一根管道内，采样气体从管道中吹入，左右两对电极连接到振荡电路中，振荡电路的频率 f_0 由传感器极板的自然机械频率决定。

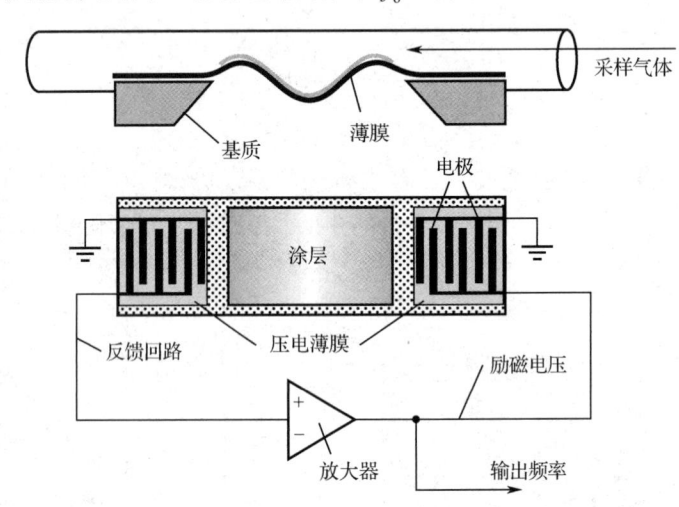

图8.17 弯曲板SAW 气体传感器（为清晰起见，放大了薄膜的挠度）

该电路包含一个放大器，其输出驱动激励电极。压电效应导致薄膜弯曲，偏转波从右向左传播。波速是由薄膜及其涂层的状态决定的。涂层机械性能的变化取决于其与采样气体的相互作用。因此，左侧电极检测到压电响应的时间取决于电波穿过薄膜的速度。接收到的信号作为正反馈电压作用于放大器的输入端，引起电路振荡。输出频率的变化反映采样气体的浓度。参考频率通常在对气体进行取样前确定。

弯曲板SAW 气体传感器的理论灵敏度

$$S_m = \frac{1}{2}\rho d \tag{8-10}$$

式中，ρ 为板的平均密度；d 为其厚度。

当工作频率为2.6MHz 时，传感器的灵敏度约为 $-900 cm^2/g$。因此，如果感应面积为 $0.2 cm^2$ 的传感器捕捉到 $10ng(10^{-8}g)$ 的材料，那么振荡频率就会偏移 $\Delta f = -900 \times 2.6 \times 10^6 \times 10^{-8}/0.2 = -117Hz$。声学传感器可用于测量各种化合物。选择合适的涂层是提高效率的关键，SAW 化学传感器的化学涂层及材料如表8.1 所示。

表 8.1 SAW 化学传感器的涂层及材料

化 合 物	化 学 涂 层	SAW 基片
有机蒸汽	聚合物薄膜	石英
SO_2	TEA	铌酸锂
H_2	Pd	铌酸锂，硅
NH_3	Pt	石英
H_2S	WO_3	铌酸锂
水蒸气	吸湿性物质	铌酸锂
NO_2	PC	铌酸锂，石英
NO_2,NH_3,NH_3,SO_2,CH_4	PC	铌酸锂
蒸汽爆炸物，毒品	聚合物	石英
SO_2，甲烷	Ca	铌酸锂

2. 色谱分析方法

采用色谱分析方法可对被测样品进行全面的分析，鉴定混合物是由哪些组分组成的及各组分的含量，广泛用于石油、化工、冶金、环境科学等领域。进行色谱分析时可先对多组分的混合物进行分离，再检测，最后进行定性、定量分析。

采用色谱分析方法进行分析时需要先将混合物的各组分分离开来，依次给出色谱柱，然后按各组分出现的时间及测量值的大小确定混合物的组成及各组分的浓度。因此，混合物的分离是关键。

色谱柱起到分离样品中各组分的作用。流动相分为气相和液相，根据流动相的状态，色谱可以分为气相色谱和液相色谱。气相色谱根据固定相的状态可分为气-液色谱和气-固色谱，液相色谱根据固定相的状态可分为液-液色谱和液-固色谱。在分离流动相样品时，需要携带样品连续流过色谱柱，在分离固定相样品时，需要吸附或溶解样品中各组分（但对流动相不产生任何物理化学作用）。

8.1.2.4 分光计

光谱法用于分析基于能量或质量的化学成分，光谱法可以分为以下几种。

离子迁移谱法（IMS）：一种基于离子在电场影响下的差异迁移来检测和区分化学物质的方法。

质谱法（MS）：将样品分子电离，通过静电加速和磁场扰动测量这些离子的质量与电荷比，从而非常精确地测量分子量。

紫外和可见光谱法：吸收相对高能的光（波长 200～800nm）会引起电子激发。

红外光谱法：吸收较低能量的辐射会引起分子内原子团的振动和旋转激发。

核磁共振波谱法：谱中低能射频部分的吸收引起核自旋态的激发。核磁共振波谱仪可对某些原子核进行调谐。

1. 离子迁移谱法

离子迁移谱法具有高灵敏度和高选择性，利用电场中离子的微分迁移来分离和检测化学物质。在离子迁移谱法中，气相物质需要电离，例如利用来自放射性 Ni 源的高能电子，离子在气流中通过一个偏转电场产生运动，该电场在大气压力下根据离子迁移率在空间上分离离子。具有不同特征（质量、电荷和大小）的离子种类具有不同的漂移速度：

$$v_d = KE \tag{8-11}$$

式中，K 为离子迁移率；v_d 为其漂移速度（见图 8.18）；E 为电场强度。在理想情况下，单个离子束的发展是空间分离的。

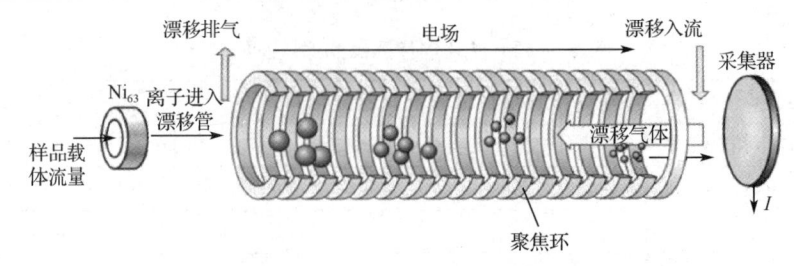

图 8.18 离子迁移谱法的原理

通过增加电场的偏转电压,所有的离子束依次定向到集电极上,在集电极上测量离子电流 I。对记录的 I-V 曲线进行微分,得到离子迁移谱。在恒定条件下,离子迁移率 K 是某一种离子的特征度量。典型的离子迁移谱法具有 $R>20$ 的高分辨率:

$$R = t_d / W_{t,1/2} \tag{8-12}$$

式中,t_d 是漂移时间;$W_{t,1/2}$ 是在最大峰高的一半处测量的时间峰宽。

2. 四极杆质谱仪

四极杆质谱仪(QMS)于 1960 年发明,是现在最常用的质谱仪,又称透射四极杆质谱仪或四极质谱仪。四极杆质谱仪用于确定一种特定的分子特性,称为质荷比(m/z)。该仪器的反应速度快、动态范围广、效率高,但价格昂贵。

在四极杆质谱仪中,分子和碎片质量的分离和测定由射频(RF)发生器产生的高频电场控制。如图 8.19(a)所示,将射频电压施加到放置在高真空中的四个杆状导电电极(极杆)上。然后通过射频电压幅度的程序化调制实现电离分子的滤波和测定,同时叠加可调制的直流电压。

被测分子被高能电子、等离子体或化学试剂电离,进入极杆之间的空间。极杆产生的交变电场使离子加速后离开源区,进入极杆之间的通道。当离子穿过通道时,根据质荷比对其进行过滤,这样只有具有特定质荷比的离子才能击中位于源区对面的离子收集器内的探测器。质荷比由施加在电极上的射频电压和直流电压决定。一方面,这两种电压产生振荡电场,作为带通滤波器,只过滤具有特定质荷比的分子。因此,具有特定质荷比的分子与射频频率共振,并在 x-y 平面上振荡,同时向收集器传播。另一方面,超出共振范围的分子会撞到极杆上,永远不会到达探测器。射频电场和直流电场被扫描(通过直流电位或频率)以收集完整的质谱。最近,人们尝试使用 MEMS 技术开发微型四极杆质谱仪,如图 8.19(b)所示。

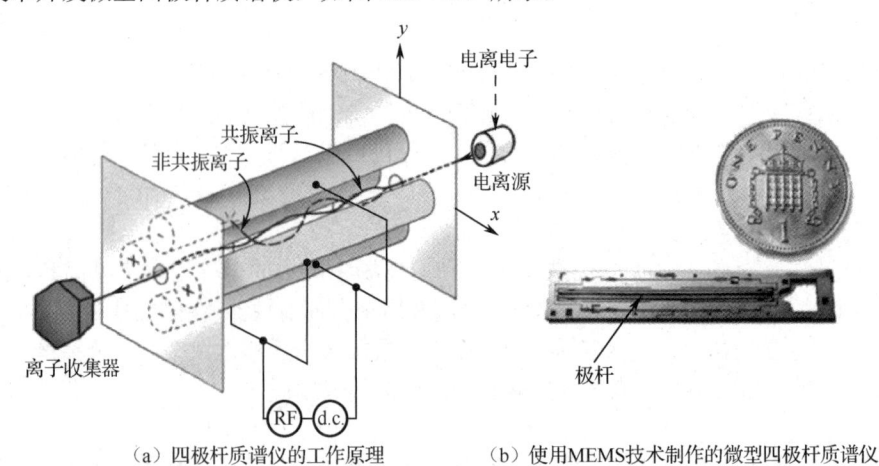

(a)四极杆质谱仪的工作原理　　(b)使用MEMS技术制作的微型四极杆质谱仪

图 8.19 四极杆质谱仪

8.1.2.5 光学传感器

光学传感器是一种利用光学原理进行测量的传感器，通过检测光信号的强度、波长、相位、偏振等特征来获取测量信息。光学传感器的工作原理通常是由光源发出光信号，光信号经过被测物体发生反射、折射、散射，而后由传感器接收并转换成电信号输出。光学传感器可以分为红外线气体分析仪、光纤气体传感器、变色传感器和荧光化学传感器。

1. 红外线气体分析仪

红外线成分检测是指根据气体对红外线的吸收特性来检测混合气体中某一组分的含量。红外线成分检测属于光学分析法，其主要分析对象为 CO、CO_2、CH_4、C_2H_2、C_2H_4、NH_3、SO_2、NO 等气体。

在红外线气体分析仪中，实际使用的红外线波长大约为 $1\sim50\mu m$。红外线气体分析仪利用不同气体对红外波长的电磁波能量具有特殊吸收特性的原理对气体的成分和含量进行分析。不同原子或分子所具有的能级数目和能级间的能量差不同，因此其对光辐射的吸收情况也各不相同，从而形成不同的特征吸收峰。大部分的有机和无机气体在红外波段内都有其特征吸收峰，有的气体还有两个或多个特征吸收峰。部分气体的红外线特征吸收峰如图 8.20 所示。

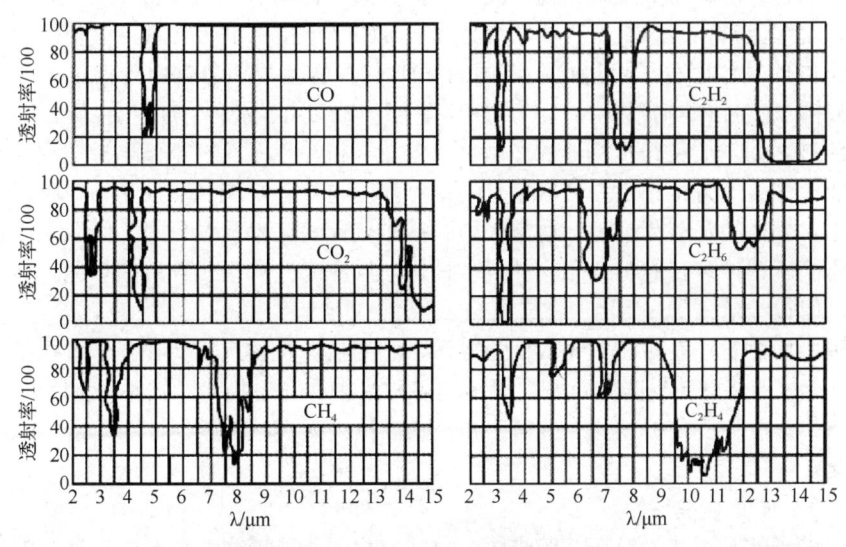

图 8.20 部分气体的红外线特征吸收峰

红外线气体分析仪的工作原理：人工制造一个包括被测气体特征吸收峰波长在内的连续光谱辐射源，让其发出的光束通过固定长度的含有被测气体的混合组分，在混合组分的气体层中，被测气体的浓度不同，吸收固定波长红外线的能量不同，热量也不同。在一个特制的红外检测器中，将热量转换成温度或压力，通过测量温度和压力，就可以准确地测量被测气体的浓度。

2. 光纤气体传感器

光纤气体传感器如图 8.21 所示，使用化学试剂或吸附剂来改变被光纤波导重新探测、吸收或传输的光量或光波长。光纤气体传感器由入射（先导）光源、光导管和将变化的光子信号转换为电信号的传感器（检测器）组成。光学电极包含试剂相膜或指示剂，其光学特性受分析物的影响。

光学气体传感器的类型不同，试剂的位置及受试剂影响的具体光学特性不同。简单的聚合物涂层纤维用吸收入射光的试剂覆盖在玻璃光纤的抛光透镜端。对光纤包层而非其抛光端进行镀膜会影响光的重射和折射，这被称为倏逝波传感。玻璃光纤坚固耐用且具有耐化学性，但涂层或指示器却并非如此，因此涂层和指示器是系统中的薄弱环节。

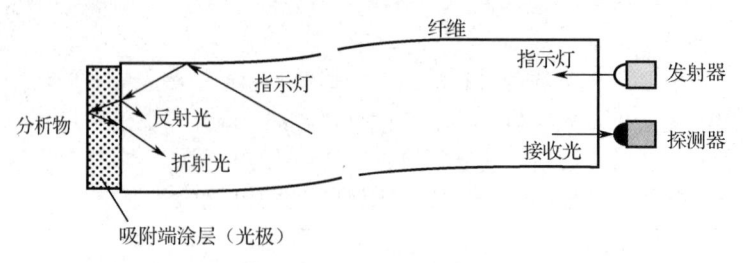

图 8.21 光纤气体传感器

通常采用差分设计将原始入射光源分开，让其中一个光源发出的光通过试剂区，而另一个光源发出的光保持不变。两条光路或被复用到一个检测器（换能器），或被馈送到不同的换能器，以产生用于传感的差分信号。光纤气体传感器的一种变体是使用涂有涂层的磁珠，将其连接或嵌入光纤的末端或表面。可以对这些磁珠进行修饰或包被，使其具有化学或生物敏感性。

3. 变色传感器

变色传感器在接触某些化学或生物物种时会变色，这种颜色变化可通过多种化学途径实现，如酸碱反应、水合或溶解、金属络合物形成、表面等离子体共振移动和酶反应，并已被用于检测气体、液体和溶解金属。酸碱指示石蕊试纸是最著名的光学指示剂，将对 pH 值敏感的发色团嵌入滤纸中，不同的发色团分子可以检测不同的 pH 值。颜色变化也常用于指示水分的存在，如 Drierite^{TM} 硫酸钙干燥剂中含有氯化钴（II），当其吸水形成六水合物时，其颜色会从蓝色变为粉红色。

光学检测技术的发展使得检测器的微型化、定量分析，以及具有不同选择性的检测器阵列的构建成为可能。这类设备将光电探测器信号的相对强度与重新检测到的红光、绿光和蓝光进行比较，并生成化学暴露的定量测量值，通常采用脉搏血氧计等比率测量仪器。类似地，德拉格管通常用于曝光监测。这种装置通常依靠一种或多种化学反应来改变指示物质的颜色。其变色机制很容易被看到，但很难量化。

酶联免疫吸附测定法是一种常见的比色方法，利用抗原抗体反应，在多个过程中与目标分析物发生反应。市售的酶联免疫吸附试剂盒可检测多种生物和非生物化学物质，包括葡萄糖、病毒、杀虫剂或药物。变色免疫分析试验非常精确和灵敏，检测人类绒毛膜促性腺激素（HCG）的妊娠试验就是如此。

4. 荧光化学传感器

荧光化学传感器利用荧光分子（荧光团）对特定化学物质或生物分子的识别和响应来检测目标分析物。荧光化学传感器基于荧光信号的采集，通过识别基团与待测底物之间的特异性结合来实现对目标分析物的定量分析，经常伴随着荧光信号的增强、猝灭或是发射波长改变等现象。识别基团、连接臂和发光基团构成了荧光化学传感器。

荧光化学传感器的测量原理：当识别基团与目标分析物因形成共价键或配位键、氢键等而发生相互作用时，识别信息通过连接臂传送到发光基团，而发光基团将接收到的识别信息转化成可检测的荧光信号（荧光强度或荧光寿命），不同的发光基团具有不同的发射波长和荧光量子产率。因此，荧光化学传感器的类型受制于识别基团，而信号识别则受发光基团的影响，作为中间桥梁的连接臂则直接影响着整个识别过程，所以这三者共同决定了荧光化学传感器的选择性和灵敏度。

8.2 生物传感器

生物传感器是一类特殊的化学传感器。通过自然选择，物种进化使生物拥有了极其敏感的器官，它们只对少数分子的存在做出反应。虽然人造传感器的灵敏度一般较低，但采用生物活性材料并将其与多种物理传感元件相结合，可以实现较好的测量效果。生物识别元件实际上是传统传感器顶部的生物反应器。生物传感器可以定性和定量检测的生物元素包括生物体、组织、细胞器、膜、酶、受体、抗体和核酸。

在制造生物传感器的过程中，关键问题之一是将生物传感器固定在物理或电子传感器上。必须将生物活性材料固定在传感器的传感元件上，使其在生物传感器的使用期限内不会渗漏，并允许其与分析溶液接触，允许任何产物从固定层中扩散出来，但不会使生物活性材料变性。生物传感器中使用的大多数生物活性材料是蛋白质或在其化学结构中含有蛋白质。为了将生物活性材料固定在传感器的表面，采用了两种基本技术：结合技术和物理保留技术。吸附和共价结合是两种常用的结合技术。物理保留技术是指在传感器的表面形成一层膜，将生物活性材料与分析溶液隔开，这层膜对分析物和识别反应的任何产物都具有渗透性，但对生物活性材料却没有渗透性。

8.2.1 生物传感器的基本概念

生物传感器是指将生物敏感部件和转化器紧密结合，对特定种类的化学物质或生物活性物质具有选择性和可逆响应的分析装置。生物传感器最早出现于20世纪60年代。1962年克拉克等人报道了用葡萄糖氧化酶与氧电极组合检测葡萄糖的结果，被认为最早提出了生物传感器（酶传感器）的原理。1967年Updike等人实现了酶的固定化技术，成功研制了酶电极，这被认为是世界上第一个生物传感器。20世纪70年代中期，生物传感器技术的研究主要集中在对生物活性物质的探索、活性物质的固定化技术、生物电信息的转换等方面，并取得了较大的进展，如Divies首先提出用固定化细胞与氧电极配合，组成可以对醇类进行检测的所谓"微生物电极"。1977年，铃木周一等发表了关于对生化需氧量（BOD）进行快速测定的微生物传感器的报告，并在微生物传感器对发酵过程的控制等方面做了详细介绍，正式提出了生物传感器的概念。

生物传感器是发展生物技术必不可少的一种先进的检测与监控方法，也是在分子水平上对物质进行快速和微量分析的方法。

8.2.1.1 生物传感器的组成和工作原理

生物传感器主要包括两部分：分子识别元件和信号转换器。分子识别元件（感受器）是具有分子识别能力的生物活性物质（如组织切片、细胞、细胞器、细胞膜、酶、抗体、核酸、有机物分子等）；信号转换器（换能器）主要包括电化学电极（如电位、电流的测量）、光学检测元件、热敏电阻、场效应晶体管、压电石英晶体及表面等离子共振器件等，在被测物与分子识别元件特异性结合后，所产生的复合物（或光、热等）通过信号转换器转换为可以输出的电信号、光信号等，从而达到分析检测的目的。

生物传感器的工作原理是被测物经扩散作用进入固定生物膜敏感层，经分子识别而发生生物学作用，产生的信息如光、热、声等被相应的信号转换器转换为可定量测量和处理的电信号，电信号经二次仪表放大并输出，用电极测定其电流值或电压值，从而换算出被测物的量或浓度，如图8.22所示。

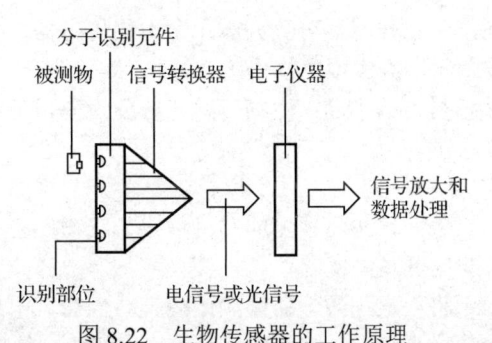

图 8.22 生物传感器的工作原理

(1) 将化学变化转换成电信号。

以酶传感器为例，酶催化特定底物发生反应，从而使特定生成物的量有所增减，将可以把这类物质的量的变化转换为电信号的装置和固定化酶耦合，即可组成酶传感器。常用的转换装置有氧电极、过氧化氢。

(2) 将热变化转换成电信号。

固定化的生物材料与相应的被测物作用时常伴有热的变化，例如，大多数酶反应的热焓变化范围是 25~100kJ/mol。这类生物传感器的工作原理是借助热敏电阻把反应的热效应转换为阻值的变化，阻值的变化通过有放大器的电桥输入记录仪中。

(3) 将光信号转换成电信号。

过氧化氢酶能催化过氧化氢/鲁米诺体系发光，因此设法使过氧化氢酶膜附着在光纤或光敏二极管的前端，再和光电流测定装置相连，即可测定过氧化氢的含量。还有很多细菌能与特定底物发生反应产生荧光，也可以用这种方法测定底物的浓度。

上述三种生物传感器的共同点是使分子识别元件中的生物敏感物质与被测物发生化学反应，将反应后产生的化学或物理变化通过信号转换器转换为电信号进行测量，这种方式统称为间接测量方式。而直接产生电信号的方式可以使酶反应伴随的电子转移、微生物细胞的氧化直接（或通过电子递体的作用）在电极表面上发生，根据所得的电流即可测得被测物的浓度。

8.2.1.2 生物传感器的优点

(1) 根据生物反应的特异性和多样性，理论上可以制成测定所有生物物质的传感器，生物传感器的测定范围广泛。

(2) 一般不需要进行样品的预处理，生物传感器利用本身具备的优异选择性将样品中被测组分的分离和检测统一为一体，测定时一般不需要另加其他试剂，测定过程简便迅速，容易实现自动化分析。

(3) 体积小、响应快、样品用量少，可以实现连续在位检测。

(4) 通常生物传感器的敏感元件是固定化生物元件，可以反复多次使用。

(5) 准确度高，一般相对误差在1%以内。

(6) 生物传感器可以进行活体分析。

(7) 生物传感器连同测定仪的成本远低于大型的分析仪，因而便于推广普及。

(8) 有的微生物传感器能可靠地指示微生物培养系统内的供氧状况和副产物的产生情况，能得到许多复杂的物理化学传感器综合作用时才能获得的信息。

8.2.2 生物传感器的分类

根据输出信号产生方式的不同，生物传感器可分为生物亲合型生物传感器、代谢型生物传感器和催化型生物传感器。

根据信号转换器的不同，生物传感器可分为电化学生物传感器、半导体生物传感器、测热型生物传感器、测光型生物传感器、测声型生物传感器等。

根据分子识别元件上敏感材料的不同，生物传感器可分为酶传感器、免疫传感器、组织传感器、基因传感器、微生物传感器。

8.2.2.1 酶传感器

酶传感器将酶覆盖在电极表面，酶与被测的有机物或无机物反应，生成一种能被电极响应的物质。例如，脲在尿素酶的催化下发生反应。

1967 年 Updike 和 Hicks 将固定化的葡萄糖氧化酶膜结合在氧电极上，做成了第一个葡萄糖电极。这类酶传感器通常通过检测产物（过氧化氢）的浓度变化或氧的消耗量来检测底物。

碘电极测量葡萄糖的原理：β-D-葡萄糖在β-D-葡萄糖氧化酶（GOD）的作用下消耗氧生成葡萄糖酸内酯和过氧化氢。

$$C_6H_{12}O_6 + O_2 \xrightarrow{\text{β-D-葡萄糖氧化酶}} C_6H_{10}O_6 + H_2O_2 \tag{8-13}$$

式中，$C_6H_{12}O_6$ 为β-D-葡萄糖；$C_6H_{10}O_6$ 为葡萄糖酸内酯。

生成的过氧化氢通过过氧化物酶或无机催化剂[Mo(V1)]等的作用使碘化物离子氧化，产生下列反应：

$$H_2O_2 + 2I^- + 2H^+ \xrightarrow{\text{过氧化物酶}} I_2 + 2H_2O \tag{8-14}$$

可见，将检测氧或过氧化氢的电极及碘化物离子电极等做成酶电极可以定量测量葡萄糖。

葡萄糖电极的缺点：溶解氧的变化可能引起电极响应的波动；由于氧的溶解度有限，当溶解氧贫乏时，响应电流会明显下降，从而影响检测限；传感器的响应性能受溶液的 pH 值和温度影响较大。

第二代生物传感器，即介体型生物传感器，常用的媒介体有铁氰化物、有机染料、醌及其衍生物、导电有机盐类和二茂铁及其衍生物。最近，人们更关注酶与电极之间的直接电子传递研究，并用于构造第三代生物传感器。

依据信号转换器的类型，酶传感器大致可分为酶电极（主要包括离子选择电极、气敏电极、氧化还原电极等电化学电极）、酶场效应晶体管传感器（FET-酶）和酶热敏电阻传感器等，如表 8.2 所示。

表 8.2　酶传感器

测定项目	酶	固定化方法	使用电极	稳定性/d	测定范围/（mg/mL）
葡萄糖	葡萄糖氧化酶	共价	氧电极	100	$1\sim5\times10^2$
胆固醇	胆固醇酯酶	共价	铂电极	30	$10\sim5\times10^3$
青霉素	青霉素酶	包埋	pH 电极	7～14	$10\sim1\times10^3$
尿素	尿素酶	交联	铵离子电池	60	$10\sim1\times10^3$
磷脂	磷脂酶	共价	铂电极	30	$10^2\sim5\times10^3$
乙醇	乙醇氧化酶	交联	氧电极	120	$10\sim5\times10^3$
尿酸	尿素酶	交联	氧电极	120	$10\sim1\times10^3$
L-谷氨酸	谷氨酸脱氧酶	吸附	铵离子电极	2	$10\sim1\times10^4$
L-谷酰胺	谷酰胺酶	吸附	铵离子电极	2	$10\sim1\times10^4$
L-酪氨酸	L-酪氨酸脱羧酶	吸附	二氧化碳电极	20	$10\sim1\times10^4$

8.2.2.2　免疫传感器

一旦有病原体或有害蛋白（抗原）入侵动物体内，动物体即会产生与之对应的抗体来识别并清除这些异物，这种抗原与抗体之间发生的反应，称为免疫反应。基于免疫原理建立的生物传感器即为免疫传感器。抗原与抗体之间的特异性结合可以减少样品分析过程中的非特异性干扰，所以免疫传感器的检测灵敏度高、检测限低、操作简单、易于实现自动化。免疫传感器的缺点是抗体的培养过程相对复杂，实验条件高，费用昂贵。

抗体（Antibody）是一种免疫球蛋白，免疫球蛋白有 5 种，分别命名为 IgG、IgA、IgM、IgD 和 IgE。无脊椎动物不产生免疫球蛋白，鱼有 IgM，两栖类动物有 IgM 和 IgG。除人类有 5 种免疫球蛋白外，大多数哺乳动物只有 IgG、IgA、IgM 和 IgE 4 种免疫球蛋白。

抗原（Antigen）是一种进入机体后能够刺激机体产生免疫反应的物质。它可能是生物体（如各种微生物），也可能是非生物体（如各种异类蛋白、多糖等），通常，其分子量大于 10000。具有一定结构（如苯环或杂环等结构）的物质均可成为抗原，都能有效地诱发机体产生抗体。

抗体对相应的抗原具有识别和结合的双重功能，在与抗原结合时，抗体的选择性强，灵敏度高，免疫传感器就是利用抗体的双重功能由抗体或抗原和换能器组合而成的装置。

由于蛋白质分子（抗体或抗原）携带大量电荷、发色基团等，当抗原与抗体结合时，会产生电学、化学、光学变化，因此利用合适的传感器可以检测这些参数，从而构成不同的免疫传感器。总的来说，免疫传感器可以分为非标记型和标记型。如黄曲霉毒素传感器，由氧电极和黄曲霉毒素抗体膜组成，将其加到待测样品中，被酶标记的及未标记的黄曲霉毒素便会与膜上的黄曲霉毒素抗体发生竞争反应，测定被酶标记的黄曲霉毒素与抗体的结合率，便可知样品中黄曲霉毒素的含量。

根据使用的信号转换器的类型，免疫传感器可以分为电化学型免疫传感器、光学型免疫传感器、压电型免疫传感器及表面等离子体共振（SPR）型免疫传感器。

8.2.2.3 组织传感器

组织传感器由动植物组织薄片中的生物催化层与基础敏感膜电极结合而成，催化层以酶为基础，组织传感器的基本原理与酶传感器相同，如表 8.3 所示。

表 8.3 组织传感器

测定项目	组织膜	基础电极	稳定性/d	线性范围
谷氨酸	木瓜	CO_2	7	$2×10^{-4}$～$1.3×10^{-2}$mol/L
尿素	夹克豆	CO_2	94	$3.4×10^{-5}$～$1.5×10^{-3}$mol/L
L-谷氨酰胺	肾	NH_3	30	$1×10^{-4}$～$1.1×10^{-2}$mol/L
多巴胺	香蕉	O_2	14	
丙酮酸	玉米芯	CO_2	7	$8×10^{-5}$～$3×10^{-3}$mol/L
过氧化氢	肝	O_2	14	$5×10^{-3}$～$2.5×10^{-1}$U/mL

与酶传感器相比，组织传感器具有如下优点：酶的活性较离析酶高，酶的稳定性增强，材料易于获得。

动物肝组织中含有丰富的过氧化氢酶，可与氧电极组成测定过氧化氢及其他过氧化物的组织电极。1981 年 Mascini 等研究了数种哺乳动物和其他动物（鸟、鱼、龟）的肝组织电极，翌年，出现了基于牛肝组织的过氧化氢电极。取 0.1mm 厚的牛肝一片，将其覆盖于氧电极的特氟隆膜上，用"O"形橡皮圈固定，即可制作成牛肝组织电极。

在 pH 值为 6.8 的缓冲液中，使电极与空气中的氧平衡，然后加入底物，底物为浓度大于 10^{-5}mol/L 过氧化氢溶液。当反应产生的氧气到达氧电极的特氟隆膜时，电极的输出增大。当底物的浓度为 $1×10^{-4}$mol/L 时，仅需 1.5min 即可获得稳定电流，如图 8.23 所示。

若向溶液中通以氮气，以降低氧的溶解度，使空气平衡溶液中氧的残余电流（约 10μA）减小至十分之几微安，则检测下限可降低至 $1×10^{-5}$mol/L，相关系数 $R=0.997$（$n=9$）。

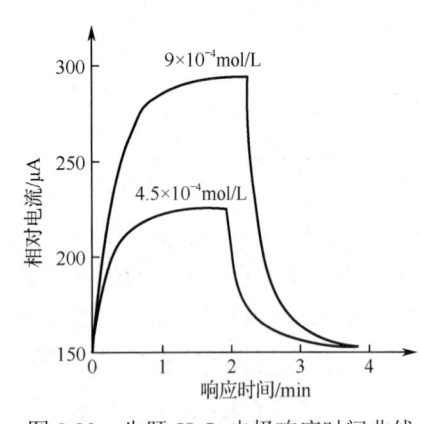

图 8.23 牛肝-H_2O_2 电极响应时间曲线

8.2.2.4 基因传感器

依据生物体内核苷酸的顺序相对稳定，核苷酸碱基顺序互补的原理而设计出的核酸探针传感器,即基因传感器。基因传感器一般是有 10～30 个核苷酸的单链核酸分子,能够专一地与特定靶序列进行杂交从而检测出特定的目标核酸分子。

根据信号转换器类型的不同,基因传感器可分为电化学型基因传感器、光学型基因传感器、压电型基因传感器及表面等离子体共振型基因传感器。基因传感器可用于检测食品中的病原体,为食品中病原体的鉴定提供了新的手段。

8.2.2.5 微生物传感器

微生物传感器分为两类:一类利用微生物在同化底物时消耗氧的呼吸作用进行测量;另一类利用不同的微生物含有不同的酶的特点进行测量。

好氧微生物在繁殖时需要消耗大量的氧,可以通过测量氧浓度的变化来观察微生物与底物的反应情况。

装置:由适合的微生物电极与氧电极组成。

原理:利用微生物的同化作用耗氧,通过测量氧电极电流的变化量来测量氧气的减少量,从而达到测量底物浓度的目的。

例如,荧光假单胞菌能同化葡萄糖;芸苔丝孢酵母可同化乙醇,因此可分别用来制备葡萄糖和乙醇传感器,这两种细菌在同化底物时均消耗溶液中的氧,因此可用氧电极来测定。微生物传感器如表 8.4 所示。

表 8.4 微生物传感器

测定项目	微生物	测定电极	检测范围/(mg/L)
葡萄糖	荧光假单胞菌	O_2	5～200
乙醇	芸苔丝孢酵母	O_2	5～300
亚硝酸盐	硝化菌	O_2	51～200
维生素 B_{12}	大肠杆菌	O_2	—
谷氨酸	大肠杆菌	CO_2	8～800
赖氨酸	大肠杆菌	CO_2	10～100
维生素 B_1	发酵乳杆菌	燃料电池	0.01～10
甲酸	梭状芽胞杆菌	燃料电池	1～300
头孢菌素	费式柠檬酸细菌	pH	—
烟酸	阿拉伯糖乳杆菌	pH	—

根据信号转换器类型的不同,微生物传感器可分为电化学型、光学型、热敏电阻型、压电高频阻抗型和燃料电池型。

8.3 化学与生物传感器的发展方向

与开发其他的传感器相比,开发化学传感器(和系统)的难点首先在于传感过程中化学物质的相互作用会导致传感器发生永久性变化,这通常会导致传感器的基线漂移,从而对传感器的校准产生不利影响。如电化学电池采用液态电解质(通过带电离子而非电子传导电流的材料),每次测量都会消耗少量的电解质,需要及时补充电解质。在水溶液中工作的化学场效应晶体管(FET)传感器可能会在栅极-膜界面处积聚碳酸,从而腐蚀其组件,并且在恶劣环境中吸收性聚合物涂层可能被氧化。其次,压力或温度传感器需要模拟的工作条件相对较少,而化学传感器则不同,其通常会暴露在几乎无限量的化学组合中,这就引入了干扰响应,如许多化学传感器对水有一定的敏感性。因此,开发可在环境中运行的传感器系统时,操作员必须在校准系统时考虑到湿度的变化。最后，化学传感器的另一个独特问题是在不同浓度水平下传感器会发生显著的化学变化。如某些反应性碳氢化合物装置（金属氧化物装置、伏安装置等）需要接近化学计量（平衡化学反应）的混合物，以便需要分析的碳氢化合物和所需的氧气都能达到小分子水平，为测量反应提供原料。如果碳氢化合物的含量过高（或者伴随的氧气含量过低），那么只有一小部分碳氢化合物会发生反应，从而产生假阴性读数。

研究新一代的固体电解质气体传感器也已成为电化学传感器的研究热点之一。武汉大学利用 Nafion 膜开发研制了全固态控制电位电解型氧传感器，该传感器用 Nafion 膜代替电解液作为支持电解质，但由于 Nafion 膜的导电能力受水分的影响很大，因此该传感器在实际工作中受到环境湿度的制约，只能在 32%～96%的湿度范围内工作，对环境要求苛刻，不能实现应用目的。随着人们对电化学气体传感器的进一步研究，电化学气体传感器主要朝着化学量微传感器和多传感器阵列的方向发展。

8.3.1 化学量微传感器

化学量微传感器（包括生物微传感器）是由化学敏感层和物理转换器组合而成的。化学敏感层的作用是与目标分析物发生相互作用，而物理转换器则将这一相互作用转换为电信号。因此，化学量微传感器涉及的范围很广，是化学、生物学、电学、光学、力学、声学、热学、半导体技术、微电子技术、薄膜技术等多学科相互渗透和结合从而设计出的传感器。

8.3.1.1 化学量微传感器的基本组成

化学量微传感器所测量的是环境的化学性质。化学量微传感器一般由物理量微传感器与具有化学选择性的膜、薄膜或层组成。后者在测量过程中与目标分析物发生相互作用。生物微传感器作为化学量微传感器的一种，其化学选择性物质是生物组分，如酶、抗体、细菌等。

化学量微传感器的基本组成如图 8.24 所示。被测量的化学物质混杂在测量环境中，如测量大气环境中二氧化碳的浓度。被测量的化学物质与敏感膜发生相互作用，转换器将这种相互作用转换为电信号，经检测电路调理后，给出相应的传感器信号。显然，敏感膜直接与测量环境接触，是影响整个化学量微传感器性能的关键。

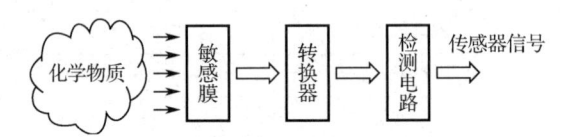

图 8.24 化学量微传感器的基本组成

8.3.1.2 化学量微传感器的分类

理想的化学量微传感器（或微传感器系统）应该满足如下要求：容易制作；测量精确、健壮性好；仅需要少量试剂；响应时间短；具有智能化的信号处理功能；可形成化学量微传感器阵列；可实现实时原位测量；与生物体的兼容性好，选择性高。

化学量微传感器的种类有很多，都有各自的特点。可根据检测时采用的敏感机理对化学量微传感器的类型进行划分。例如，被测物质（X）与敏感材料（M）之间的相互作用可表达为

$$X + M \xrightarrow{k_f} (X,M)$$

$$(X,M) \xrightarrow{k_b} X + M \tag{8-15}$$

式中，k_f 及 k_b 分别为正向、反向反应速率。

当反应过程产生热量时，这一反应过程可利用热微传感器转换为电信号。若反应过程伴随电荷转移，则可利用电导、电压或电流检测方法，将其转换为可检测的电信号输出。化学量微传感

器中常见的检测原理如表 8.5 所示。

表 8.5 化学量微传感器中常见的检测原理

微传感器的类型	影 响 参 数	典型的微传感器
电导式微传感器	电阻/电导	氧化锡气体微传感器
电容式微传感器	电容/电荷	高分子膜湿度微传感器
电压型微传感器	电压	离子选择电极
电流型微传感器	电流	电化学气体微传感器
热量型微传感器	热/温度	催化燃烧型气体微传感器
质量型微传感器	质量	QCM 声表面波微传感器
光学型微传感器	光程长度/吸收光谱	红外气体微传感器
谐振式微传感器	频率	悬臂梁式生物微传感器
荧光型微传感器	光强	光纤传感器

1. 化学电阻型微传感器

化学电阻型微传感器属于化学量微传感器,是气体微传感器中最为常见的一类。敏感膜对目标分子的吸附会改变敏感膜的电阻率,利用测量电极检测出电阻率的变化,即可得到目标分子在表面吸附的情况。

化学电阻型微传感器是最简单的化学传感器,可以测定化学敏感层电导的变化。其最下部为惰性衬底,主要由氧化铝或二氧化硅制成,衬底上为对电极,电极上为活性物质层,常用的活性物质为金属氧化物,电极两端与电池的正负极相连。化学电阻型微传感器的等效电路如图 8.25 所示。

化学电阻型微传感器的工作原理:气体吸附于半导体活性物质的表面会使半导体活性物质的电阻率发生很大变化。许多金属氧化物,如 ZnO、TiO,都可作为半导体活性物质,但迄今为止,最常用的半导体活性物质为 SnO_2。其反应式为

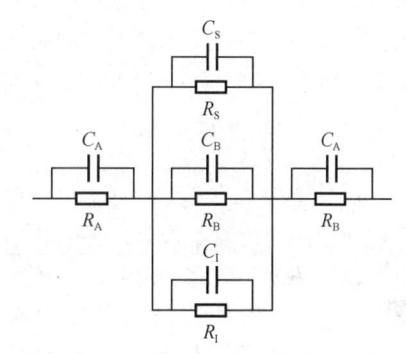

图 8.25 化学电阻型微传感器的等效电路

$$\frac{m}{2}O_2 + [空边] + e^- \xrightarrow{K_1} (O_m^-)_{边} \tag{8-16}$$

$$X + (O_m^-)_{边} \xrightarrow{K_2} (XO_m)_{边} + e^- \tag{8-17}$$

式中,X 为待测物,可以是 CH_4^+ 等。

显然,电导率 $\Delta\sigma$ 与载流子浓度 n 的增加有关,也和待测物 X 的幂有关,方程式为

$$\Delta\sigma = \mu_n en[X]^r \quad (0.5<r<1) \tag{8-18}$$

式中,μ_n 为电子迁移率;e 为基本电荷量。

随着研究的深入,人们发现使用有机活性物质比使用无机活性物质 SnO_2 更好。因为有机活性物质容易发生化学变化,所以选择性好;有机活性物质对污染物反应气体有较高的灵敏度;加工有机活性物质比加工无机活性物质如 SnO_2 要容易得多,一般有机活性物质在 150℃ 以下即可发生反应,而无机活性物质的工作温度约为 400℃。目前常用的有机活性物质有酞花青,在 500℃ 以下其具有与金属氧化物半导体相似的性质。

近年来,人们开始将导电聚合物作为活性物质,典型物质有吡咯噻酚、吲哚、呋喃等。这些

物质在室温下对极性分子很敏感,甚至可达到$0.1×10^{-6}$ppm 的灵敏度。这就使导电聚合物成为对于制作低功率的气敏元件及对气味敏感的电子鼻十分重要的活性物质。

2. 化学电容型微传感器

化学电容型微传感器的最下部为由绝缘物构成的基底,通常选用的材料是玻璃,一个电极在基底上,另一个可透气金属电极平行放置于基底电极的上部,两个平行电极板之间为活性聚合物层。聚合物一般为聚苯乙烯导电聚合物,可以对不同气体,如一氧化碳、二氧化碳、氮气和甲烷气做出响应。化学电容型微传感器的容抗变化通常在 10~12pF 范围内。化学电容型微传感器的特点是耐用、价格低。

3. 化学二极管型微传感器

化学二极管型微传感器对 NH_3 及 NO_x 有很高的灵敏度,故倍受环保检测领域的重视。化学二极管型微传感器的最下部为 Si 和 SiO_2 组成的基底,其上设有两个铝合金的电极,活性聚合物覆盖其上,活性聚合物通常采用聚吡咯。二极管通常采用利用外延、平面工艺及溅射技术等制成的面接触的肖特基二极管,为了减少二极管的势垒电容及串联电阻,当有微量有机蒸汽存在时,这种二极管常用外延 N-P 型硅或砷化镓等制成。聚吡咯的功函数会随着所测有机蒸汽浓度的改变而改变。和 N-P 型二极管相比,肖特基二极管的起始电压很小,储蓄电荷效应很小,所以可以在较高的频率下工作。与点接触二极管相比,肖特基二极管具有更接近理想势垒的整流特性。肖特基二极管的势垒电容与串联电阻的乘积较小,因而变频的损耗小,噪声小,检波的灵敏度高,性能稳定、可靠。

8.3.2 多传感器阵列

处理来自单个化学传感器及多个不同或独立传感器的多次测量结果,可以提供所需的信息,从统计学的角度减小误差,提高化学传感器或化学检测仪器的选择性和灵敏度。由于测量误差是系统误差和随机误差的总和,因此可以通过多次采样,利用统计学方法减少或消除单个传感器的随机误差。多重冗余采样可提供足够的数据,将测量标准偏差降低 $n^{0.5}$ 倍,其中 n 为冗余采样的数量。冗余样本可能来自同一个传感器,也可能来自多个同类型的传感器,以进一步确保获得最佳响应。因此,可以将多个不同类型的独立传感器的响应结合起来,以提供重叠的强化响应,从而更好地跨越传感器的响应空间,减小分析鉴定时薄弱或不可用的空隙。

电子鼻和电子舌的传感部件就是由许多相似但不同的传感元件组成的装置。这种装置基于化学物质与放置在 NIST 开发的 MEMS 微型加热器平台上的半导体传感材料之间的相互作用。NIST 电子鼻由沉积在 16 个微加热器表面的金属氧化膜形式的八种传感器组成,每种材料有两个副本(见图 8.26)。

掺杂型多晶硅加热器用于加热,其热时间常数为几毫秒。在不同加热器的顶部沉积了不同的化学敏感薄膜:锡(SnO_2)、氧化锡包覆氧化钛(SnO_2/TiO_2)、氧化钛(TiO_2)和氧化钛包覆氧化钌($TiO_2/RuOx$)。这些氧化物会与各种气体发生化学作用,从分析物气体的表面氧化到分析物化学吸附时的电荷转移。由于催化表面的反应速率随温度的变化而变化,因此精确控制单个加热元件可以在 150~500℃之间的 350 个温度增量下将每个加热元件视为"虚拟"传感器的集合,从而将传感器数量增加到约 5600 个。传感膜的组合及其改变温度的能力使得 NIST 电子鼻相当于一个充满嗅觉神经元的鼻子。

嗅觉神经元的结构如图 8.27 所示。这种感知发生在受体细胞的细小毛发状突起(纤毛)上。纤毛被黏液覆盖,黏液可以捕捉气味分子。提供感官特性的气味剂分子的特性包括:低水溶性、高蒸汽压、低极性、亲脂性和表面活性。受体细胞的电反应通过轴突传递到下一级信号处理单元。由于传感元件的漂移和污染,几乎所有化学传感器的寿命都相对较短。大自然通过嗅觉神经元的频繁再生解决了这一问题，而人类的嗅觉神经元大约每 40 天就要更换一次，这种神经再生的情况非常罕见。

（a）单个微传感器元件的俯视图　（b）微传感器的关键部件示意图

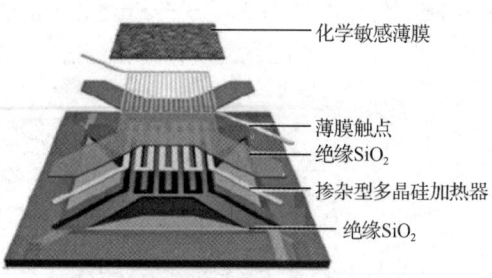

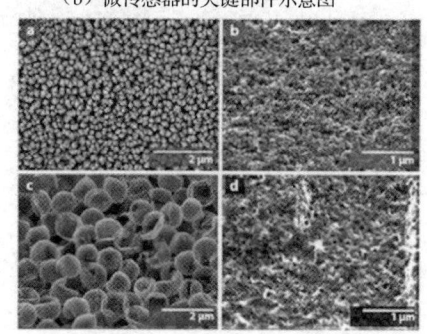

（c）16元微传感器阵列　（d）各种化学敏感薄膜在微热板传感器上的扫描电镜图像

图 8.26　NIST 电子鼻示意图

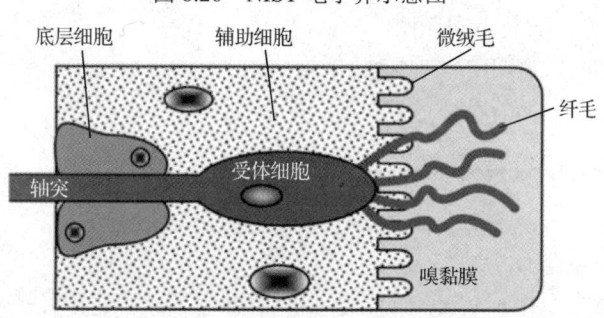

图 8.27　嗅觉神经元的结构

就像人们可以检测和记忆许多不同的气味和味道，然后用这些记忆来概括他们以前没有遇到过的气味和味道一样，电子鼻和电子舌也需要训练，以识别不同气味的化学特征，然后才能处理未知的气味和味道。目前的趋势是采用仿生方法，将多个传感器结合起来，并通过神经网络或计算机进行信号处理。其主要思想是使用许多不同类型的传感器，并以类似于大脑的方式处理数据。电子鼻和电子舌与其说是一种传感器或仪器，不如说是一种测量策略。

由于阵列中的电子鼻和电子舌传感细胞反应相对较慢，会产生固有噪声，其选择性相对较低，因此仿生信号处理方法变得更加流行。这种方法采用了数字信号处理器中具有自适应和学习（可训练）能力的神经网络软件，能够对传感阵列输出变化的动态做出响应。这种方法有三个优势：更快的响应速度、更高的信噪比和更好的选择性。神经网络对电子鼻信号的动态处理过程如图 8.28 所示，该过程需要用到暴露在气味中的多个 CP 传感器阵列。动态处理方法利用传感器响应的时间瞬态，无须等待其稳定在恒定水平上。阵列中的每个传感器都对特定的气味敏感，并与神经网络的一个或多个输入端耦合，后者对信号变化的速率及幅度做出响应。由兴奋（白色圆圈）和抑制（黑色圆圈）动态单元多重耦合形成的神经系统对噪声和缓慢的传感器响应进行了再现。这样的处理提高了检测的准确性，提高了对分析物的识别速度。

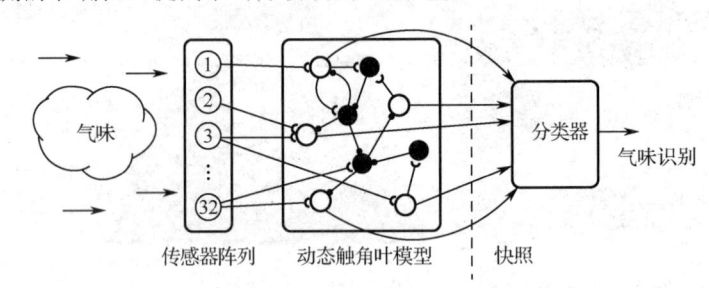

图 8.28　神经网络对电子鼻信号的动态处理过程

思考题

1. 简述化学传感器与生物传感器的区别。
2. 化学传感器的特点有哪些？其中哪几个是其突出特点？
3. 简述化学传感器的概念和分类。
4. 简述改善气敏元件气体选择性的常用方法。
5. 简述离子选择电极在各个领域中的应用。
6. 举例说明你所知道的生物传感器。
7. 简述生物传感器的组成部分。
8. 试阐述生物传感器的特点和应用。
9. 列举说明影响反应速度的各种因素。
10. 简述抗原与抗体的特性和基本反应原理。
11. 举例说明酶的固定方法，以及如何将各种方法联合使用。
12. 列举说明酶传感器的应用。
13. 常见的微生物传感器有哪些？其工作原理是什么？
14. 免疫传感器存在着什么缺陷？
15. 试论述基于免疫反应的传感器的研究与发展可能产生的创新有哪些？

第 9 章 先进传感器制造技术

知识单元 与知识点	➢ MEMS 的概念； ➢ MEMS 的特点； ➢ MEMS 工艺； ➢ MEMS 传感器的应用。
能力点	✧ 能够解释 MEMS 的基本概念； ✧ 能够复述 MEMS 的特点； ✧ 能够分析 MEMS 的制造流程； ✧ 能够了解 MEMS 在各行业的应用。
重难点	■ 重点：MEMS 的概念，MEMS 的特点等。 ■ 难点：MEMS 的制造工艺。
学习要求	✓ 掌握 MEMS 的基本概念； ✓ 熟悉 MEMS 的特点； ✓ 掌握 MEMS 的制造工艺。
问题导引	● MEMS 的基本特点是什么？ ● MEMS 的制造流程有哪些？ ● MEMS 可以应用于那些行业？

传感器正向着微型化、多功能集成化和智能化的方向发展，对微细加工来说，传统的机械加工技术将无能为力，微细加工技术和材料科学的进步支撑着现代传感器技术的发展。微细加工的尺寸要求一般在微米以下，由微电子技术发展而来的微细加工技术有力地推动了传感器和微系统的发展。物理学和材料科学的发展，使新发现的传感原理有可能得到实际应用。在硅集成电路工艺的基础上发展起来的微细加工技术，如氧化、光刻扩散、沉积等微电子技术，能够将加工尺寸缩小到光波长的数量级，并且能够批量生产低成本微型传感器，可将微型传感器和信号检测及处理电路集成一体，将执行器与传感器集成一体，组成微系统。本章将介绍与传感器制造密切相关的微电子技术和微细加工技术。

9.1 MEMS

MEMS（微机电系统）是指将微型机械结构、传感器、执行器和电子电路集成在小型芯片上的技术。MEMS 广泛应用于智能系统、消费电子、可穿戴设备等领域。其主要技术途径包括美国的硅微加工技术、德国的 LIGA 技术和日本的精密加工技术。

在微小尺寸范围内，机械可分为 1~10mm 的小型机械、1μm~1mm 的微型机械和 1nm~1μm 的纳米机械。MEMS 的发展引发了高技术产业的新增长，被认为将带来一场 21 世纪的产业革命。MEMS 传感器通过将传统传感器的机械部件微型化，利用三维堆叠技术（如硅穿孔）将其固定在硅晶圆上，并根据应用需求进行定制封装，最终组装成硅基传感器。受益于硅片加工的批量化，MEMS 传感器在微型化和高集成度方面取得了进一步发展。随着微电子技术和加工工艺的发展，MEMS 传感器凭借其体积小、功耗低、可靠性高、灵敏度强等优势，推动着传感器向微型化、智能化和多功能化方向发展。

微机电系统是从微传感器发展而来的并经历了几次突破性的发展。20 世纪 60 年代，MEMS 技术的雏形出现。在这一时期，美国贝尔实验室的研究人员发明了第一台微型压力传感器，这是 MEMS 技术的开端。紧接着，美国斯坦福大学的研究人员发明了第一台微型加速度计，这是 MEMS

技术发展的重要里程碑。20 世纪 70 年代，美国洛克希德公司研制出了第一台基于 MEMS 技术的微型惯性导航系统，基于 MEMS 技术研制出的第一台微型血压计也开始应用于医疗领域。20 世纪 80 年代，美国加利福尼亚大学伯克利分校的研究人员发明了第一台 MEMS 微型机器人，基于 MEMS 技术研制出的第一台微型气体传感器开始应用于汽车领域。20 世纪 90 年代，MEMS 技术进入了快速发展阶段，开始应用于消费电子领域，基于 MEMS 技术的第一台微型投影仪得到应用。21 世纪以来，MEMS 技术得到了进一步发展。如今，MEMS 技术已经应用于多个领域，包括智能手机、智能手表、智能家居等。同时，MEMS 技术也在不断创新，基于 MEMS 技术的微型传感器、微型执行器和微型系统越来越先进。

9.2 MEMS 的特点

MEMS 是交叉学科的重要研究领域，涵盖物理学、电子工程、材料工程、机械工程等多种学科，与集成电路（IC）相比，MEMS 在尺度、组成、功能、制造等方面有所不同，如图 9.1 所示。随着终端设备向"轻、薄、短、小"的方向发展，市场对体积小、性能高的 MEMS 产品的需求迅速增长，尤其在医疗领域，MEMS 产品已广泛应用。

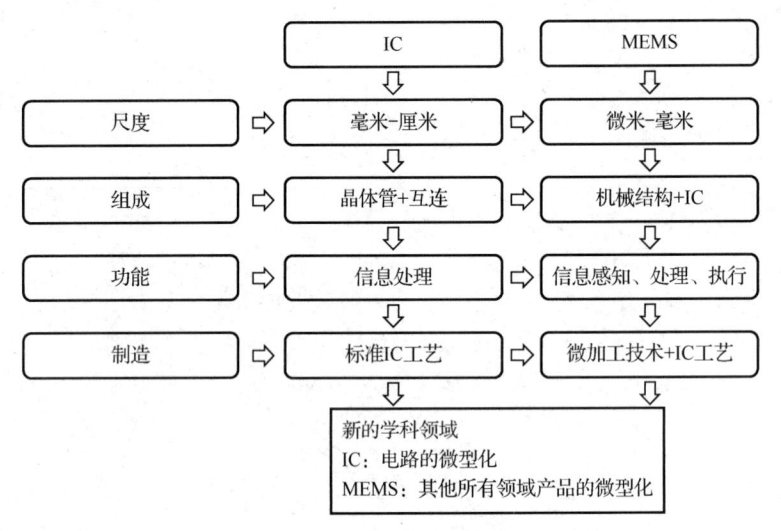

图 9.1 MEMS 与 IC 的区别

MEMS 的特点如下。

（1）微型化：体积小、质量轻、耗能低、响应快，精度可达纳米级。

（2）以硅为主要材料：硅具有优良的机械和电气性能，其强度与铁的强度相当，其密度接近铝的密度，其导热性接近铂和钨的导热性。

（3）能耗低、灵敏度高：能耗远低于传统机械的能耗，而且工作速度更快。

（4）批量生产：硅微加工技术可在一片硅片上制造大量的 MEMS 部件，可大幅降低成本。

（5）集成化：可将多个传感器或执行器集成在一起，形成复杂的微系统，提高可靠性和稳定性。

（6）多学科交叉：涉及微电子、机械、力学、材料等多个学科。

MEMS 是微米级的机械系统，其大小通常在微米到毫米之间，如图 9.2 所示。这种系统通过类似于半导体生产的技术制造，如表面微加工、体型微加工，以及改进的硅加工方法，包括压延、电镀、蚀刻和电火花加工等。

图 9.2 MEMS 产品的体积微小

9.3 MEMS 工艺

MEMS 工艺是一种在微观尺度上制造机械、电子、光学等多种功能组件,并将这些组件集成在一起的技术。MEMS 工艺的核心理念是利用微电子制造技术的工艺手段,生产出具有传感、控制、执行等功能的微型系统。

9.3.1 MEMS 的材料选择与工艺参数控制

在 MEMS 制造过程中,材料选择和工艺参数控制可以影响器件的性能、制造成本和生产效率。MEMS 的材料选择。

（1）基底材料：常用硅（Si）、氮化硅（Si_3N_4）、氧化硅（SiO_2）,其中硅因其优良的机械性能和可加工性常被选用。

（2）结构材料：选用多晶硅、单晶硅、铝、铜等,以实现所需的力学和电学性能。

（3）封装材料：使用玻璃、聚合物等材料,以为器件提供保护并防止污染。

MEMS 的工艺参数控制。

（1）光刻参数：包括曝光剂的选择、曝光时间、曝光光强等。对这些参数的控制直接影响到图案的分辨率和光刻胶的质量。

（2）腐蚀参数：包括腐蚀剂的选择、腐蚀时间、温度、浓度等。对这些参数的控制可以影响腐蚀速率、腐蚀的选择性和表面质量。

（3）沉积参数：包括沉积气体的流量、压力、温度、沉积速率等。对这些参数的控制可以影响沉积物的均匀性、致密性和精度。

（4）离子注入参数：包括注入能量、剂量、注入角度等。对这些参数的控制可以实现所需的材料掺杂浓度和分布。

9.3.2 MEMS 制造工艺

MEMS 制造工艺是在半导体制造技术的基础上发展起来的,以扩散、薄膜（PVD/CVD）、光刻、刻蚀（干法刻蚀、湿法腐蚀）等工艺为前段制程,以减薄、切割、封装与测试为后段制程,辅以精密的检测仪器来严格把控工艺要求,以实现其设计目标。

9.3.2.1 硅基片加工

以单晶硅为传感器的基片,先在单晶硅的正面氧化形成一层 SiO_2,再先后淀积一层 Si_3N_4 和一层 SiO_2,形成 SiO_2-Si_3N_4-SiO_2 三明治结构,最后通过有限元分析方法对传感器的温度场进行分析。三明治结构可以有效减小由于在高温下工作导致的结构体的热变形。硅基片加工工艺流程如图9.3所示。

9.3.2.2 扩散工艺

在物理学中，扩散是指微观粒子由于热运动而从高浓度区域向低浓度区域移动，从而趋于均匀分布。浓度差越大、温度越高，扩散速度越快。

在MEMS生产中，扩散是指将杂质掺入硅或其他衬底中，以改变其电学或化学特性，如在硅中掺入磷或硼。氧化和退火也属于扩散过程，分别涉及氧气在SiO_2中的扩散和杂质在硅中的扩散。扩散是基本的掺杂技术，用于形成PN结、三极管的各区域、MOS晶体管的源区和漏区及扩散电阻等。

9.3.2.3 薄膜工艺

MEMS薄膜工艺是指通过蒸镀、溅射、沉积等工艺将所需物质铺盖在基片的表层。根据其过程的气相变化特性，可分为物理气相沉积（PVD）与化学气相沉积（CVD）两大类。

1. 电子束蒸镀

如图9.4所示，电子束蒸镀（Electron Beam Evaporation）是物理气相沉积的一种，与传统的蒸镀方式不同，电子束蒸镀通过电磁场的配合可以精准实现用高能电子轰击坩埚内的靶材，使之熔化进而沉积在基片上，电子束蒸镀可以制备出高纯度、高精度的薄膜。蒸镀时所用的电子枪有直射型、环型和E型之分。电子束蒸镀的特点是能获得极高的能量密度，最高可达$10^9 W/cm^2$，加热温度可达3000～6000℃，可以蒸镀难熔金属或化合物；靶材置于水冷的坩埚中，可避免坩埚材料的污染，从而制备高纯度的薄膜。此外，由于靶材的加热面积较小，热辐射损失减少，热效率相应提高。电子束蒸镀适用于蒸镀难熔金属或化合物，如Al、Co、Ni、Fe的合金或氧化物膜，以及SiO_2膜和ZrO_2膜。

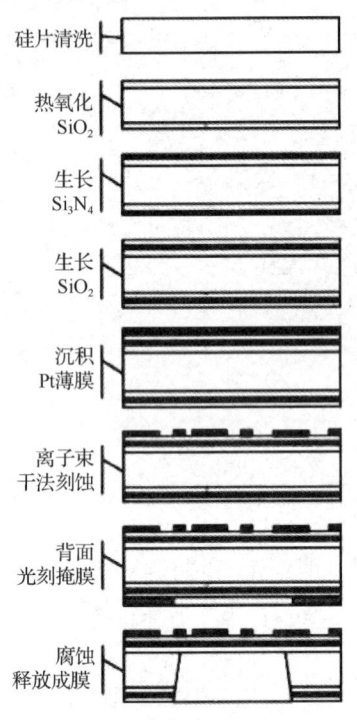

图9.3 硅基片加工工艺流程

2. 磁控溅射

如图9.5所示，磁控溅射属于物理气相沉积的范畴，适用于金属、半导体、绝缘体等材料，具有设备简单、易控制、高速、低温、低损伤、大面积镀膜和附着力强等优点。磁控溅射的工作原理是指电子在电场E的作用下，在飞向基片的过程中与氩原子发生碰撞，使其电离产生Ar^+和新电子；新电子飞向基片，Ar^+在电场作用下加速飞向阴极靶，并以高能量轰击靶表面，使靶材发生溅射。在溅射粒子中，中性的靶原子或分子沉积在基片上形成薄膜，而产生的二次电子会受到电场和磁场作用，发生E（电场）×B（磁场）所指方向上的漂移；简称$E×B$漂移，其运动轨迹近似于一条摆线。若为环形磁场，则二次电子将以近似摆线的轨迹在靶表面运动，二次电子的运动路径很长，且被束缚在靠近靶表面的等离子体区域内，并在该区域中电离出大量的Ar^+来轰击靶材，从而实现了较高的沉积速率。

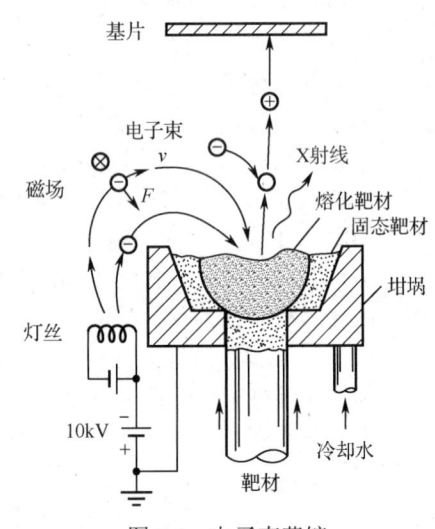

图9.4 电子束蒸镀

随着二次电子碰撞次数的增加，其能量逐渐降低，最终在电场的作用下沉积在基片上。由于这些电子的能量很低，因此基片的温升较低。

图 9.5 磁控溅射

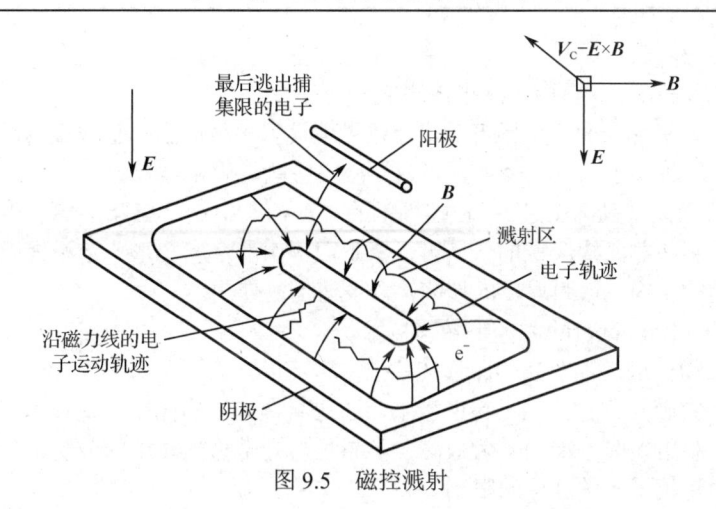

化学气相沉积是指由于气相化学反应而在基体表面沉积固体薄膜，是一种薄膜工艺。沉积物质通常是原子、分子或两者的组合。一般来说，所有通过吸附气相前驱体的表面介导反应在基板上形成固体薄膜的工艺都叫作化学气相沉积。其反应的过程可以分为以下几个步骤。

（1）反应物进入反应室并被激活：反应物以气态形式进入反应室，并在反应室内被激活。激活方式通常包括加热、等离子体增强或两者的结合。

（2）反应物在基片表面发生反应：被激活的反应物在基片表面发生反应，形成薄膜。发生的反应可以是氧化、还原、沉积等化学反应。

（3）薄膜生长：反应物不断进入反应室与基片表面发生反应，从而形成薄膜。薄膜的生长速率受到反应条件和反应物浓度的影响。

（4）附着与结晶：形成的薄膜会在基片表面附着并结晶，形成具有特定形态和结构的材料。

化学气相沉积通常需要高温和高压环境，以提高反应物的化学活性和浓度，从而提高反应速率。高温使反应物的活性增加，高压则可以提高反应物的浓度并缩短分子间距，从而提升反应发生的可能性。不同的反应物需要不同的条件，应具体问题具体分析。

化学气相沉积的反应物可以是气体、液体或固体，常见的有氧气、氯化物、氢化物、有机金属和金属氧化物等。不同的反应物具有不同的化学性质，例如，氧气提供氧原子用于氧化反应，有机金属提供金属原子用于还原反应。反应物需要具有高纯度，因为杂质会掺入沉积膜中，影响薄膜的性能。化学气相沉积的前驱体必须在储存条件下保持稳定，避免其分解产生杂质，在理想情况下，前驱体应仅在化学气相沉积工艺的温度和压力条件下发生反应。

化学气相沉积作为一种薄膜制备技术，与物理气相沉积中的溅射和蒸发等方法不同，具备优异的均匀镀覆性能，能够较为简便地覆盖孔洞和深凹处。与现行的物理气相沉积工艺相比，化学气相沉积工艺在经济性方面更胜一筹，拥有较高的沉积速率，并且能够制备出较厚的涂层。化学气相沉积工艺通常不需要依赖于超高真空环境。

化学气相沉积工艺通常在高温下进行，这可能对许多基板不利。化学气相沉积需要使用具有高气压的有毒化学前驱体，处理有毒和腐蚀性副产物的成本高且存在安全风险。

9.3.2.4 光刻工艺

光刻工艺是 MEMS 制造中的关键步骤，通过将设计图案转移到基底上来完成。具体过程包括：首先采用 IC 设计软件（如 CAD）设计出工艺版图，制备光刻掩模版（光学、激光或电子束图形发生器），其次利用光刻机将光刻掩模版的图形照射到涂有光刻胶的硅片上，再次经过曝光和显影，形成可选择性刻蚀的膜层，最后通过刻蚀机将设计版图转移到硅片表面。

光刻工艺本质上是 IC 芯片制造中的图形转移技术。其他典型的图形转移技术如下。

（1）无掩膜直写曝光：直接使用电子束或激光在基片的抗蚀剂上绘制图形，不需要掩模。先通过显影形成抗蚀剂图形，再利用这些图形进行刻蚀。

（2）微电镀：在基片表面形成图形后，通过微电镀沉积金属膜，形成金属图形。基片需要先沉积导电膜，再用氧等离子清理其表面，以避免残胶影响镀膜精度。

（3）溶脱镀膜剥离（剥离工艺）：在抗蚀剂的"深槽"中镀金属膜，然后用有机溶剂（如丙酮）溶解抗蚀剂，剥离非深槽区域的金属膜，留下深槽中的金属图形。溶脱镀膜剥离的关键在于抗蚀剂的厚度、槽的结构、镀膜厚度的控制，以及溶剂的使用。

（4）纳米压印（Nanoimprint）图形转移技术。

（5）嵌段聚合物自组装等非光刻图形转移技术。

光刻工艺不断突破其原有的加工精度极限，通过结合先进的掩模制造技术，如移相掩模和光学邻近效应校正，利用光的干涉和衍射效应，不断提高光学曝光技术的分辨率。这些创新使得光刻工艺的分辨能力超越了光学理论的限制。

如今，微电子技术已经广泛应用于各种金属和介质材料，光刻工艺也使用了光子束、电子束、离子束等多种技术。随着光刻技术和微纳米加工技术的不断升级，未来可能会发展出量子和分子计算技术，进入纳电子学、分子电子学和生物电子学时代。

9.3.2.5 刻蚀工艺

刻蚀工艺用于制造微细结构，通过化学物质刻蚀材料的表面，形成所需的形状，主要分为湿法刻蚀和干法刻蚀。

湿法刻蚀：利用化学刻蚀液通过化学反应去除材料。适用于电子元件、光学器件等领域，但刻蚀通常不易控制。

干法刻蚀：通过等离子体或离子束进行刻蚀。包括离子铣刻蚀、等离子刻蚀和反应离子刻蚀三种主要方法。干法刻蚀的刻蚀材料是气体。干法刻蚀具有更高的精度和选择性，常用化学气相刻蚀（CDE）和物理气相刻蚀（PDE）。化学气相刻蚀使用气体如氢氟酸刻蚀材料，物理气相刻蚀则使用离子束或电子束。刻蚀工艺用于加工微型零件，先制造母模，再利用化学反应刻蚀工件的表面，在工件表面生成高精度、复杂的微型结构。

刻蚀工艺在微刀具加工方面的应用如下。

微刀具用于微型机械领域，其尺寸通常小于毫米，其需要具备高精度和高尖锐度以进行精密加工，其主要制造方法如下。

（1）微调刻蚀法：通过刻蚀技术加工微刀具的刀尖形状。该方法通过对准并粘合母模和工件来控制刻蚀的高度和位置，以获得所需的刀尖形状和角度。

（2）金属化刻蚀法：在工件的表面沉积一层金属，与母模形成电路。随后通过蚀刻去除部分金属，形成所需的微型结构。此方法能够提高蚀刻的速度并清除杂质，得到更精确的刀具。

利用刻蚀工艺加工微刀具的优点如下。

（1）高精度和高尖锐度：能够在微米和纳米级别上加工刀具，制造出高精度和高尖锐度的刀尖，同时实现纳米级别的表面光洁处理。

（2）多种材料可选：适用于硅、铜、铝、镁等多种材料，人们可以根据不同的需求选择合适的材料和工艺。

（3）大批量制造：人们能够在短时间内生产大量的微刀具，提高生产效率和成本效益，相比传统的手工制造更具优势。

利用刻蚀工艺加工微刀具的缺点如下。

（1）蚀剂的选择：不同蚀剂对材料的反应速度和腐蚀程度不同，因此需根据材料和加工要求选择合适的蚀剂。

(2) 母模的制作成本高：母模制作的要求精度高且加工难度大，经济成本高且制造周期长，需要较多的时间和资源投入。

(3) 表面质量问题：刻蚀过程可能导致微刀具的表面不光滑、凹凸不平，这可能影响刀具的性能和寿命。

9.3.3 MEMS 封装技术

MEMS 封装技术是将器件保护起来，并为其提供电连接和机械支撑的技术。封装材料通常选择玻璃、聚合物等。通常，MEMS 器件的封装应满足以下要求。

(1) 封装应为传感器芯片提供一个或多个环境接口。
(2) 封装对传感器芯片的应力要尽可能小。
(3) 封装方式与封装材料不应对应用环境造成不良影响。
(4) 封装应保护传感器及其电子器件免受不利环境的影响。
(5) 封装必须提供传感器与外界进行信号传输的通道，如电接触或无线传输。

9.3.3.1 MEMS 圆片级封装的功能及分类

MEMS 圆片级封装的功能。

(1) 机械支撑与保护。MEMS 器件含微小的结构间隙，在裸露工作时易受空气中颗粒的影响，导致结构粘连或失效（如悬梁结构运动受阻、硅微结构间信号短路等）。MEMS 圆片级封装的封装结构能够保护器件，防止空气腐蚀、液体冷凝和外力损伤，特别是能够在晶圆划片、贴片等后道工艺中有效隔离流体和冲击。

(2) 化学隔离。MEMS 结构的表面积大，表面化学反应显著。在高湿度环境下，硅微结构的氧化层会生长，可能导致裂纹和器件的疲劳特性改变。湿度变化也会影响谐振器件的品质因数，降低其性能。

(3) 提升器件的性能。红外 MEMS 器件和谐振式 MEMS 器件需要真空封装或气密封装，以降低其热损耗和空气阻尼，提升其性能。真空封装可改善谐振式陀螺仪、磁力计和压力计的品质因数，而气密封装时的空气阻尼可调节谐振式加速度计的动态响应。圆片级封装技术还提高了 MEMS 器件的使用寿命和长期稳定性。

MEMS 圆片级封装可分为薄膜封装和盖板晶圆封装两类。

(1) 薄膜封装：先利用牺牲层技术创建微结构空腔，然后在真空条件下将沉积薄膜材料（如多晶硅、氧化硅、氮化硅）作为盖板层，完成封装。

(2) 盖板晶圆封装：先通过湿法或干法蚀刻盖板晶圆形成空腔，然后使用晶圆键合技术（如硅-硅直接键合、阳极键合等）在真空或特定气体条件下将盖板晶圆与 MEMS 器件的晶圆接合，完成封装。

9.3.3.2 平面互连型 MEMS 圆片级封装技术

最常见的 MEMS 圆片级封装采用平面互连的形式，将器件信号通过互连线引出，连接到接口。平面互连型 MEMS 封装结构如图 9.6 所示，在晶圆键合的平面互连型封装中，互连线可能在密封环区域产生凸起，导致封装泄漏。研究表明，在硅-玻璃键合中，互连线的厚度需要小于 50nm，以保持封装的气密性，但过薄的互连线易在高压下断裂，导致电学互连开路。不同的晶圆键合技术面临着封装的气密性和互连的可靠性等问题，因此有多种平面互连型 MEMS 封装策略。

平面互连型 MEMS 圆片级封装技术的分类如下。

对于硅-硅键合的 MEMS 封装，将硅-硅等离子体激活键合与金-锡共晶键合相结合是一种有效策略，如图 9.7（a）所示。在封装硅晶圆上腐蚀出 100nm 深的腔体，并在腔内沉积金-锡互连线，在器件晶圆的引出区设置金-锡键合点。在键合过程中，金-锡共晶焊料在 300℃下变为液态，填充盖板晶圆的空腔，与硅-硅键合面接触，然后降温至 250℃ 并进行 4 小时的硅-硅键合。此方法要求腔体深度与金属层的厚度严格匹配。

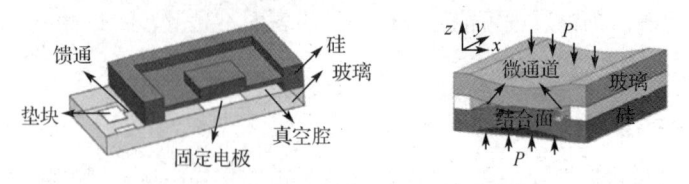

图 9.6 平面互连型 MEMS 封装结构

硅-玻璃键合的 MEMS 封装（在硅基底中局部掺杂作为互连线）如图 9.7（b）所示，在器件硅晶圆上制作反型掺杂的硅外延层作为封装互连线，从而避免金属互连线跨越密封环影响封装的气密性，但存在电流泄漏问题。

硅-玻璃键合的 MEMS 封装（在沟槽内埋置金属作为互连线）如图 9.7（c）所示，通过在玻璃晶圆上蚀刻沟槽并埋置金属引线，减小密封环区域的凸起，但需要严控互连线的厚度。

玻璃浆料键合的 MEMS 封装如图 9.7（d）所示，利用玻璃浆料的绝缘性和流动性来补偿金属布线跨越密封环所形成的凸起，确保 MEMS 器件信号接口的气密性，但其工艺复杂，限制了 MEMS 封装的小型集成化。

有机物键合的 MEMS 封装如图 9.7（e）所示，利用有机树脂的流动性和天然电绝缘性来解决金属布线跨越密封环时的"台阶"问题。虽然有机物键合技术可以实现器件的临时密封，但有机物本身不是密封材质且存在持久的泄漏，仅适用于非气密性封装，不过有机物的透明特性使其适用于光学 MEMS 器件封装。

金属键合的 MEMS 封装如图 9.7（f）所示，利用多晶硅层（离子注入掺杂）和金属层实现跨越密封环的互连布线，在键合密封环的互连线区域设置绝缘钝化层以确保键合金属与互连线之间实现电隔离，通过较厚的键合金属层填补互连线的凸起，解决封装泄漏的问题。

MEMS 器件互连线的引出可归纳为两种形式：硅本体局部掺杂层互连和沉积导电薄膜层互连。对于硅本体局部掺杂层互连，因并未在键合密封环区域引入"台阶"而保证了封装的气密性，但是该互连形式利用了 PN 结的单向导电性，存在电流泄漏及难以承受高压负载的问题，也容易形成寄生串扰，影响 MEMS 器件的性能。而沉积导电薄膜层互连则存在明显的"台阶"问题，为此有的技术采用在制备的沟槽内埋置互连层的方法（如硅-硅键合和硅-玻璃键合）以降低"台阶"的高度。其中沟槽埋置及"台阶"补偿方法都增加了工艺的复杂度及成本，须严格把控腔深和膜厚的匹配度，对封装的冗余设计及工艺的均匀性有较高要求。

尽管平面互连型 MEMS 封装逐渐成熟，但仍存在局限：其一，长信号布线增加互连阻抗和信号串扰；其二，随着 MEMS 结构的日益复杂，其可动结构内部的区域不仅可以嵌套新的可动结构，还可以构建内-外差分驱动/敏感结构，而平面互连的形式无法引出位于可动结构内部的电极单元，限制了其进一步发展。

9.3.3.3 垂直互连型 MEMS 圆片级封装技术

拓展的摩尔定律推动了 MEMS 封装由平面互连型向垂直互连型三维封装过渡，以满足 MEMS 集成制造小型化、高密度互连的需求。一方面，垂直互连路径的长度取决于封装晶圆的厚度（约 100μm）并可通过减薄晶圆进一步缩短，因此极大地降低了互连阻抗及寄生效应的影响，同时提升了芯片面积的利用率，促进了封装的小型化；另一方面，对复杂的 MEMS 器件结构来说，垂直互连的形式可以实现器件在任意位置上的垂直信号接口的直接互连，有效打破了平面互连型封装技术无法对 MEMS 可动结构的内部信号接口进行互连的局限性。目前，垂直互连型 MEMS 圆片级封装技术分为通孔密填互连介质式、通孔侧壁附着互连介质式和低阻体硅柱互连式三类。

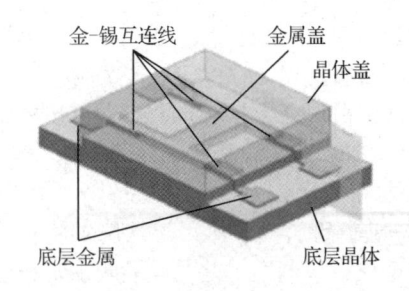

第9章 先进传感器制造技术

(a) 硅-硅键合的MEMS封装

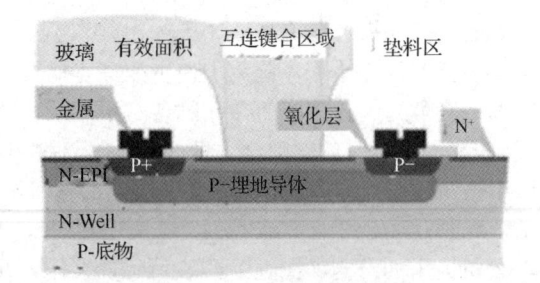

(b) 硅-玻璃键合的MEMS封装（在硅基底中局部掺杂作为互连线）

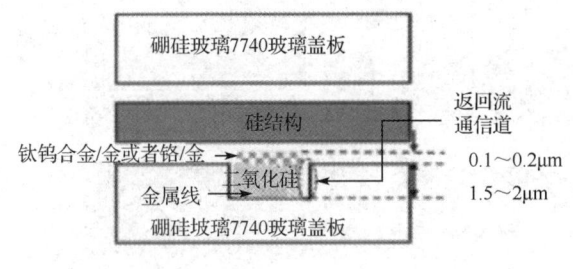

(c) 硅-玻璃键合的MEMS封装（在沟槽内埋置金属作为互连线）

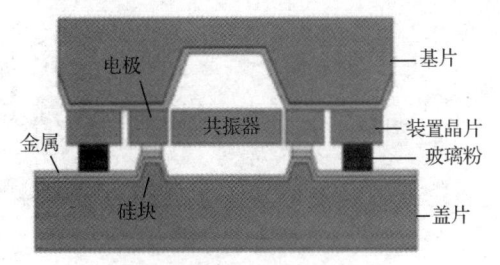

(d) 玻璃浆料键合的MEMS封装

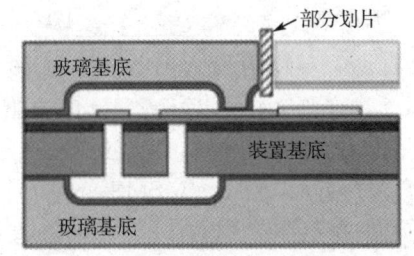

(e) 有机物键合的MEMS封装

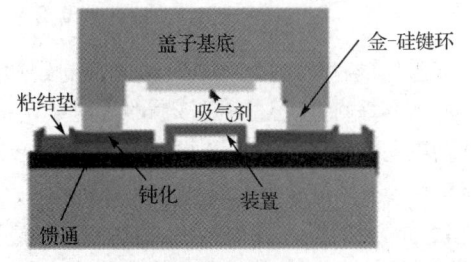

(f) 金属键合的MEMS封装

图 9.7 采用不同晶圆键合技术的平面互连型 MEMS 圆片级封装技术

通孔密填互连介质式 MEMS 圆片级封装利用硅通孔（TSV）技术或玻璃通孔（TGV）技术，在基底晶圆（如硅、玻璃等）上刻蚀出通孔，填充多晶硅、铜、钨等导电介质作为垂直互连通路。该封装形式的工艺流程包括高深宽比通孔的蚀刻、通孔内绝缘层/种子层/导电层的致密性电镀填充和化学机械抛光（CMP）。通孔密填互连介质式 MEMS 圆片级封装策略如图 9.8 所示，通孔密填互连介质式封装可根据 TSV 或 TGV 的引出位置分为从衬底晶圆引出、从盖板晶圆引出和从器件结构晶圆引出。虽然 TSV 技术已应用于集成电路的封装集成中，但 MEMS 三维封装与之不同，不仅需要考虑对复杂悬浮结构的保护，而且 MEMS 器件的 I/O 接口远少于 IC 器件的，这导致互连密度极高的传统 TSV 技术在 MEMS 三维封装中难以发挥其优势，同时面临诸多挑战：通孔刻蚀需要保证通孔尺寸的一致性和高深宽比，对填充密度要求高，且 CMP 工艺成本高，容易导致悬浮结构损坏；减薄过程极易造成含有悬浮微结构的 MEMS 晶圆翘曲、产生碎片或器件损坏。

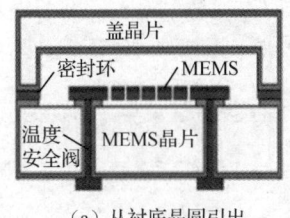

(a) 从衬底晶圆引出

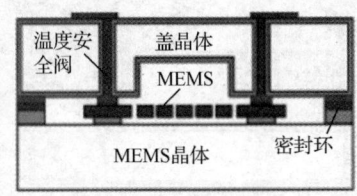

(b) 从盖板晶圆引出

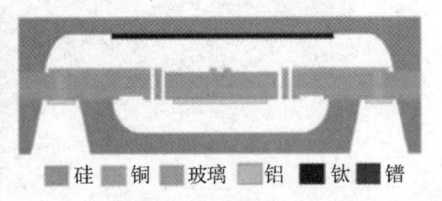

(c) 从器件结构晶圆引出

图 9.8 通孔密填互连介质式 MEMS 圆片级封装

通孔侧壁附着互连介质式 MEMS 圆片级封装通过在晶圆上蚀刻 V 形通孔，并在侧壁附着金属层作为三维互连通路，避免了使用高深宽比蚀刻、通孔填充和 CMP 工艺，简化了流程，降低了成本。这类封装方法中的通孔制备有不同的思路：密歇根州立大学 Chae 等人提出的结构如图 9.9（a）所示，以硅-玻璃键合实现 MEMS 器件的封装后，通过 HF 湿法腐蚀减薄玻璃片至 150μm，并以湿法腐蚀制作通孔。为避免使用玻璃片减薄工艺，北京大学 Zhao 等人提出的结构如图 9.9（b）所示，先利用喷砂工艺在玻璃片一侧形成盲孔，在硅-玻璃键合后，再用湿法腐蚀将盲孔蚀穿。ADI 公司提出的结构如图 9.9（c）所示，采用两步深反应离子刻蚀工艺在硅晶圆上形成斜坡通孔（通孔侧壁的绝缘由热氧化工艺实现），随后通过玻璃浆料键合实现器件封装。

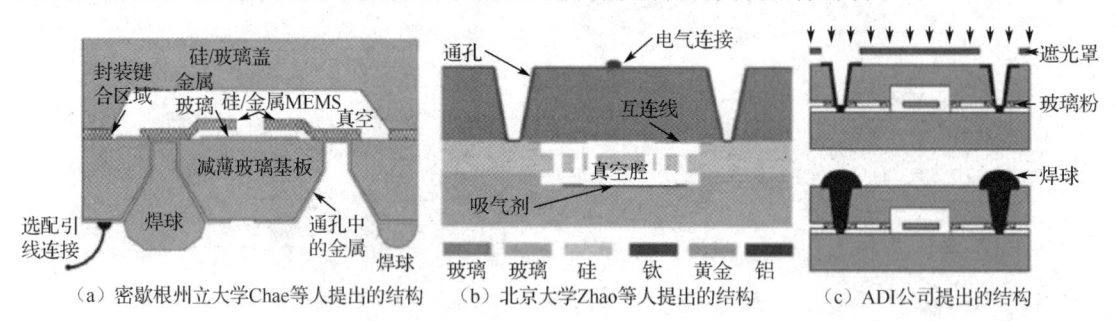

图 9.9　通孔侧壁附着互连介质式 MEMS 圆片级封装

低阻体硅柱互连式 MEMS 圆片级封装通过在低阻硅晶圆上刻蚀出绝缘沟槽，将形成的独立硅柱结构作为垂直互连通路来传输器件封装结构的内部电学信号。其中的绝缘沟槽既可以保持中空，也可以填充氧化硅层或聚合物，以增强硅柱结构的机械稳定性。低阻硅柱的互连结构能有效避免非硅材料与硅本体的热膨胀系数失配而产生的应力及可靠性问题，适用于 MEMS 全硅集成封装。

Torunbalci 等人提出的用 SOI（绝缘衬底上的硅）盖晶片制备硅柱互连结构的封装方法如图 9.10（a）所示。先在 SOI 基底层上通过 KOH 腐蚀形成穿透基底层的窗口，随后进行深腔光刻并刻蚀埋氧层形成接触窗口，然后在 SOI 器件层上通过深硅刻蚀形成空腔及硅柱互连结构，紧接着通过硅-玻璃键合实现低阻硅柱互连式三维封装。Lee 等人提出的结构如图 9.10（b）所示，由硅片与玻璃片通过阳极键合形成盖板晶圆，随后在玻璃侧刻蚀形成通孔并在孔内沉积金属，在硅片侧则通过深硅刻蚀形成空腔和硅柱的互连结构，最后通过阳极键合完成封装。Liang 等人提出的结构如图 9.10（c）所示，在低阻盖板硅片上进行密封环与硅柱互连结构的键合，然后通过深硅刻蚀形成盖板空腔，通过金硅共晶键合完成封装，最后在盖板顶侧沉积金属并刻蚀体硅，形成环形绝缘沟槽以释放硅柱互连结构。

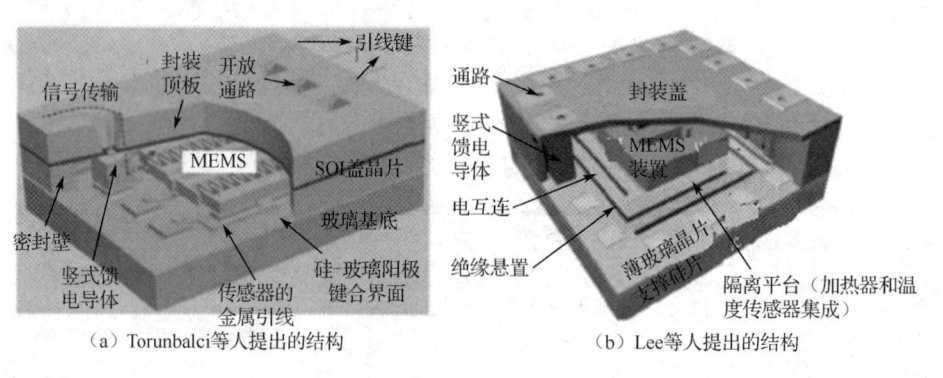

图 9.10　低阻体硅柱互连式 MEMS 圆片级封装

(c) Liang 等人提出的结构

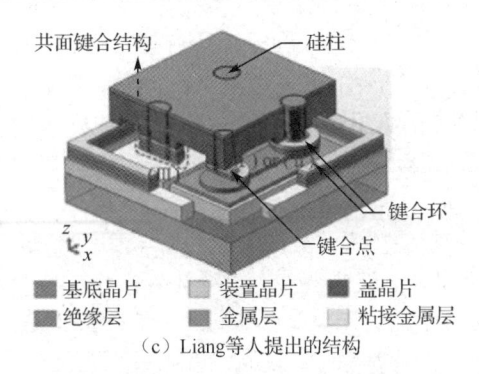

图 9.10　低阻体硅柱互连式 MEMS 圆片级封装（续）

Murata Electronics Oy 公司提出的结构如图 9.11（a）所示，先在盖板硅片上腐蚀出硅凸台，随后利用划片工艺形成硅凸台的隔离沟槽，并在 900℃温度下将熔融玻璃填充到沟槽内，在玻璃固化后研磨抛光，暴露出硅凸台并沉积金属电极，紧接着通过硅-玻璃键合完成封装，最后对盖板顶侧进行研磨抛光从而实现硅柱互连结构的独立。ST Microelectronics 公司提出的结构如图 9.11（b）所示，先在硅衬底上利用热氧化及多晶硅沉积工艺组合形成多晶硅平面互连线，进一步将外延生长多晶硅作为 MEMS 的器件层，器件的非金属电极可引出至外延硅柱的互连结构，最后通过玻璃浆料键合完成封装。

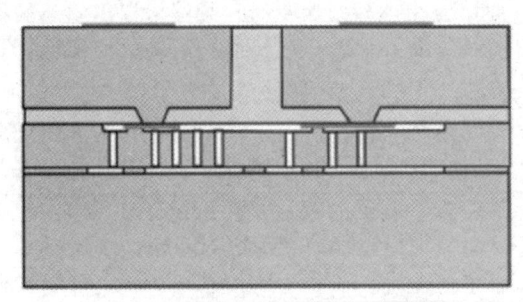

(a) Murata Electronics Oy公司提出的结构

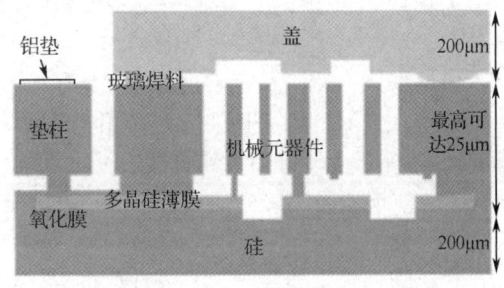

(b) ST Microelectronics公司提出的结构

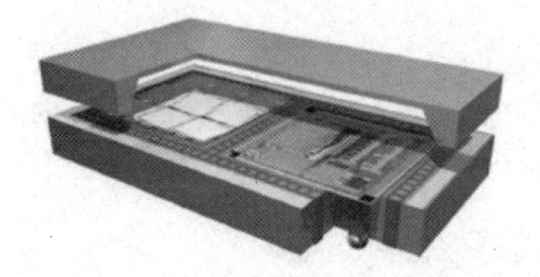

(c) Silex Microsystems公司提出的结构

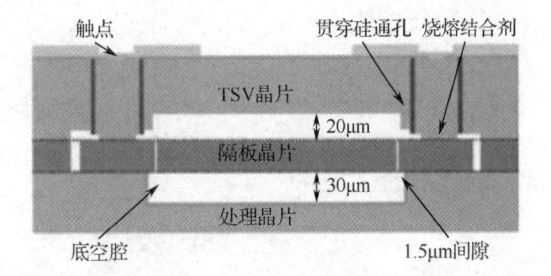

(d) Teledyne DALSA公司提出的结构

图 9.11　产业研发中形成的低阻体硅柱互连式 MEMS 圆片级封装结构

Silex Microsystems 公司提出的结构如图 9.11（c）所示，先在硅片上刻蚀出盲孔槽，并通过热氧化实现沟槽填充，接着采用研磨抛光工艺隔离出独立的硅柱互连结构。此时键合平面已经平坦化，因此可采用多种键合技术完成封装。Teledyne DALSA 公司提出的结构如图 9.11（d）所示，在盖板硅片键合面上制作微米量级的硅凸台结构，通过深硅刻蚀进一步形成环形沟槽，并对环形沟槽进行热氧化及原位掺杂多晶硅填充，随后对盖板硅片的另一侧进行减薄抛光，以形成独立的硅柱互连结构，最后通过在 1100℃下的硅-硅熔融键合完成封装。

垂直互连型 MEMS 圆片级封装技术的特点：垂直互连技术通过缩短互连路径，有效降低了互连阻抗和寄生效应的影响，提升了芯片的面积利用率，实现了高密度的垂直互连；减少了对布线空间的需求，有助于芯片及封装的小型化，适用于具有更高集成度的 MEMS 器件；能够处理 MEMS 器件的复杂可动结构，通过垂直互连支持任意位置的信号接口，有效突破了平面互连在复杂器件中应用的局限性。

垂直互连型 MEMS 圆片级封装技术的挑战：通孔密填互连介质式结构对通孔的尺寸一致性、深宽比、刻蚀质量等有严格要求，制造难度大；对通孔内填充材料的致密性要求高，不达标会导致封装的可靠性下降和电气性能问题；导电介质和硅之间的热膨胀系数失配可能影响 MEMS 器件的性能，特别是在温度变化大的应用场景中；通孔侧壁附着互连介质式结构面临氢气渗透的风险，以及与传统的集成电路工艺的兼容性问题；在复杂电容式或电磁感应式 MEMS 器件中，垂直互连型封装尚缺乏有效的信号接口标准化，这限制了该技术的广泛应用。

9.3.3.4 单芯片封装

板上芯片技术用于将传感器与电子芯片集成在同一芯片上。其工艺流程包括：贴合芯片、通过引线键合连接并在器件表面涂覆塑料化合物排除有源区域，确保芯片在安全环境中应用。对于低成本应用，MEMS 器件通常采用塑料封装技术，尽管其不适用于腐蚀性环境，但鉴于大多数传感器在相对温和的条件下使用，塑料封装技术仍不失为一种理想的选择。若无法使用低成本封装技术，则采用将裸芯片安装于专用壳体中的传统方法。

随着应用需求的增加，将电子元件与 MEMS 器件集成在小型模块中对封装技术提出了新的挑战。通常，单一技术无法满足传感器与电子器件集成的需求，多芯片模块成为更经济的选择。封装技术应根据工作环境和应用需求进行调整，侧重多芯片集成或专用的封装方法。

目前存在三种广泛采用的方法，用于低成本微系统封装。第一种方法涉及将现有的商用预成型塑料引线芯片载体（PLCC）封装进行垂直堆叠，以实现所有 PLCC 引线的连接，通过激光束蒸发金元素，实现所需连接的隔离。第二种方法是将传感器/制动器的芯片安装在装有电子器件的平台芯片上，使用引线键合或倒装芯片技术进行连接，最后通过单芯片封装完成。第三种方法是在玻璃衬底的凹槽中安装裸芯片，先在表面贴一层介质箔，在键合通路上开出窗口，然后淀积互连线，最后将窗口开至有源传感器的制动器区。

9.3.3.5 多芯片封装

多芯片封装的应用频率正在增加，主要是由于消费者对更大内存、更多功能的手持设备的需求，以及汽车电子功能的增加。多芯片封装中主要的一级互连技术是线键合。电气测试产生的探针标记是导致线键合失败的主要原因。探针标记检测在保持线键合过程的良率和可靠性方面发挥着越来越重要的作用。

9.4 MEMS 阵列式传感器的制造技术

如图 9.12 所示，在玻璃基板上制备了 256 通道的微电极阵列。电极部分由厚度为 15nm 的铬层和厚度为 100nm 的金层组成，而连接线和非接触区域则由 SU-8 光刻胶形成绝缘保护层。这样设计的微电极阵列具备良好的导电性、化学稳定性和机械强度。

图 9.13 所示为在玻璃基板上利用光刻技术和一系列微细加工工艺来制作 256 通道的微电极阵列的过程。该工艺主要在玻璃基板上绘制微电极、连接线和绝缘层，最终形成具有高精度和高灵敏度的传感器。图 9.14 为电化学传感器的光刻流程。

（1）光刻掩膜版的设计。

设计两个微电极光刻掩膜版，第一掩膜版用于定义记录微电极、连接线和键合垫的图案；第二掩膜版用于定义绝缘体区域，以确保微电极的有效隔离和信号的准确传导。

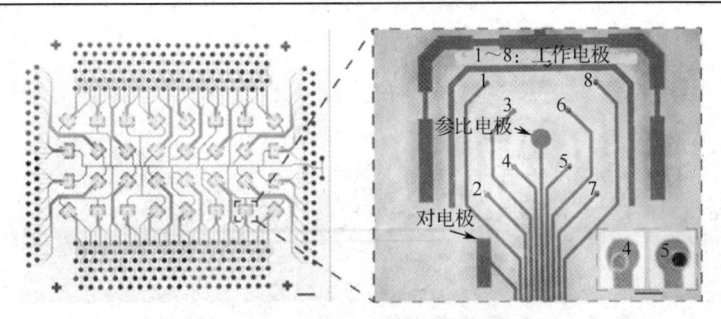

图 9.12 256 通道的微电极阵列

（2）玻璃基板的清洗与表面处理。

选择玻璃基板作为衬底材料。为了清除玻璃基板上的污染物，需要对玻璃基板进行彻底的清洗。清洗过程如下。

超声清洗：将玻璃基板分别放入去离子水和无水乙醇中，使用超声清洗机各清洗 10 分钟。

氮气吹干：清洗完成后，用氮气吹干玻璃基板，确保其表面无任何残留的液体。

等离子刻蚀：将吹干的玻璃基板放入等离子刻蚀机中，进行为期两分钟的氧等离子体处理。

（3）光刻胶的涂覆与固化。

为了在玻璃基板上形成微电极图案，需要在基板上涂覆一层光刻胶。选用 AZ4620 光刻胶，具体操作如下。

涂胶：将玻璃基板固定在匀胶机的工作台上，倒入适量的 AZ4620 光刻胶。通过旋涂的方式在 1500 转/分钟的转速下旋转 60 秒，以保证光刻胶均匀覆盖在基板的表面。

固化：在光刻胶涂覆完成后，将基板转移到加热台上，在 65℃下加热 30 分钟，去除光刻胶中的溶剂，并初步固化光刻胶，如图 9.13（b）所示，防止光刻胶在后续曝光和显影过程中发生流动。

（4）第一次光刻：微电极阵列图案。

利用第一掩模版定义出微电极、连接线和键合垫的位置，步骤如下。

曝光：将经过预烘的基板放置在光刻机系统中，在第一掩模版的遮挡下进行紫外线曝光。曝光时间设定为 10 秒，曝光功率为 100%。紫外线通过掩模版上的透明区域照射到光刻胶上，激活光刻胶的化学反应。

显影：曝光完成后，使用 100mL 质量分数为 1%的 NaOH 溶液进行显影。显影时间控制在 25～27 秒，去除被曝光的光刻胶，暴露出基底材料中的微电极沟道。显影后的 AZ4620 光刻胶层如图 9.13（c）所示，用去离子水冲洗基板，并用氮气将其吹干。

（5）金属蒸镀：电极材料的沉积。

为了构建电极，采用真空蒸镀的方式在玻璃基板上沉积金属层。这里选择铬（Cr）和金（Au）作为电极材料，具体过程如下。

等离子刻蚀准备：在蒸镀之前，再次对基板进行等离子刻蚀，以确保电极沉积的表面清洁且具备良好的附着力。

真空蒸镀：将基板放入真空蒸镀机中，先以 1.5A/s 的速率沉积厚度为 15nm 的铬层，铬层起到增强金层与基板之间的粘附力的作用。再以 2.4A/s 的速率沉积厚度为 100nm 的金层，如图 9.13（d）所示，作为电极的工作层。金具有优良的导电性和化学稳定性，是理想的电极材料。

（6）去除多余的金属层与光刻胶。

蒸镀完成后，需要去除多余的金属层和光刻胶，保留电极和连接线部分，步骤如下。

再次显影：将基板放入 100mL 质量分数为 1%的 NaOH 溶液中进行显影以去除第一次显影遗留的光刻胶及上面覆盖的多余金属层。通过这一操作，仅保留微电极、连接线和触点的金属结构，如图 9.13（e）所示。

清洗和干燥：显影结束后，用去离子水彻底清洗基板，确保其表面没有任何显影液的残留。然后用氮气吹干基板。

（7）第二层光刻胶的涂覆与固化。

为了定义电极的绝缘区域，需要在已蒸镀好的金电极表面涂覆一层 SU-8 光刻胶，如图 9.13（f）所示，并进行曝光定义。步骤如下。

涂胶：将清洗干净的基板放置在匀胶机上，均匀涂覆一层 SU-8 光刻胶。在 1500 转/分钟的转速下旋转 60 秒，以确保光刻胶均匀覆盖整个基板表面。

固化：将涂覆 SU-8 光刻胶的基板转移到 95℃的加热台上，预烘 3.5 分钟，然后自然冷却到 50℃。

图 9.13　电化学传感器的制造流程

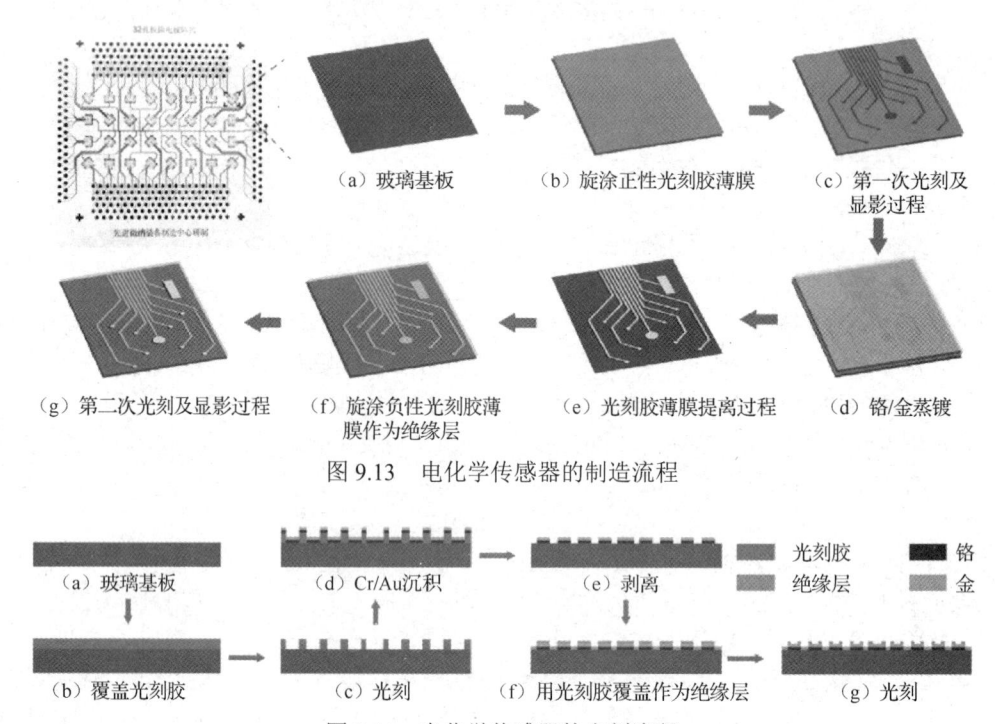

图 9.14　电化学传感器的光刻流程

（8）第二次光刻：绝缘层的图案化。

使用第二掩模版，对 SU-8 光刻胶层进行图案化，定义绝缘区域和电极暴露区域。

曝光：将预烘后的基板放置在光刻机系统中，在第二掩模版的遮挡下进行紫外线曝光。曝光时间为 8 秒，曝光功率设置为 100%。其他区域则被 SU-8 光刻胶覆盖形成绝缘层，如图 9.13（g）所示。

后烘：曝光完成后，立即将基板转移到 95℃的加热台上进行 3.5 分钟的后烘，然后自然冷却至 50℃。后烘可以进一步交联 SU-8 光刻胶，提高其机械强度和耐化学性。

（9）最后的显影与清洗。

为了最终暴露出工作电极、对电极、参比电极及触点部分，需要对 SU-8 进行显影。

SU-8 显影：将基板放入 SU-8 显影液中，根据实际情况调整显影时间，通常为 1~2 分钟。显影时，未曝光的 SU-8 光刻胶会被显影液溶解，从而暴露出需要的电极部分。

清洗与干燥：显影完成后，使用去离子水冲洗基板，去除残留的显影液，然后用氮气吹干基板，得到最终的微电极阵列。

9.5 MEMS 传感器的应用

完整的 MEMS 系统由实体结构、微型控制器、微型传感器、微型致动器和动力源组成，根据其应用原理，MEMS 传感器可分为物理传感器、化学传感器和生物传感器。物理传感器发展得最早、种类最多、技术最成熟，包括力学、电学、磁学、热学、光学、声学等传感器；化学和生物传感器是新兴领域，市场潜力大，可细分为气体、湿度、离子、生理和生化传感器等。

由于 MEMS 传感器具有体积小、质量轻、功耗小、成本低、可靠性高、性能优异、功能强大、可以批量生产等传统传感器无法比拟的优点，因此其在汽车、医学、航空航天、军事、消费电子等领域中都有着十分广阔的应用前景，如图 9.15 所示。

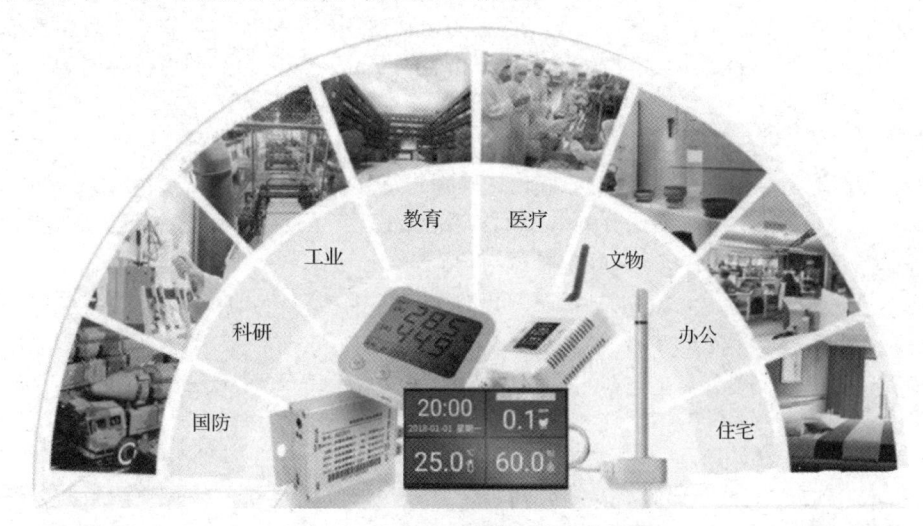

图 9.15 MEMS 传感器的应用领域

9.5.1 MEMS 传感器在汽车上的应用

MEMS 传感器在汽车中至关重要，能显著提升汽车的性能和司机的驾驶体验。数据显示，普通汽车平均配备 10 个 MEMS 传感器，高级汽车则配备 20~30 个 MEMS 传感器。这些 MEMS 传感器提高了汽车的安全性和灵敏度，同时降低了成本。MEMS 传感器主要用于汽车的防抱死系统、车身稳定系统、胎压监控和车辆倾角测量等。主要应用如下。

（1）惯性传感器：用于车辆的稳定性控制系统、制动系统和气囊系统，感知车辆的转动、倾斜和加速度信息，帮助车辆保持稳定。

（2）压力传感器：用于监测轮胎气压、发动机油压等，因其精度高、响应快速，广泛应用于压力监测系统。

（3）加速度计：用于检测车辆的加速度和转弯状态，给车载控制单元提供数据，用于支持自动控制和智能驾驶。

（4）声学传感器：用于检测噪声，实现主动降噪和智能语音交互。

（5）光学传感器：用于安全系统和智能驾驶，如检测环境亮度、自动调节车灯亮度等。

9.5.2 MEMS 传感器在医学领域的应用

生物医学电子学是电子学、生物学和医学的交叉学科，将电子学应用于生物医学领域，可以使研究更加精确和科学。生物体是一个复杂、精细的系统，其生物信息处理特性为电子信息科学的发展提供了重要启示。微电子技术是这一交叉学科中最活跃、最关键的前沿技术。

（1）微型传感器：MEMS 传感器用于实时监测血压、心率、体温和呼吸频率等生理参数。

（2）微型泵：MEMS 泵用于精确输送药物和液体，体积小巧，可植入体内，减少药物过量和浪费的风险。

（3）微型控制器：MEMS 控制器用于稳定控制医疗设备，如人工心脏和呼吸机，也可用于心脏起搏器。

（4）微型显像器：MEMS 显像器用于 X 射线和超声波成像，其体积小巧，可用于内窥镜等设备，可以提供清晰的图像，辅助病情诊断。

（5）一次性血压监测传感器。

一次性血压监测传感器能提供与可重复使用的传感器相同的功能，但省去了重新校准和消毒的成本。这类传感器还可以用于其他医疗用途，如监测婴儿头部压力的颅内传感器和分娩中使用的监测球囊导管。

在涉及心脏等压力源的应用中，需要将压力传感器直接植入患者的心腔内。硅制传感元件的尺寸极小，仅 0.15mm 宽、0.4mm 长、0.9mm 高。针头上的三个导管尖端压力传感器如图 9.16 所示。

（6）神经接口。

神经接口可分为三大类：穿透式探针、神经元再生装置和神经元培养设备。

穿透式探针用于捕捉大脑的神经信号。密歇根大学的肯·怀斯教授领导开发了这种探针。这种探针采用微米级贵金属电极，在硅基板上制造，并形成了探针阵列。斯坦福大学与加州理工学院合作研发的设备即为一例，如图 9.17 所示。将这些探针植入脑组织中，电极会记录神经元的电活动。研发穿透式探针的长期目标是实现永久性植入，帮助解决神经功能障碍，如辅助瘫痪患者控制自然肢体或假肢。

神经元再生装置基于四肢神经的再生特性和神经被切断后的再生潜能设计而成。该装置可以主动切断神经，并通过具有筛选功能的装置引导其再生。神经元再生装置包含一个硅基板，上面布有电极阵列。再生的神经组织会与电极进行物理性的固定定位（见图 9.18）。

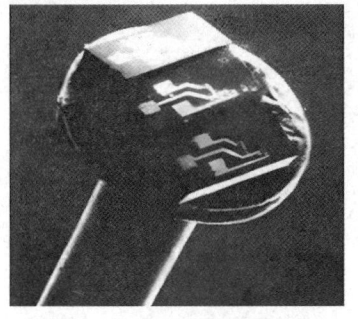

图 9.16　针头上的三个导管尖端压力传感器

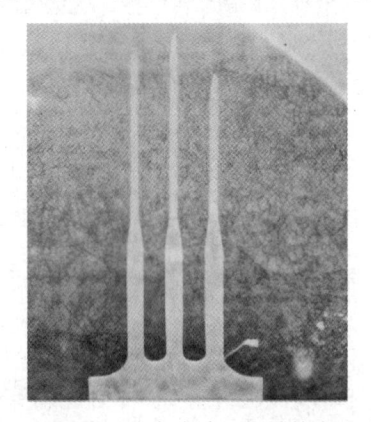

图 9.17　用于记录大脑神经信号的穿透式探针

图 9.18　神经元再生装置

9.5.3　MEMS 传感器在消费电子领域的应用

随着 MEMS 传感器的体积缩小、价格降低和能效提升，其在消费电子领域的应用逐渐增多。

(1)手机等移动终端设备的硬盘驱动器坠落保护功能,是 MEMS 运动传感器在消费电子市场中具有重要历史意义的代表性应用之一,如图 9.19 所示。

(2)手提电脑加速计:内置三轴加速计监测加速度,能在硬盘驱动器摔落时发出警告,保护读写头不受损坏。

(3)计步器:利用三轴 MEMS 传感器精确测量步伐,计算步数、速度和消耗的热量,常见于手机和便携式媒体播放器中。

(4)便携式导航仪:计步器功能可用于导航仪中,辅助 GPS 定位,特别是在信号比较弱的环境中,如地下通道、高楼内。

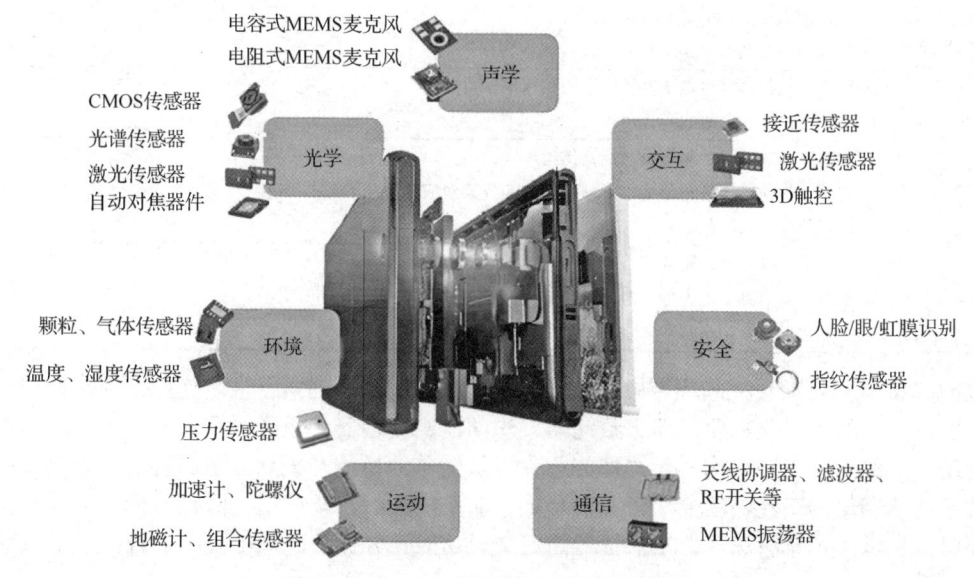

图 9.19 MEMS 传感器在手机中的应用

思考题

1. MEMS 的基本概念是什么?
2. 什么是尺寸效应?
3. 在微机电领域,物质的宏观特性发生了什么变化?
4. 举例说明 MEMS 的基本特点。
5. MEMS 的制作流程有哪些?
6. MEMS 传感器可以应用于那些行业?举例说明。
7. 如何通过制造工艺优化 MEMS 传感器的性能?
8. MEMS 传感器与普通的传感器有什么区别?举例说明。
9. MEMS 传感器的未来发展方向是什么?
10. 以手机为例,其中的 MEMS 传感器有哪些?其与普通的工业传感器有何区别?

第 10 章　执行器的技术理论基础

知识单元 与知识点	➢ 执行器的定义、功能及执行器的结构形式； ➢ 执行器中各种电力电子器件的结构及基本参数和指标； ➢ 应用执行器的常用电路。
能力点	✧ 能够解释执行器的基本概念及其结构形式； ✧ 能够对执行器电路进行分析； ✧ 认识执行器的几种电力电子器件及其特性。
重难点	■ 重点：执行器电力电子器件的结构和基本参数。 ■ 难点：执行器电路的设计。
学习要求	✓ 熟练掌握执行器的基本概念及其结构形式； ✓ 熟练掌握执行器各种电力电子器件的结构及其对应的各项参数； ✓ 了解执行器电路的设计。
问题导引	● 执行器的基本概念是什么？ ● 执行器都有哪些电力电子器件？ ● 执行器的常见电路都有哪些？

在现代机械与自动化控制领域中，执行器扮演着举足轻重的角色，是连接控制理论与实际物理动作的桥梁。执行器又称驱动器、致动器、作动器、促动器、激励器、调节器等，是驱动、传动、拖动、操纵等装置、机构或元器件的总称。从简单的机械开关到复杂的机电一体化系统，执行器的应用范围极为广泛，涵盖了工业自动化、航空航天、汽车制造、医疗器械、机器人技术等多个高科技领域。本章将深入介绍执行器的定义、功能、分类、驱动电力电子器件及驱动电路。

10.1　概述

10.1.1　执行器的定义

国家标准《传感器通用术语》（GB/T7665—2005）中对执行器的定义为：在控制信号作用下，按照一定规律产生某种运动的器件或装置。执行器的广义定义为：凡是利用物性（物理、化学、生物）法则、定理、定律、效应等进行能量与信息交换，并且输出与输入严格一一对应，以便达到对对象物的驱动、控制、操作和改变其状态的目的的装置与器件均可称为执行器。

执行器按能量种类分为机、电、热、光、声、磁等 6 类执行器。按工作机理可分为结构型（空间型）和物性型（材料型）两大类，结构型执行器常按能源种类再分类，如机械式、电气式、流体式、热机式等；物性型执行器常按物性（物理、化学、生物）效应再分类，如压电式、压磁式、静电式、仿生式等。按使用要求可分为位移、振动、力、压力、温度执行器等。按技术水平又可分为普通型与先进型两大类。

10.1.2　执行器的功能

一个完整的自动化系统，包括信息采集、信息处理和信息执行三个部分。信息执行这部分完全由执行器来承担。过去对执行器的要求是"三高"：高精度、高速度和高质量。由于微电子系统、微机电系统、微光电系统的发展需要，现在对执行器的要求除上述要求外，还增加了"三微"，即微型化、微控制和微调。执行器技术在科技和产业中将发挥越来越大的作用。执行器的作用与功能可归纳如下。

(1) 驱动或致动作用。绝大多数的执行器都具有这种作用，故在许多情况下称其为驱动器或致动器。如电动、气动、液动执行器都具有直行程和角行程驱动功能；许多物性型执行器，如电压式、电致伸缩式、磁致伸缩式、超声波式、光/热效应式等执行器都具有微位移驱动和振动功能。

(2) 施加载荷（力、力矩、扭矩等）作用。若限制位移执行器的位移，则可输出力。如国产 6500RA 气动横装活塞执行机构，是将气缸输出的力转换成 900、600 转角后，再将其以扭矩的形式输出的执行机构。机器人的手（机器人末端执行器）既具有位移功能，又具有施力功能。

(3) 控制与调节作用。如液压执行器除了具有直接驱动功能，还可以用作阀门、挡板、风门等元件的控制装置，接收统一的标准直流电流信号、气动信号、脉冲信号，并将其转换成与输入信号相对应的直线位移或角位移，自动控制阀门、挡板等的开度，完成工业过程的自动调节任务。

(4) 能量与信息转换功能。许多执行器都具有能量与信息转换功能。如薄膜式 EPC 电气转换器利用电磁力控制喷嘴/挡板，可使 4~20mA 的标准控制信号线性转化为 0.01~0.14GPa 的气压动力，推动阀杆等执行机构运动。又如压电式执行器，利用逆压电效应将电能直接转化为机械能的器件。

(5) 物质状态与成分的控制功能。依据珀耳帖效应制作的温差电致冷器、半导体致冷器及微型节流致冷器等都是控制温度状态的执行器，这种执行器在宏观上并没有移动现象。又如控制物质酸碱度（pH 值）的化学执行器，属于控制物质成分的执行器。

10.1.3 执行器的分类

这里主要介绍物性型执行器的构成要素和构成方法，已抛开具体的或个别执行器的特殊性，从执行器的共性出发研究问题。

1. 基本型执行器

对于基本型执行器，一般由输入量经过信息转换后变成输出量，输入量一般是作为控制信号的电学量，而输出量多为力学量（力、位移、速度、加速度），也有一部分热学量、光学量和声学量，中间部分为变换元件。基本型执行器的结构形式如图 10.1 所示，这也是最简单的结构形式，输入可为单输入或多输入，输出可为单输出或多输出。

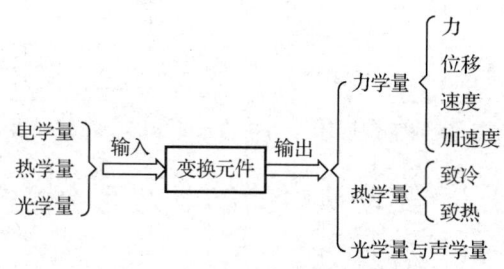

图 10.1 基本型执行器的结构形式

最典型的例子便是压电式执行器，其输入为电信号，中间的变换元件为压电元件，通过逆压电效应将电学量转换为位移量（变形）输出，输入能量等于输出能量。在基本型执行器的基础上，又出现了以下几种常见的执行器。

2. 放大型执行器

放大型执行器又分为有源放大型执行器与无源放大型执行器，如图 10.2 所示。如压电叠堆式执行器，如果位移量过小，那么可以通过机械杠杆放大，使位移量增大，但此时输出的力相应减少。和压电式执行器一样，压电叠堆式执行器的输入能量等于输出能量。若加上能源或偏压源，则能使输出能量远大于输入能量，如电磁式执行器，加上较大的磁场（偏压源），就能获得较大的能量输出。

3. 补偿型执行器

为了对执行器变换元件的非线性或对环境的影响进行补偿，执行器往往采用补偿型结构。补偿型执行器采用两个相同的变换元件，其中一个虚设的变换元件起到抵消环境影响的补偿作用，如图 10.3 所示。

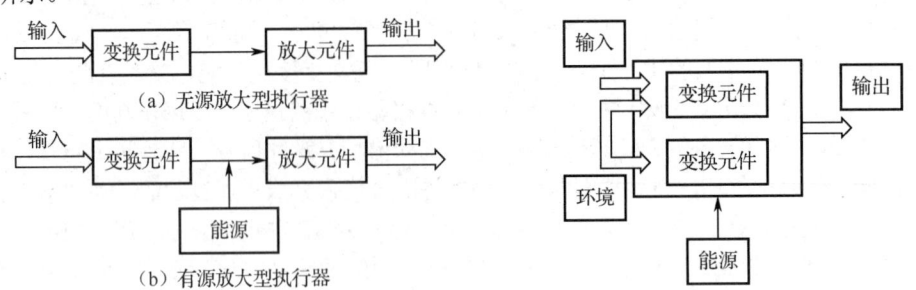

图 10.2　放大型执行器的结构形式

图 10.3　补偿型执行器的结构形式

4. 复合型执行器

在实际应用中，为了检测执行器的输出效果，需要在输出端加上敏感元件或传感器，实现闭环控制，将检测结果返回给输出端，如图 10.4 所示。典型应用如扫描隧道显微镜或原子力显微镜的探针，利用压电式执行器使探针移动，探针的移动使隧道电流发生变化，检测隧道电流的大小反馈给控制探针的执行器。

5. 自感知型执行器

自感知型执行器将变换元件与传感器的敏感元件集成于一体，既做到结构集成又做到信息集成，即变换元件与敏感元件由同一个元器件构成，并采用闭环控制，以便执行器得到最佳控制效果。自感知型执行器兼具自检功能，是目前执行器的重要发展方向之一。自感知型执行器多用在振动的主动控制装置上，如直升机螺旋桨的主动消振装置或电火花线切割机钼丝的防抖动装置等。自感知型执行器的结构形式如图 10.5 所示。

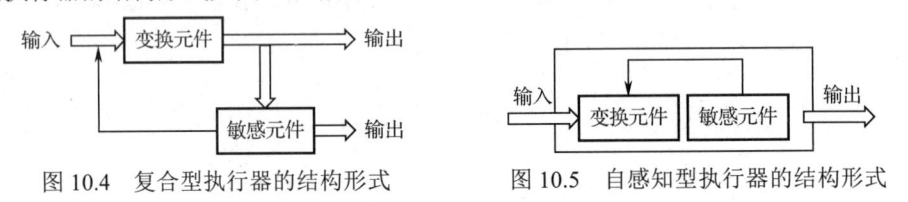

图 10.4　复合型执行器的结构形式

图 10.5　自感知型执行器的结构形式

10.2　驱动执行器的电力电子器件

10.2.1　功率二极管

功率二极管的结构和原理简单，工作可靠，在 20 世纪 50 年代初期就获得应用。快恢复二极管和肖特基二极管分别在中、高频整流和逆变及低压高频整流的场合中具有不可替代的作用。

1. PN 结的单向导电性

（1）PN 结的正向导通状态。外加正向电压，空间电荷区变窄，PN 结导通。

（2）PN 结的反向截止状态。外加反向电压，空间电荷区变宽，PN 结截止。

（3）PN 结的反向击穿。当反向电压大到一定程度时，反向电流会突然增加——反向击穿。反向击穿包括雪崩击穿和齐纳击穿两种形式，其可能导致热击穿。

2. 功率二极管和电子电路中的普通二极管的区别

（1）功率二极管正向导通时流过很大的电流，其电流密度较大，因而额外载流子的注入水平较高，电导调制效应不能忽略。

（2）引线和焊接电阻的压降等会对功率二极管造成明显影响。

（3）功率二极管承受的电流变化率较大，因而其引线和器件自身的电感效应会对其造成较大影响。

（4）为了提高反向耐压值，功率二极管的掺杂浓度较低，导致其正向压降较大。

功率二极管的工作是以 PN 结为基础的，功率二极管实际上就是由一个面积较大的 PN 结和两端的引线封装而成的。功率二极管的外形和图形符号如图 10.6 所示。

功率二极管的工作原理和电子电路中普通二极管的工作原理一样，即功率二极管在正向电压的作用下，PN 结导通，正向管压降很小；功率二极管在反向电压的作用下，PN 结截止，仅有极小的可忽略的漏电流流过二极管。功率二极管的伏安特性曲线如图 10.7 所示。

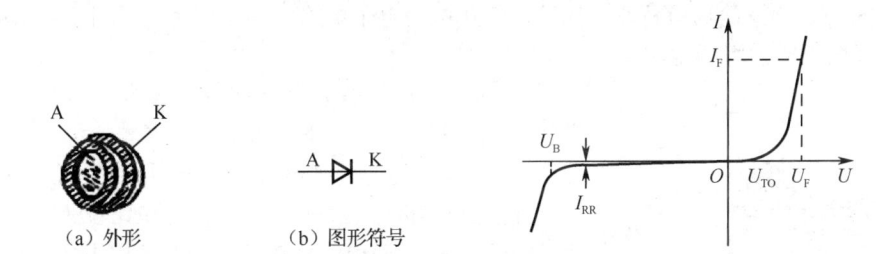

图 10.6　功率二极管的外形和图形符号

图 10.7　功率二极管的伏安特性曲线

功率二极管的静态特性主要指其伏安特性。当功率二极管承受的正向电压大到一定值（门槛电压 U_{TO}）时，正向电流才开始明显增加，此时二极管处于稳定导通状态。当功率二极管承受反向电压时，只有少子引起的微小而数值恒定的反向漏电流 I_{RR}。

功率二极管的主要参数如下。

（1）正向平均电流 I_F。

正向平均电流是指在指定的管壳温度（简称壳温，用 T_C 表示）和散热条件下，功率二极管允许流过的最大工频正弦半波电流的平均值。正向平均电流是根据电流的热效应来定义的，使用时应按有效值相等的原则来选取电流定额，并应留有一定的余量。当二极管在频率较高的场合中使用时，开关损耗造成的发热往往不能忽略。

（2）正向压降 U_F。

正向压降是指功率二极管在指定的温度下，流过某一指定的稳态正向电流时对应的正向压降。

（3）反向重复峰值电压 U_{RRM}。

反向重复峰值电压是指对功率二极管所能重复施加的反向最高峰值电压，通常是其雪崩击穿电压 U_B 的 2/3。往往按照电路中功率二极管可能承受的反向最高峰值电压的两倍来选定。

（4）最高工作结温 T_{JM}。

结温是指管芯 PN 结的平均温度。最高工作结温是指在不损坏的前提下 PN 结所能承受的最高平均温度。T_{JM} 通常为 125～175℃。

（5）反向恢复时间 t_{rr}。

反向恢复时间是指在关断过程中，从电流降到零到二极管恢复反向阻断能力所需的时间，$t_{rr}=t_d+t_f$。

根据不同场合的不同要求选择不同类型的功率二极管，功率二极管的性能差异是由半导体的物理结构和工艺上的差别造成的。按照二极管的正向压降、反向耐压值、反向漏电流等，特别是其反向恢复特性，功率二极管可分为以下几种。

（1）普通二极管（General Purpose Diode）又称整流二极管（Rectifier Diode），多用于开关频

率不高（1kHz 以下）的整流电路中，其工作频率较低，反向恢复时间较长，一般为 25s 左右，这在开关频率不高时并不重要；其正向电流定额和反向电压定额可以达到很高，分别可达数千安和数千伏以上。

（2）快恢复二极管（Fast Recovery Diode，FRD）是指恢复时间很短特别是反向恢复时间很短（5s 以下）的二极管，又称快速二极管。快恢复二极管的制造多采用掺金工艺，其正向导通压降有所升高。快恢复二极管常用于高频电路的整流，可以根据电路的特点和工作频率来选择和使用快恢复二极管。快恢复二极管从性能上可分为快速恢复和超快速恢复两个等级。对于快速恢复等级的二极管，其反向恢复时间为数百纳秒或更长；对于超快速恢复等级的二极管，其反向恢复时间在 100ns 以下，甚至达到 20～30ns。

（3）以金属和半导体接触形成的势垒为工作基础的二极管称为肖特基势垒二极管（Schottky Barrier Diode，SBD），简称肖特基二极管。其在电力电子电路中广泛应用，适用于要求输出电压和正向管压降较低的换流器电路。

肖特基二极管具有不存在少数载流子和电荷存储的问题、导通电压低、开关时间短、反向漏电流大、阻断电压低等特点，适用于高频低压的场合，其结构如图 10.8 所示。

肖特基二极管的缺点：当反向势垒比较薄时，极易发生反向击穿，故反向电压比较低，因此多用于 200V 以下；反向漏电流较大且对温度敏感；具有负温度系数，不适合直接并联使用，容易烧坏。

肖特基二极管的优点：反向恢复时间很短（10～40ns）；正向恢复过程中也不会出现明显的电压过冲；在反向耐压较低的情况下，其正向压降很小，明显低于快恢复二极管的正向压降；开关损耗、通态损耗都比快速二极管的小，效率高。

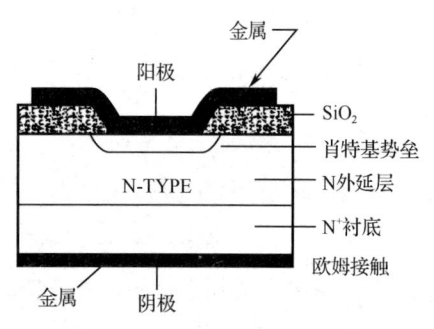

图 10.8 肖特基二极管的结构

（4）砷化镓功率二极管和碳化硅功率二极管，砷化镓功率二极管是第二代的化合物半导体。与第一代硅半导体相比，砷化镓功率二极管适合在较高的温度下工作，有利于器件的小型化，但其工作电压低于 600V。

碳化硅功率二极管是第三代的宽禁带半导体，其热传导率约是硅的 3 倍，更适合高温应用环境；碳化硅的临界电场强度是硅材料的 10 倍，更适合高压应用环境。碳化硅肖特基功率二极管的结电容很小，基本没有反向恢复电流，开关损耗很低。

10.2.2 双极型晶体管

双极型晶体管（BJT）将两个 PN 结结合在一起，从而具有放大作用。双极型晶体管的产生使 PN 结的应用发生了质的飞跃。双极型晶体管分为 NPN 型和 PNP 型，如图 10.9 所示，图中箭头所指的方向为发射极电流的方向，双极型晶体管有两个 PN 结和三个向外引出的电极。

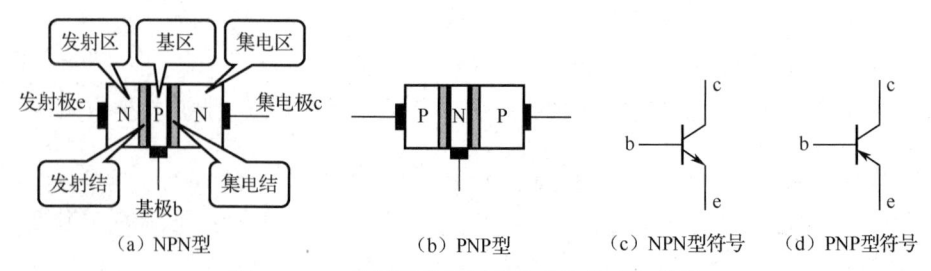

（a）NPN型　　（b）PNP型　　（c）NPN型符号　　（d）PNP型符号

图 10.9 双极型晶体管的基本结构类型和符号

大功率低频双极型晶体管、中功率低频双极型晶体管、小功率高频双极型晶体管的实物图如图 10.10 所示。

(a) 大功率低频双极型晶体管　　(b) 中功率低频双极型晶体管　　(c) 小功率高频双极型晶体管

图 10.10　双极型晶体管的实物图

1. 双极型晶体管实现电流放大作用的内部结构条件

（1）发射区的掺杂浓度很高，以便有足够的载流子供"发射"。

（2）为减少载流子在基区的复合机会，基区做得很薄，一般为几微米，且其掺杂浓度极低。

（3）集电区的体积较大，为了顺利收集边缘载流子，其掺杂浓度应界于发射区和基区的掺杂浓度之间。

（4）双极型晶体管并非两个 PN 结的简单组合，而是利用一定的掺杂工艺制作而成的。因此，决不能用两个二极管来代替，使用时也决不允许把发射极和集电极接反。双极型晶体管芯的结构剖面图如图 10.11 所示。

2. 双极型晶体管实现电流放大作用的外部条件

（1）发射结必须正向偏置，以利于产生发射区电子的扩散电流即发射极电流 I_E，少数的扩散电子与基区的空穴复合，形成基极电流 I_B，多数的扩散电子继续向集电结边缘扩散。

（2）集电结必须反向偏置，以利于收集扩散到集电结边缘的多数扩散电子，收集到集电区的电子形成集电极电流 I_C。

整个过程如图 10.12 所示，发射区向基区发射的电子数等于基区复合的电子与集电区收集的电子数之和，即

$$I_E = I_B + I_C \tag{10-1}$$

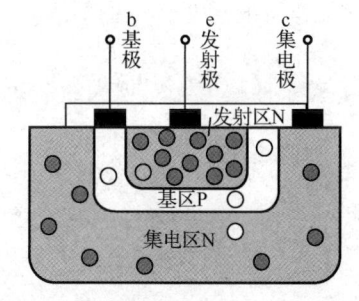

图 10.11　双极型晶体管芯的结构剖面图 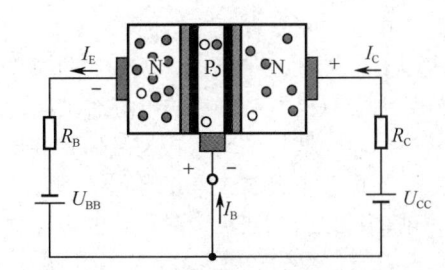　　图 10.12　双极型晶体管实现电流放大的过程

双极型晶体管的集电极电流 I_C 稍小于 I_E，但远大于 I_B，I_C 与 I_B 的比值在一定范围内基本保持不变。特别是基极电流有微小的变化时，集电极电流将发生较大的变化。例如，当 I_B 由 40μA 增加到 50μA 时，I_C 将从 3.2mA 增大到 4mA，即

$$\beta = \frac{\Delta I_C}{\Delta I_B} = \frac{(4-3.2) \times 10^{-3}}{(50-40) \times 10^{-6}} = 80 \tag{10-2}$$

显然，双极型晶体管具有电流放大能力。式（10-2）中的 β 值称为双极型晶体管的电流放大

倍数。不同型号、不同类型和用途的双极型晶体管，其 β 值的差异较大，大多数双极型晶体管的 β 值通常在几十至几百的范围内。由此可得，微小的基极电流 I_B 可以控制较大的集电极电流 I_C，故双极型晶体管属于电流控制器件。

双极型晶体管的伏安特性曲线是指各极电压与电流之间的关系曲线，是双极型晶体管内部载流子运动的外部表现。从工程应用的角度来看，双极型晶体管的外部特性更为重要。

$$I_{CS} = \frac{V_{CC} - V_{CES}}{R_C} \approx V_{CC}/R_C \tag{10-3}$$

临近饱和基极电流

$$I_{BS} = I_{CS}/\beta \tag{10-4}$$

如图 10.13 所示，当双极型晶体管工作在放大状态时，发射结正偏，集电结反偏。在放大区，集电极电流与基极电流成 β 倍的数量关系，即双极型晶体管在放大区时具有电流放大作用。

当 U_{CE} 增加到一定数值时（一般小于 1V），伏安特性曲线变得平坦，表明 I_C 基本上不再随 U_{CE} 变化。伏安特性曲线开始部分很陡，说明 I_C 随 U_{CE} 的增加而急剧增大。根据电压、电流的记录值可以绘出另一条 I_C 随 U_{CE} 变化的伏安特性曲线，此曲线较前面的稍低些。如此不断重复上述过程，我们可以得到不同的基极电流 I_B 对应的一组伏安特性曲线，如图 10.14 所示。

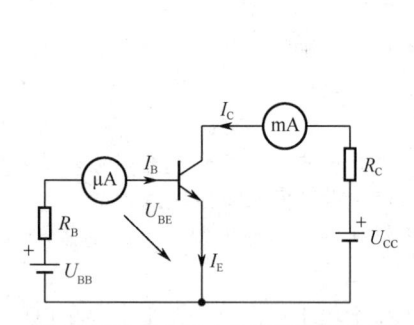

图 10.13　在电路中的双极型晶体管　　　　图 10.14　伏安特性曲线

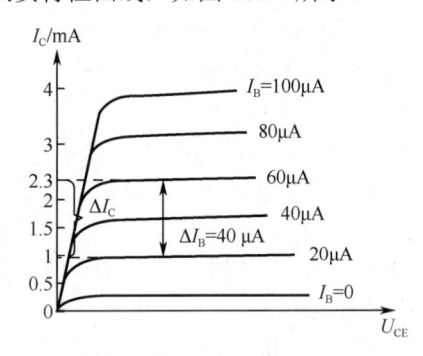

当 I_B 一定时，从发射区扩散到基区的电子数大致固定。在 U_{CE} 超过 1V 后，绝大部分的电子被拉入集电区从而形成集电极电流 I_C。之后即使 U_{CE} 继续增大，集电极电流 I_C 也不会再有明显的增加，此时集电极电流具有恒流特性。

当 I_B 增大时，I_C 也相应增大，伏安特性曲线上移，且 I_C 增大的幅度比 I_B 增大的幅度大得多。这一点正好体现了双极型晶体管的电流放大作用。

根据伏安特性曲线可求出双极型晶体管的电流放大倍数 β。取任意两条伏安特性曲线上的平坦段，读出其基极电流之差 $\Delta I_B=0.04$mA，再读出这两条曲线对应的集电极电流之差 $\Delta I_C=1.3$mA。

于是，我们可以得到双极型晶体管的电流放大倍数：

$$\beta = \frac{\Delta I_C}{\Delta I_B} = \frac{1.3}{0.04} = 32.5 \tag{10-5}$$

双极型晶体管的工作状态通常被分为三个主要区域：截止区（Cutoff Region）、放大区（Active Region）和饱和区（Saturation Region）。下面简要介绍这三个区域。

（1）饱和区。当发射结和集电结均为正向偏置时，双极型晶体管处于饱和状态。此时集电极电流 I_C 与基极电流 I_B 之间不再成比例关系，I_B 的变化对 I_C 的影响很小。

（2）截止区。当基极电流 I_B 等于零时，双极型晶体管处于截止状态。实际上当发射结的电压处在正向死区范围内时，双极型晶体管就已经截止了，为了让其可靠截止，常使 U_{BE} 小于等于零。

(3) 放大区。此时 U_{CE} 小于 U_{BE}。规定：当 $U_{CE}=U_{BE}$ 时，双极型晶体管为临近饱和状态，用 U_{CES}（0.3 或 0.1）表示，此时集电极电流接近饱和电流。

当深度饱和时，硅管的 U_{CE} 约为 0.3V，锗管的 U_{CE} 约为 0.1V，由于深度饱和时 U_{CE} 约等于零，因此双极型晶体管在电路中犹如一个闭合的开关。当 $i_C < I_{CS}$ 时，双极型晶体管处于放大状态；当 $i_C > I_{CS}$ 时，双极型晶体管处于饱和状态。

10.2.3 金属-氧化物-半导体场效应晶体管

金属-氧化物-半导体场效应晶体管（MOSFET）的基本结构特征如下。
（1）由二氧化硅层表面直接引出栅极 G。
（2）由高浓度的 N 区引出源极 S。
（3）N 区与 P 型衬底之间形成两个 PN 结。
（4）由另一个高浓度 N 区引出漏极 D。
（5）具有二氧化硅绝缘保护层。
（6）两端扩散出两个高浓度的 N 区。
（7）杂质浓度较低，电阻率较高。
（8）由衬底引出电极 B。
（9）大多数 MOSFET 的衬底在出厂前已和源极连在一起。

MOSFET 可分为 NPN 型和 PNP 型，NPN 型通常称为 N 沟道型，PNP 型通常称为 P 沟道型。按导电方式不同，MOSFET 又分为耗尽型与增强型，所以 MOSFET 可分为 N 沟道耗尽型、N 沟道增强型、P 沟道耗尽型和 P 沟道增强型，如图 10.15 所示。

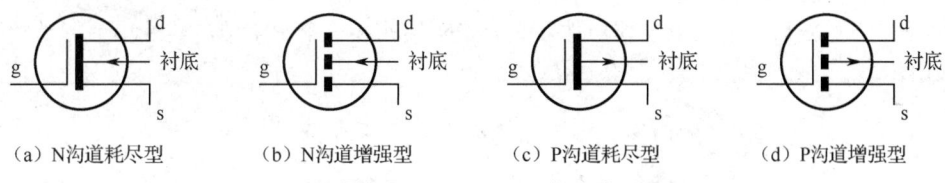

(a) N沟道耗尽型　　(b) N沟道增强型　　(c) P沟道耗尽型　　(d) P沟道增强型

图 10.15　MOSFET 的分类

N 沟道增强型 MOSFET 的工作原理如图 10.16 所示。N 沟道增强型 MOSFET 不存在原始沟道。当栅极与源极之间的电压 $U_{GS}=0$ 时，N 沟道增强型 MOSFET 的漏极和源极之间相当于存在两个背靠背的 PN 结。此时无论 U_{DS} 是否为 0，也无论其极性如何，总有一个 PN 结处于反偏状态，因此 MOSFET 不导通，$I_D=0$，MOSFET 处于截止区。

在栅极和衬底之间施加电压 U_{GS} 并与源极连在一起，由于二氧化硅绝缘层的存在，电流不能通过栅极，但金属栅极被充电，因此聚集了大量正电荷。二氧化硅层在 U_{GS} 作用下被充电从而产生电场形成耗尽层，电场吸引电子，电场力排斥空穴，出现反型层，形成导电沟道。导电沟道形成时对应的栅极与源极之间的电压 $U_{GS}=U_T$ 称为开启电压。当 $U_{GS}>U_T$、$U_{DS}\neq0$ 且较小时，U_{GS} 继续增大，当 U_{DS} 仍然很小且不变时，I_D 随着 U_{GS} 的增大而增大。此时增大 U_{DS}，导电沟道出现梯度，I_D 又将随着 U_{DS} 的增大而增大。直到 $U_{DS}=U_{GS}-U_{DS}=U_T$ 时，相当于 U_{DS} 增加使漏极沟道恢复到导电沟道刚刚开启时的状态，称为预夹断，此时 I_D 基本饱和。如图 10.17 所示。

当沟道出现预夹断时，MOSFET 工作在放大状态，放大区 I_D 几乎与 U_{DS} 的变化无关，只受 U_{GS} 的控制，即 MOSFET 是利用栅源电压 U_{GS} 来控制漏极电流 I_D 大小的一种电压控制器件。

如果继续增大 U_{DS}，使 $U_{GD}<U_T$，那么沟道的夹断区延长，I_D 达到最大且恒定，MOSFET 将从放大区跳出，进入饱和区。

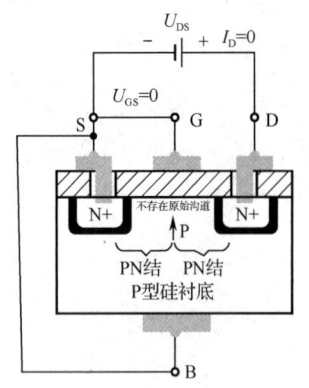

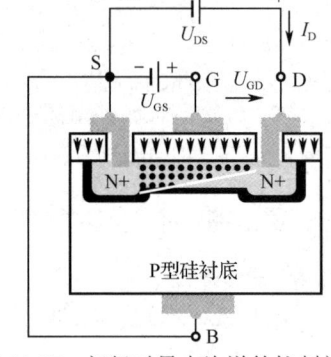

图 10.16　N 沟道增强型 MOSFET 的工作原理　　图 10.17　门级对导电沟道的控制效果

10.2.4　晶闸管

晶闸管，又称可控硅整流器（Silicon Controlled Rectifier），是在晶体管的基础上发展起来的一种大功率半导体器件。它的出现使半导体器件的应用由弱电领域扩展到强电领域。晶闸管也像半导体二极管那样具有单向导电性，但其导通时间是可控的，主要用于整流、逆变、调压及开关等。

（1）晶闸管的优点。

晶闸管的体积小、质量轻、效率高、动作迅速、维修简单、操作方便、寿命长、容量大（正向平均电流达数千安、正向耐压值达数千伏）。

（2）晶闸管的基本结构。

晶闸管是一种四层三端的半导体器件，具有 PN 结构和三个 PN 结。其外形、符号及结构如图 10.18 所示。

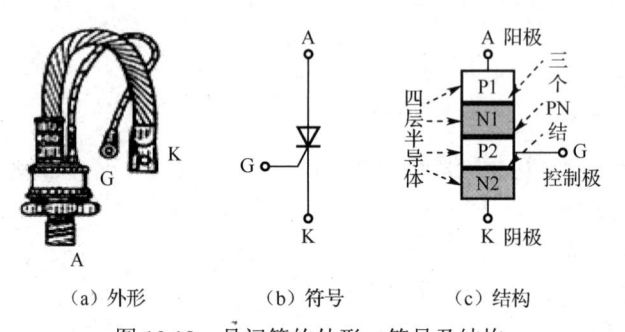

（a）外形　　（b）符号　　（c）结构

图 10.18　晶闸管的外形、符号及结构

（3）晶闸管的工作原理。

晶闸管的伏安特性曲线如图 10.19 所示。当晶闸管的阳极和阴极之间施加正向电压时，由于控制极未施加电压，晶闸管内有一个 PN 结反向偏置，因此其中只有很小的电流流过，这个电流称为正向漏电流。此时，晶闸管的阳极和阴极之间存在很大的内阻，处于阻断状态，如图 10.19 中曲线的下部所示。当正向电压增加到某一数值时，漏电流突然增大，晶闸管由阻断状态突然变为导通状态。晶闸管导通后，就可以通过很大的电流，而其本身的管压降只有 1V 左右，因此其伏安特性曲线靠近纵轴而且陡直。晶闸管由阻断状态转为导通状态所对应的电压称为正向转折电压。在晶闸管导通后，若减小正向电压，则正向电流逐渐减小。当正向电流小到某一数值时，晶闸管又从导通状态变为阻断状态，这时所对应的最小电流称为维持电流。当晶闸管的阳极和阴极之间施加反向电压时（控制极仍不施加电压），晶闸管中有两个 PN 结反向偏置，其伏安特性与二

极管的类似，此时其中流过的电流很小，称为反向漏电流。当反向电压增加到某一数值时，反向漏电流急剧增大，使晶闸管反向导通，这时所对应的电压称为反向转折电压。

另外，由于温度上升会使 PN 结的反向漏电流增大，使得 PN 结反向击穿，电压降低，因此温度上升会使晶闸管的正向转折电压和反向转折电压降低。

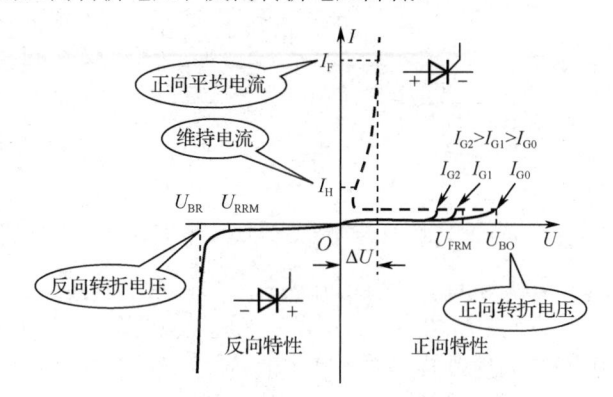

图 10.19 晶闸管的伏安特性曲线

10.3 常见执行器的驱动电路

1. 用双极型晶体管驱动阀门线圈

如图 10.20 所示，该电路使用一个 NPN 型双极型晶体管，NPN 中间的 P 为+5 价，接高电平导通。当单片机输出高电平时，双极型晶体管导通，电磁继电器工作，工作电路导通，气阀上电；当单片机输出低电平时，双极型晶体管截止，电磁继电器失电停止工作，工作电路关断，气阀失电。

2. 用晶闸管控制锅炉加热器的功率

如图 10.21 所示，该电路为一种双向晶闸管温度控制电路。调节 R_P 可改变 VD 的导通角，使电阻丝两端的电压在 0～220V 内无级变化。加在电阻丝两端的电压不同，其发热量也不同，因此能达到控制炉温的目的。合上电源开关，触发电路将 VD 触发导通，加热电阻丝，当所需温度较低时，可将 R_P 的阻值往小处调节；当所需温度较高时，可将 R_P 的阻值往大处调节。

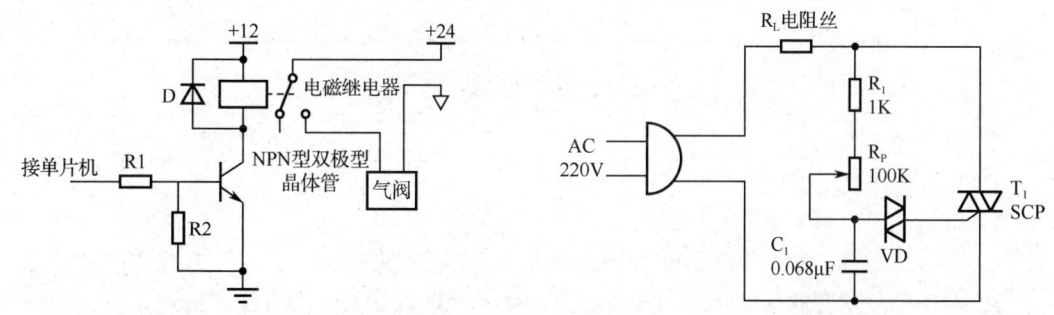

图 10.20 双极型晶体管驱动阀门线圈的开关状态电路

图 10.21 晶闸管控制锅炉加热器功率的电路

3. 用 MOSFET 的 H 桥控制有刷直流电动机的正反转

开关元器件（Q_1～Q_4）使用 N-MOSFET，二极管（D_1～D_4）被称为续流二极管，使用肖特基二极管。电路上方是电路的电源供电端（母线电压），下方接地。其电路如图 10.22 所示。

当 Q_1 和 Q_4 导通时，电动机的左端连接电源，右端连接大地。电流流经电动机，使电动机正向运动，电机轴正向旋转。当 Q_2 和 Q_3 导通时，电动机的右端连接电源，左端连接大地。电流流经电动机，使电动机反向运动，电机轴反向旋转。

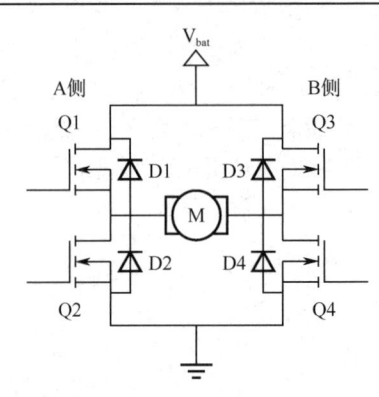

图 10.22　MOSFET 的 H 桥控制有刷直流电动机的正反转电路

在 H 桥中，Q_1 和 Q_2（或 Q_3 和 Q_4，同侧的开关）绝对不能同时导通。同侧的开关同时导通将会在电源和大地之间建立一条低阻抗的路径（可以等效成电源被短路）。这种情况被称为"直通"（Shoot-Through），几乎可以瞬间摧毁 H 桥或电路中的其他元件。

可以得出，整个 H 桥电路可以处于九种不同的状态，如表 10.1 所示。

表 10.1　H 桥电路的九种状态

Q_1	Q_2	Q_3	Q_4
导通	关断	关断	关断
导通	关断	关断	导通
导通	关断	导通	关断
关断	导通	关断	关断
关断	导通	关断	导通
关断	导通	导通	关断
关断	关断	关断	关断
关断	关断	关断	导通
关断	关断	导通	关断

思考题

1. 执行器是什么？
2. 执行器的功能有哪些？
3. 常用的电力电子器件有什么？
4. 功率二极管的基本特性是什么？其基本参数和分类有哪些？
5. 双极型晶体管的伏安特性曲线可以分为哪几个区？它们分别有什么特点？
6. MOSFET 的基本结构是什么？
7. MOSFET 的工作原理及导电沟道是怎样产生的？
8. 晶闸管如何才能导通和关断？在什么样的条件下这两种状态能够相互转换？
9. 常见的驱动电路有哪几种？它们的工作原理是什么？

第 11 章 常见的执行器

知识单元 与知识点	➢ 电动执行器的基本概念；各种电动执行器的基本结构； ➢ 液压执行器的基本概念；液压缸和液压马达的结构特点； ➢ 气动执行器的基本概念；气动执行机构的结构特点。
能力点	✧ 能够区分不同的电动执行器；认识电动执行器的基本结构； ✧ 能够认识几种不同的液压缸、液压马达的结构和特点； ✧ 能够分辨各种气动执行机构。
重难点	■ 重点：电动执行器、液压执行器、气动执行器的概念和基本结构。 ■ 难点：气动执行机构的结构及特性。
学习要求	✓ 熟练掌握电动执行器、气动执行器、液压执行器的相关结构特点； ✓ 了解气动执行机构的结构和特性。
问题导引	● 电动执行器的基本概念和结构是什么？ ● 液压执行器的基本概念和结构是什么？ ● 气动执行器的基本概念和结构是什么？

执行器是一种能够将电子信号或控制命令转化为机械运动或物理效应的设备。执行器是自动控制系统中执行机构和控制阀的组合体，在自动控制系统中的作用是接收调节器发出的信号，以其在工艺管路的位置和特性，调节工艺介质的流量，从而将被控流体控制在要求的范围内。本章将简要介绍电动执行器、液压执行器和气动执行器。

11.1 电动执行器

11.1.1 电磁学理论基础

通电导体周围会产生磁场，用磁通密度或磁感应强度（B）描述磁场的强弱，磁感应强度是一个矢量。通常使用磁力线来形象描绘磁场的空间分布情况。磁力线是带有方向的闭合曲线，曲线上任意一点的切线方向表示磁感应强度 B 的方向。通过该点垂直于磁场方向的单位面积上的磁力线数目等于该点磁感应强度 B 的大小。

电流所产生的磁场的方向用右手螺旋定则确定。磁感应强度 B 表示单位面积上的磁通，故又被称为磁通密度。磁力线方向与电流方向之间的关系如图 11.1 的示。

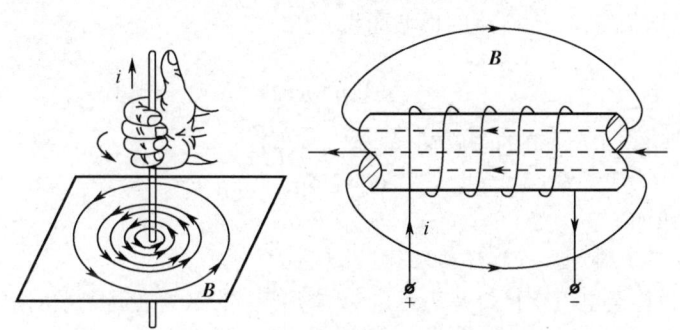

图 11.1 磁力线方向与电流方向之间的关系

磁通量 Φ 表示磁感应强度的通量，即穿过某一截面积 S 的磁力线总数量。其单位为韦伯（Wb）。

$$\Phi = \int_S \boldsymbol{B} \mathrm{d}S \tag{11-1}$$

对于均匀磁场，若 $\boldsymbol{B}$ 与 S 垂直，则式（11-1）变为

$$\Phi = \boldsymbol{B}S \tag{11-2}$$

$$1\mathrm{T} = 1\mathrm{Wb/m}^2$$

若 $\boldsymbol{B}$ 与 S 不垂直，S 的法线与 $\boldsymbol{B}$ 的夹角为 α，则式（11-1）变为

$$\Phi = \boldsymbol{B}S\cos\alpha \tag{11-3}$$

载流导体会在周围介质中产生磁场，形成磁路，同样大小的电流在周围介质中产生的磁感应强度 $\boldsymbol{B}$ 的大小会因为介质的磁导率不同而有很大的差异。在磁路计算中，为了计算上的方便，引入磁场强度 H 这一辅助物理量。

磁场强度 H：介质中某点的磁感应强度 $\boldsymbol{B}$ 与介质的磁导率 μ 之比。

$$H = \boldsymbol{B}/\mu \tag{11-4}$$

式（11-4）表示，若在磁场中充满不同的介质，则不同质点处的磁场强度 H 是相同的，与介质无关；但磁感应强度 $\boldsymbol{B}$ 会因为介质的不同而不同。H 的单位是安每米（A/m），磁导率的单位是亨每米（H/m）。

在同样大小的电流下，带铁芯的线圈的磁通比空心线圈的磁通大得多，这就是电机和变压器通常用铁磁材料来制造的原因。

在电路中，电流 I 是由电动势 E 产生的；在磁路中，磁通 Φ 是由磁动势 F 产生的，如图 11.2 所示。

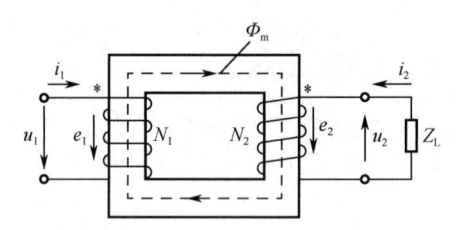

图 11.2　环形变压器的结构

磁动势：流过线圈的电流 i 与线圈匝数 N 的乘积。

$$F = Ni \tag{11-5}$$

磁阻：和电路中的电阻一样，磁路中也存在磁阻 R_m，其对磁通起阻碍作用

$$R_\mathrm{m} = \frac{l}{\mu s} \tag{11-6}$$

式中，l 为磁路的平均长度；s 为磁路的横截面积。

磁路的欧姆定律：

$$F = R_\mathrm{m}\Phi \tag{11-7}$$

磁链：表示 N 匝线圈所匝链的总磁通（单位：Wb）。

$$\Psi = N\Phi \tag{11-8}$$

基本的电磁定律如下。

1. 电生磁的基本定律——安培环路定律

安培环路定律也称全电流定律，是表示电流与所产生的磁场之间关系的定律。电流的正负由右手螺旋定则确定。

2. 磁生电的基本定律——法拉第电磁感应定律

能在线圈中产生感应电动势的情况只有两种。

（1）绕组和磁场无相对运动，因与绕组相交链的磁链发生变化而在绕组中产生感应电动势——变压器电动势。

（2）绕组和磁场间有相对运动，因绕组中的导线切割磁力线而产生感应电动势——切割电动势。

变压器电动势 e 的大小与磁链的变化率成正比，其方向由楞次定律确定：

$$e = -\frac{d\psi}{dt} = -N\frac{d\Phi}{dt} \tag{11-9}$$

楞次定律：闭合线圈中感应电流的方向总是参考正方向，一般先选定磁通 Φ 的参考方向，再用右手螺旋定则确定变压器电动势 e 的参考方向，使得所产生的感应磁场阻碍原来磁通的变化。

分析：当 $d\Phi/dt>0$ 时，变压器电动势 e 产生的磁通 Φ 的方向应该与原来的磁通的方向相反（指向下），如图 11.3 所示，对应的感应电流由 X 流向 A，对应的变压器电动势 e 的方向与参考方向相反，为负；当 $d\Phi/dt<0$ 时，变压器电动势 e 产生的磁通 Φ 应该与原来的磁通的方向相同（指向上），所以变压器电动势 e 和 $d\Phi/dt$ 的符号总是相反的。

将磁通与其感应电动势的正方向假定为电动机惯例设定的参考方向。

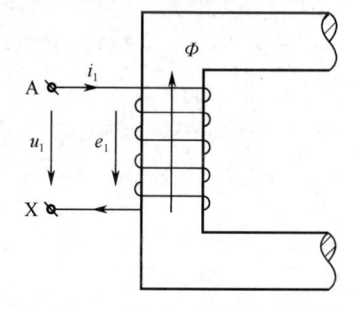

图 11.3 环形变压器的部分结构

当磁通按正弦规律变化时，即

$$\Phi = \Phi_m \sin \omega t \tag{11-10}$$

$\omega = 2\pi f$，则式（11-10）变为

$$\begin{aligned}e(t) &= 2\pi f N \Phi_m \sin(\omega t - 90°) \\ &= \sqrt{2}E\sin(\omega t - 90°)\end{aligned} \tag{11-11}$$

磁通 $\Phi(t)$ 的相位超前感应电动势 $e(t)$ 的相位 90°，如图 11.4 所示。

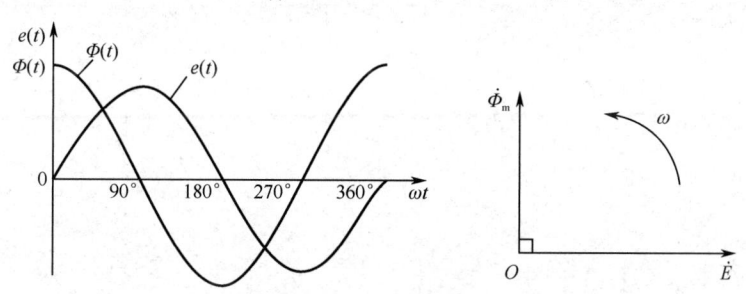

图 11.4 磁通的相位超前感应电动势的相位 90°

速度（切割、电机）电动势：

设磁场的磁感应强度为 B，切割磁力线的导体长度为 l，切割速度为 v，三者之间互相垂直，则导线中感应电动势的大小为

$$e = Blv \tag{11-12}$$

感应电动势 e 的方向用右手定则确定，如图 11.5 所示。

3. 电磁力定律

通电导体在磁场中受到的磁场的作用力称为电磁力，又称安培力。设长度为 l 的直导线与磁感应强度 B 的方向垂直，导线的受力方向用左手定则确定，如图 11.6 所示。

$$f_{em} = Bil$$

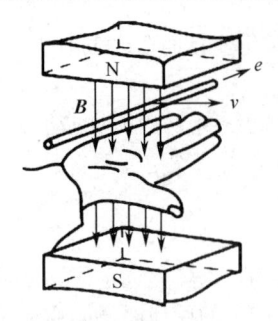

图 11.5 感应电动势的方向与磁场方向、导体运动方向之间的关系

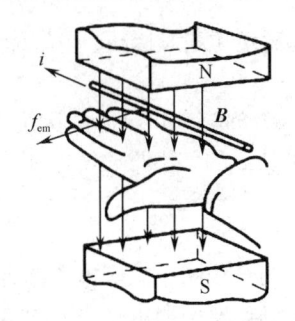

图 11.6 通电导体产生的电磁力与电流、磁场之间的关系

4. 磁路的欧姆定律

电流 i 所经过的路径称为电路，磁通 Φ 所经过的路径称为磁路。通常用高磁导率的材料组成磁路，通过磁路将磁通约束在特定的路径中。变压器的简单磁路如图 11.7 所示。

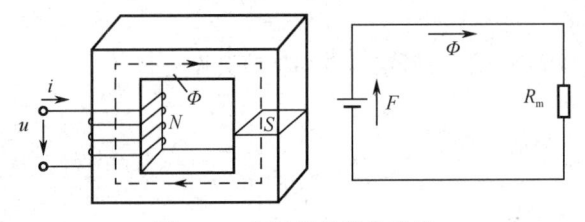

图 11.7 变压器的简单磁路

$$F = Ni = Hl = \frac{Bl}{\mu} = \frac{\Phi l}{\mu S} = \Phi R_m \tag{11-13}$$

式中，$R_m = \dfrac{l}{\mu S}$ 为磁路的磁阻。$\Lambda_m = \dfrac{1}{R_m} \lambda$ 为磁导，反映材料的导磁能力。

由于式（11-13）与电路的欧姆定律相似，故又称其为磁路的欧姆定律。

在有线圈的电路中，通常把单位电流所产生的磁链定义为线圈的电感 L，单位为亨利（H），于是有

$$L = \frac{\Psi}{i} \tag{11-14}$$

根据 $\psi = N\Phi$ 和式（11-13），有

$$L = \frac{\Psi}{i} = \frac{N\Phi}{i} = \frac{N}{i}\frac{Ni}{R_m} = \frac{N^2}{R_m} = N^2 \frac{\mu S}{l} \tag{11-15}$$

线圈的电感与线圈匝数的平方、磁导率及铁芯的横截面积成正比，与磁路的长度成反比。

11.1.2 电动执行器概述

电动执行器是指在控制系统中以电为能源的一种执行器，接收调节仪表等发出的电信号，根据信号的大小改变操纵量，使输入或输出控制对象的物料量或能量改变，以达到自动调节的目的，如电动调节阀、电磁阀、电功率调整器等。

电动执行器一般按其结构原理分类，可分为电动调节阀、电磁阀、电动调速泵、电功率调整器和附件五类。其中，电动调节阀习惯上也称电动执行器，接收从调节器发出的电信号，将其转换为输出轴的角位移或直线位移，以推动调节机构——阀门动作，执行调节任务，是应用最广泛的一种电动执行器。

电磁阀是以电磁体为动力元件进行开关动作的调节阀,通过阀门的开关动作控制工作介质的流通,以达到调节的目的。其特点是结构紧凑、尺寸小、质量轻、维护简单、价格较低,并且具有较高的可靠性。

电动调速泵通过改变电动机的转速来调节泵的流量,要求泵的流量与转速之间有较好的线性关系。与采用恒速泵改变流量相比,采用电动调速泵改变流量能够节省能源。

电功率调整器是利用电气元件控制电能输出的一种执行器,可分为饱和电抗器、感应调压器、晶闸管调压器等。电功率调整气通过改变流经负载的电流大小或加在负载两端的电压大小来调节电功率的输出,以达到调节的目的。

11.1.3 开关类电动执行器

开关类电动执行器的代表是电磁阀(Solenoid Valve)。执行机构(电磁铁)和阀体是电磁阀的主要组成部分。

电磁阀的工作原理:电磁阀的内部有密闭的腔,在腔的不同位置开有通孔,每个通孔都通向不同的油管,腔的中间是阀,两侧是线圈,哪一侧的线圈通电,阀体就会被吸引到哪边,通过控制阀体的移动来挡住或漏出不同的通孔,液压油就会进入不同的排油管,然后利用液压油的压力来推动油缸的活塞运动,活塞带动活塞杆运动,活塞杆又带动机械装置运动。这样通过控制电磁铁的电流就控制了机械装置的运动。追溯电磁阀的发展史,到目前为止,国内外的电磁阀从原理上可分为直动式电磁阀、分步直动式电磁阀、先导式电磁阀三大类;按工作介质可分为氨用电磁阀、氟利昂用电磁阀、水用电磁阀、油用电磁阀、煤气电磁阀、蒸汽电磁阀等。

11.1.3.1 填料函型电磁阀

1. 填料函型直接动作式电磁阀

结构:填料函型直接动作式电磁阀的结构如图 11.8 所示。当通电时,由线圈 4 产生的电磁力吸引动铁芯 11 向下动作,带动穿过填料函 6 的阀杆 10,使其克服复位弹簧 8 的弹力推动阀塞 9 向下移动,从而打开阀门;当断电时,线圈 4 失电导致电磁力消失,于是复位弹簧 8 的弹力使阀塞 9 向上移动封住阀座,从而关闭阀门。

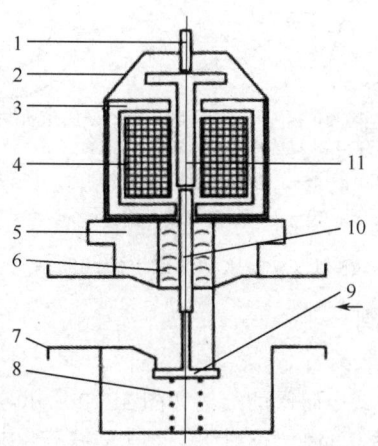

1—手动开阀装置;2—外壳;3—铁芯;4—线圈;5—阀盖;6—填料函;
7—阀体;8—复位弹簧;9—阀塞;10—阀杆;11—动铁芯。

图 11.8 填料函型直接动作式电磁阀的结构

特点:结构简单、动作可靠,在零压差或真空下能正常工作,可在任意方向上安装,但一般用于 25mm 以下的通径。

2. 差压动作式电磁阀

结构：差压动作式电磁阀的结构如图 11.9 所示。当开阀线圈 10 通电时，下动铁芯 11 向上移动，带动穿过填料函 12 的阀杆 20 向上移动，使先导阀阀塞 19 上提，从而使先导阀阀座 15 开启，主阀阀塞 14 的内部压力下降，而其外部压力仍约等于进口侧压力，由于差压作用使主阀阀塞 14 上提，从而主阀阀座 17 开启，于是阀门呈开启状态。同时，下动铁芯 11 带动顶杆 21 向上移动，推开卡爪 8 到达卡爪 8 的上方，从而被锁住，使开阀状态得以保持。另外，与卡爪 8 联动的压板 24 动作，带动与压板 24 联动的动触头组 26（具有自保持作用，非经下一次触动不会移位）向上动作，这样便使开阀触头 25 脱开，从而断开开阀线圈 10 的电源，同时关阀触头 27 闭合以准备下一次的关闭。当关阀线圈 5 通电时，上动铁芯 3 克服复位弹簧 4 的上顶力向下推动推杆 7，使卡爪 8 松扣，于是顶杆 21 脱开，使下动铁芯 11、阀杆 20 与先导阀阀塞 19 等因自重而下坠，封住先导阀阀座 15。由于进口侧的工作介质不断地自平衡，平衡孔 18 冲入主阀阀塞 14，使得主阀阀塞 14 内外的压力趋于平衡，以致主阀阀塞 14 失去差压作用而下落，封住主阀阀座 17，于是阀门呈关闭状态。在卡爪 8 动作的同时，压板 24（与卡爪 8 联动）复位，带动动触头组 26 下坠，使开阀触头 25 闭合，以准备下一次的开阀。当发生事故或失电时，可用手动开阀装置 23 打开阀门，或用手动关阀装置 1 关闭阀门。这种双线圈式电磁阀的特点是线圈仅瞬时通电，可以避免线圈过热并节约电能，不足之处是体积庞大、维护复杂。

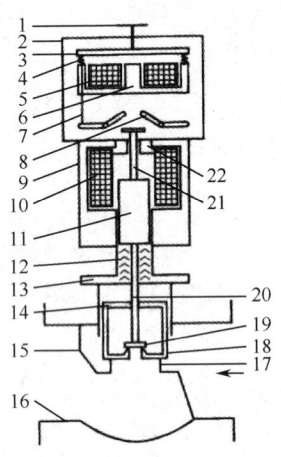

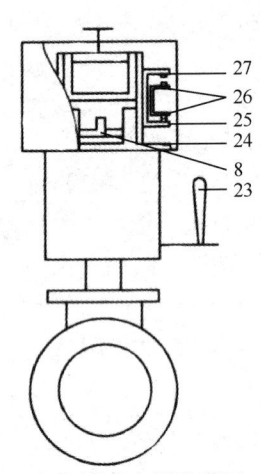

（a）差压动作式电磁阀正视图　　（b）差压动作式电磁阀侧视图

1—手动关阀装置；2—上外壳；3—上动铁芯；4—复位弹簧；5—关阀线圈；6—上铁芯；7—推杆；8—卡爪；9—下外壳；10—开阀线圈；11—下动铁芯；12—填料函；13—阀盖；14—主阀阀塞；15—先导阀阀座；16—阀体；17—主阀阀座；18—平衡孔；19—先导阀阀塞；20—阀杆；21—顶杆；22—下铁芯；23—手动开阀装置；24—压板；25—开阀触头；26—动触头组；27—关阀触头。

图 11.9　差压动作式电磁阀的结构

11.1.3.2　无填料函型电磁阀

1. 无填料函型直接动作式电磁阀

结构：无填料函型直接动作式电磁阀的结构如图 11.10 所示。当通电时，线圈 3 产生的电磁力吸引动铁芯 8，使其克服复位弹簧 9 的弹力而上提，嵌在动铁芯 8 中的圆板状阀塞 7［见图 11.10（a）］或连接在动铁芯 8 上的膜片状阀塞 7［见图 11.10（b）］随动铁芯 8 一起上升，离开阀座 5，于是阀门开启。当断电时，线圈 3 失电，电磁力消失，动铁芯 8 因自重及复位弹簧 9 的弹力下坠，使阀塞 7 封住阀座 5，于是阀门关闭。

(a) 圆板状阀塞　　(b) 膜片状阀塞

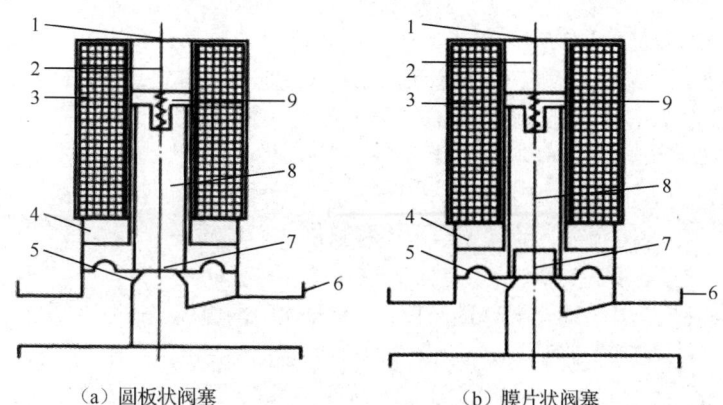

1—外壳；2—铁芯；3—线圈；4—阀盖；5—阀座；6—阀体；7—阀塞；8—动铁芯；9—复位弹簧。

图 11.10　无填料函型直接动作式电磁阀的结构

2. 先导式电磁阀

先导式电磁阀有先导阀与主阀两个组件，先导阀组件与主阀组件之间的连接方式有两种，一种是直接连接方式，另一种为管路连接方式。不论采用哪种连接方式，先导阀组件根据动铁芯的结构特征可大致分为无空程与有空程两种类型，而主阀组件根据阀塞的结构特征可分为刚性阀塞与弹性阀塞两种类型。

无空程式动铁芯是指动铁芯本身即为阀塞，或者其与阀杆阀塞构成刚性连接，相互间无空程。

有空程式动铁芯如图 11.11 所示，动铁芯上端存在一段空程。动铁芯 2 受电磁力作用向上移动，冲击上挡块 1，使阀杆 3 及相连的先导阀阀塞 5 受锤击作用一起上提。有空程式动铁芯一般用于长行程的采用直接连接方式的电磁阀中。

1—上挡块；2—动铁芯；3—阀杆；4—下挡块；5—先导阀阀塞。

图 11.11　有空程式动铁芯

11.1.3.3　特殊用途电磁阀

1. 防爆型电磁阀

防爆型电磁阀把设备中可能点燃爆炸性气体混合物的部件全部封闭在一个防爆外壳内，该防爆外壳能够承受通过外壳的接合面或结构间隙渗透到外壳内部的可燃性混合物在内部爆炸而不损坏，并且不会引燃外部由一种或多种气体（蒸汽）形成的爆炸性环境，把可能产生火花、电弧和危险温度的零部件均放入防爆外壳内。防爆外壳使设备的内部空间与周围的环境隔开，其结构存在间隙，因电气设备的呼吸作用和气体的渗透作用，其内部可能存在爆炸性气体的混合物。当气体混合物发生爆炸时，防爆外壳可以承受爆炸产生的压力而不损坏，同时防爆外壳的结构间隙可冷却火焰、降低火焰的传播速度或终止加速链，使火焰或危险的火焰生成物不能穿越防爆外壳的结构间隙点燃外部的爆炸性环境，从而达到防爆的目的。

2. 高温高压电磁阀

高温高压电磁阀适用于各种中温、高温、常压、高压场合，以及中高温热水管路、高温蒸汽管路、饱和蒸汽管路、过热蒸汽管路及导热油管路等管路的自动控制；广泛应用于石油化工、生物制药、电镀涂装、橡塑机械、食品饮料、造纸、印染及电力等行业。

11.1.4　电动机执行器

11.1.4.1　直流电动机

直流电动机将电能转化为机械能。在电动机的转子（电枢）中产生的转矩可用于驱动外部负载。直流电动机很可能是最早的电动机形式。由于直流电动机具有转矩大、调速范围宽、便于携带、转速-转矩特性好、易于精确建模、能够适应多种控制方式等优点，因此其在机械臂、运输机构、磁盘驱动器、定位平台、机床和伺服阀等众多设备中得到了广泛应用。

1. 永磁式有刷直流电动机的工作原理

永磁式有刷直流电动机由定子磁极、转子、电刷、外壳等组成，定子磁极采用永磁体（永久磁钢），由铁氧体、铝镍钴合金、钕铁硼合金等材料制成。电磁力

$$F = BIL \tag{11-16}$$

式中，B 为磁感应强度；L 为通电导体的长度；I 为导体中的电流。

F 的方向可以通过左手定则判断。如图 11.12 所示，将电刷 A、B 接入直流电源，线圈 $abcd$ 中便有电流通过，其方向为从 a 到 d，线圈中的电流 I 与磁场作用，产生电磁力 F，转子在电磁力的作用下旋转起来，产生电磁转矩 T_{em}，进而带动生产机械运转。电磁力的方向由左手定则判定，在图示时刻，电流方向为从 a 到 d，则 ab 段所受电磁力的方向为从右向左，转子沿逆时针方向旋转。当转子转过 180°时，外部电路的电流 I 不变，线圈中的电流方向为从 d 到 a，此时电磁力的方向不变，转子沿恒定方向旋转。

定子包含两个或多个永磁极片。转子包含通过电刷与电压源相连的线圈和换向器。吸引通电线圈的相反极性和定子磁铁，转子就会旋转，直到与定子对齐为止。当转子与定子对齐时，

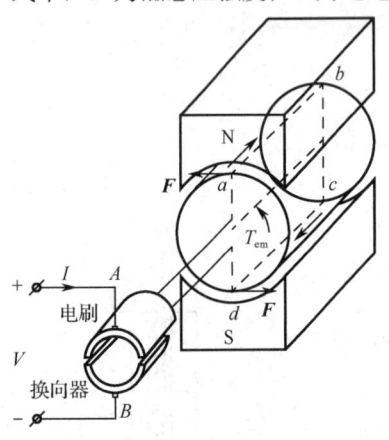

图 11.12 直流电动机的物理模型

电刷就会跨过换向器的接点，给下一个线圈通电，从而产生连续转动。电动机的转速与施加其上的电压成正比。颠倒电动机的连接方向，电动机的转向也会改变。

2. 励磁式直流电动机的工作原理

励磁式直流电动机的定子磁极（主磁极）由铁芯和励磁绕组构成。根据励磁方式的不同，励磁式直流电动机可分为他励直流电动机、并励直流电动机、串励直流电动机和复励直流电动机，这四种直流电动机的接线图如图 11.13 所示。励磁方式不同，定子磁极磁通（由定子磁极的励磁绕组通电后产生）的变化规律也不同。

(a) 他励直流电动机　(b) 并励直流电动机　(c) 串励直流电动机　(d) 复励直流电动机

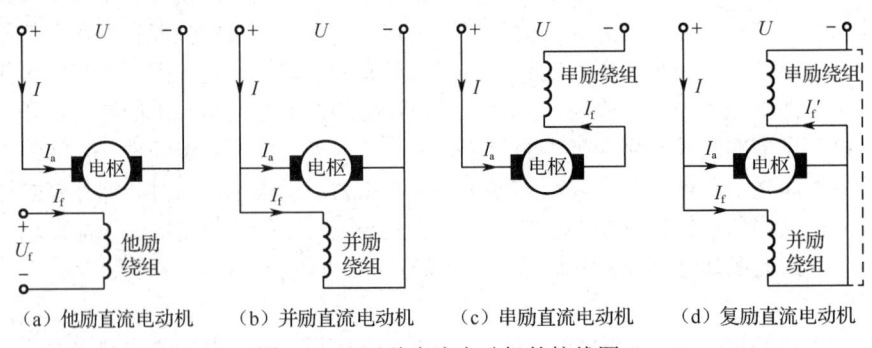

图 11.13 四种直流电动机的接线图

有刷直流电动机利用电刷进行电流换向，小功率电动机采用铜刷，大功率电动机采用石墨电刷，电刷的成本较低，功率容量大，但电刷的滑动摩擦容易引起电刷磨损和发热、触头弹跳、过大的噪声和电气火花（电弧）、电压纹波等问题。

无刷直流电动机具有永磁转子。由于跨过中性面时转子的极性不能切换，因此换相是通过电子切换定子绕组段中的电流来完成的。值得注意的是，这与有刷直流电动机换相时的情况相反，

无刷直流电动机定子的极性是固定的，转子的极性在跨越中性面时进行切换。无刷直流电动机的定子绕组可以看作电枢绕组，而对于有刷直流电动机，其转子绕组是电枢绕组。在概念上，无刷直流电动机与永磁式步进电动机及某些类型的交流电动机有些相似。根据定义，直流电动机应该使用直流电源为电动机供电。直流电动机的转矩-转速特性不同于步进电动机或交流电动机。此外，永磁式步进电动机比电磁式电动机具有更小的非线性，因为永磁体产生的磁场强度恒定，与通过绕组的电流无关。无论永磁体在定子（有刷直流电动机）中还是在转子（无刷直流电动机或永磁式步进电动机）中都是如此。

无刷直流电动机采用半导体开关器件来实现电子换向，用半导体开关器件代替传统的接触式换向器和电刷，具有可靠性高、无换向火花、机械噪声低等优点，广泛应用于高档录音座、录像机、电子仪器及自动化办公设备中。无刷直流电动机由永磁转子、定子绕组、位置传感器等组成，如图 11.14 所示。位置传感器根据转子位置的变化，按照一定的次序对定子绕组的电流进行切换（检测转子磁极相对于定子绕组的位置，并在确定的位置处产生位置传感信号，该信号经信号转换电路处理后控制功率开关电路按一定的逻辑关系进行绕组的电流切换）。定子绕组的工作电压由位置传感器输出控制的电子开关电路提供。

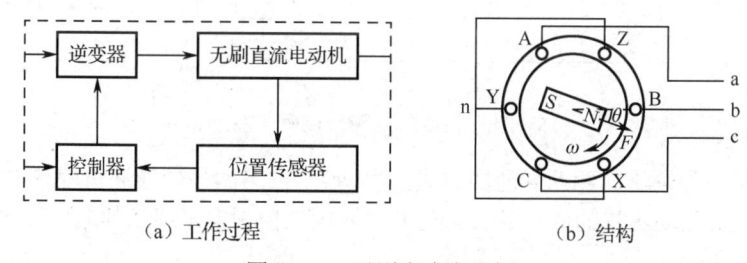

图 11.14 无刷直流电动机

无刷直流电动机的永磁转子和定子绕组可以分为两类：一类具有外部旋转磁体，另一类则具有内部旋转磁体。在无刷直流电动机中，感应绕组（对恒定磁场而言）受到绕组中通过电流所产生的感应磁场的作用而切换（转换）到适当的相位。通常用霍尔传感器感应转子的位置，也可以采用无传感器的方法感应转子的位置。

电机驱动芯片是无刷直流电动机的核心部分，用以控制电动机定子上各相绕组的通电顺序和通电时间。无刷直流电动机多采用对称三相绕组，绕组形式有两种：一是星形，二是三角形。

星形联结的三相全控桥式驱动电路如图 11.15 所示，主要由 6 个开关管 M1～M6 和 6 个开关信号 G1～G6 组成。其工作方式分为两两导通和三三导通。三三导通即在理想状态下，三相绕组同时通入电流，无悬空相，电角度每隔 60°换相一次，每次换相切换一个功率管，一个桥臂上下换相一次，开关管的导通时间为 180°电角度。开关管的导通顺序为 M1M6M2→M6M2M4→M2M4M3→M4M3M5→M3M5M1→M5M1M6→M1M6M2，当 M5M1M6 导通时，电流由 M1 流至 A 相绕组，经过 B、C 两相绕组流至地，此时 B、C 两相绕组并联，故电流为 A 相绕组的一半。经 60°电角度后换相至 M1M6M2，需要先断开 M5 再打开 M2，否则会发生短路，此时电流从 A、B 两相绕组流入，从 C 相绕组流出，通过 M6 流入地。

两两导通即在理想情况下，任意时刻只有两个开关管导通（上下桥臂各导通一个），两相绕组有电流，另一相悬空。各相的导通顺序与时间由位置传感器获得的转子位置确定，定子合成磁场是一种步进旋转磁场，步进角为 60°，转子每转过 60°，电路进行一次换流，定子位置随之改变，电动机有六个磁状态，每两个开关管导通为一个状态，每相绕组中持续流过电流的时间为对应转子旋转 120°所需的时间，相邻两个输出信号之间具有 60°的重合区，如图 11.16 所示。每个时刻都有一个上桥臂和一个下桥臂导通，上桥臂导通使绕组获得正向电流转矩，下桥臂导通使得另一组绕组获得相反的电流转矩。在三三导通状态下每 60°电角度改变一次，每个开关管的导通电角度为 180°，在电流和转速相同的情况下，三三导通与两两导通相比，三三导通的电磁转矩较小，同时存在瞬时转矩。此外，三三导通更易发生短路现象：一个开关管的导通和关断发生延迟就会导致直通短路从而烧毁开关管。故在实际应用中，两两导通的工作方式最为常见。

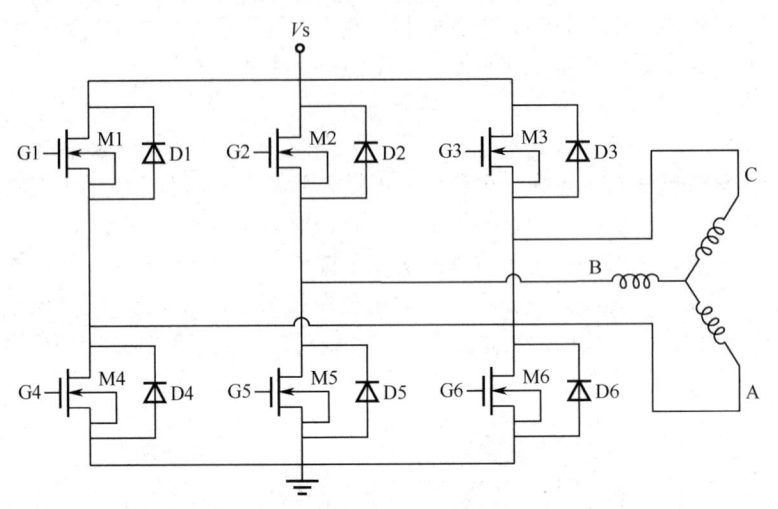

图 11.15　星形联结的三相全控桥式驱动电路

一般常用的是星形联结的两两导通的方式，桥式换相电路的最佳导通角度是 120°，如图 11.16 所示，通过控制电机驱动芯片的 6 个开关管的开关顺序来控制定子绕组的通电顺序，从而控制电动机的运行。

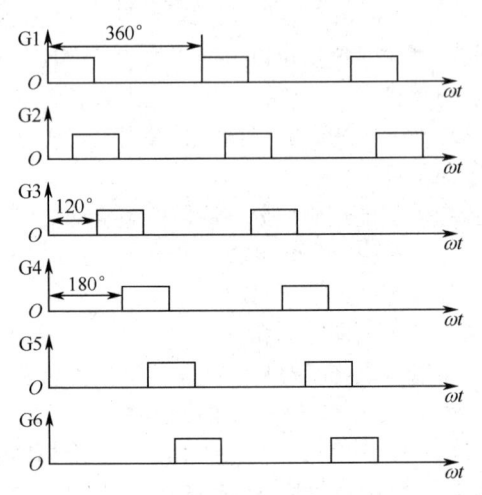

图 11.16　无刷直流电动机的驱动信号

星形联结两两导通的工作方式有以下导通顺序：M1M5→M1M6→M2M6→M2M4→M3M4→M3M5→M1M5，以交叉方式进行。下桥臂的开关管 M4～M6 的栅控制信号是以地为参考的，而上桥臂以 M1 为例，栅控制信号是以 $V1$ 为参考的，$V1$ 是在地到电源电压 Vs 之间浮动的电压信号，因此需要电平位移电路才能使得上下桥臂的开关管有序协调地工作。以从 M1M5 开始导通为例，电路工作时有以下四种状态。

状态①：M5 导通，M1 关断。低侧控制电路为 M5 提供高电平，M5 导通；高侧控制电路为 M1 提供低电平，M1 关断。此过程同时通过低压电源自举二极管 D1 充电，直至 D1 两端的电压约为低压电源，D1 充电结束，此时 $V1$ 的电位接近地的电位。

状态②：M5 关断，M1 尚未导通（存在死区时间 t_d）。低侧控制电路为 M5 提供低电位，M1 仍未导通，高侧控制电路中的续流二极管为电路续流，此后 $V1$ 电压变为：$V1=Vs+0.7V$。

状态③：M5 关断，M1 导通。低侧控制电路使得 M5 继续保持低电位，高侧控制电路使得 M1 导通，自举二极管 D1 通过电平位移电路和高侧控制电路放电，为电路提供能量，此时 $V1$ 约等于 Vs。

状态④：M1 关断，M6 尚未导通。低侧控制电路使得 M6 为低电位，高侧控制电路使得 M1 为低电位，此时高侧控制电路中的续流二极管为电路续流，使得 $V1$ 值降为-0.7V。此外，在任何时刻上下开关管不能同时导通，即 M1 和 M4 不能同时导通，M2 和 M5 不能同时导通，M3 和 M6 不能同时导通，以避免发生短路现象。D1～D6 可作为电动机向直流反馈的途径，称为反馈二极管，此外，其还有电流续流作用，又称续流二极管。无刷直流电动机正转和反转时开关管的导通顺序如表 11.1 所示。

表 11.1 无刷直流电动机正转和反转时开关管的导通顺序

正　　转		反　　转	
导通功率开关	绕组通电顺序	导通功率开关	绕组通电顺序
M1、M5	A→B	M2、M4	B→A
M1、M6	A→C	M3、M4	C→A
M2、M6	B→C	M3、M5	C→B
M2、M4	B→A	M1、M5	A→B
M3、M4	C→A	M1、M6	A→C
M3、M5	C→B	M2、M6	B→C

三角形联结的三相全控桥式驱动电路如图 11.17 所示，该电路的工作方式也有两种——两两导通和三三导通。三角形联结两两导通的工作方式与星形联结两两导通的工作方式相似，开关管的导通顺序为 M1M6→M2M6→M2M4→M3M4→M3M4→M3M5→M1M6，当 M1 和 M6 导通时，电流经 M1 流入 A 相绕组和 B、C 两相绕组，此时 B、C 两相绕组串联后与 A 相绕组并联，流过 B、C 两相绕组的电流为 A 相绕组的一半。三角形联结三三导通的工作方式与星形联结三三导通的工作方式相似，开关管的导通顺序为 M1M6M2→M6M2M4→M2M4M3→M4M3M5→M3M5M1→M5M1M6→M1M6M2，当 M1M6M2 导通时，电流经 M1 流入 A、B 两相绕组，C 相绕组无电流经过。与星形联结方式不同，此时 A、B 相绕组并联。当感应电动势不平衡时，三角形联结的工作方式会产生环流，故无刷直流电动机中一般采用星形联结的三相全控桥式驱动电路。

11.1.4.2 三相异步电动机

三相异步电动机可以将电能转化成机械能。在三相异步电动机中，导线被置于磁场内，受电磁力的影响，导线会穿过磁场。在交流感应电动机中，磁场被置于定子内，受电磁力影响的导体位于转子内。

定子通常由 3 个成 120°电角度的相位绕组组成。当三相交流电通入电动机的定子绕组时，转子的导线内会产生电流。定子产生的磁场和转子内的载流导线的相互作用使得转子被定子磁场"拖"转。转子的铁芯通常用硅钢片叠成，与定子的铁芯类似，但人们在转子铁芯的外圆上开槽，以便放置转子绕组。转子绕组的作用是切割定子磁场，产生感应电动势和电流，从而在磁场作用下受力转动。

转子的结构可以分为两种类型：笼型转子和绕线型转子。笼型转子的结构简单，制造方便，通常由置于转子槽中的导条和两端的端环构成，其外形像一个笼子。绕线型转子则结构复杂，通常需要外部电源供电，可以通过滑环和电刷与外部电路连接，以改善其起动和调速性能。

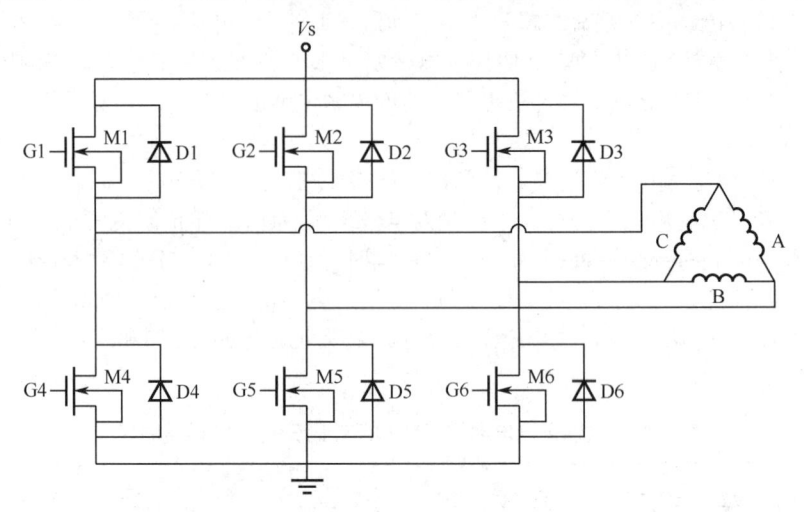

图 11.17　三角形联结的三相全控桥式驱动电路

转子的转速总是低于定子磁场的同步转速，这种现象被称为"转差"。三相异步电动机的结构如图 11.18 所示。

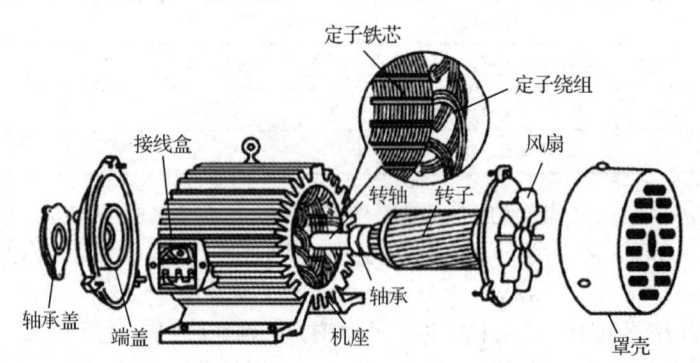

图 11.18　三相异步电动机的结构

三相异步电动机旋转磁场的产生如图 11.19 所示，最简单的三相定子绕组 AX、BY、CZ 在空间按互差 120°的规律对称排列，并接成星形与三相电源 U、V、W 相联。三相定子绕组中通入三相对称电流，随着电流通过，在三相定子绕组中就会产生旋转磁场。当 $\omega t=0°$ 时，AX 绕组中无电流。BY 绕组中的电流从 Y 流入 B 流出，电流为负值。CZ 绕组中的电流从 C 流入 Z 流出，电流为正值。由右手螺旋定则可得合成磁场的方向如图 11.19（a）所示。

（a）$\omega t=0°$　　　（b）$\omega t=120°$　　　（c）$\omega t=240°$

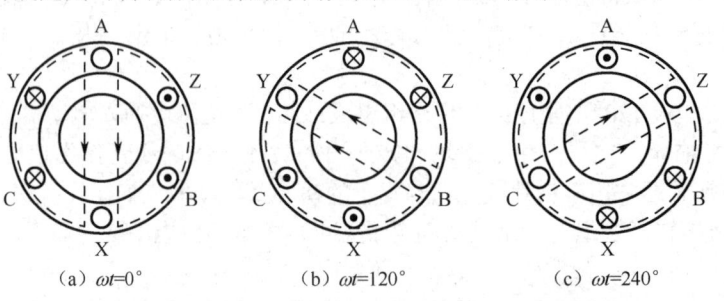

图 11.19　三相异步电动机旋转磁场的产生

旋转磁场的方向是由三相绕组中电流的相序决定的，想要改变旋转磁场的方向，就要改变通入定子绕组的电流的相序，将三根电源线中的任意两根对调即可，此时转子的旋转方向也会跟着改变。当 $\omega t=120°$ 时，BY 绕组中无电流。AX 绕组中的电流从 A 流入 X 流出，电流为正值。CZ 绕组中的电流从 Z 流入 C 流出，电流为负值。由右手螺旋定则可得合成磁场的方向如图 11.19（b）所示。当 $\omega t=240°$ 时，CZ 绕组中无电流。AX 绕组中的电流从 X 流入 A 流出，电流为负值。BY 绕组中的电流从 B 流入 Y 流出，电流为正值。由右手螺旋定则可得合成磁场的方向如图 11.19（c）所示。

可见，当定子绕组中的电流变化一个周期时，合成磁场也按电流的相序方向在空间旋转一周。随着定子绕组中的三相电流不断地发生周期性变化，产生的合成磁场也不断地旋转，因此称其为旋转磁场。当三相异步电动机接入三相交流电源时，三相定子绕组流过三相对称电流产生三相磁动势（定子旋转磁动势）并产生旋转磁场。该旋转磁场与转子绕组发生相对切割运动，根据电磁感应原理，转子绕组产生感应电动势并产生感应电流。根据电磁力定律，载流的转子绕组在磁场中受到电磁力作用，形成电磁转矩，驱动转子绕组旋转，当电动机轴上接入机械负载时，便可以向外输出机械能。

在旋转磁场中，转子绕组的运动原理如下：当三相交流电通过定子绕组时，会产生一个旋转磁场。转子绕组切割这个旋转磁场，导致转子绕组中产生感应电流。根据电磁感应原理，载流的转子绕组在定子旋转磁场的作用下，会产生电磁力，从而使转子绕组转动。

三相异步电动机的转矩-速度关系可以通过以下公式来描述：

$$T = \frac{Ps\varphi}{\omega} \tag{11-17}$$

式中，T 是电动机的转矩；P 是电动机的输入功率；s 是转差率，其定义为 $s = \frac{n_s - n}{n_s}$，其中 n_s 是同步转速，n 是电动机的实际转速；φ 是每级磁通量；ω 是电动机的角速度。

另外，同步转速 n_s 可以通过以下公式计算：

$$n_s = \frac{120f}{p} \tag{11-18}$$

式中，f 是供电频率；p 是电动机的极对数。

三相异步电动机的转速与所接电源的频率之比不是恒定的，会随着负载的大小发生变化。负载的转矩越大，三相异步电动机的转速越低。

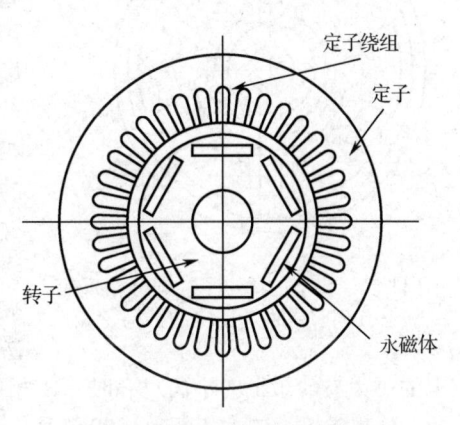

11.1.4.3 永磁同步电动机

永磁同步电动机的结构如图 11.20 所示，包括永磁体转子和定子绕组，其中前者主要为永磁体，后者为电枢绕组。永磁同步电动机采用三相交流电。按照整体结构来分类，可以分为内转子结构与外转子结构；按照气隙磁场的不同方向来分类，可以分为径向、轴向和横向磁场；按照电枢的不同绕组结构来分类，可以分为集中绕组（多为分数槽）和分布绕组，以及有槽和无槽电枢结构等。

永磁同步电动机利用通电的定子与转子产生的磁场之间的作用力来实现电动机的运行。静置的转子本身产生了一个沿着 d 轴的直轴磁场 L_d。电动机是否稳定运行取决于转子的转速 n 与旋转磁场的速度 n_1 是否相等，若两者相等，则电动机能够稳定运行，同时能够获得转子的转速，如下式所示：

图 11.20 永磁同步电动机的结构

$$n = n_1 = \frac{60f}{n_p} \tag{11-19}$$

式中，n_p 为永磁同步电机的磁极对数；f 为定子绕组的输入频率。

内置式的转子结构有利于改善电动机的动态性能、提高电动机的功率密度和带载能力。

永磁同步电动机的起动和运行是通过定子绕组、永磁体及转子的笼型绕组三者产生的磁场的相互作用实现的。在电动机处于静止状态时，定子绕组接入三相对称电流，产生定子的旋转磁场，在定子的旋转磁场的作用下，转子在笼型绕组中旋转而产生相应电流，进而形成了转子的旋转磁场，在定子的旋转磁场和转子的旋转磁场的互相作用下，产生的异步转矩让转子逐渐从静止开始加速转动。在此过程中，由于转子的旋转磁场的转速和定子的旋转磁场的转速不同，因此产生交变转矩，若转子加速至速度和同步转速接近，则转子的旋转磁场的转速和定子的旋转磁场的转速是接近的，且定子的旋转磁场的转速比转子的旋转磁场的转速稍大，两者互相作用就会产生转矩使得转子进入同步运行的状态。在同步运行的状态下，转子绕组中不再产生电流，这时转子上就只存在永磁体产生的磁场，其与定子的旋转磁场发生作用，就会形成驱动转矩。因此，永磁同步电动机是依靠转子绕组的异步转矩来起动的，在完成起动后，其转子绕组就不再发挥作用，通过永磁体与定子绕组所产生的磁场互相作用形成驱动转矩。

11.1.4.4　步进电动机

步进电动机在工业自动化装备中有着广泛的应用。近年来控制技术、计算机技术及微电子技术的迅速发展，有力地推动了步进电动机控制技术的进步，提高了步进电动机运动控制装置的应用水平。步进电动机应用系统已经由较早的开环系统和简单的闭环系统，逐渐发展成为高性能的步进伺服系统。

步进电动机是步进运行的，为了产生这种步进运行的效果，其定子磁场也应该是步进式旋转的，即定子磁场的旋转不再是连续的，而是一步一步跃进的。按照一定的顺序给步进电动机定子的各相绕组通以阶跃式的交流电就可以产生这种"步进旋转磁场"。步进电动机的运行受驱动控制电路的控制，将仪表进给的脉冲信号直接变换为具有一定方向和大小的机械转角位移，并通过齿轮和丝杠带动工作台移动。

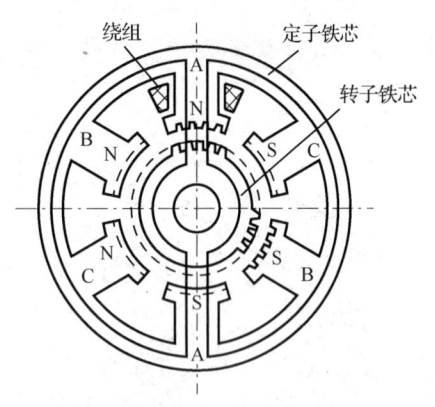

图 11.21　典型的单定子径向分相反应式伺服步进电动机的结构

典型的单定子径向分相反应式伺服步进电动机的结构如图 11.21 所示。它与普通电动机一样，分为定子和转子两个部分，其中定子又分为定子铁芯和定子绕组。定子铁芯由硅钢片叠压而成，其形状如图 11.21 所示。定子绕组是绕置在定子铁芯的 6 个均匀分布的齿上的线圈，径向相对的两个齿上的线圈串联在一起，构成一相控制绕组。这种步进电动机可构成三相控制绕组，故也称三相步进电动机。若任意一相绕组通电，则形成一组定子磁极，其方向即图 11.21 所示的 N、S 极。在定子的每个磁极上，即定子铁芯的每个齿上又开了 5 个小齿，齿槽等宽，齿间夹角为 9°。转子上没有绕组，只有均匀分布的 40 个小齿，齿槽也是等宽的，齿间夹角也是 9°，与定子磁极上的小齿一致。此外，三相定子磁极上的小齿在空间位置上依次错开 1/3 齿距，当 A 相磁极上的小齿与转子上的小齿对齐时，B 相磁极上的小齿刚好超前（或滞后）转子上的小齿 1/3 齿距角，C 相磁极上的小齿超前（或滞后）转子上的小齿 2/3 齿距角。

如果在 A、B、C 三绕组中通以对称三相正弦交流电，那么将产生圆形旋转磁场。而当给 A 相绕组通以直流电时，根据电磁学原理，在 A-A 方向上会产生一磁场，该磁场产生的磁场力吸引转子，使转子的小齿与定子 A-A 磁极上的小齿对齐。若 A 相断电，B 相通电，这时新的磁场产生的磁场力又吸引转子的两极与 B-B 磁极上的小齿对齐，转子沿逆时针转过 60°。如果控制电路按照 A→B→C→A→B→C→A…的顺序依次对 A 相、B 相、C 相绕组分别单独通以确定幅值的直流电，那么步进电动机的转子将不停地逆时针转动，产生六步一循环的步进旋转的定子磁场，步进角度为 60°电角度，该角度称为步距角，即当步进电动机绕组的通断电状态改变一次时，其转子转过的角度。若通电顺序改为 A→C→B→A→C→B→A…，则步进电动机的转子将不停地顺时针转动。

上面所述的这种通电方式称为三相三拍。还有一种三相六拍的通电方式，其通电顺序是：逆时针为 A→AB→B→BC→C→CA→A→AB→B→BC→C→CA→A…；顺时针为 A→AC→C→CB→B→BA→A→AC→C→CB→B→BA→A…。

若步进电动机以三相六拍的通电方式工作，则当 A 相通电转为 A、B 两相同时通电时，转子的磁极将同时受到 A 相绕组产生的磁场和 B 相绕组产生的磁场的吸引，转子的磁极正好停在 A、B 两相磁极之间，这时转子的步距角等于 30°；而当 A、B 两相同时通电转为 B 相通电时，转子的磁极将再沿顺时针方向旋转 30°，与 B 相磁极对齐。以此类推，采用三相六拍的通电方式，可使步距角缩小一半。

综上所述，可以得到如下结论。

（1）步进电动机定子绕组的通电状态每改变一次，转子便转过一个确定的角度，即步进电动机的步距角。

（2）改变步进电动机定子绕组的通电顺序，转子的旋转方向随之改变。

（3）步进电动机定子绕组通电状态的改变速度越快，转子旋转的速度越快，即通电状态的变化频率越高，转子的转速越高。

步进电动机的主要特性如下。

（1）步距角。步进电动机的步距角反映步进电动机定子绕组的通电状态。它是决定步进伺服系统脉冲当量的重要参数。

（2）矩角特性、最大静态转矩 $T_{j,max}$ 和起动转矩 T_q。矩角特性是步进电动机的一个重要特性，是指步进电动机产生的静态转矩与失调角的变化规律。最大静态转矩 $T_{j,max}$（也称保持转矩或最大静转矩）是指步进电动机在通电但静止的状态下，能够产生的最大转矩。起动转矩 T_q（也称牵入转矩）是指步进电动机在静止状态下，能够起动并进入正常运行状态所需的最小转矩。

（3）起动频率 f_q。空载时，步进电动机由静止突然起动，并进入不丢步的正常运行状态所允许的最高频率，称为起动频率或突跳频率。若起动时的频率大于突跳频率，步进电动机就不能正常起动。空载起动时，定子绕组通电状态的变化频率不能高于起动频率。

（4）连续运行的最高工作频率 f_{max}。步进电动机连续运行时所能接受的，即保证不丢步运行的极限频率，称为最高工作频率。它决定了定子绕组通电状态的最高变化频率和步进电动机的最高转速。

（5）加减速特性。步进电动机的加减速特性用来描述在步进电动机由静止到正常工作和由正常工作到静止的加减速过程中，其定子绕组通电状态的变化频率与时间的关系。当要求步进电动机起动到大于起动频率的工作频率时，变化速度必须逐渐上升。而当要求步进电动机从最高工作频率或高于起动频率的工作频率停止时，变化速度必须逐渐下降。逐渐上升和下降的加速时间、减速时间不能过小，否则会出现失步或超步现象。常用加速时间常数 T_a 和减速时间常数 T_d 来描述步进电动机的加减速特性。

11.2 液压执行器

11.2.1 液压传动简介

液压传动的定义：液压传动是以液体为传动介质，利用液体压力进行能量转换、传递和控制的传动技术。

液压传动系统的组成：液压传动系统由液压泵（动力源部分）、液压阀（控制部分）、液压缸和液压马达（执行部分）、液压辅助元件、传动介质五部分组成。

液压传动的特性：采用液体（通常是液压油）作为传动介质，具有良好的润滑条件；工作液体可以用管路输送到任何位置；可以将原动机的旋转运动变为直线运动；实现大范围的无级调速；易于实现载荷控制、速度控制和方向控制，可以进行集中控制、遥控和自动控制；传动平稳，操作省力，反应快，并且能实现高速起动和频繁换向；利用液体作为工作介质，进行能量传递和控制的一种传动方式。液压传动系统的压力取决于负载、执行机构的运动速度取决于流量，液压传动系统传递的功率 $N=P\times Q$。

液压传动的特点：液压传动的传动功率与设备质量的比值大；运行平稳、可大范围无级调速；易于操纵控制，可实现自动化；可实现自动过载保护、自动润滑；存在液体的损失和泄露、效率较低；对元件的精度要求高、性能受环境温度的影响；故障不易排除。

11.2.2 液压缸的分类及其结构特点

1. 活塞缸

液压缸按照结构形式可分为活塞式、柱塞式、摆动式；按作用方式可分为单作用和双作用。

液压缸的结构简单、工作可靠，与杠杆、连杆、齿轮齿条、棘轮棘爪、凸轮等机构配合使用可实现多种机械运动，满足人们对各种运动形式的要求。

双杆活塞缸的结构及图形符号如图 11.22 所示。这种缸常用于要求往返运动速度相同的场合，如外圆磨床工作台的往复运动液压缸等。

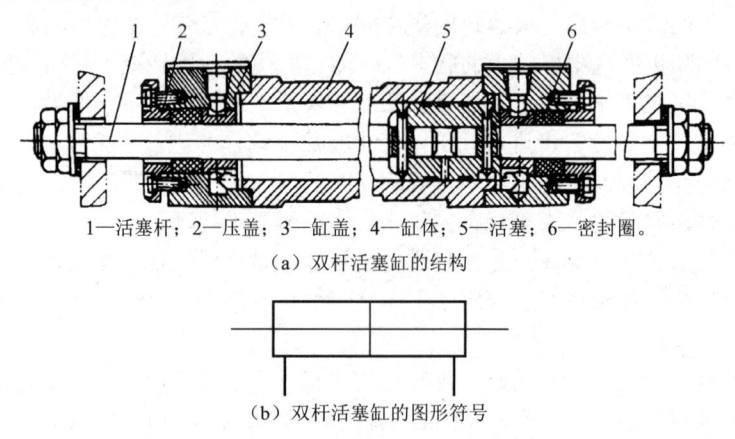

1—活塞杆；2—压盖；3—缸盖；4—缸体；5—活塞；6—密封圈。

（a）双杆活塞缸的结构

（b）双杆活塞缸的图形符号

图 11.22 双杆活塞缸的结构及图形符号

单杆活塞缸的结构及图形符号如图 11.23 所示。

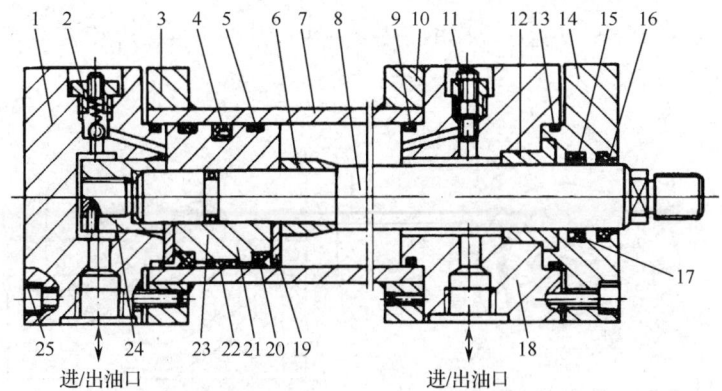

1—缸底；2—带放气孔的单向阀；3、10—法兰；4—格莱圈；5—导向环；6—缓冲套；7—缸筒；8—活塞杆；
9、13、23—O形密封圈；11—缓冲节流阀；12—导向套；14—缸盖；15—斯特圈；16—防尘圈；17—Y形密封圈；
18—缸头；19—护环；20—Y形密封圈；21—活塞；22—导向环；24—无杆端缓冲套；25—连接螺钉。

(a) 单杆活塞缸的结构

(b) 单杆活塞缸的图形符号

图 11.23 单杆活塞缸的结构及图形符号

2. 柱塞缸

柱塞缸的柱塞和缸筒内壁不接触，因此缸筒内孔不需要精加工。柱塞缸的工艺性好、成本低，其结构及图形符号如图 11.24 所示。

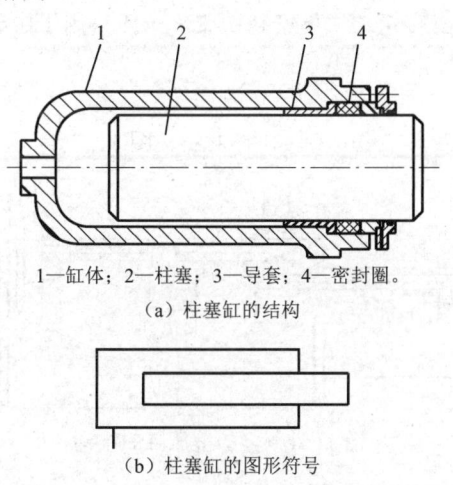

1—缸体；2—柱塞；3—导套；4—密封圈。

(a) 柱塞缸的结构

(b) 柱塞缸的图形符号

图 11.24 柱塞缸的结构及图形符号

特点：柱塞缸只能制成单作用缸。在大行程设备中，为了实现双向运动，柱塞缸常成对使用。

3. 摆动缸

摆动缸能实现小于 360°的往复摆动运动，由于其可以直接输出扭矩，故又称摆动马达，主要有单叶片式和双叶片式两种结构形式，如图 11.25 所示。

摆动轴的输出转矩为

$$T = \frac{zb}{8}(D^2 - d^2)(p_1 - p_2)\eta_\mathrm{m} \times 10^6 \tag{11-20}$$

式中，D 为缸体内孔的直径；d 为摆动轴的直径；b 为叶片的宽度；p_1 和 p_2 分别为进/出口液压油的工作压力；z 为叶片的数量；η_m 为机械效率。

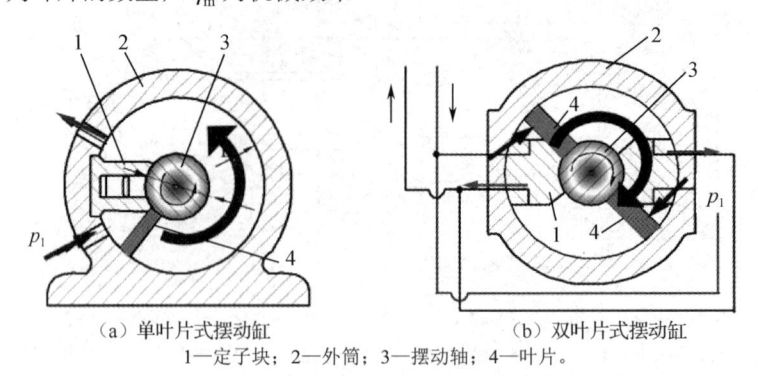

(a) 单叶片式摆动缸　　　　(b) 双叶片式摆动缸
1—定子块；2—外筒；3—摆动轴；4—叶片。

图 11.25　单叶片式摆动缸和双叶片式摆动缸的结构

根据能量守恒原理，得出摆动缸输出的角速度为

$$\omega = \frac{4q}{3zb(D^2-d^2)\eta_v} \times 10^{-4} \tag{11-21}$$

式中，D 为缸体内孔的直径；d 为摆动轴的直径；b 为叶片的宽度；p_1 和 p_2 分别为进/出口液压油的工作压力；z 为叶片的数量；q 为液压缸的流量；η_m 为机械效率，由各运动部件的摩擦损失造成，在额定压力下，通常取 η_m=0.9；η_v 为容积效率，由各密封件的泄漏造成，一般当活塞装活塞环时，取 $\eta_v \approx 0.98$，装弹性体密封圈时，取 $\eta_v \approx 1$。

单叶片式摆动缸的摆角一般不超过 280°，双叶片式摆动缸的摆角一般不超过 150°。

摆动缸的结构紧凑，输出转矩大，但密封困难，一般只用于中、低压系统中需要实现往复摆动、转位或间歇性运动的部位。

4．其他类型的常用缸

（1）多级液压缸的结构及其工作原理如图 11.26、图 11.27 所示。

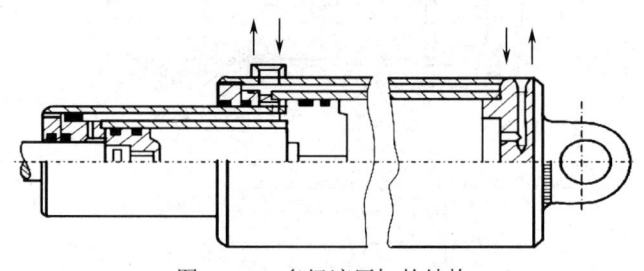

图 11.26　多级液压缸的结构

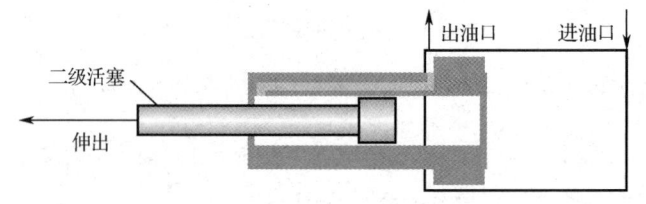

图 11.27　多级液压缸的工作原理

（2）增速缸的结构如图 11.28 所示。
（3）增压缸（增压器）的工作原理如图 11.29 所示。

1—柱塞；2—活塞；3—缸筒。

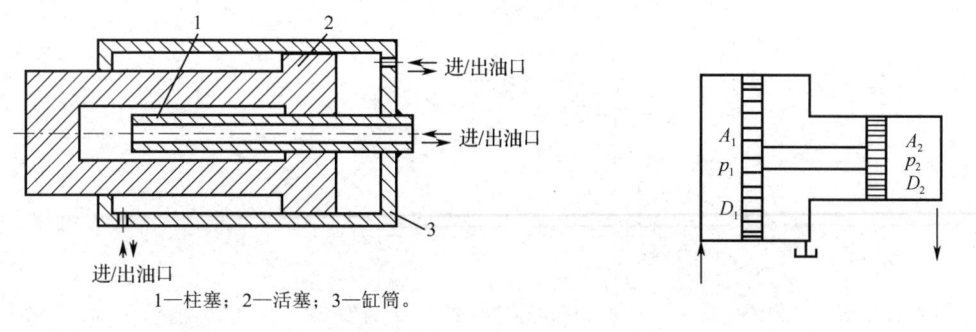

图 11.28　增速缸的结构

图 11.29　增压缸的工作原理

（4）如图 11.30 所示，齿条活塞缸由带有齿条杆的双作用活塞缸和齿轮齿条机构组成，活塞的往复直线运动经齿轮齿条机构变换成齿轮轴的往复回转运动，多用于自动线、组合床等转位或分度机构中。

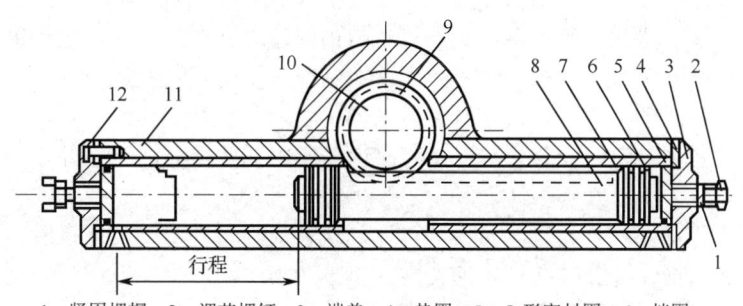

1—紧固螺帽；2—调节螺钉；3—端盖；4—垫圈；5—O 形密封圈；6—挡圈；
7—缸套；8—齿条活塞；9—齿轮；10—传动轴；11—缸体；12—螺钉。

图 11.30　齿条活塞缸的结构

（5）气-液阻尼缸的结构如图 11.31 所示。

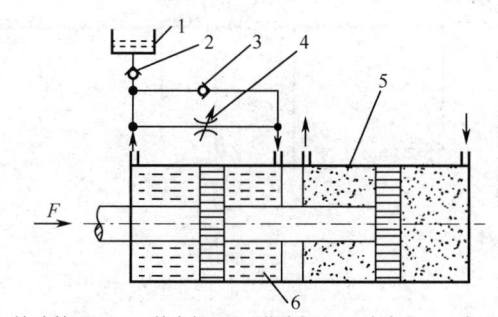

1—补油箱；2、3—单向阀；4—节流阀；5—气缸；6—液压缸。

图 11.31　气-液阻尼缸的结构

通过调节节流阀的开口面积，能够调节活塞的运动速度。

利用液体压缩性小的特点，适当调节和控制液压缸的运动速度，可以达到调速和稳速的目的。

（6）气压油缸是一种将气压直接转换成液压的装置，利用气压控制达到液压传动的目的，其结构如图 11.32 所示。

气压油缸的传动装置无须使用油泵和驱动电机便可实现结构简单、价格低廉、速度平稳和可调的液压传动。

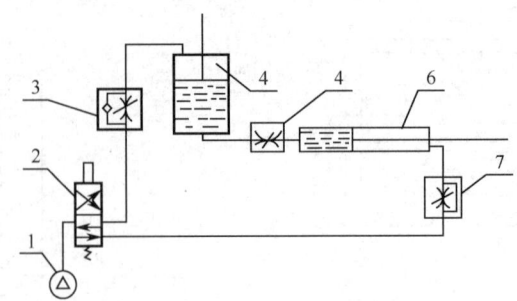

1—气源;2—二位四通电磁阀;3—单向节流阀;4—油罐;5—可调节流阀;6—气压油缸;7—单向节流阀。

图 11.32 气压油缸的结构

(7) 冲击气缸可以在约 0.25～1.25s 的极短时间内,以平均约 8m/s 的速度向下冲击,从而释放很大的动能,完成破碎、模锻等需要瞬时高能量的工作,如型材下抖、铆接、弯曲、冲孔、镦粗等。冲击气缸的工作过程通常可以分为三个阶段:压缩阶段、推进阶段和冲击阶段。

在压缩阶段,空气进入气缸内部,当通过气缸内的压缩腔体时,空气被压缩,压力增加。这一过程是通过气缸内的活塞完成的,活塞受到压缩空气的作用而向上移动。

在推进阶段,活塞向上移动,活塞杆也随之向上移动。当活塞达到一定位置时,气缸内的压缩空气被封锁在活塞上方的腔体中。这时,气缸内的压力开始推动活塞向外移动,同时带动活塞杆一起向外伸出。

在冲击阶段,当活塞向外移动一定距离时,活塞杆会与被冲击的物体接触。活塞杆的运动速度很快,与被冲击的物体接触时会产生冲击力,将被冲击的物体推动或压紧。这一冲击力的大小取决于冲击气缸的工作压力和活塞的运动速度。冲击气缸的工作过程如图 11.33 所示。

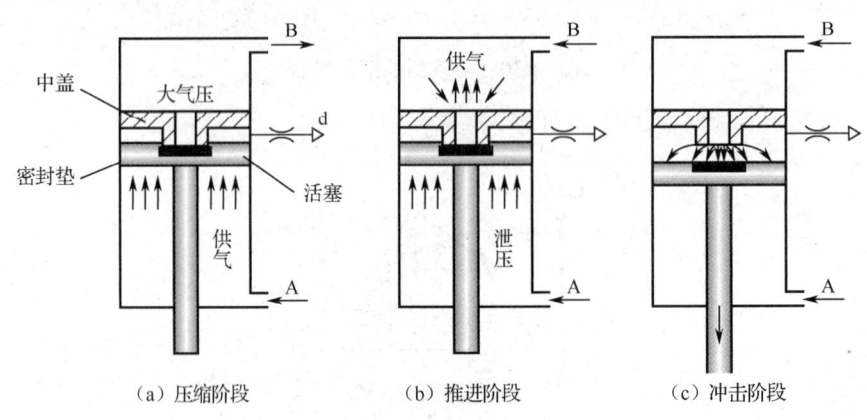

(a) 压缩阶段　　(b) 推进阶段　　(c) 冲击阶段

图 11.33 冲击气缸的工作过程

在完成冲击工作后,冲击气缸会自动回弹。这是因为活塞杆上方腔体内的压缩空气被释放,活塞受到反方向的压力推动从而向内移动。同时,被冲击的物体会产生反作用力,将活塞杆推回。这个过程通常被称为回弹阶段,该阶段是冲击气缸工作过程的第四个阶段,虽然在某些资料中可能没有明确列出。

11.2.3 液压马达

液压马达和液压泵在原理上可逆,但由于用途不同,因此两者在结构上有一定的差别。

从结构上看,常用的液压马达有柱塞式、叶片式和齿轮式等三大类。根据排量是否可调,液压马达可分为定量马达和变量马达;根据转速高低和转矩大小,液压马达又可分为高速小转矩马达和低速大转矩马达等。液压马达的图形符号如图 11.34 所示。

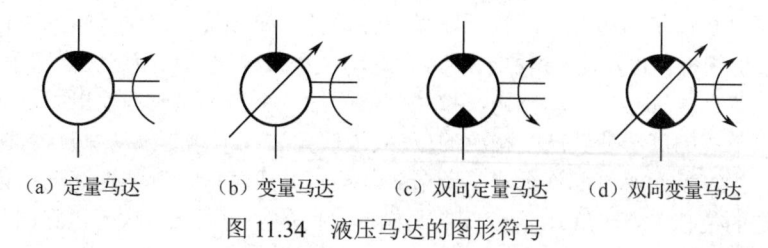

(a) 定量马达　　(b) 变量马达　　(c) 双向定量马达　　(d) 双向变量马达

图 11.34　液压马达的图形符号

液压马达的工作原理：当压力油输入液压马达时，处于压力腔中的柱塞被顶出，压在斜盘上，斜盘对柱塞产生反作用力，该作用力可分解为轴向分力和垂直于轴向的分力。其中，垂直于轴向的分力使缸体产生转矩。

如图 11.35 所示，设第 i 个柱塞和缸体的垂直中心线的夹角为 φ，柱塞在缸体中的分布圆的半径为 R，则在该柱塞上产生的转矩为

$$T_i = F_y \cdot r = F_y \cdot R \cdot \sin\varphi = F_x \cdot R \cdot \tan\gamma \cdot \sin\varphi \tag{11-22}$$

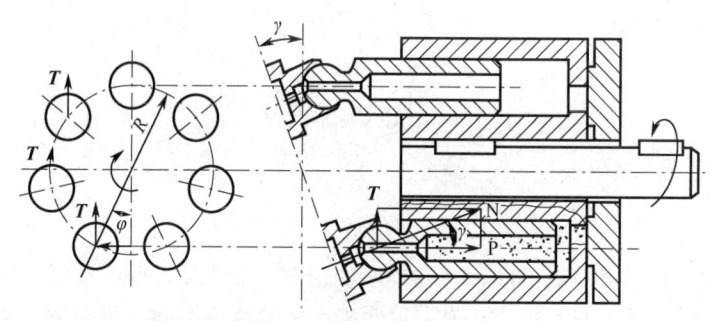

图 11.35　液压马达的工作原理

液压马达产生的转矩应是处于高压腔中的柱塞产生转矩的总和，即

$$T = \sum F_x \cdot R \cdot \tan\gamma \cdot \sin\varphi \tag{11-23}$$

随着 φ 角的变化，每个柱塞产生的转矩也发生变化，故液压马达产生的总转矩也是脉动形式的。

11.3　气动执行器

11.3.1　气动执行器概述

气动执行器（气动调节阀）是指以压缩空气为动力源的执行器，具有结构简单、动作可靠、性能稳定、输出推力大、维修方便和防火防爆等特点。气动执行器不仅可以与气动调节仪表、气动单元组合仪表等配合使用，而且可以利用电气转换器或电气阀门定位器与电动调节仪表、电动单元组合仪表等配合使用。气动执行器与其他类型的执行器相比有以下优点。

（1）以空气为工作介质，用后可直接排放到大气中，处理方便。

（2）动作迅速、反应快、维护简单、工作介质清洁，不存在介质变质问题。

（3）工作环境适应性好，特别是在易燃、易爆、多尘埃、强磁、强振、潮湿、有辐射和温度变化大的恶劣环境中工作时，其安全可靠性优于液压执行器、电子和电气机构。因此，在化工、石油、冶金和电力等行业中，气动执行器的应用很广泛。

气动执行器一般由气动执行机构和调节阀两部分组成，气动执行机构和调节阀组成统一的整

体。气动执行机构分为活塞式和薄膜式两类。活塞式执行机构的行程长，适用于要求有较大推力的场合，不但可以直接带动阀杆，而且可以和蜗轮蜗杆等配合使用；而薄膜式执行机构的行程较短，只能直接带动阀杆。此外，根据需要还可为气动执行机构配上阀门定位器和手轮机构等附件。气动执行机构是气动执行器的推动机构，按控制信号的大小产生相应的输出力，通过气动执行机构的推杆带动调节阀的阀芯使其产生相应的位移（或转角）。调节阀是气动执行器的主要调节机构，由推杆、阀体、阀芯及阀座等部件组成。调节阀与被调介质直接接触，在气动执行器的推动下，其阀芯产生一定的位移（或转角），改变阀芯与阀座之间的流通面积，从而达到调节被调介质流量的目的。

气动执行器的种类有很多，不同的气动执行机构和调节阀可以组成不同类型的气动执行器。气动执行器的作用形式分为正作用和反作用两种。

气动执行机构的分类如图 11.36 所示。

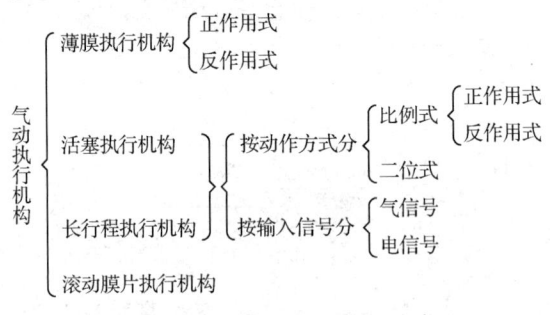

图 11.36 气动执行机构的分类

调节阀的分类：直通双座调节阀、直通单座调节阀、低温调节阀、波纹管密封调节阀、三通调节阀、角型调节阀、高压调节阀、隔膜调节阀、阀体分离调节阀、小流量调节阀、蝶阀、偏心旋转调节阀、套筒调节阀、球阀、低噪声调节阀。

气动执行器附件的分类如图 11.37 所示。

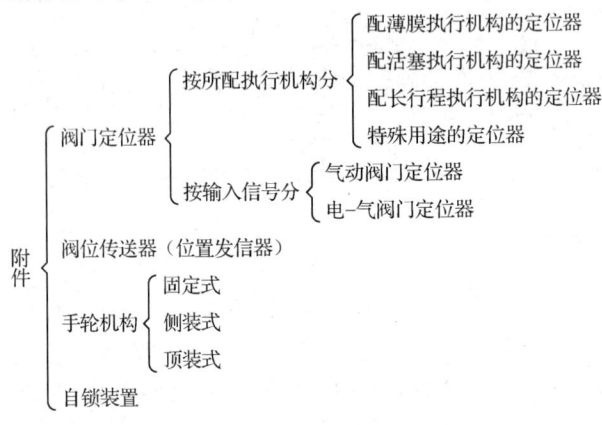

图 11.37 气动执行器附件的分类

11.3.2 气动执行机构的结构

气动执行机构有薄膜执行机构、活塞执行机构、长行程执行机构和滚动膜片执行机构四种。

1. 薄膜执行机构

分类：正作用式（信号压力增加，推杆向下动作）；反作用式（信号压力增加，推杆向上动作）。

用途：通常接 20~100kPa 的标准信号压力并将其转化成推力，是一种常用的气动执行机构。

特点：

（1）结构简单，动作可靠，维修方便，成本低。

（2）正作用式和反作用式薄膜执行机构的结构基本相同，均由上、下膜盖，波纹膜片，推杆，弹簧，调节件，支架等组成。

（3）在正作用式薄膜执行机构上增加一个 O 形密封环或滚动膜片，并更换个别零件后就能组成反作用式薄膜执行机构。滚动膜片具有密封可靠、无摩擦的特点。

调整调节件可以改变执行机构的输出力。薄膜执行机构的输出是位移，其与信号压力的关系为

$$pA=KL \qquad (11\text{-}24)$$

式中，p 为通入气室的信号压力；A 为波纹膜片的有效面积；K 为弹簧刚度；L 为执行机构的推杆位移。

根据需要，可在薄膜执行机构中装上阀门定位器、手轮机构和自锁装置等结构。

正作用式和反作用式薄膜执行机构的结构分别如图 11.38、图 11.39 所示。

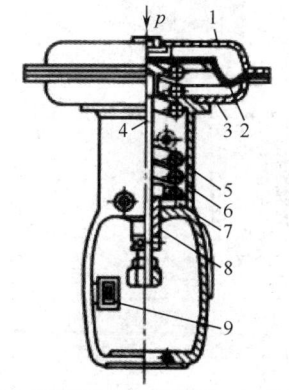

1—上膜盖；2—波纹膜片；3—下膜盖；4—推杆；5—支架；
6—压缩弹簧；7—弹簧座；8—调节杆；9—行程标尺。

图 11.38 正作用式薄膜执行机构的结构

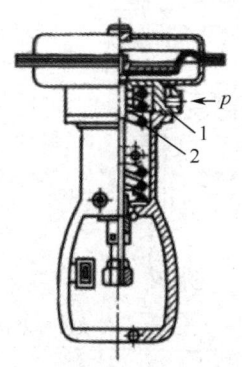

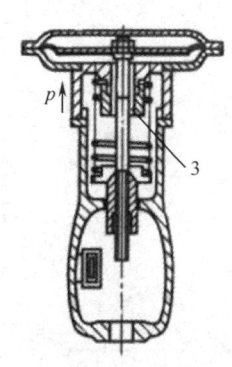

(a) 采用 O 形密封环密封
1—填块；2—O 形密封环；3—滚动膜片。

(b) 采用滚动膜片密封

图 11.39 反作用式薄膜执行机构的结构

2. 活塞执行机构

分类：按动作方式分为比例式（信号压力与推杆行程成比例关系）和二位式。输入信号有气信号和电信号。

用途：适用于高静压、高压差的场合，是一种推力较大的气动执行机构。

特点：

（1）气缸允许的操作压力为 500kPa，且无弹簧抵消推力，故具有很大的输出力。

（2）比例式活塞执行机构必须附带阀门定位器，执行机构的正、反作用可由阀门定位器来实现。正作用式阀门定位器的输出信号随输入信号的增加而增加，而当反作用式阀门定位器的输入信号增加时，输出信号减小。

（3）输入为气信号时，应附带气动阀门定位器，输入为电信号时，应附带电-气阀门定位器。

（4）与专用自锁装置配合使用，可在信号气源中断后保持执行机构的原有位置。

活塞执行机构的结构如图 11.40 所示。

3. 长行程执行机构

分类：按动作方式分为比例式（信号压力与推杆行程成比例关系）和二位式。输入信号有气信号和电信号。

用途：将输入的 20～100kPa 的气信号及 0～10mA 或 4～20mA（直流）的电信号转变成相应的转角（0°～90°）或位移，可用于调节需要大转矩的蝶阀、风门等。

特点：

（1）气缸允许的操作压力为 500kPa。具有较长的行程和较大的输出力矩（输出的直线位移为 40～20mm，转角位移为 90°）。

（2）比例式长行程执行机构必须附带阀门定位器，执行机构的正、反作用可由阀门定位器来实现。

（3）气信号和电信号长行程执行机构均由阀门定位器、气缸、支架等组成，除阀门定位器不同外，其余均相同。

（4）与专用自锁装置配合使用，可在信号气源中断后保持执行机构的原有位置。

长行程执行机构的结构如图 11.41 所示。

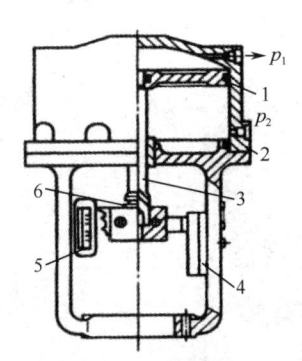

1—活塞；2—缸体；3—推杆；4—支架；
5—行程标尺；6—阀杆（阀芯）连接件。

图 11.40　活塞执行机构的结构

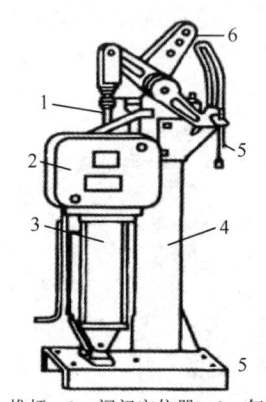

1—推杆；2—阀门定位器；3—气缸；
4—支架；5—自锁件；6—输出臂。

图 11.41　长行程执行机构的结构

4．滚动膜片执行机构

用途：专配偏心旋转调节阀。

特点：

（1）具有薄膜执行机构和活塞执行机构的优点。

（2）与薄膜执行机构相比，滚动膜片执行机构的有效面积不变，行程增大，耐压性能提高。

（3）与活塞执行机构相比，滚动膜片执行机构在运动中的摩擦极小。

滚动膜片执行机构的结构如图 11.42 所示。

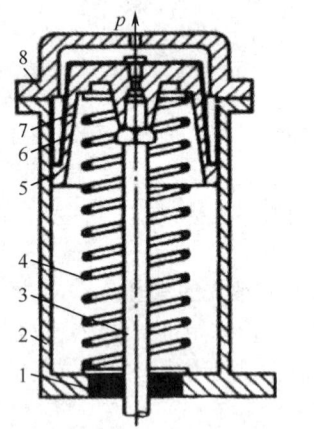

1—防尘圈；2—缸体；3—活塞杆；4—压缩弹簧；
5—导向环；6—活塞；7—滚动膜片；8—井盖。

图 11.42　滚动膜片执行机构的结构

思考题

1．执行器有哪几种构成方式？
2．基本的电磁定律有哪些？分别解释其内容。
3．说出电动执行器的概念和分类。
4．开关类电动执行器的分类及工作原理。
5．电动执行器的分类有哪些？其结构和工作原理是什么？
6．液压传动系统的组成、特性及特点是什么？

7. 液压缸的分类及结构组成。
8. 绘制定量马达、变量马达、双向定量马达、双向变量马达的图形符号。
9. 说出气动执行器的概念、组成及分类。
10. 气动执行机构的分类有哪些？分别有什么特点？
11. 将下列控制系统元件按执行器、信号修正装置、控制器、测量装置分类。
（1）步进电机。
（2）比例积分电路。
（3）功率放大器。
（4）模数转换器（ADC）。
（5）数模转换器（DAC）。
（6）光学增量式编码器。
（7）程序计算机。
（8）FFT（快速傅里叶变换）频谱分析仪。
（9）数字信号处理器（DSP）。

第12章 自动控制系统中的传感器与执行器

知识单元 与知识点	➢ 自动控制系统； ➢ 自动控制系统架构； ➢ 自动控制系统中的传感器； ➢ 执行器，开环/闭环控制系统。
能力点	◇ 现场总线系统，分布式测量系统。
重难点	■ 开环/闭环控制系统。
学习要求	✓ 自主设计出一种可以完成某项工作的自动控制系统。
问题导引	● 什么是自动控制系统？ ● 现场总线系统是什么？ ● 什么是开环/闭环控制系统？

随着物联网、智能制造及智能家居等概念的兴起，传感器与控制电路开始深度融合，这种融合极大地提升了控制系统的智能化水平，使得设备能够更精准地感知环境、更迅速地响应变化。在传统的控制系统中，传感器与控制电路之间往往存在着一定的时延。现代技术通过优化传感器信号的传输路径、提升控制电路的处理速度、采用先进的通信协议等手段，有效缩短了时延。例如，在自动驾驶汽车中，传感器与控制电路的实时交互确保了车辆能够迅速识别路况、障碍物等，并采取相应的避让措施，保障行车安全。本章主要介绍传感器与控制电路的融合，通过实例介绍自动控制系统中的传感器方案选择、执行器方案选择和系统架构。

12.1 概述

12.1.1 自动控制系统的架构设计

自动控制是指利用自动控制装置，使生产过程（称为被控对象）的某种工作状态或某个参数（称为被控量）自动地按照预定的规律（称为给定值）变化，其基本任务是使被控对象的被控量等于给定值。自动控制系统是指能够对被控对象的工作状态进行自动控制的系统，一般由控制装置和被控对象组成。

在自动控制技术中，通常把用于工作的机器设备称为被控对象，把表征这些机器设备工作状态的物理参量称为被控量，而把这些物理参量的要求值称为给定值、期望值或参考输入。

在自动控制系统中，除被控对象外的其余部分统称为控制装置，其必须具备以下三种元件，如图12.1所示。测量元件：用以测量被控量或干扰量。比较元件：将被控量与给定值进行比较。执行元件：根据比较后的偏差操纵被控对象，执行相关操作。参与控制的信号来自三条通道，即给定值、干扰量、被控量。根据不同的信号来源，自动控制的控制方式可分为开环控制、闭环控制和复合控制。

1. 开环控制

开环控制是指控制器与被控对象之间只有正向作用而没有反向作用的控制方式，按此控制方式构成的系统称为开环控制系统。开环控制系统的结构如图 12.2 所示。开环控制的主要特点是系统的输出量不会对系统的控制作用产生影响。开环控制系统没有反向作用，因此其主要依照系统的给定值或施加于系统的干扰量进行控制工作。常见的开环控制系统包括电加热炉的炉温控制系统、自动洗衣机、交通灯控制系统和产品生产流水线控制系统等。

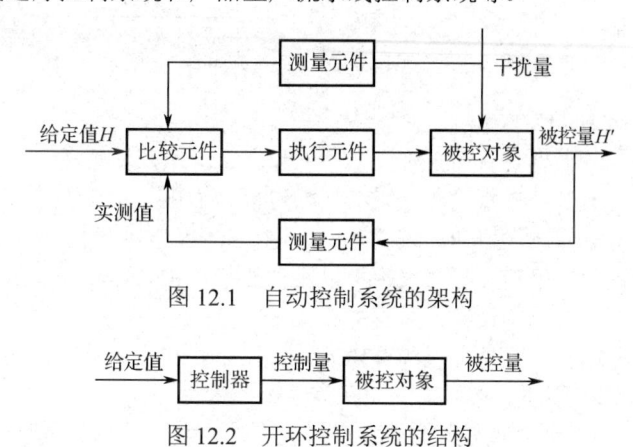

图 12.1 自动控制系统的架构

图 12.2 开环控制系统的结构

电加热炉在工业领域中应用较为普遍，电加热炉的炉温控制系统是典型的开环控制系统，其电路原理图如图 12.3（a）所示，调压器用于控制电路电流，电加热丝用于加热，其控制任务是保持炉温恒定。通过调压器调节电压，电路电流增加使电加热丝发热，从而使电加热炉的温度升高至给定温度并保持恒定。该系统的框图如图 12.3（b）所示，将给定值输入调压器，控制电路电流，电加热丝发热。其中调压器和电加热丝构成系统的控制器，电加热炉为被控对象，被控量为炉温。

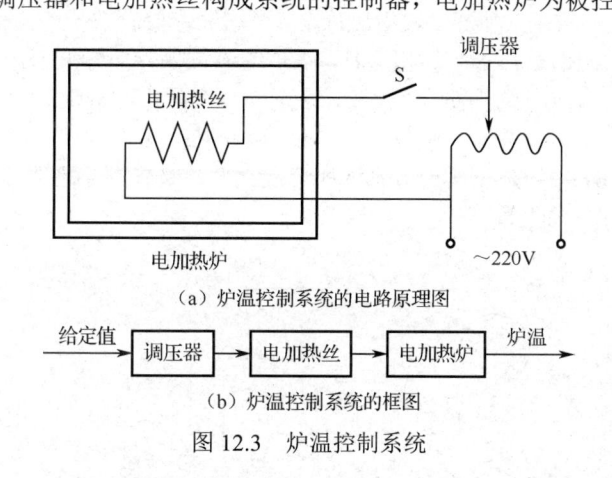

（a）炉温控制系统的电路原理图

（b）炉温控制系统的框图

图 12.3 炉温控制系统

2. 闭环控制

闭环控制（又称反馈控制）是指控制装置与被控对象之间既有正向作用又有反向作用的控制方式，即控制器的信息来源中包含来自被控对象的反馈信息。闭环控制是根据偏差进行的，当系统的内、外干扰使输出量（被控量）与输入量（期望值或给定值）之间存在偏差时，系统会通过控制器产生控制作用来消除此偏差，使输出量与输入量趋于一致。闭环控制系统实现控制作用的基础是输出量与输入量之间的偏差，这个偏差是由各种实际扰动所导致的，无须区分其中的个别原因。这种闭环控制系统往往能够同时抑制多种扰动，对系统自身元件参数的波动也不甚敏感。鉴于闭环控制系统具有较高的控制精度和较强的抑制干扰的能力，其已被广泛地应用于多个领域。

典型的闭环控制系统的基本组成如图 12.4 所示。

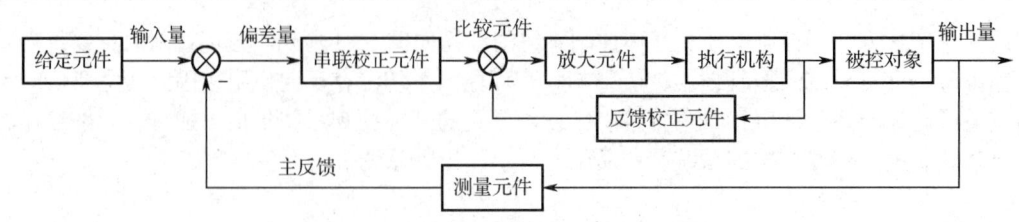

图 12.4 典型的闭环控制系统的基本组成

图 12.4 中各组成元件的含义如下。

给定元件：给出与输出量（被控量）相对应的输入量（给定值）。

测量元件：检测输出量，并将检测结果转换为电信号输出。

比较元件：将输出量的测量值和系统的给定值进行比较，得到两者之间的偏差。

放大元件：将比较后的偏差信号放大，用以驱动执行机构动作。

执行机构：通过自身的动作使输出量发生改变。

串联校正元件和反馈校正元件：又称补偿元件，以串联和反馈的方式接入系统，用于系统结构或参数调整，进而改善系统性能。

在图 12.4 中，用"×"代表比较元件，它将测量元件检测到的输出量与输入量进行比较，"−"代表两者符号相反，即负反馈；"+"（可省略）代表两者符号相同，即正反馈。输入信号沿箭头方向从输入端到达输出端的传输通路称为前向通路；系统的输出量经测量元件反馈到输入端的传输通路称为主反馈通路。前向通路与主反馈通路共同构成主回路。此外，还有局部反馈通路及由其构成的内回路。

锅炉是常见的生产蒸汽的设备，在锅炉运行过程中需要控制炉内液位正常。若液位过低，则易发生干烧事故；若液位过高，则易出现溢出危险。锅炉液位控制系统的结构示意图如图 12.5（a）所示。当蒸汽的耗气量与锅炉的进水量相等时，锅炉的液位保持在标准值。当锅炉的进水量不变，而蒸汽负荷发生变化时，锅炉的液位随之发生改变。一旦实际锅炉液位与给定液位之间出现偏差，调节器（控制器）会立即进行控制，使锅炉液位恢复标准值。锅炉液位控制系统的框图如图 12.5（b）所示。在图 12.5（b）中，定值器为此系统的给定元件，调节器为控制器，调节阀为执行机构，锅炉为被控对象，液位为输出量。

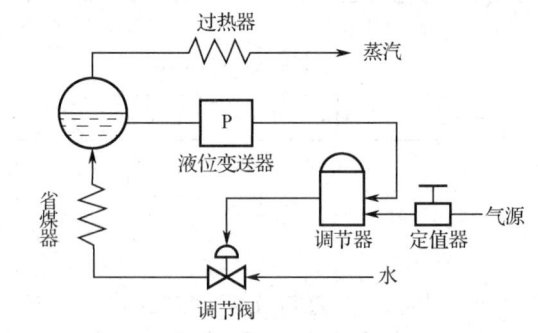

（a）锅炉液位控制系统的结构示意图

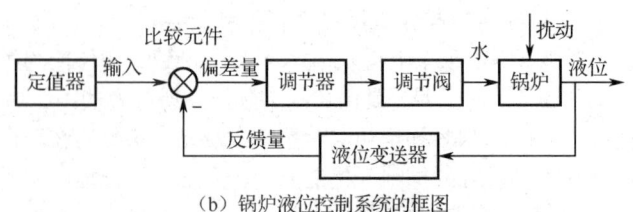

（b）锅炉液位控制系统的框图

图 12.5 锅炉液位控制系统

闭环控制系统的优点是控制精度高，抗干扰能力强，适用范围广；缺点是结构复杂，元件数目较多，成本较高。

3. 复合控制

复合控制是开环控制和闭环控制相结合的一种控制方式。复合控制系统在闭环控制回路的基础上附加一个前馈通路，可以更加有效地处理输入信号或扰动，从而提高系统的控制精度。

复合控制系统可分为按输入信号补偿和按扰动信号补偿两种，如图 12.6 所示。

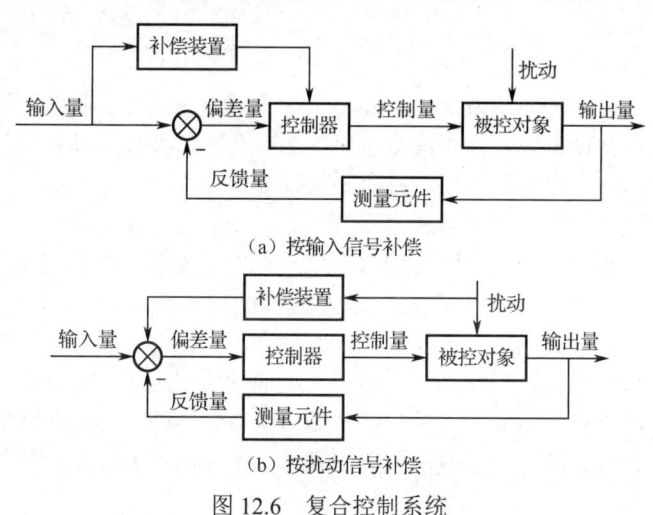

(a) 按输入信号补偿

(b) 按扰动信号补偿

图 12.6 复合控制系统

复合控制将按偏差原则控制和按扰动原则控制相结合，同时具备开环控制和闭环控制的优点，因此可构成控制精度很高的复合控制系统。

12.1.2 控制系统的性能指标

控制系统的动态过程：控制系统在受到参考输入或干扰信号的作用后，控制被控量变化的全过程。工程上常从稳、准、快三个方面来评价控制系统，稳是指动态过程的平稳性；准是指动态过程的最终精度；快是指动态过程的快速性。

稳：如图 12.7 中曲线①所示，在外力作用下，若输出值逐渐与期望值一致，则系统是稳定的；若输出如图 12.7 中曲线②所示，则系统是不稳定的。

准：指在动态过程结束后，系统的输出量（或反馈量）与输入量的偏差，这一偏差称为稳态误差，是衡量系统稳态精度的指标，反映了系统后期的稳态性能。

快：即动态过程进行的时间长短。动态过程时间越短，说明系统响应越迅速，如图 12.8 中曲线①所示；反之说明系统响应越迟钝，如图 12.8 中曲线②所示。

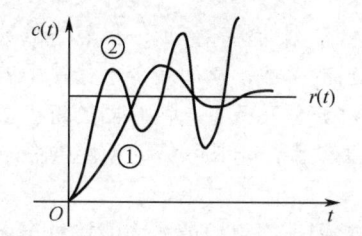

图 12.7 控制系统的动态过程曲线

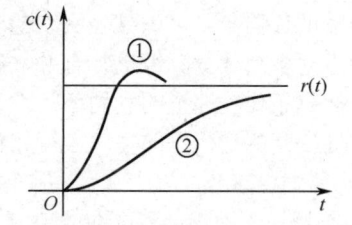

图 12.8 控制系统动态过程时长

稳和快反映了系统动态过程性能的好坏，既快又稳，表明系统的动态精度高。由于被控对象的具体情况不同，人们对以上分析的稳、快、准三方面的性能指标的要求也有所侧重，而且同一个系统的稳、快、准的性能指标是相互制约的。

12.2 自动控制系统中的传感器

12.2.1 传感系统的发展趋势

在计算机技术、网络技术、智能传感器技术、数据融合技术和 MEMS 等技术的推动下，传感系统呈现出如下发展趋势。

1. 网络化

计算机技术与网络技术的飞速发展，可将分散在不同地理位置、具备不同功能的测试设备联系在一起，使昂贵的硬件设备及软件系统得以在网络上共享，减少了设备重复投资。操作人员可以在任何地点、任意时间获取测量信息，从而干预系统运行。

传感系统网络化的最大优势是可以实现资源共享，使已有资源得到充分利用，从而实现多系统、多专家的协同测试与诊断。通过网络技术，用户可以完成单机不能完成的工作，利用远程数据库的强大功能和海量存储进行数据存取和共享；重要数据实现多机备份，提高了系统的稳定性；实现了整个测控过程的高度自动化、智能化，同时减少了硬件的设置，有效降低了系统的成本。另外，由于网络不受地域限制，因此网络化传感系统能够实现远程测试，测试人员可以不受时间和空间的限制，随时随地获取所需的信息，特别是对于有危险的、环境恶劣的、不适合人员现场操作的场合。网络化传感系统还可以实现被测设备的远距离测试与诊断，从而提高测试效率，减少测试人员的工作量。

2. 智能化

传感系统采用超大规模集成电路技术，将 CPU（中央处理器）、存储器、模数转换器、输入和输出功能集成在一起，降低了系统的复杂性，简化了系统的结构。同时，传感系统充分利用计算机的计算和存储能力，对传感器的数据进行处理，对其内部的工作状况进行调节，使采集到的数据满足要求，并且可以进行自补偿、自校准和自诊断等。传感系统由于具备数据处理、双向通信、信息存储和记忆及数字量输出等功能，因此可以完成图像识别、特征检测和多维检测等复杂任务。整个传感系统利用分布式算法，可以对数据进行独立处理，提高了系统的智能化水平。

3. 数据融合

鉴于单个传感器节点的监测范围和可靠性限制，在部署网络时，需要使传感器的节点达到一定的密度以提高整个网络的鲁棒性和监测信息的准确性，有时甚至需要使多个节点的监测范围互相交叠。这种监测范围的相互重叠，导致邻近节点报告的数据存在一定程度的冗余。

针对上述情况，数据融合功能可以对冗余数据进行网内处理，即在中间节点转发传感器的数据之前对数据进行综合处理，去掉冗余数据，以保证在满足应用需求的前提下将需要传输的数据量最小化。在网内进行数据融合，可以在一定程度上提高网络收集数据的整体效率。数据融合减少了需要传输的数据量，可以减轻网络的传输拥塞，降低数据的传输延迟。虽然有效数据量并未减少，但通过对多个数据分组进行合并，减少了数据分组的个数，从而减少了传输中的冲突碰撞现象，同时提高了传输通道的利用率。数据融合技术能够充分发挥各个传感器的特点，利用其互补性、冗余性提高测量信息的精度、可靠性及数据的收集效率，延长系统的使用寿命。

4. 微功耗和微型化

传感器在野外现场或远离电网的地方工作时，往往需要使用电池或太阳能等供电，开发微功耗的传感器及无源传感器是必然趋势。想要各种控制仪器设备的功能越来越强，其各个部件的体积越来越小，就要发展新的材料及加工技术。传感器的微型化主要体现为尺寸的缩小、性能的增强，各要素的集成化，用途的多样化，功能的系统化、智能化和结构的复合化。

12.2.2 现场总线技术

工业现场通常有多路传感信号需要进行远距离传输,传统设备级的 4~20mA 模拟量信号和 24V 直流开关量信号在工业现场往往需要消耗大量的线束,系统架构复杂、成本高、安装维护困难。

现场总线技术采用数字式通信方式,使用一根电缆连接所有的现场设备,具有物理过程封闭、覆盖范围大、可连接设备的数量大、连接接口的成本低、操作实时性高、数据传输完整、有效、可以适应恶劣的使用环境等优点,被誉为测控领域的计算机局域网,是现代测量和自动化技术发展的一个重要里程碑。现场总线技术使控制系统和现场设备之间有了通信能力,并组成了信息网络,为实现企业信息集成和企业综合自动化提供了保障,提高了系统运行的稳定性。现场总线技术已成为传感系统的重要技术支撑。

国际电工委员会在 IEC61158 标准中对现场总线的定义是:安装在制造和过程区域的现场装置与控制室内的自动控制装置之间的数字式、串行、多点通信的数据总线。

现场总线仪表(现场总线设备)是继基地式气动仪表、电动单元组合式模拟仪表、集散控制系统(DCS)仪表后的新一代仪表系统。与其他现场仪表相比,现场总线仪表具有以下优点。

(1)全数字式通信:这是现场总线技术的显著特征,采用全数字式通信可以延长传输距离、提高通信可靠性。

(2)精度高:现场总线仪表的智能化和数字化从根本上提高了测量和控制的精度,消除了模拟通信中数据传输所产生的误差。

(3)互操作性:不同厂家的现场总线仪表可以相互通信、相互兼容。只要符合同一现场总线标准的仪表都可以互相连接并交换数据,为用户在系统构建初期产品的选择和后期维护更换带来了极大的便利。

(4)系统成本低:一个现场总线仪表可以实现多变量测量,现场总线系统的接线也比较简单,如一对双绞线就可以连接多个仪表,现场布线的成本大大降低,后期维护方便,维护成本低。

12.2.3 分布式测量系统

分布式测量系统以网络为基础,以测量中心服务器为核心,由测量中心服务器、现场测试子系统和数据查询子系统组成,具有开放互联能力,支持网上测试应用服务的功能。例如,基于以太网的测量系统包括挂接在以太网上的管理计算机、测控设备、以太网关转换器、管理服务器和测量设备。以太网测量系统需要一个现场总线转接网关,将包含 RS-485 接口的现场设备整合到网络中,或者采用国际标准 TCP/IP(传输控制协议/网际协议),与 Internet/Intranet 直接整合。典型的分布式测量系统一般分为三层:客户层、管理层和测量层。其基本结构如图 12.9 所示。

客户层是由一台或多台计算机(或终端设备)组成的,以网络互联的方式接入测量系统,负责与普通用户的交互。普通用户可以完成试验浏览、试验预约和数据查询、分析处理等操作。

管理层是分布式测量系统的任务响应和处理中心,也是测量数据的处理、存取和交换中心。测量系统中心服务器负责完成用户的数据处理请求、控制测量服务器响应与处理测量请求,同时实现对仪器的操作和反馈。

测量层主要由测量仪器和数据采集设备构成,其主要任务是响应现场测量中心的测量请求,并完成数据采集和处理工作(信号放大、滤波和转换等)。其中测量仪器又分为本地测量仪器和网络测量仪器,本地测量仪器采用多种接口、协议和总线直接与测量服务器互连,在测量服务器的管理和控制下,根据用户的测量请求,完成测量任务,并将结果逐级返回给用户;网络测量仪器可以是具有直接连入广域网能力的测量仪器,也可以是以具有网络互连能力的计算机为核心的计算机测量子系统。

典型的分布式测量系统主要包括主从分布式网络系统与串行总线式网络系统。主从分布式网络系统包括用单片机来构建网络的通信控制总站与各个功能子站。通信控制总站通过标准总线和串行总线与主机相连，因此主机可以采用通用计算机系统，享用网络系统中所有的信息资源，并对通信控制总站进行调度指挥。通信控制总站是一个单片机应用系统，除可以完成主机对各个功能子站的通信控制外，还可以协助主机对各个功能子站讲行协调、调度，大大减轻了主机的通信工作量，从而实现了主机的间歇性工作方式。通信控制总站通过串行总线与各个安放在现场的具有特定功能的子站系统相连，形成主从式控制模式。串行总线式网络系统一般由多个单片机或多个 CPU 以局部网络的方式构成。每个单片机或 CPU 独自构成一个完整的应用系统，各个应用系统中均有串行口驱动器，它们都连接在系统总线上。各个应用系统的优先级、主从关系通过多机系统的硬件、软件设定。

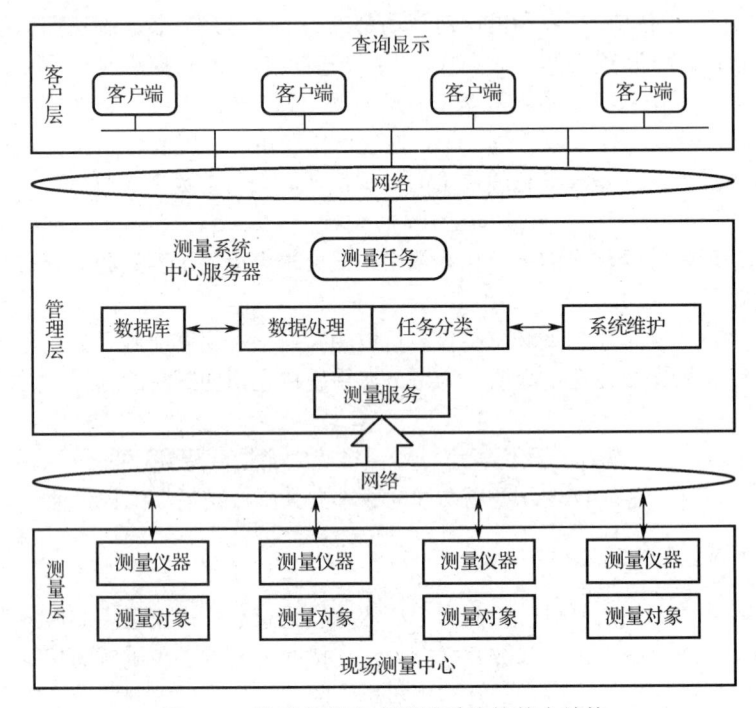

图 12.9 典型的分布式测量系统的基本结构

12.2.4 物联网传感系统

物联网是在互联网、传感网等网络的基础上衍生出来的一种新型网络。从电子信息技术的角度来说，物联网技术是综合运用计算机、网络、传感器及软件的技术，是将各种物体结合在一起，以满足人们不同需要的应用技术。物联网是指将各种传感器的用户端延伸扩展到所需的各种物体之间，使不同物体通过传感器、计算机及网络和服务系统联系在一起，形成一个可以满足人们不同需求的信息交换网络。

在物联网中，关于物体标记和信息采集的硬件方面，美国麻省理工学院的 Kevin 在提出物联网的概念时，就想到采用射频识别（RFID）技术和各种传感器将不同物体联系到一起，为人们的生产和生活服务。后来国际电信联盟（ITU）在研究报告中描述了物联网相关的内容和知识，为所有可能的物体添加传感器，通过传感器获取物体自身的状态、周围环境的状态，将所有可能的物体全部融入物联网中。在欧洲，有业内人士认为，从空间上看，物联网应该是物理和虚拟实体的集合。实体应是在时间和空间上可移动的、可标识的、可进行信息交换的实体。在国内,人们一般认为,物联网是使所有物体的信息相互联系,使人们的需求和愿望得到满足的网络,通过这种新的网络技术来带动科学、生产和社会的发展。

从技术架构层次来看,人们习惯按功能将物联网分为三层:感知层、传输层和应用层。从基础技术来看,物联网主要包括两个方面的内容:一个是互联网技术,在此技术的基础上扩展网络应用,延伸到所有可能的物体和物体之间的信息交换和通信;另一个是传感器技术,将所有物体通过相应的传感器和射频识别(RFID)技术等联系到一起,将感知到的各种信息变成可以识别的电信号。

传感网是物联网的重要技术支撑,是由各种传感器组成的获取信息的网络,是物联网感知和获取信息的主要手段。作为物联网中用于获取信息的部分,感知层是物联网的最底层,感知层与其他层的关系如图12.10所示。图中,最底层为感知层,其功能是完成对相关信息的采集和转换;中间层为传输层,主要完成有线网络和无线网络的接入,实现信息的分发与传送;最上层为应用层,主要负责对收集到的各种信息进行处理,并通过应用平台控制指令将其发送到控制器,以供用户使用。

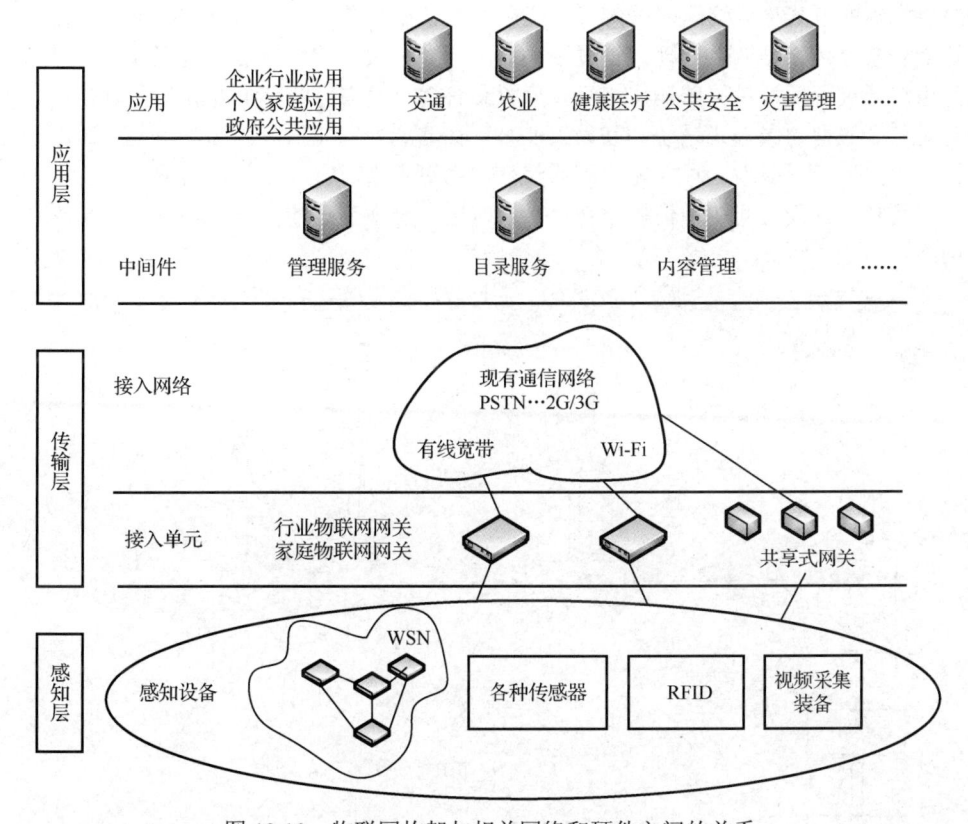

图12.10 物联网构架与相关网络和硬件之间的关系

WSN(无线传感器网络)是由大量静止或移动的传感器节点以自组织和多跳方式构成的无线传感网络,其目的是协作感知、采集、处理和传输网络覆盖地理区域内被监测对象的信息,并最终把这些信息发送给网络的所有者。不同于传统的有线设备采集信息并进行通信的方式,WSN具有部署简单、成本低及环境适应能力强等特点,可以完成传统检测系统在特殊或恶劣环境中无法完成的任务,如远程医疗、大规模野外环境监控、军事环境侦查等。WSN在国际上被认为是继互联网之后的第二大网络,2003年美国《技术评论》杂志评出对人类未来生活产生深远影响的十大新兴技术，WSN 被列为第一。在国内，WSN 早在 2006 年国务院发布的《国家中长期科学和技术发展规划纲要（2006—2020 年）》中就被列为重大专项、优先发展主题和前沿领域。

WSN 主要用于对感兴趣的对象进行精确测量，并将测量数据以无线方式传输至基站，其中涉及网络拓扑控制、定位技术、数据融合与管理、无线通信与能量管理、网络安全、时间同步、带宽优化等。其主要的设计目标在于满足人们对对象的监测需求，提高信息获取的精度、效率及持续性，并不考虑获取信息后的行为。例如，在森林火灾监控的应用中，WSN 主要实现的功能为利用分布于森林中的传感器节点采集其周围环境中的信息，并将采集到的信息传输给监测站，而监测站得到信息之后的处理并不在 WSN 的功能范围内。因此，WSN 可以视为一个开环的观测系统。从实际应用的角度考虑，对一个系统进行观测的最终目的往往是基于该观测结果以某种方式对系统进行控制，从而使系统按照观测者的期望运行。因此，将控制功能引入 WSN 是一个必然的发展方向，而随着无线节点及其周边技术的快速发展，传感器节点除感知环境参数外又衍生出大量其他功能，使得将网络化控制的思想融入 WSN 成为可能。

物联网传感系统的网络结构如图 12.11 所示，其通常包括传感器节点（Sensor Node）、汇聚节点（Sink Node）和管理站（Manager Station）。大量传感器节点部署在监测区域（Sensor Field）附近，通过自组织的方式构成网络。传感器节点获取的数据沿着其他传感器节点进行传输，在传输过程中可能被多个传感器节点处理，经过多跳后路由到汇聚节点，最后通过互联网或卫星传输到管理站。用户通过管理站对传感器网络进行配置和管理、发布监测任务及收集监测数据。传感器节点通常是一个微型的嵌入式系统，其处理能力、存储能力和通信能力相对较弱，通常采用电池供电。汇聚节点的处理能力、存储能力和通信能力相对较强，它连接传感器网络与互联网等外部网络，实现两种协议栈之间的通信协议转换，同时发布管理节点的监测任务，把收集的数据转发到外部网络。

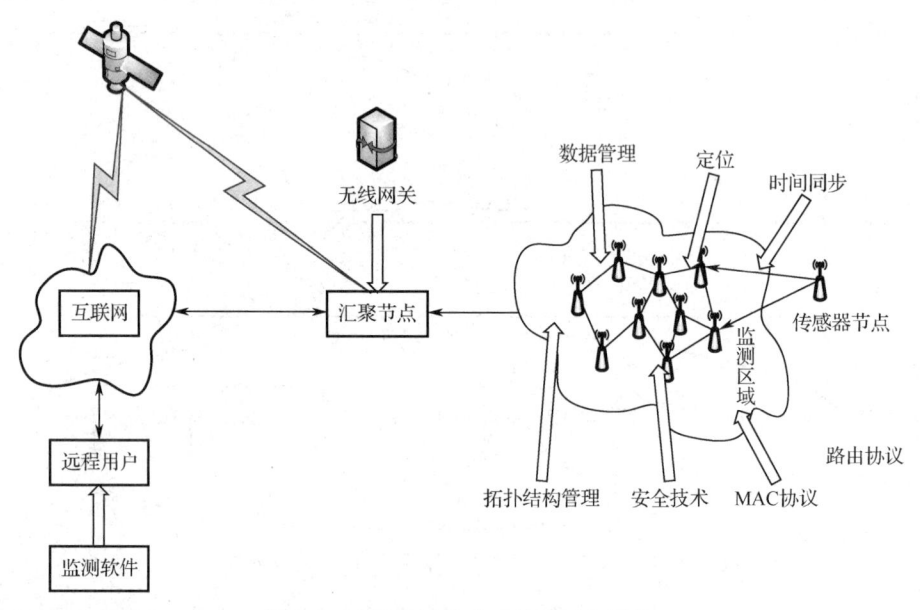

图 12.11 物联网传感系统的网络结构

随着传感器技术、嵌入式系统和无线通信技术的迅速发展，WSN 凭借其低功耗、低成本、分布式和自组织的特点带来了一场信息感知的变革，逐步成为国际和国内的一项研究热点。而随着 WSN 在各个领域的应用，在很多情况下人们往往需要对感兴趣的对象进行控制而不仅仅是简单的观测，WSN 这种单方向的信息获取途径逐渐无法满足人们的需求，于是融合了控制思想、结合了

WSN 与无线执行器节点的无线网终控制系统（WNCS）应运而生。WNCS 由大量分布式部署的传感器节点、控制器节点和执行器节点组成，各节点通过共享的网络环境进行无线通信，形成一系列闭环回路，从而实现对物理过程的精确感知和实时控制，其基本结构如图 12.12 所示。

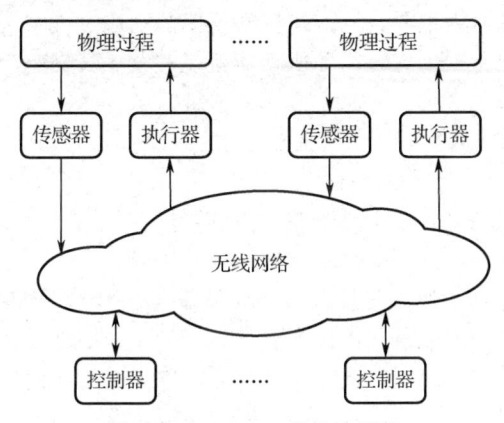

图 12.12　WNCS 的基本结构

WNCS 在 WSN 的基础上加上控制过程使系统从开环观测系统变成闭环控制系统，同时对测量过程和控制过程进行协同设计。因为系统的测量性能和控制效果往往是相互影响的，这就导致 WSN 中很多面向测量性能的网络通信及数据融合技术在 WNCS 中不再适用。例如前面提到的森林火灾监控，当用 WNCS 来实现时，系统在获得传感器节点的信息之后，在通过执行器节点进行处理的同时，会根据测量数据动态控制某些节点的位置移动或通信方式，使整个系统达到更好的监控效果。在此过程中，测量过程、通信过程和控制过程是相互影响的，并且由于控制算法设计的需要，WNCS 对测量过程的实时性及网络通信的可靠性提出了更高的要求，因此，在 WNCS 的发展和应用中，通信过程和控制过程的协同设计成为研究的重点。

网络控制系统（NCS）是指地域上分布的大量现场传感器、控制器和执行器利用通信网络进行信息交互，以达到对被控对象进行实时控制的目的。将大量个体的集成通信网络与控制相结合的思想可以追溯到 1988 年 Halevi 和 Ray 等人提出的集成通讯控制系统（ICCS）。随着计算机技术、网络通讯技术的发展，工业控制技术与网络的联系越来越紧密，在此基础上产生了大量 NCS 在工业过程中应用的实例，如现场总线控制系统（FCS）、集散控制系统（DCS）、工业以太网。然而，在以上应用中传感器、控制器及执行器都是通过有线通信的方式相连并组成网络的，虽然这种方式可以实现有效的数据通信和远程控制，但布线繁杂、费用高、灵活性和可扩展性低等缺点使得以这种方式进行网络控制的技术发展受到了限制。

随着嵌入式技术及无线通信技术的发展，无线节点的可靠性及实用性大大增强，成本也大大降低，渐渐满足了实际应用要求，甚至工业和军事级别的要求。因此，采用无线通信方式组建网络的 WNCS 由于其布线成本低、可扩展性好、可适用于极端条件等特点，在很多应用中取代了传统的有线网络控制系统，成为人们的首选。然而，虽然无线组网的方式给系统控制带来了诸多便利，但是无线通信本身的一些特性，如与有线通信相比其可靠性较低、带宽受限、网络拓扑复杂等，以及传感器节点本身的限制，如能量有限、易受外界干扰等，使得 WNCS 的随机性和复杂度增大，相关研究和应用也受到更大的挑战。

12.3　自动控制系统中的执行器

按照执行器内部是否包含反馈控制，控制系统中常用的执行器分为开环、闭环两大类。开环执行器主要包括电机、气缸等，在一些对精度要求不高、成本控制较为严格的场合中被广泛应用。例如在一些简单的机械搬运任务中，只需要执行固定的动作，不需要实时反馈和精确控制，开环执行器就能够满足需求。

闭环执行器则通常包含反馈机制，如传感器等。在对精度要求极高、需要实时调整和监控的场景中，闭环执行器就显得尤为重要。例如在精密仪器的制造过程中，需要精确控制执行器的动作，确保每一个步骤都准确无误，这时闭环执行器就能够发挥其优势，通过反馈机制不断调整执行动作，以达到高精度的要求。

12.3.1 开环执行器

开环执行器不包含反馈控制，以下是一些常见的开环执行器。

1. 电磁继电器

电磁继电器属于电子控制器件，在其内部有两个系统，其一为控制系统，又叫作输入回路；其二为被控制系统，又叫作输出回路。依据电磁继电器的工作原理及特性，其一般应用到自动控制电路中。在动力室自动排水系统中，该元器件是比较常见的，在使用这一元器件时，通常会安装智能液位控制仪表，以实现系统的显示功能、控制功能及保护功能。

电磁继电器与接触器比较类似，包括工作原理和结构两方面。电磁继电器主要包括触头系统、电磁系统及释放弹簧等。电磁继电器的主要工作原理就是电磁感应。具体而言，当线圈通电时会产生磁场，处于线圈中心部位的铁芯会被磁化进而产生磁力。此时，衔铁在磁力的作用下被铁芯吸引，同时带动支杆、推开板簧，使得原本呈现闭合状态的触点变为消失状态。当线圈中的电流消失时，原本铁芯拥有的磁性消失，在板簧的作用下，衔铁回到初始位置，触点又恢复闭合状态。

2. 步进电机

当对步进电机的各相绕组以某种合适的步进方式按次序施加励磁时，步进电机将在每一步中转过一个特定的角度。为了发挥步进电机这一特性而专门设计的电动机称为步进电动机。通常，步进电动机被设计成旋转一圈须经过许多步，例如每圈经过 50 步、100 步或 200 步（对应的步进角分别为 7.2°、3.6°和 1.8°）。

步进电动机的一个重要特点就是能与数字电子系统相结合。所构成的系统通常具有广泛的应用领域，并且其功能越来越强而成本越来越低。例如，步进电动机经常用在数字控制系统中，在这种系统中，电动机接收一系列脉冲形式的开环指令，推动转轴转动或使物体移动特定的距离。其典型的应用实例有：打印机和绘图仪中的馈纸及打印头定位电动机、磁盘驱动器和 CD 播放机中的驱动及磁头定位电动机、数字控制加工设备中的工作台和工具定位用电动机等。在许多应用场合中，通过计算传送到电动机的控制脉冲的数目可以很容易地获得需要的定位信息，在这种情况下，不需要位置传感器和反馈控制。

步进电动机的角度分辨率由定子和转子的齿数决定。步进电动机有多种结构，除了变磁阻式结构，还有永磁式结构和混合式结构。永磁式结构与变磁阻式结构结合，可显著增大步进电动机的最大静转矩。

3. 直流电机

直流发电机是解决将机械能转化成直流形式的电能这个问题的一种简单方法，尽管采用交流发电机馈电整流器系统也是我们能够考虑的一种选择。直流电动机的主要特性如下：当串励电动机运行时，随着负载的增加，其转速必然下降，通常其空载转速会达到不允许的数值；其转矩在磁通较小时几乎与电流的二次方成正比，随着磁通的增加，与电流的在 1 与 2 之间的某次幂成正比。当并励电动机在恒定电流激励下运行时，随着负载的增加，其转速会略微下降，但几乎是恒定的，其转矩几乎与电枢电流成正比。然而，一个同样重要的事实是，并励电动机能够通过并励绕组控制、电枢电压控制或两者的结合大范围调速。复励电动机的特性介于以上两种电动机之间，具有串励电动机和并励电动机的优点。

一般而言,直流电动机的突出优点在于其灵活性和多样性。在交流电动机驱动系统广泛应用之前,在许多需要高精度控制的应用场合中,直流电动机基本上是唯一的选择。直流电动机的主要缺点源于与电枢绕组和换向器/电刷系统相关的复杂性,这种额外的复杂性不仅增加了直流电动机的制造成本,使其高于交流电动机的制造成本,还增加了直流电动机的维护需求,降低了电动机本身的可靠性。而无刷直流电动机可以解决这个问题。为了实现无刷换相,无刷直流电动机把电枢绕组放在定子上,把永磁体放在转子上,这与传统的直流永磁式电动机的结构正好相反,同时由位置传感器、控制电路及功率逻辑开关共同组成换相装置,使得无刷直流电动机在运行过程中由定子绕组所产生的磁场和转动中的转子磁钢产生的永久磁场在空间中始终保持 90°左右的电角度,从而产生转矩推动转子旋转。

近年来,固态交流驱动技术得到了长足发展,在一些以前几乎是直流电机专属的应用场合,交流驱动系统正在逐步替代直流电机。然而,直流电机的多样特性加上其驱动系统的简单结构,仍将确保其在很多场合中广泛应用。例如,在各种采用直流供电的小功率应用系统(汽车装置、便携式电子装置等)中,直流电机是成本利用率最高的选择。

4. 三相异步电动机

三相异步电动机的种类很多,但各类三相异步电动机的基本结构是相同的,主要由定子和转子两部分组成,在定子和转子之间有一定的气隙,此外有端盖、风扇等附属部分。定子是固定不动的部分,其作用是产生旋转磁场,由定子铁芯、定子绕组和外壳三部分组成。转子是旋转的部分,其作用是产生感应电流,进而产生电磁转矩,实现电能与机械能的转换。转子由转子铁芯、转子绕组和转子轴三部分组成。

在三相异步电动机对称的三相定子绕组接通对称的三相交流电源后,其定子绕组就会产生旋转磁场。若转子不转,则闭合通路的转子绕组切割旋转磁场(笼型转子导条彼此在端部短路),从而在转子绕组中产生感应电动势(方向由右手定则确定),进而产生感应电流,电流的方向与电动势的方向相同。而载流的转子绕组在定子旋转磁场的作用下受到电磁力(方向可用左手定则确定)的作用,进而产生电磁转矩,驱动电动机旋转,并且电动机旋转的方向与旋转磁场的方向相同[8]。

三相异步电动机为各种工业设备提供驱动力,是现代工业中至关重要的部件,在工业制造、交通运输、建筑等多个领域发挥着重要作用。

12.3.2 闭环执行器

闭环执行器作为一个整体,具有极高的控制精度和超强的抑制干扰的能力。其内部结构中包含反馈控制系统,该系由传感器、PID(比例、积分和微分)控制器及开环执行器组成。闭环执行器采用反馈控制的方式,即控制装置与被控对象之间既有正向作用又有反向作用,控制装置的信息来源包含被控对象输出的反馈信息。当受到内、外干扰使输出量偏离期望值时,系统会借助控制装置产生的控制作用来消除偏差,促使输出量与期望值趋于一致。在闭环控制系统中,控制作用基于被控量与期望值之间的偏差,而此偏差由各种实际扰动所致,无须区分个别原因。闭环执行器能够同时抵御多种扰动,对自身元部件参数的波动也不敏感,正因如此,闭环执行器已被广泛应用于各个领域。

以下是一些常用的闭环执行器。

1. 智能电动调节阀

智能电动调节阀由智能伺服放大器、数字式操作器、减速机构、阀位检测发送装置和电动调节阀等组成,与一般电动调节阀的主要区别是其采用了智能伺服放大器。智能伺服放大器属于微小型计算机,接收标准的模拟电流或电压信号,该信号经模数转换成为数字信号,由微处理器将输入信号与设定信号进行比较，并按一定的控制规律对信号进行处理后输出，输出信号经模数转换后驱动相应的电动调节阀。智能电动调节阀与带智能阀门定位器的气动控制阀的工作原理类似，两者的主要区别是智能电动调节阀采用电动调节阀，因此输出信号被送入电动机并通过减速装置后可以改变电动调节阀的开度。

智能电动调节阀利用设定回路的非线性特性来补偿被控对象的非线性特性，因此避免了反馈回路的非线性造成的控制系统不稳定的现象。同时，由于智能电动调节阀采用数字方式实现非线性补偿，因此可以根据调节阀的压降比和所需要的工作流量特性确定非线性补偿环节中各折线点的位置。

2. 直流伺服电动机

直流伺服电动机由光电编码器，PID控制器和直流电动机组成，采用直流电源供电。

直流伺服系统就是控制直流伺服电动机的系统，直流伺服电动机的调速范围宽，输出转矩大，过载能力强，而且电动机的转动惯量较大，应用较方便。

直流伺服电动机是航天、制造和电力等现代行业中重要的生产设备。研究直流伺服电动机状态振动信号的故障诊断工作，能够有效保障设备安全可靠运行，从而获得一定的经济和社会效益。

3. 交流伺服电动机

交流伺服电动机由光电编码器，PID控制器和交流同步电动机组成，采用交流电源供电。

交流伺服电动机是一类精密控制电动机，作为控制系统的执行元件，被广泛应用于各种自动化装置。其任务是将输入的电气信号（如控制电压）转换为旋转轴上的机械传动，以达到预期目的。

交流伺服电动机的应用范围较广，速度控制特性良好，可在整个速度区间内实现平滑控制，几乎不发生振荡。在额定运行区间内可实现恒力矩、惯量低、低噪声、无电刷磨损、免维护。

12.4 电动自行车的自动控制系统案例

12.4.1 传感器方案

电动自行车在行驶过程中并不是以恒定的速度前进的，调速是电动自行车必不可少的一个功能。电动自行车的速度是通过手柄来调节的，手柄分为接触式和非接触式。接触式手柄主要由电阻式传感器制作而成，非接触式手柄主要由霍尔传感器等制作而成。两者都通过给DSP（数字信号处理）芯片传输一个与速度成比例的电压信号来设定速度。

电阻式传感器一般通过电阻值的变化来反映被测量的变化，其输出与输入之间的关系可能不是完全线性的，容易存在较大的非线性误差。此外，电阻式传感器的滑动触点在长期使用过程中容易受到磨损、氧化等影响，导致传感器的电阻值发生变化，从而影响传感器的精度和稳定性。同时电阻式传感器对环境因素较为敏感，例如温度、湿度的变化可能会引起电阻材料的性能变化，进而导致输出信号的漂移或不稳定。

霍尔传感器的输出信号一般是线性的，能够准确地对应手柄的操作状态，例如从静止到最大转动角度，输出电压可以连续、线性地变化，这使得控制器能够精确地根据信号来控制电动机的转速和转矩，从而实现电动自行车的平稳加速和减速，满足驾驶者对速度精准控制的需求。此外，霍尔传感器是一种固态设备，没有活动部件，不会出现机械磨损、接触不良等问题，这大大提高了传感器的可靠性和使用寿命。霍尔传感器不受振动、颠簸等因素的影响，能够始终稳定地输出信号，保证电动自行车的正常运行。

基于以上传感器的特点，选择霍尔传感器作为电动自行车的速度调节手柄。

12.4.2 执行器方案

目前,大部分电动自行车厂家所用的电动机为永磁式直流电动机,其制造技术已经相当成熟,具有运行可靠性高、调速性能好、过载能力大、控制方法简单等优点。

由于电刷的存在,直流电动机产生的机械磨损较大,功率密度也偏低,无法实现高速、大容量;而无刷直流电动机既有直流电动机的优越性能,又依靠电子换向,免去了机械式电刷和换向器,避免了机械磨损,提高了功率密度、最高转速及容量。

相对于直流电动机的易磨损,无刷直流电动机具有更优越的性能,尤其是在高转速运动的情况下,无刷直流电动机具有很好的稳定性。由于无刷直流电动机的控制较为简单,且在对有效材料的利用率相等的情况下,出力较大,同时具有体积小、质量小、电磁转矩脉动小、结构简单、工作可靠、调速性能好、免维护等优点,因此选用无刷直流电动机作为驱动电机。

转速传感方案对比如下。

位置传感器在无刷直流电动机中起着测定转子磁极位置的作用,为逻辑开关电路提供正确的换相信息,即将转子磁极的位置信号转换成电信号,从而控制定子绕组换相。位置传感器的种类较多且各具特点,在无刷直流电动机中常用的位置传感器有以下几种。

1. 电磁式位置传感器

电磁式位置传感器是利用电磁效应来实现位置测量功能的,有开口变压器、铁磁谐振电路、接近开关等多种类型。在无刷直流电动机中应用较多的是开口变压器。电磁式位置传感器具有输出信号强、工作可靠、寿命长、对使用环境的要求不高、适应性强、结构简单和紧凑等优点,但这种传感器的信噪比较低、体积较大,同时其输出信号为交流信号,一般需要整流、滤波后才可使用。

2. 光电式位置传感器

光电式位置传感器是利用光电效应制成的,由跟随电动机转子一起旋转的遮光板和固定不动的光源及光电管等部件组成。其性能较为稳定,但存在输出信号的信噪比较高、光源的使用寿命短、对使用环境的要求高等缺陷。

3. 磁敏式位置传感器

磁敏式位置传感器是某些电参数按一定规律随周围磁场的变化而变化的半导体敏感元件。其基本原理为霍尔效应和磁阻效应。常见的磁敏式传感器有霍尔元件或霍尔集成电路、磁敏电阻器及磁敏二极管等。这种传感器的结构简单、体积小、灵敏度高、寿命长、成本低,但其输出的电势信号比较小,需要用外加电路将信号放大。

由三相无刷直流电动机的控制原理可知,为了得到恒定的最大转矩,必须不断地对其进行换相。掌握恰当的换相时间,可以减小转矩的波动。位置检测不但可以用于换相控制,还可以用于产生速度控制量,因此位置检测是非常重要的。从以上各方案的比较结果可以看出,霍尔传感器比较适合无刷直流电动机的电流自动换向检测,可以实现对电子开关的高可靠性控制。

电动机的位置信号是通过开关霍尔传感器来检测的。由于开关霍尔传感器通过集电极开路输出,因此其输出信号经过上拉电阻被转换为位置方波信号,再经过光耦隔离电路被送到 DSP 的 CAP 端口引脚进行位置信号捕捉,如图 12.13 所示。

为了使电路尽可能简单、降低成本,无刷直流电动机控制系统没有专门增加速度检测装置,而是通过计算位置参数得到速度信号。其原理是:无刷直流电动机的转子每转过 60°电角度就会换相一次,只要测得两次换相的时间间隔 Δt,就可以计算出电动机换相期间的平均角速度。

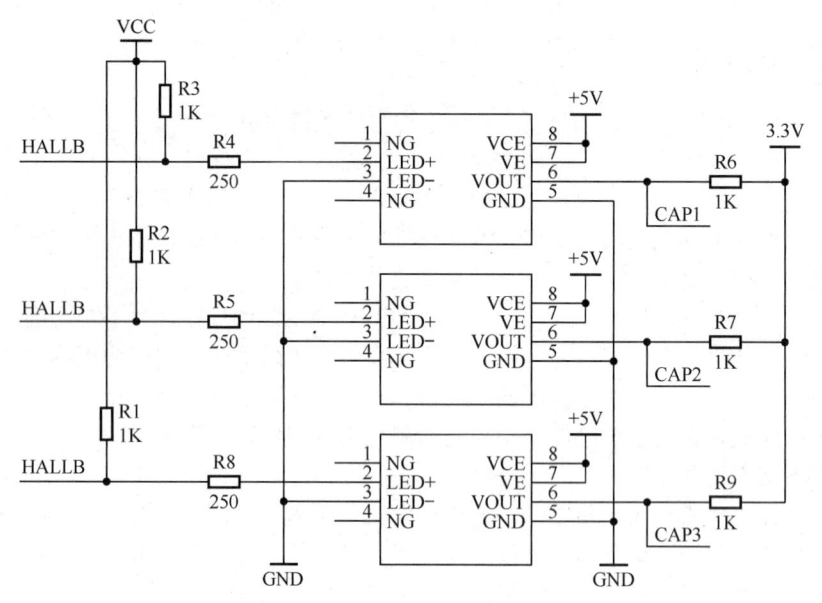

图 12.13　三路开关霍尔传感器的光耦隔离电路

无刷直流电动机控制系统的主电路如图 12.14 所示，由于该系统电动机的额定电压为 36V，额定电流为 5A，因此电路的功率应属于小功率范围。该系统选用国际整流公司的 MOSFET 功率管 IRF2807，采用 IRF2807 可以获得较快的开关速度，尤其适合驱动小功率电动机，其内部漏极与源极之间集成有反向快速恢复二极管，直接对 MOSFET 起保护作用而不必外接。旁路电阻 R 用来检测电动机直流母线上的电流，该电流信号由电阻 R 两端的压降测出，不但可以为电流环提供反馈电流信号，还可以通过实时监控电流防止电动机过流发生故障，过流信号输入到功率桥的前级驱动芯片和 DSP 处理器中，在过流时及时封锁功率场效应管的门极驱动信号。

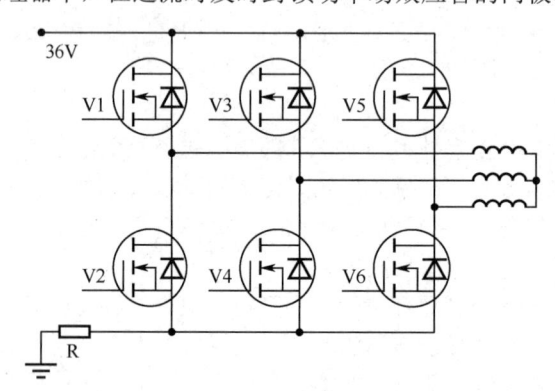

图 12.14　无刷直流电动机控制系统的主电路

12.4.3　系统架构

电动自行车控制系统框图如图 12.15 所示。该控制系统采用 PWM（脉冲宽度调制）方式实现对无刷直流电动机的电流控制。PWM 输出端口经驱动芯片驱动六个功率场效应管，由其组成的三相全桥驱动电路对电动机进行控制。位置检测和电流检测形成负反馈，在进行位置检测的同时可以计算出电动机的转速参数。位置参数由无刷直流电动机自带的霍尔元件测出，并由嵌入式 MCU（微控制单元）的 CAP 端口进行捕捉定位，反馈的电流量是通过检测旁路电阻上的压降来获得的，通过 ADC 进行采样。位置参数用于控制换相，由位置参数计算出电动机的转速，将其与给定转速信号进行比较，修正偏差产生参考电流，再将其与反馈电流进行比较，得到的偏差量经电流调节后形成 PWM 占空比的控制量，实现电动机的速度与电流控制。

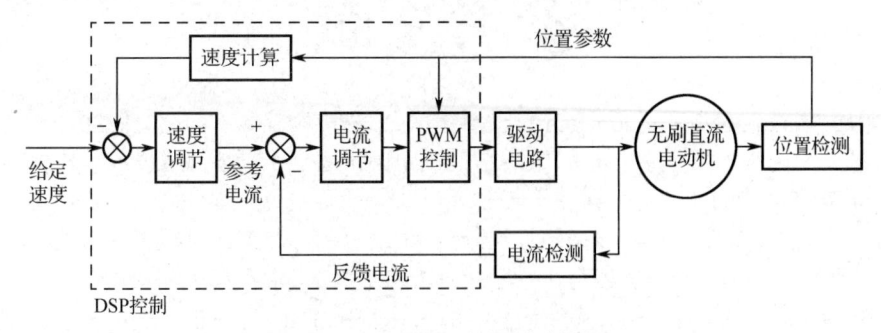

图 12.15 电动自行车控制系统框图

思考题

1. 什么是开环控制系统？什么是反馈控制系统？分别给出一个例子。

2. 设计一个美术馆内的控制系统，使其在晚上有人时打开美术馆的灯光。选择一个合适的控制系统，确定其开环和反馈功能，并描述控制系统中的组件。

3. 讨论控制系统可能的误差来源，这些误差可能对开环控制或前馈控制产生什么影响？怎样才能改善这种状况？

4. 描述天然气家庭供暖系统中各组成部分的功能，并将其归为控制器、执行器、传感器和信号调理装置。说明整个系统的运行情况，并提出可能的改进措施，以实现更稳定、更精确的温度控制。

5. 在下面的每个例子中，至少指出一个（未知）需要测量的输入，并用于前馈控制，以提高控制系统的精度。

（1）用于定位机械负载的伺服系统。伺服电机是由磁场控制的直流电机，使用电位器进行位置反馈，使用转速表进行速度反馈。

（2）一种输送液体的管道电加热系统。使用热电偶测量液体的出口温度，并用于调节加热器的功率。

（3）房间供暖系统。测量室温，并与设定值进行比较。若较低，则打开蒸汽散热器的阀门；若很高，则关闭蒸汽散热器的阀门。

（4）设计一种可以抓取精密零件的装配机器人，在不损坏零件的情况下将其拾起。

（5）设计一种跟踪待焊接零件焊缝的焊接机器人。

6. 据过程控制行业的工作人员介绍，早期品牌的模拟控制硬件产品寿命在 20 年左右，新的硬件控制器可能在收回开发成本之前就被淘汰。作为一名控制仪表工程师，负责开发一个过程控制器，您会在控制器中融入哪些功能，以最大限度地改善这个问题？

7. 以汽车发动机上的传感器应用为例，列举 5 种以上的不同传感器。

参考文献

[1] FRADEN J. Handbook of Modern Sensors[M]. New York: Springer New York, 2010.

[2] 中华人民共和国国家质量监督检验检疫总局，中国国家标准化管理委员会. 传感器通用术语[S]. GB/T 7665—2005.

[3] 胡向东，耿道渠，胡蓉，等. 传感器与检测技术[M]. 4 版. 北京：机械工业出版社，2021.

[4] 何道清，张禾，石明江. 传感器与传感器技术[M]. 北京：科学出版社，2020.

[5] DEFENSE U. Military handbook[M]. Reliability prediction of electronic equipment: MIL-HDBK-217F, 1991.

[6] 闫耀斌. 磁悬浮推力轴承电感式传感器研究[D]. 大连：大连交通大学，2010.

[7] 郭子剑. 直流伺服电动机振动信号的特征提取与状态识别研究[D]. 哈尔滨：黑龙江大学，2021.

[8] 靳利波. 磁致伸缩位移传感器在汽车减震器中的应用研究[D]. 郑州：郑州大学，2013.

[9] 张文晔. 光学内反射法小角度精密测量技术的研究[D]. 哈尔滨：哈尔滨工业大学，2006.

[10] 周瑛. 面向超声波传感器攻击的安全防御研究[D]. 北京：北京交通大学，2020.

[11] 赵凯，刘凤丽，郝永平，等. 基于 PSD 的激光位移传感器位置补偿[J]. 光电技术应用，2022，37(01): 74-78.

[12] 武泽航. 磁致伸缩位移传感器输出特性影响因素研究[D]. 天津：河北工业大学，2022.

[13] 冯其波，李家琨. 光学测量原理、技术与应用[M]. 北京：清华大学出版社，2023.

[14] 赵恒. 信号调制方法在角度传感器中的应用研究[D]. 天津：天津大学，2011.

[15] 杨述焱. 小型医用多维力传感器设计[D]. 南京：东南大学，2022.

[16] 关晋松. 压电式轮胎力传感器结构设计及性能分析[D]. 长春：长春工业大学，2023.

[17] 廖丽媛. 基于应变式扭矩传感器的测量系统的设计[D]. 上海：东华大学，2013.

[18] 郑谭. 高速旋转轴的动态扭矩测试研究[D]. 太原：中北大学，2015.

[19] 刘旭飞. 光栅扭矩传感器及数据采集系统设计与研究[D]. 重庆：重庆大学，2005.

[20] 李娜娜. 光电式扭矩传感器的研究[D]. 北京：北方工业大学，2009.

[21] 谢程. 汽车 EPS 的扭矩传感器及系统匹配技术研究[D]. 上海：上海交通大学，2017.

[22] 郝文璐. 扭转试验电测方法研究[D]. 南京：东南大学，2005.

[23] 徐传杰，徐传杰. 光电式小量程静态扭矩传感器的研制[D]. 哈尔滨：哈尔滨工业大学，2022.

[24] 徐传杰. 光电式小量程静态扭矩传感器的研制[D]. 哈尔滨：哈尔滨工业大学，2022.

[25] 牛薇. 基于电涡流原理的转速传感器的设计[D]. 哈尔滨：哈尔滨工业大学，2015.

[26] 宁学明. 齿轮转速传感器性能参数测试系统设计[D]. 南京：南京航空航天大学，2006.

[27] 于亚婷. 电涡流传感器的电磁场仿真分析[D]. 成都：电子科技大学，2005.

[28] 冯帅，杜海龙，王海丽. 谐振式液体密度计的设计与实现[J]. 传感器与微系统，2019，38(10): 92-95.

[29] 张丰. 基于氮化铝压电薄膜的谐振式粘度传感器研究[D]. 重庆：重庆大学，2019.

[30] 李继超，李传娣，王慧莹. 汽车后车窗玻璃自动去湿装置[P]. 黑龙江：CN201420268671.1，2014-09-10.

[31] FRADEN J. Handbook of modern sensors physics, designs, and applications[M]. New York: Springer International Publishing, 2016.

[32] 曾艳. 碳、金纳米材料的制备及其在光学传感器上的应用[D]. 武汉：武汉科技大学，2020.
[33] SOLOMAN S. Sensors handbook[M]. New York: McGraw-Hill, 2009.
[34] 孙宝元. 现代执行器技术[M]. 长春：吉林大学出版社，2003.
[35] 付敬奇. 执行器及其应用[M]. 北京：机械工业出版社，2009.
[36] 李梦琪. 无刷直流电机驱动芯片的研究与设计[D]. 成都：电子科技大学，2024.
[37] 李强. 三相异步电动机常见故障和维修[J]. 内燃机与配件，2023(04): 25-27.
[38] 顾欣. 永磁同步电机的变频调速研究[J]. 内燃机与配件，2022(05): 82-84.
[39] 赵瑞来. 永磁同步电机结构设计及特性分析[J]. 内燃机与配件，2019(08): 196-198.
[40] 许丽佳. 自动控制原理[M]. 北京：机械工业出版社，2020.
[41] 林玉池，曾周末. 现代传感技术与系统[M]. 北京：机械工业出版社，2009.
[42] 忻克非. 无线网络控制系统中的资源优化研究[D]. 杭州：浙江大学，2014.
[43] 滕俊杰，李素敏. 电磁继电器在动力室自动排水系统中的应用[J]. 电声技术，2019，43(10): 67-68+74.
[44] 胡宝兴. 基于DSP的电动自行车用无刷直流电机控制系统的研究[D]. 杭州：浙江工业大学，2005.
[45] 方敏. 新能源汽车三相异步电机结构原理解析[J]. 内燃机与配件，2024(15): 43-45.
[46] 陆培文，汪裕凯. 调节阀实用技术[M]. 2版. 北京：机械工业出版社，2017.